U0942014

国家自然科学基金应急管理项目（No.61842602）和
国家自然科学基金面上项目（No.71373124）计划资助

科学文献传播网络演变及应用研究

王曰芬　岑咏华　著

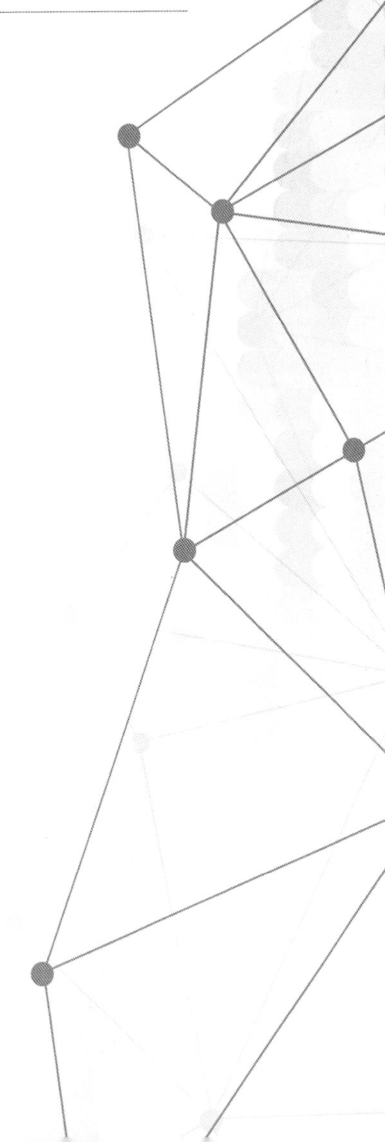

中国社会科学出版社

图书在版编目(CIP)数据

科学文献传播网络演变及应用研究 / 王曰芬,岑咏华著. — 北京:中国社会科学出版社,2023.1

ISBN 978-7-5227-1307-6

Ⅰ.①科… Ⅱ.①王… ②岑… Ⅲ.①科学技术—专题文献—传播学—研究 Ⅳ.①G301

中国国家版本馆 CIP 数据核字(2023)第 025808 号

出 版 人 赵剑英
责任编辑 王莎莎
责任校对 张爱华
责任印制 张雪娇

出　　版 中国社会科学出版社
社　　址 北京鼓楼西大街甲 158 号
邮　　编 100720
网　　址 http://www.csspw.cn
发 行 部 010-84083685
门 市 部 010-84029450
经　　销 新华书店及其他书店

印刷装订 北京市十月印刷有限公司
版　　次 2023 年 1 月第 1 版
印　　次 2023 年 1 月第 1 次印刷

开　　本 710×1000 1/16
印　　张 20.75
插　　页 2
字　　数 349 千字
定　　价 128.00 元

凡购买中国社会科学出版社图书,如有质量问题请与本社营销中心联系调换
电话:010-84083683

序

今年2月，天津师范大学王曰芬教授和我聊起，她的团队即将完成一部反映科学文献传播网络演变的学术著作。交流之中，我感到这是一部描述网络环境、数字环境及新的科学交流形式下，探讨科学文献传播演变的一本非常好的学术著作。前两天，王教授把完成的书稿《科学文献传播网络演变及应用研究》发给我，并请我为本书写个序，我感到为难了。王老师可视为我学术上的同辈学者，为此写序甚为勉强，在她的恳请下，只好敲起键盘，就当作读后感想吧。

科学技术是第一生产力。科学知识的创新和传播是社会和经济发展以及人类文明进步的重要推动力量。科学文献是对科学知识创新成果进行记录和呈现的重要载体，亦是科学知识赖以传播和继承的重要载体。本世纪以来，全球科技创新加速推进，类似于超摩尔定律的超快创新节奏正在不同学科和领域拉开帷幕，由此也形成了海量科学文献数据积累。不断增长的科技文献数据为科技创新活动提供了重要的知识来源，亦为科学知识的传播和利用带来了“数据爆炸”下的“信息迷航”困境。特别地，随着互联网和新媒体的迅猛发展，各类文献数据库、学术社区或者论坛、科学博客、社交软件、即时通讯工具等以其增强的数字化、网络化交互特征不断地改变着科学知识的发布、获取、交流、共享、评判和利用的方式，作为科学知识重要载体的科学文献的数字化和网络化传播模式亦日益复杂。

一方面，在互联网和新媒体支撑的新型传播环境下，科学文献的传播效率如何？是否有效地促进了科技创新？科学文献传播网络形成与演变过程中不同的传播要素是如何影响着传播效果？厘清这些问题有着重要的理论和实践意义。其理论意义在于，通过梳厘科学文献传播要素的相互作用及传播网络生长的动力来源，揭示科学文献传播过程的内在实质与演变，缕析科学文献传播效果的影响因素，洞悉科学文献传播网络中隐含的科学交流行为特征和科技发展规律，可拓展与创新传统的学术传播理论，构建数字化和网络化环境下的新型学术传播理论体系。其实践意义在于，通过对数字化和网络化环境下科技文献传播网络形成及演变模式的拨茧抽丝，可为国家相关部门和信息服务机构制定和设计有效的措施方案以提升科学知识传播效率、促进新知识创出与扩散提供实践指导。

另一方面，科学文献传播网络形成与演变的本质是科学知识的新生、发展、融合、裂变、衍生或嬗变，其可能发生于某个学科或者领域，亦可能交互于不同学科或者领域，促成跨学科或跨领域知识创新。以科学文献传播要素属性作为知识单元，以知识单元之间的相互关联与衔接关系作为纽带，在社会化意义上构建基于合作关系的作者或机构传播网络，在内容意义上构建不同传播要素间的共词网络或主题网络，在引文意义上构建不同传播要素间的直接引文网络、共引网络或共被引网络，并融合这些异质科学文献网络，借助科学计量、文本分析、主题建模、机器学习、复杂社会网络分析等手段和方法，揭示科学文献传播网络形成与演变，可识别学科或者领域的知识构成，揭示科学知识在时间序列上的酝酿、初兴、发展、裂变、融合、衰亡等演变脉络和发展趋势，刻画知识在学科或领域内部和跨学科或跨领域的流动、转移和创新，可为国家科技发展战略以及科学研究的规划、选题、论证、评估等决策活动提供依据，为科研人员寻找创新突破口提供支撑。相关研究问题是科学文献大数据环境下和数据科学范式下科学计量研究的热点和核心问题，对这些问题的探索和实证是信息资源管理学科在当前国家创新驱动发展战略背景下的历史使命。

王曰芬教授带领的团队围绕着上述相关问题，对科学文献网络及演变的特点与规律进行了系统性的理论构建和深入的实证剖析，《科学文献传播网络演变及应用研究》亦是他们研究成果的集中体现。

具体地，围绕着数字化和网络化环境下的新型科学文献传播与演变理论体系构建，本书导入知识进化理论，并将其与学术传播、传播动力学等理论相结合，基于学术传播要素构成与传播模型对科学文献传播网络进行了深入的理论辨析和内涵构建，基于社会网络理论对异质科学文献传播网络的构建流程进行理论方案设计，基于种群发展的基因、自然选择、遗传和变异等机制对科学文献传播网络的知识进化现象进行表征与阐释，创建了遗传与变异交互作用下的科学文献传播网络知识进化模型，剖析了科学文献传播网络演变过程、演变机制、演化行为与趋势，构造了知识进化视角下科学文献传播网络演变的动力学模型。所提出的一系列颇具新颖性和启发性的理论观点，将为创新与发展信息资源管理学科的知识体系和研究范畴提供有力的支撑。

围绕着科学文献传播网络形成与演变实证，首先，本书在科学文献传播网络的生命周期阶段划分、传播网络演变过程的影响因素和传播网络演变的拓扑结构建模分析等研究基础上，通过对所构建的动力学模型进行仿真模拟，揭示科学文献传播网络演变背后的隐含规律；进一步，构建科学文献传播网络预测模型，以新能源领域为例，通过社会网络分析手段，进行知识进化视角下的科学文献传播网络预测建模与实证，对相关领域的竞争态势与未来趋势进行研判；再次，从科学文献传播的社会化特征出发，深入挖掘多元要素交互演化的作用，以人工智能领域为例，构建合作网络，引入半监督学习方法提出构建了识别领域科研团队的研究方案，从多维度提取领域领军团队，分析不同合作模式下的领军团队的网络结构、研究绩效、地理分布以及国际化特征，探究领域高产科研团队的动态演变特征与规律；最后，创新性地提出了一种文档内容相似度加权和文献影响力传播加权交互嵌入的双加权引证网络，在此基础上，以经济学为例，引入最新的 Leiden 社区发现算法，进行学科主题识别和探测，从基于发文量的主题社区生长与知识创新周期分析、基于术语新颖度加权的主题社区知识演变分析、社区间合作及其演变等宏观、微观和交互层面对学科知识演变进行系统性揭示。相关研究为揭示科学文献传播网络形成与演变背后的科学知识进化提供了可依循的途径参考。

我和王曰芬教授相识整整 20 年，20 年来看到她硕果累累，主持承担多个国家社会科学基金重大、重点项目和国家自然科学基金面上等项目，获得江苏省哲学社会科学优秀成果一等奖等奖励，甚为其而高兴。这一切，来自于她对学术的矢志不移的追求，羸弱的身躯也丝毫不影响她在学术上的创新。她那种坚定信念不畏艰难的科学精神，迎接挑战勇于探索的创新精神，对我们大家都是一种感染。在阅读本书后，写下几笔感想，是为序。

苏新宁

2022年7月17日于南大和园

前 言

学术传播是人类科学活动的重要组成部分，是推动科学发展的重要手段。在学术传播中，科学文献是学术传播体系中记录、积累、传播和继承知识的有效手段，是人们获取、利用与创新知识的最基本、最重要的来源。随着知识经济时代科研活动与知识管理的迫切需求，在科学知识传播数字化与网络化交互促进的推动下，科学文献传播突破了原有的出版者掌控的以“本”为单位载体传递的局限，并形成以单“篇”科学论文为单位、多点揭示信息特征与知识内容、多种链接关系交互的知识传播和交流新形态，并促使科学文献传播要素之间相互作用形成了关联交错的网状节点式的传播网络，也改变着知识的创造、分发、使用方式以及文献传播效果。因此，本书以科学文献传播为研究对象，在充分调查国内外相关研究现状基础上，借助于学术传播、知识进化、传播动力学、社会网络分析、复杂网络理论、科学计量、主题建模、机器学习、数理统计等理论和方法，对科学文献传播网络演变做了理论探索与实证应用研究。

首先，基本概念界定与进化模式创建。本书从学术传播要素构成与传播模型相结合出发，界定科学文献传播网络的概念，既是以表征科学文献传播要素的内外部特征项为节点、以反映节点语义关系及其关联强度为纽带而构成的网络。该科学文献传播网络可以反映出不同传播要素之间、各个要素与知识内容的交互作用与传播过程，进而揭示出科学发展的特点、规律及其变化。在此基础上，借助于社会网络理论提出科学文献传播网络的构建流程与类型划分，并基于知识进化原理解析科学文献传播网络的“基因”与自然选择、遗传和变异等现象的知识进化表征，提出科学传播网络在遗传与变异相互作用下的知识进化模式。由此，为后续研究奠定理论基础支撑，并提供应用指导。

其次，演变模型构造与隐含规律揭示。本书借助于生命周期理论对科学文献传播网络进行成长阶段划分，提取科学文献传播演变过程的影响因素，以所构建的科学文献传播网络的知识进化模式为分析依据，利用社会网络分析方法，应用传播动力学理论和动机理论，结合具体的量化指标，分析科学文献传播要素的交互作用，探索性分析科学文献传播网络演变过程、演变机制、演化行为与趋势；构建基于知识进化的科学文献传播网络演变模型，并对该模型进行仿真模拟，验证模型的有效性和可行性，以揭示科学文献传播网络中隐含的演变规律等。同时，以新能源为例进行实证建模分析，一是划分科学文献传播生命周期阶段，分析不同阶段中传播要素的演变特征，并构建传播要素相互作用的函数关系模型；二是构建以作者－作者、作者－关键词为关系的科学文献传播演变网络模型并分析所呈现的特点及规律；三是分析基于传播网络演变的科学文献传播网络预测要素，探索构建科学文献传播网络预测模型，判定相关领域的竞争态势与未来的发展趋势。

最后，典型示例应用与演化影响分析。一方面，以科学文献传播中的作者合作网络为基础，研究了科学合作过程中的科研团队，多层深入地挖掘作者合作网络中多元传播要素的相互作用及影响。以数据挖掘与分析为驱动，以人工智能领域为例，利用半监督方式使得调参的优化目标更接近于实际需求，从而在大规模数据中有效识别出科研团队，提取出多维指标下的领军科研团队；进而，界定出领军团队的科研合作模式，并结合网络指标、研究绩效和地理分布等维度对比分析；从地域分布出发分析领军团队的国际合作模式，着重从地理位置分布、内部合作指标、合作主题内容方面综合对比分析其中的差异；聚焦于高产科研团队，从团队网络拓扑指标的极值分布切入，综合微观与宏观视角探究高产团队的动态演化特征与规律。另一方面，以科学文献传播网络中的引证网络为基础，研究了学科领域的主题社区，逐层递进地探索引证网络的双加权构建与主题要素演化的作用。引入文档相似度刻画引证关系中被引文献对施引文献的异质贡献度，并将其作为对两两引证关系的相关性加权。在 PageRank 算法中引入时间增强机制，将其作为强化经典研究文献和最新研究文献影响力表征的加权。结合 Leiden 算法提出从双引证网络中发现主题社区方案，具体研究社区生长与演化分析的设计和测度，并结合经济学科领域，对文档向量化表征、文档相似度算法、社区发现与社区表征、社区演化趋势、社区主题演化与新生知识演化、社区间合作及其演化进行实证与分析。

本书不仅系统性探讨了科学文献网络及演化的特点与规律，而且结合实证与典型案例做了深入的剖析。在科学文献传播网络的构建流程与类型、传播网络的知识进化表征、知识进化视角下科学文献传播网络演变机理等研究上，提出了一系列创见性的观点。应用研究中，在传播要素演变规律与传播网络模型构建、基于作者合作网络的科研团队提取与分析、基于双加权引证网络的学科领域主题社区分析等研究上取得一定的创新性突破。研究成果有助于丰富相关的理论与方法体系，并为相关研究工作者提供参考与借鉴。

本书由王曰芬主持策划与撰写，岑咏华、丁玉飞、余厚强、李冬琼、邹本涛、曹嘉君、宁静、杨雪、白宽等参与书稿撰写。本书的研究成果是国家自然科学基金应急管理项目（No. 61842602）和国家自然科学基金面上项目（No. 71373124）计划资助的产物，特别是在研究过程中得到国内诸多专家的指导，在此一并表示诚挚的谢意！

科学文献传播使表达与反映科学活动的知识得以被人类认知与利用，并通过促进原有知识的不断积累与新知识的不断产生，推动着科学研究承前启后不断发展。随着社会需求的驱动与新技术发展的推动，科学文献传播作为科学研究对象和学术传播体系中的重要构成，将会涌现出越来越多的研究问题与内容。尽管笔者尽可能地尝试做一些相关探索，但是，由于关注的范围有限并受制于研究能力的约束，书中的研究观点与内容难免会有偏差或不足，恳请广大专家、学者、同行与读者不吝赐教。

目　录

第一章　绪论

学术传播是人类科学活动的重要组成部分，是推动科学发展的重要手段。知识的生产、传递和利用是学术传播体系的核心概念，而新知识的产生则有赖于学术传播体系中所有成员的交互作用，并且形成一个相互循环的信息链①。

在学术传播中，科学文献是记录、积累、传播和继承知识的有效手段，是人们获取、利用与创新知识的最基本、最重要的来源，是相互循环信息链中的主要构成。而作为学术传播体系中重要形式的科学文献传播，直到上世纪90年代前，在其体系中，出版者充当主角，作者（科研工作者）、出版者、用户（图书馆或读者）之间是线性传播关系②。就像在文艺复兴时期手抄本被印刷出版代替的本质一样，当今人们使用计算机网络正在从根本上创造一种生产与传播科学成果的新方法，对学术传播系统功能与内部结构产生着重大影响。科技和新思维正在改变和挑战传统的学术产品出版和传播体系③，催生了新的热点与问题，使原有的基于线性模式的理论体系与方法面临着严峻的挑战，引发了学术研究的迫切需求与社会的深切关注。同时，科学文献传播使表达与反映科学活动的知识得以被人类认知与利用，并通过促进原有知识的不断积累与新知识的不断产生，推动着科学研究承前启后不断进化，牵引着知识交叉融合与交叉学科不断发展。随着社会经济进入到以知识为基础

---

① Gary J. Brown, "From Past Imperfects to Future Perfects", *The Serials Librarian*, Vol. 23, No. 3/4, 1993, p. 113.

② Timothy D. Brody, "Evaluating Research Impact through Open Access to Scholarly Communication", 2006, https://eprints.soton.ac.uk/263313/1/brody.pdf.

③ Dietmar Wolfram, "Understanding and Navigating the Scholarly Communication Landscape in the Twenty-First Century", *Frontiers in Research Metrics and Analytics*, Vol. 4, No. 4, November 2019, p. 1.

的发展形态，在新技术的推动下，科学活动过程与模式不断发生着变革，推动了科学文献传播方式的演化。因此，在以数据驱动的知识经济时代，伴随着信息技术与大数据技术等的快速发展和牵引，科学文献传播的要素、过程与模式在受到重大影响的过程中产生了许多新现象和新问题，科学文献传播网络生成与演化就是其中值得深入探索的研究。

第一节 研究的背景

一 知识经济时代科研活动与知识管理多元需求的驱动

在人类社会活动中，科研活动推动着科学技术和人类进步的发展。而随着科学研究环境和关联要素的日益多元化与动态复杂化，探究科学技术发展的特点与过程、揭示科学活动的衍生与变化越来越难，但是却越来越重要。另一方面，知识是人类在实践中认识客观世界的成果，不仅反映着事物内在的结构与外在的关联，而且体现着事物产生与变化的特点和规律。在数据驱动的知识经济兴起的推动下，知识在社会经济发展和国家创新系统中的作用日益显著，人类依赖知识认识客观世界与改造客观世界的需求越来越广泛。

在科学技术迅猛发展的今天，数据驱动的知识经济时代科研活动以现代科学技术为核心，以数据、信息和知识的生产、存储、分享与使用为基础，以知识管理和知识服务为主要途径，以知识创新为主要目的。那么，如何通过反映科学活动的知识获得对日新月异的科学发展的规律性认识，并能够得出一定的前瞻性判断，成为当今知识经济发展的现实需求。

知识管理作为知识经济条件下，从数字化、信息化和网络化环境中孕育而形成的一种新的管理模式，作用于数据、信息和知识的生产、存储、分享与使用活动过程的始终，最终目的是推动知识的创新。而知识的创新，是在知识不断积累、传播与共享的基础上不断追求的新发展，找寻的新认知，探索的新规律，创立的新学说。通过对知识活动过程与活动要素进行管理，支撑知识创新，服务科学政策的制定与实施，是知识经济时代知识管理发展的要务。

在知识的生产、存储、分享与使用活动中，科学文献是记载、表达与传承知识的最有效手段，伴随着科研活动和知识管理的发展，其作用越来越大。

在科学文献构成的学术传播体系中，科学知识依赖各种各样的科学文献传播，在传播要素之间的相互影响及交互作用下，促使科研人员快速、高效地分享与传播研究成果，并在由传播要素组成的协同竞争的循环信息链支撑下促进了知识的增长、知识交叉融合与新知识的创造。

因此，在知识经济时代，随着科学发展中知识创新作为国家战略核心定位的强化，通过科学文献传播网络生成与演变进行研究，探寻科学知识传播的方式和隐含的规律，发现知识传承、交融与新知识衍生的特点和路径，既是深入揭示科研活动中知识创新内在机理需要的驱动，也是丰富知识管理中知识生产、存储、分享与使用等理论并提高知识服务效果需求的驱动。

二　科学知识传播数字化与网络化交互促进的推动

科学知识的传播既需要传播要素的内在支撑，又受到科研活动要素的外在影响。互联网和计算机技术的飞速发展，一方面，通过变革传播要素及其支撑作用使得科学文献传播逐渐实现了数字化加工与存储，以开放存取（Open Access，简称 OA，以下同）、商业数据库、个人网页、移动终端等多样化途径传播，突破了原有的出版者掌控的以“本”为单位载体传递的局限，并形成以单“篇”科学论文为单位、多点揭示信息特征与知识内容、多种链接关系交互的知识传播和交流新形态。在传播过程中，促使科学文献传播要素之间相互作用形成了关联交错的网状节点式的传播网络，也改变着知识的创造、分发、使用方式以及文献传播效果。另一方面，科研活动在数字化与网络化等新的技术支持下，活动的主体之间可即时实现网络化相连，活动的过程与内容可随时实现数字化记录及存储，活动中所需的知识分享与利用可以多线程并列式地进行、所依托的知识交流与传播途径可以社交模式多元化地开展，进而对科研活动的认识过程与结果产生着深刻的影响。

科学知识传播的数字化与网络化交互促进的发展，挑战了原有的科学知识传播体系，推动着传播体系研究层次和范畴的更新与变化，迫使科学文献传播网络的研究必须逐渐从文献走向信息，并向以数字化、网络化为中心转移，突破原有的以科学知识传播流程与要素特征提取为主要研究的局限。在新的发展态势下，针对传播知识的过程中，传播要素是如何关联作用的，所构成的科学文献传播网络是如何生成与怎样变化的，可以体现出哪些知识传播的特点，进一步可以挖掘出哪些科学发展的动态等问题，由此开展系统而深入的研究，是支撑科学文献传播研究与应用发展的理论方法顺应时代变革与技术推动的需求，这也是科学知识传播体系面向未来生存与发展的必然选择。

三　科技数据源不断丰富与数据处理技术有效应用的支撑

科学传播网络是由传播要素相互关联而形成的，有多种关联状态并形成不同的网络类型。而要素之间的关联既有显性的也有隐性的，需要从表达知识的文献特征中提取或者挖掘出来，关联强度的测算也需要大量的数据与算法来支撑，演化模型的构建与实证分析等都需要建立在大规模的数据采集、数据集成与数据挖掘基础之上。所以，要针对科学传播网络进行演化及其影响因素研究，需要有相关数据资源、数据处理技术方法的支撑。

如今，用以记录与存储的数据资源不断地增加，不仅有单一的电子化文献数据资源，例如各种图书、期刊、报告、专利、网页资源等，而且有集成的电子化文献数据资源，例如将题录、文摘与全文加以整合的科睿唯安的引文索引（Web of Science，简称 WoS，以下同）、知网（简称 CNKI，以下同）、工程索引（简称 EI，以下同）、万方数据等文献数据库资源。同时，还有社交媒体平台数据源、用户内容生成数据源等。这些资源是反映科技文献传播状态的数据来源与揭示科技文献传播网络演化及其影响效果的载体支撑。

随着数据采集、数据挖掘等数据处理技术的不断发展，从大量的科学数据源和文献数据库中获取表示科学知识传播的知识要素，并对其进行集成加工、分类、聚类、主题提取与关联规则发现等处理成为可能。同时，许多软件工具功能的不断完善与日益普及，使课题研究的可行性得到支持和保障，如：用于科学文献要素之间关联分析软件（Bibexcel、Ucinet 等），支撑模型构建和仿真模拟实现软件（Matlab、Simulink 等），大规模实证分析编程软件（Python、R 语言等）。

由上，以知识为基础的经济新形态改变着人类社会的方方面面，促进科学技术的快速发展，使科学活动处于数据与知识密集型的科研生态中，使科学知识传播处于数字化与网络化传播态势中，使原有的各种传播要素难以连接的以“本”为单位传播的科学文献传播模式得以改变。如今，借助于各种数据源与数据库的支撑，表达科学知识的文献传播要素可以通过各种方式建立关联并连接起来，进而可被构建成不同的科学文献传播网络。通过网络节点方式以知识点或者以篇为单位传播科学知识并反映科研活动和科学发展过程，成为科学文献传播的新模式。那么，站在科研管理、学术传播、知识管理与知识服务的角度看，为了适应社会发展的需求，为了解读新的现象与阐释新的特点及规律，需要对科学文献传播网络在数字化与网络化传播状态下涌现的新问题进行探索研究。

人类与自然的发展都是由进化而来的，适者生存、物竞天择是进化论的核心思想。在科学研究发展的生命周期阶段中，表达科学研究的知识单元或者知识载体同样会在择优汰劣、不断调节相互之间及其与环境的关系中进行重组和变化。具体到构成的科学文献传播网络中，通过各个传播要素与知识点、知识点与知识体系之间的繁衍与进化，支撑知识单元沿着多个节点交互传递与扩散，使科学知识得以传播、分享与利用。

那么，伴随着知识经济与大数据的快速发展，在科研活动与知识管理多元需求的驱动下，在科学知识传播数字化和网络化交互促进的推动下，在科技数据源不断丰富与数据处理等技术有效应用的支撑下，科学文献传播网络中各个传播要素的属性特征、行为模式、要素之间的关联作用与发展路径如何？在传播过程中，科学文献传播网络是如何演变并进而揭示哪些科学发展脉络、衍生与嬗变的规律？科学文献传播演变的影响及应用效果如何？是本书研究所要解决的主要问题。

第二节 国内外的相关研究

为比较全面地掌握国内外相关研究的现状，本书综合利用知网、爱思唯尔核心产品（Elsevier Science Direct）、施普林格（Springer Link）及谷歌学术（Google Scholar）等文献数据库进行检索。同时，在对检索文献主题分布统计的基础上，对本书主要涉及的“科学文献传播”“科学文献传播网络”和“知识进化”等相关研究做梳理与总结。

一 科学文献传播

印刷术的发明与应用，使文献传播进入新的历史时期。以纸媒为载体的文献，记录方式由手工抄写发展到活字印刷再发展到目前的电子排版印刷，传播渠道由原来的人际传播转向了公共渠道、市场渠道传播，并以图书馆、档案馆、文献情报中心作为公共传播及各种数据库服务机构等作为商业渠道的中介，进行着文献的收集、整理、加工、分发、传递，文献传播方式已经从原来单一的人际传播方式转变为组织传播和大众传播方式。

科学文献是记录科学知识或信息的一切载体。本书所研究的科学文献主要是指借助计算机技术记录、储存、传递、检索和浏览信息的并以电子形式存在的文献。科学文献传播是指在一定的社会条件下产生于人与人之间的一种文献互动过程，是文献及其知识内容在社会中的传递、交换和共享，是使文献信息化、实现文献资源效能的过程。作为学术传播体系中重要形式的科学文献传播，使表达与反映科学活动和成果的知识得以被人类认知、传播、分享与利用。由此，基于科学文献传播的研究有利于弄清楚知识的创造、分发、使用方式，发现内在的特点和规律，进而挖掘出科学发展的热点、状态与趋向等。

关于科学文献传播方面的研究，从基于印刷型载体的传统学术传播到网络环境下的现代学术传播，学术界给予了不断的关注。在早期的5W传播模式、米哈依洛夫科学交流模式、兰开斯特知识交流模式的研究基础上，许多学者探讨了传播模式的改进及特点等。如：博克里斯特·比约克（Bo-Christer Björk）以企业流程再造方法函数建模的集成定义（Integration Definition For Function Modelling，IDEF0）建模语言为工具，按照交流过程的逻辑关系和层次结构，详细地分析了交流过程中各个详细环节与要素①；索尼娅·什皮拉内克（Sonja Špiranec）等研究评论了Web2.0对传统与已有科学交流结构的挑战，并通过探讨Web2.0原则（协作、集体验证、获取和生产信息）应用于科学工作的可能性，证实新的传播和协作工具加速了科学研究的传播，使得科学信息空间在Web2.0环境中得以创建②；格尔基·巴菲（Gyorgy Baffy）等指出开放获取模式与在线技术提供的机会增强了科学出版的传统任务，需要开发集成发现服务并建立全球公平的学术交流③；燕金伟等根据学术传播的发

① Bo-Christer Björk, "A Model of Scientific Communication as a Global Distributed Information System", University of Cambridge, November2007, http://informationr. net/ir/12-2/p307. pdf.

② Sonja Špiranec, Ana Babić and Ana Lešković, "New Access Structures to Scientific Information: The Case of Science 2.0", in Hrvoje Stančić and Sanja Seljan, et al., eds., *INFuture 2009: The Future of Information Sciences-Digital Resources and Knowledge Sharing*, Odsjek za Informacijske Znanosti, 2009, pp. 451—460.

③ Gyorgy Baffy, Michele M. Burns, Beatrice Hoffmann, et al., "Scientific Authors in a Changing World of Scholarly Communication: What Does the Future Hold?", *The American Journal of Medicine*, Vol. 133, No. 1, January 2020, p. 26—31

展变迁，分析了各学科专业学会、协会、出版发行商、文摘索引商、检索服务商、图书馆等面临的挑战，探讨基于网络的学术传播模式及发展趋势[①]；潘亚莉等认为文献传播从金石时代的个体传播、印刷时代的小众传播、媒体时代的大众传播，直到网络时代的全民传播，是一个悠久的、叠加的、递进的发展进程，并在相互作用中使学术研究范式发生了颠覆性的变化[②]；周维彬等通过调研得出学术文献传播经历国际化、网络化和中心化的演变，是版权保护国际化、媒介力整合驱动的市场竞争、互联网技术的广泛应用和平台战略驱动等各种社会进程交互作用的结果，学术文献的开放获取也正在急剧地向中心化平台模式演进[③]；包红梅认为在新媒体环境下，科学传播呈现传播主体多元化与平民化、传播内容碎片化与个性化、传播受众自主化与社群化等特征[④]；邓履翔基于内容角色转变视角，从用户特点、内容生产方式、出版技术、传播技术（工具）、商业模式等方面探讨学术期刊出版的变化及其学术传播方式的特点[⑤]。

随着科学文献在网络中传播的快速发展，学术界针对变化的科学传播模式构成及其影响开展研究。如：黛安娜·尼尔森（Dianne Nelson）通过对西英格兰大学的电子期刊使用情况以及学术界对电子期刊态度进行了调查报告，结果显示学术界对电子期刊的兴趣度和接受度都较高，但是使用程度有限[⑥]；蒂莫西·布罗迪（Timothy Brody）在对 OA 相关研究及其对作者行为影响的调查，发现作者自存档论文的引文多出 50%—250%，网络预印本大大降低了引文速度峰值，从一年到几乎即时都有[⑦]；瑞克·邦尼（Rick Bonney）等研究表明公民科学在数据收集与处理的科学传播中提高了公众对科学研究多样性

---

① 燕今伟、刘峥：《网络环境下学术信息传播的变革》，《情报理论与实践》2004 年第 2 期。

② 潘亚莉、李良玉：《文献传播形式变迁与学术研究范式的嬗变》，《图书馆论坛》2018 年第 12 期。

③ 周维彬等：《学术文献传播的中心化趋势及其挑战研究》，《新世纪图书馆》2020 年第 8 期。

④ 包红梅：《新媒体环境下的科学传播研究》，《内蒙古社会科学》2020 年第 41 期。

⑤ 邓履翔：《学术传播视角下学术期刊内容角色转变》，《中国科技期刊研究》2021 年第 12 期。

⑥ Dianne Nelson, "The Uptake of Electronic Journals by Academics in the UK, Their Attitudes Towards Them and Their Potential Impact on Scholarly Communication", *Information Services and Use Archive*, Vol. 21, No. 3/4, December 2009, p. 212.

⑦ Timothy Brody, "Evaluating Research Impact through Open Access to Scholarly Communication", *University of Southampton*, Vol. 33, No. 9, May 2006, pp. 176—183.

的认识，为参与者的爱好提供更深层次的意义[①]；萨拉·安乔斯（Sara Anjos）等研究认为科学传播研究人员和从业者之间的合作可有利于科学公共关系，其中实践社区有着重要的作用[②]；贾二鹏在对Web2.0环境下科学交流环境和模式改变及特点分析基础上，认为可从提高内容的正确性、激发交流的积极性和形成虚拟社区三个方面分析Web2.0非正式学术交流的效果[③]；周城雄等研究认为C2C文档网站对于学术文献传播在增加传播途径、扩大传播文献范围、降低知识传播成本、提高知识生产者收益、增强文献传播市场竞争等方面产生影响[④]；魏林等在对构成要素和过程模型具体分解构建了OA（开放获取）式科学交流系统模型，并阐述模型中各个过程与不同角色的作用及其模型的特色[⑤]；卢群等通过问卷调查得出在新媒体改变科技期刊学术传播中，微信平台使用功能较好且用户活跃度较高，具有传播应用优势[⑥]；王曰芬等将传播学与知识进化理论相结合，探究网络环境下科学文献传播模式，构建基于传播学的科学文献传播网络，进而提出基于知识进化的科学文献传播网络演变机制，并针对科学文献在网络环境下传播交互作用形成的网络进行分析与研究[⑦]；闵超等从联系的视角观察科学知识产出，通过被引、引用、文献耦合与共被引等文献关系为单篇论著构建引文扩散网络，提出“文献嵌入网络”的概念、测度方式并分析其在引文扩散过程中起到的特殊作用[⑧]。

综上所述，关于科学文献传播的相关研究，国内外学者主要集中在综合

① Rick Bonney, Tina Phillips, Heidi L. Ballard, et al., “Can Citizen Science Enhance Public Understanding of Science?”, *Public Understanding of Science*, Vol. 25, No. 1, January 2016, pp. 2—16.

② Sara Anjos, Pedro Russo and Anabela Carvalho, “Communicating Astronomy with the Public: Perspectives of an International Community of Practice”, *Journal of Science Communication*, Vol. 20, No. 3, June 2021, pp. 1—20.

③ 贾二鹏：《Web2.0对科学交流的影响及效果分析》，《情报探索》2009年第7期。

④ 周城雄、赵兰香：《学术文献传播的全新途径：C2C文档交流网站及其影响》，《科学学与科学技术管理》2010年第4期。

⑤ 魏林、万猛、金学慧：《开放存取式科学交流系统模型研究》，《出版科学》2011年第5期。

⑥ 卢群、张鹏、李烨：《科技期刊学术传播与用户使用习惯调查与分析》，《中国科技期刊研究》2020年第5期。

⑦ 王曰芬、丁玉飞、刘卫江：《基于知识进化视角的科学文献传播网络演变研究》，《情报资料工作》2016年第2期。

⑧ 闵超、张帅、孙建军：《科学文献网络中的引文扩散——以2011年诺贝尔化学奖获奖论文为例》，《情报学报》2020年第3期。

研究网络环境下传播与传统的差异，重点研究基于网络的新媒体或新形态传播的特点、模式、机制与传播效果、网络模型构建等。上述众多研究成果无疑为科学文献传播过程中传播要素的交互作用、所形成的各种传播网络及其构建、演变研究中探索新问题、解决新需要奠定了基础。

二　科学文献传播网络

科学文献传播过程也是知识传播的过程，网络环境下知识单元之间的衔接构成了不同的知识网络。例如，以传播要素属性作为知识单元，以知识单元之间的相互关联与衔接关系作为纽带，可构建基于合作关系的作者、机构的科学合作网络，以传播主体、传播媒介与传播内容表达的知识之间的从属关系，可构建基于共现关系的关键词、作者—关键词、机构—关键词和期刊—关键词的共词网络。作为面向不同分析目标的表现形式，本书主要归纳与总结“知识网络”“科学合作网络”“共词网络”与“引证网络”等相关研究的现状。

（1）知识网络

科学文献作为传播载体蕴含了丰富的科研成果，科学家用文字重构所发现的客观规律，并以科学文献的方式呈现出来，而科学文献中的相关内容形成了复杂的知识网络。知识网络指的是知识及信息单元之间按某种关联构成的一类网络。在知识传播、知识管理等领域，知识网络主要是面向科学研究活动中的知识、知识活动者及其关系。

在国外发表的关于知识网络研究成果数量比较多，分布在不同学科，涉及的对象范围比较广泛，如：朱莉娅·布伦内克（Julia Brennecke）等将知识要素之间的联系构成的知识网络和由发明人之间的互动构成的社会网络中的特定知识元素联系起来，研究这种联系如何影响发明家在与工作相关的建议网络中的受欢迎程度和活动，并通过多层次指数随机图模型（ERGM）分析得到来自企业知识网络的不同知识维度以独特的方式塑造了发明人之间的建议转移[①]；科斯塔斯·亚历山大（Kostas Alexandridis）等通过对两个案例研究的主题知识话语利用潜在语义索引分析构建语义知识网络，发现环境知识的

① Julia Brennecke and Olaf Rank, “The Firm's Knowledge Network and the Transfer of Advice Among Corporate Inventors-A Multilevel Network Study”, *Research Policy*, Vol. 46, No. 4, February2017, pp. 768—83.

结构网络特征可以指数预测知识类别之间的关联，连通性对当地社区内知识的获取、表达和传播模式起着关键作用，知识的核心社会生态属性遵循无标度、幂律分布和稳定、均衡的网络结构①；马克·汉娜（Mark A. Hannah）等研究表明对知识网络（通过共同知识联系起来的人）的网络分析提供一个更好地理解和应对组织环境中知识整合挑战的机会，而不是分析社会网络（通过沟通联系起来的人）。知识网络是帮助团队成员了解跨学科和子专业整合知识可能性的有用工具，而且所产生的视觉效果也可以用于开发研究问题和制定工作流程②；久尔吉卡·武基奇（Đurđica Vukic）等研究提出由多层网络及其两个投影构成的一个多维知识网络（MKN），每个网络层构成数据库领域内的事实、概念、程序或元认知知识。在 MKN 层中，节点由概念或知识单元、边缘由经过加权的认知学习水平组成。进而通过学习领域的实证研究了概念在知识获取的主导作用以及如何对社区、分类系数和 MKN 层之间重叠的分析而更好地构建知识③；弗朗西斯科·卡彭（Francesco Capone）等为调查知识网络（城市区域内和城市区域之间）的结构对城市的创新能力的作用，分析了城市产业结构的多样性和多样性对当地知识网络的影响④。

在国内，不同学科领域相关的研究也是十分踊跃，如：马费成等全方位地探究我国经济学的知识结构网络及其演化⑤；司月芳等从 WoS 数据库筛选出 2014—2015 年全球高被引华人科学家，构建基于合著论文高被引华人科学家之间的知识网络，借助社会网络分析方法从地理邻近性、社会邻近性、制度邻近性 3 个维度对高被引华人科学家知识网络的空间结构进行分析，并探

① Kostas Alexandridis, Shion Takemura, W Alex Webb, et al., "Semantic Knowledge Network Inference Across a Range of Stakeholders and Communities of Practice", *Environmental Modelling & Software*, Vol. 109, No. 11, November 2018, pp. 202—222.

② Mark A. Hannah and Michael Simeone, "Exploring an Ethnography-Based Knowledge Network Model for Professional Communication Analysis of Knowledge Integration", *IEEE Transactions on Professional Communication*, Vol. 61, No. 4, December 2018, pp. 372—388.

③ Đurđica Vukić, Sanda Martinčić-Ipšić, Ana Meštrović, "Structural Analysis of Factual, Conceptual, Procedural, and Metacognitive Knowledge in a Multidimensional Knowledge Network", *Complexity*, No. 1, March 2020, pp. 1—17.

④ Francesco Capone, Luciana Lazzeretti, Niccolò Innocenti, "Innovation and Diversity: the Role of Knowledge Networks in the Inventive Capacity of Cities", *Small Business Economics*, Vol. 56, No. 14, 2021, pp. 773—788.

⑤ 马费成、刘旻游：《知识网络的结构、演化及热点探测——CSSCI（1998—2011）经济学文献计量分析》，《情报科学》2014 年第 7 期。

讨高被引华人科学家知识网络的影响机制①；曹兴等通过对新兴技术流动路径、路径数量的激增和方向的分散等分析，发现企业和地区知识网络跨界融合的涌现的特点②；王颖等提出基于全文知识网络的学术资源关联发现方法，设计全文知识网络的模型和构建流程，并利用 Sparql 查询和 RelFinder 可视化工具从数字资源层、知识单元层和知识对象层三个层次开展关联发现实验③；刘耀等提出结合推理知识的概念知识网络和融合篇章结构的知识网络构建方法，并实现一种能够融合节点语义、拓扑结构以及类别标签信息的网络表示学习模型，以充分挖掘并表示文本的语义及结构信息④。

（2）科学合作网络

随着科学技术与经济的快速发展，科学合作的迅猛增长引起了众多国外学者们的注意，并由此构建基于作者或机构之间合作关系的网络，可称之为科学合作网络。科学合作网络是描述作者或机构之间科学合作关系的网络，通常把每个作者或机构定义为单个节点，如果两个作者或机构有合作关系，则这两个节点之间存在着连接。科学合作网络是一类重要的社会网络，已经广泛地被用来判定科学合作的结构以及单个研究者的地位，网络节点在合作网络中所处的位置体现了对相应研究领域的影响程度。

在国外科学合作网络的研究主要涉及以下几个方面：1）科学合作网络模型与分析框架，如：克里斯托弗·沃茨（Christopher Watts）等提出一个通过科学文献来进行知识寻求和集体学习的 Agent 模型⑤；何冰（Bing He）等提出了一个基于主题模型从中观视角分析科学合作网络中跨学科协作框架，并设计实现分集子图提取（dse）和基于约束的分集子图提取（cdse）两种算法⑥；德米特罗·兰德（Dmytro Lande）等基于一个异构信息网络模型提出了

① 司月芳、孙康、朱贻文等：《高被引华人科学家知识网络的空间结构及影响因素》，《地理研究》2020 年第 12 期。

② 曹兴、孙绮悦：《新兴技术知识网络跨界融合的机理与实证研究》，《科学学研究》2021 年第 5 期。

③ 王颖、于改红、谢靖：《基于全文知识网络的学术资源关联发现实践》，《情报科学》2021 年第 8 期。

④ 刘耀、张越、叶璐：《融合篇章结构的文本知识网络构建》，《图书情报工作》2021 年第 21 期。

⑤ Christopher Watts and Nigel Gilbert，"Does Cumulative Advantage Affect Collective Learning in Science? An Agent-Based Aimulation"，*Scientometrics*，Vol. 89，No. 1，2011，pp. 437—463.

⑥ Bing He，Ying Ding，Jie Tang，et al.，"Mining Diversity Subgraph Inmultidisciplinary Scientific Collaboration Networks：A Meso Perspective"，*Journal of Informetrics*，Vol. 7，No. 1，January 2013，pp. 117—128.

一种用于科学家和出版物之间链路预测的元路径计算预测（MPCP）算法，以预测科学家间的合作[①]；2）科学合作网络演变及应用，如：马特乌斯·维亚纳（Matheus P. Viana）等采用增量方式对合作网络随时间的动态变化进行了分析[②]；迈特·佩拉乔（Maite Pelacho）等通过研究合著关系和由此产生的合作网络，根据编码科学家之间关系的图的性质来研究公民科学的扩展和演化[③]。3）科学合作的倾向性与合作网络的影响及效果，如：特图·卢克宁（Terttu Luukkonen）等研究国际合作宏观数据的解释，分析国家在国际合著率、国家间国际科学合作网络以及科学领域国际合作模式方面的差异，并观察到认知、社会、历史、地缘政治和经济因素是影响合作模式的潜在决定因素[④]；苏米娅·班纳吉（Soumya Banerjee）以 Mendeley 科研合作网络为数据集分析国家集群的合作特征，发现由发达国家主导的一些集群，与其他国家相比，这些国家拥有更多的自我联系。而由贫穷国家主导的另一个集群，这些国家中大多与其他国家有联系和合作，但自我联系较少。而且，这些合作行为模式可能反映了过去的外交政策和当代地缘政治[⑤]；法哈德·沙巴（Fahad Sabah）等通过对 Scopus 上 1996 年至 2010 年间的巴基斯坦顶尖研究机构的出版书目数据进行研究，发现通过其出版物每篇论文的累积来源标准化影响来衡量，科学合作对机构绩效有积极影响，同时科学成果的平均质量是最常与大学合作强度呈正相关的变量[⑥]；全现柱（Hyeon-Ju Jeon）等在嵌入合作模式的基础上根据协作风格对学者进行聚类，分析每个学者的合作作者网络的子结构，使用定量指标检验每个集群中的学者是否具有相似的研究绩效，研究

---

① Dmytro Lande, Minglei Fu, Wen Guo, et al., "Link Prediction of Scientific Collaboration Networks Based on Information Retrieval", *World Wide Web*, Vol. 23, No. 4, July 2020, pp. 2239—2257.

② Matheus P. Viana, Diego R. Amancio and Luciano da Fontoura Costa, "On Time Varying Collaboration Networks", *Journal of Informetrics*, Vol. 7, No. 3, April 2013, pp. 371—378.

③ Maite Pelacho, Gonzalo Ruiz, Francisco Sanz, et al., "Analysis of the Evolution and Collaboration Networks of Citizen Science Scientific Publications", *Scientometrics*, Vol. 126, No. 4, January 2021, pp. 225—257.

④ Terttu Luukkonen, Olle Persson and Gunnar Sivertsen, "Understanding Patterns of International Scientific Collaboration", *Science, Technology, & Human Values*, Vol. 17, No. 1, January 2016, pp. 101—126.

⑤ Soumya Banerjee, "Analysis of a Planetary Scale Scientific Collaboration Dataset Reveals Novel Patterns", in Paul Bourgine, Pierre Collet and Pierre Parrend, eds., *First Complex Systems Digital Campus World E-Conference 2015*, Springer Proceedings in Complexity, Springer, Cham, 2017, pp. 85—90.

⑥ Fahad Sabah, Saeed-UI Hassan, Amina Muazzam, et al., "Scientific Collaboration Networks in Pakistan and Their Impact on Institutional Research Performance: A Case Study Based on Scopus Publications", *Library Hi Tech*, Vol. 37, No. 1, March 2019, pp. 19—29.

发现合作模式可以反映学者的研究风格，进而能够更准确地预测研究绩效[①]。

在国内的研究主要集中于科学合作网络的实证研究，如：侯海燕等运用信息可视化技术等新兴科学计量学方法，对 1978 年至 2007 年中国科学计量学家在科学计量学杂志 *Scientometrics* 上发表的全部论文进行分析[②]；王贤文等基于 WoS 中的引文数据库，分析了中国 357 家主要科研机构的论文合作网络[③]；潘有能等以普赖斯奖得主为研究对象，运用社会网络分析法研究该获奖群体间的科学合作网络，发现增强科学合作对提高论文数量和 h 指数有积极影响[④]；刘亮等提出基于子图结构对等的科学家合作模式，并应用于复杂网络领域科学家合作网络角色分析中，依据科学合作特性不同点位分为核心、中介和边缘三类角色，从而在深层次上有效区分个体科学家的合作行为的差异性[⑤]；刘凤朝等以纳米技术专利为数据来源，从优先连接的角度分析了合作网络演化的内部驱动因素，发现基于中间中心性的优先连接对自身和新增合作者的创新绩效具有正向促进作用[⑥]；杨靓等分别以 WoS 和德温特数据库为来源构建企业科学合作网络和衡量企业的创新绩效，并进行匹配分析，研究了中国新能源产业科学合作网络关系对企业技术创新绩效的影响[⑦]。

（3）共词网络

相关事物通常会同时出现，同时出现的事物往往也具有一定相关性。两个或更多关键词在同一篇文献中同时出现称为关键词共现，共现的关键词之间必定具有一定的关系。基于这种词共现关系的研究对于揭示和挖掘隐性关联知识方面有着重要的意义。

针对共词网络构建、属性及其应用的研究，如：邱婉莹（Wanying Chiu）

---

① Hyeon-Ju Jeon, O-Joun Lee and Jason J. Jung, "Is Performance of Scholars Correlated to Their Research Collaboration Patterns?", *Frontiers in Big Data*, Vol. 2, No. 39, November 2019, pp. 1—10.

② 侯海燕、刘则渊：《中国科学计量学国际合作网络研究》，《科研管理》2009 年第 3 期。

③ 王贤文、丁堃、朱晓宇：《中国主要科研机构的科学合作网络分析》，《科学学研究》2010 年第 2 期。

④ 潘有能、谭健：《普赖斯奖得主的科学合作网络研究》，《图书情报工作》2012 年第 16 期。

⑤ 刘亮、韩传峰、缪莉莉：《基于子图结构对等的科学家合作网络角色辨识》，《科学学研究》2013 年第 8 期。

⑥ 刘凤朝、张娜、孙玉涛：《基于优先连接的纳米技术合作网络演化研究》，《管理评论》2016 年第 2 期。

⑦ 杨靓、德明、邹思明等：《科学合作网络、知识多样性与企业技术创新绩效》，《科学学研究》2021 年第 5 期。

等为了利用网络的结构特征识别领域的重要主题，研究提出一种基于共词网络的加权随机游走方法，并将该方法的结果与频率和点中心性 2 个常见指标之间的关系进行比较[①]；马斯坎·加格（Muskan Garg）等为使用单词共现网络进行非语义和无监督的主题识别，通过使用有向和加权的单词共现网络来保留词汇序列识别关键短语。同时，利用 AHP（层次分析法）对这些关键短语进行排序，并考虑单词共现网络的四个重要属性[②]；在同年，马斯坎·加格等研究微博的单词共现网络（WCN）并分析该网络的多个关键参数，以揭示隐藏的模式[③]；玛丽·卡素来（Marie Katsurai）等提出一个新的凸优化框架，将动态共词网络构建的矩阵分解为光滑部分和稀疏部分，以有效地从学术论文集合中的单词共现映射知识结构用于洞察任意研究领域中的主题演变[④]；阿尔乔姆·楚玛琴科（Artem V. Chumachenko）等以物理学为例，基于公开可信任的概念（术语）本体系统，对两两概念在学科文献集合上的共现关系计算归一化互信息距离，引入物理学中用于测度物理接近性和星系距离的 FOF（Friends-of-Friends）算法，将距离小于给定阈值参数的概念划分到同一主题中，并对主题作进一步层次聚类和最小生成树处理，以可视化揭示主题的内部关联结构和演变[⑤]；

在国内，相关研究主要以共词网络构建及其应用为主，如：程齐凯等将共词网络中社区的主题演化分为产生、消亡、分裂、合并、扩张与收缩 6 种类型，并利用 Z-value 算法和社区相似度算法构建基于共词网络的科研主题演化分析框架[⑥]；柴立和等将知识系统中文献里的关键词作为组元构建共词网

---

① Wanying Chiu, and Kun Lu, "Random Walk on Co-Word Network: Ranking Terms Using Structural Features", ASIST'15: Research in and for the Community, St. Louis Missouri, United States, November 6 – 10, 2015.

② Muskan Garg and Mukesh Kumar, "Identifying Influential Segments from Word Co-occurrence Networks Using AHP", *Cognitive Systems Research*, Vol. 47, No. 1, January 2018, pp. 28—41.

③ Muskan Garg and Mukesh Kumar, "The Structure of Word Co-Occurrence Network for Microblogs", *Physica A: Statistical Mechanics and its Applications*, Vol. 512, December 2018, pp. 698—720.

④ Marie Katsurai and Shunsuke Ono, "TrendNets: Mapping Emerging Research Trends from Dynamic Co-Word Networks via Sparse Representation", *Scientometrics*, Vol. 121, No. 3, December 2019, pp. 1583—1598.

⑤ Artem V. Chumachenko, B. G. Kreminskyi, Iu L. Mosenkis, et al., "Dynamics of Topic Formation and Quantitative Analysis of Hot Trends in Physical Science", *Scientometrics*, Vol. 125, No. 9, July 2020, pp. 739—753.

⑥ 程齐凯、王晓光：《一种基于共词网络社区的科研主题演化分析框架》，《图书情报工作》2013 年第 8 期。

络，以解构知识系统骨架，并基于共词网络的构型演化和连接度分布等对知识系统的演化进行分析，揭示共词网络是科学交流过程中形成的网络，而知识系统具有自组织生成、构建和演化的基本规律①；陈慧茹等研究政策属性与关键词权重在网络分析中的影响和作用，结合扎根理论词频分析和政策测量方法，并利用改进的 Ochiia 系数得出双重加权结构的关键词共词矩阵（全局权重）并构建共词网络，进而分析了自主创新示范区科技创新政策的现状和不足②；蔡永明等从共词网络特征向量分析角度修改 LDA 模型，结合社交网络社区发现技术，提出 CA－LDA 模型（Latent Dirichlet Allocation Model with Co-word network Analysis），控制词汇主题分配，考虑词汇搭配关系，降低了词汇矩阵稀疏性，提高了具有相同搭配关系词汇划分在同一主题下的概率③；刘自强等研究提出时序共词网络构建及其动态可视化方法，通过利用关键词的时间标签及其共现关系构建时序共词网络邻接表单数据，基于可视化方法构建时间分层的共词网络图谱，并结合交互式可视化技术实现时序共词网络的动态可视化，以有效揭示共词网络的动态演变过程④。

（4）引证网络

引证网络是指由各种科学文献中的引证关系构成的网络，包括直接引证网络（有向）、共被引（Co-Citation）网络（无向）以及共引（亦作文献耦合，Bibliographic Coupling）网络（无向），引证网络分析在科学学与科学计量学中有着重要的作用，尤其是在开展学科主题探测与演化分析时⑤，可借助于引证网络中子路径依赖的引证链或引证耦合关系来判断学科研究主题之间的关系及其变化。

从用于引证分析的视角，现有的研究将引证网络分为无加权引证网络、加权引证网络和引证级联网络等类型。首先，关于无加权引证网络及其分析

---

① 柴立和、槐翠倩：《基于共词网络的哲学和科学视角：知识系统作为典型复杂系统的演化》，《系统科学学报》2016 年第 4 期。

② 陈慧茹、肖相泽、冯锋：《科技创新政策加权共词网络研究——基于扎根理论与政策测量》，《科学学研究》2016 年第 12 期。

③ 蔡永明、长青：《共词网络 LDA 模型的中文短文本主题分析》，《情报学报》2018 年第 3 期。

④ 刘自强、岳丽欣、许海云等：《时序共词网络构建及其动态可视化研究》，《情报学报》2020 年第 2 期。

⑤ Henry G. Small，“Update on Science Mapping：Creating Large Document Spaces”，*Scientometrics*，Vol. 38，No. 2，February 1997，pp. 275—293.

中，如：刘婷（Ting Liu）等以网络嵌入视角下的开放创新学科领域为例，基于共被引（Co-Citation）网络，通过 CiteSpace 工具构建文献篇章、著者、机构、国家和关键词等的关联图谱，由此分析领域主题及其演化①；侯剑华（Jianhua Hou）等基于 CiteSpace 工具对情报学科 10 本重要期刊自 2009—2016 年间的文献共被引网络进行聚类分析，由此识别学科主题，通过工具内置的潜在语义分析（LSI）和对数似然率（LLR）算法提取主题类别标签，并结合他们早期有关 1996—2008 年情报学科主题演化分析研究进行对比分析②；王伟等在引证网络基础上，引入重叠社区发现算法，对图书情报学科进行主题社团发现，进一步基于文献标题通过短文本主题模型对社团进行主题语义归纳和表征，并重点通过重叠节点测度，分析学科不同主题之间的知识流动③；赵红等基于 WoS 数据库采集社交商务领域 2005—2017 年文献题录数据，在文献外部特征计量分析基础上，重点基于 CiteSpace 进行共被引网络构建和时序聚类分析，识别了该领域的主要研究主题及主题间的演化趋势④。其次，为了将引证行为中更重要文献或者更相关文献凸显出来，以避免忽略被引文献对施引文献的异质贡献的不足，学者们开展了对引证网络的加权及其验证研究，如：弗朗西斯科·亚历山德罗·马苏奇（Francesco Alessandro Massucci）等开展有关被引文献对施引文献的异质贡献（或影响）测度这个科学计量学领域重要问题的研究⑤；刘向等通过网络演化模型仿真与实际引证数据的比较，以 Cell 旗下期刊文献引证网络为例，分析引证连接关系形成的两种动力机制——度择优和时间优先，认为科学引证网络是两种机制的之间的平衡状态⑥；段庆锋等将三角结构引证关系作为内生性结构趋同解释变量，将同来源

① Ting Liu and Liu Tang, "Open Innovation from the Perspective of Network Embedding: Knowledge Evolution and Development Trend", *Scientometrics*, Vol. 124, No. 2, May 2020, pp. 1053—1080.

② Jianhua Hou, Xiucai Yang, Chaomei Chen, "Emerging Trends and New Developments in Information Science: A Document Co-Citation Analysis (2009—2016)", *Scientometrics*, Vol. 115, No. 1, March 2018, pp. 869—892.

③ 王伟、杨建林：《基于引文网络重叠社团发现的图书情报领域学科主题结构分析》，《情报学报》2020 年第 10 期。

④ 赵红、孙倬、张莎等：《基于文献计量分析的社交商务研究脉络与热点演化》，《管理学报》2019 年第 6 期。

⑤ Francesco Alessandro Massucci and Domingo Docampo, "Measuring the academic reputation through citation networks via PageRank", *Journal of Informetrics*, Vol. 13, No. 1, February 2019, pp. 185—201.

⑥ 刘向、马费成：《科学知识网络的演化与动力——基于科学引证网络的分析》，《管理科学学报》2012 年第 1 期。

期刊、同作者组织、地缘相近等分别作为内生文献载体同配、内生组织同配和地理空间同配解释变量，将文献引证频次影响力作为控制变量，基于指数随机图模型，以图书馆与情报学领域文献引证网络为例，实证验证了相关变量显著促成二元引证关系[①]。最后，关于引证级联网络分析，如：黄永（Yong Huang）等认为已有引证分析研究大多基于引证频次，或引入 PageRank 影响力等对引证频次进行加权，且大多是网络视角的测度与分析，忽略了引证关系所蕴含的更复杂更高代次（generation）的结构信息。他们由此引入引证级联（Citation Cascades），用以刻画目标文献与引用目标文献的其他文献的关系以及这些施引文献之间的关系，构建目标文献的局部引证级联网络[②]；闵超（Chao Min）等以美国物理学会系列期刊 1975—2009 年文献为例，从任意文献出发，构建引证级联，测度级联规模、节点深度（从级联根到当前节点的最小路径长度）、总体深度（最大节点深度）、病毒式感染力（全部级联节点的平均深度）、代宽度（代节点数量）和整体宽度（最大代宽度）等，计算级联根与任意级联文献在美国物理学会主题代码标识上的交叠度作为两者间主题相关性[③]。

综上，本书梳理与归纳了知识网络、科学合作网络、共词网络和引证网络的研究现状及其成果，分析了上述不同网络在理论研究、模型构建、实证应用等方面的发展动态，针对本书科学文献传播要素交互作用形成的网络的性质与特征的研究，考虑借鉴有关网络结构特征、行为模式等的分析理论和方法。

（4）相关研究现状述评

知识网络、科学合作网络、共现网络和引证网络已成为实现知识传播、知识管理的有效工具和主要平台，国内外很多学者从科学学、科学计量学和知识管理相关活动的角度来研究相关网络及应用。对上述各类网络的研究中，主要依据文献进行网络的构建，进而发现其中的一些特性和共性等。随着技

---

① 段庆锋、潘小换：《文献相似性对科学引用偏好的影响实证研究》，《图书情报工作》2018 年第 4 期。

② Yong Huang，Yi Bu，Ying Ding，et al.，“Number Versus Structure：Towards Citing Cascades”，*Scientometrics*，Vol. 117，No. 3，December 2018，pp. 2177—2193.

③ Chao Min，Qingyu Chen，Erjia Yan，et al.，“Citation Cascade and the Evolution of Topic Relevance”，*Journal of the Association for Information Science and Technology*，Vol. 72，No. 1，January 2021，pp. 110—127.

术工具支持与数据获取可行性增强，学者们着手关注动态网络的研究，根据网络的动态变化做出判断等，进而做出决策过程。

如今，科学文献传播过程中，科学文献传播的立体网状节点式模式，促使传播要素形成了关联交错的传播网络，在促进学术交流与知识共享中不断产生新的知识，推动着研究领域的进展。同时伴随文献数据库和数据挖掘等资源与工具的不断发展及应用，以传播网络为研究主体并进行深化研究分析成为可能。因此，对科学文献传播网络进行演化及其应用研究，突破单一要素研究的局限性，可使研究结果更有效地呈现科学知识传播与分享的动态性与复杂性，进而更加全面地反映科学发展的真实性。

三　知识进化与生命周期

（1）知识进化

科学家在研究中发现，知识的发展过程不是跳跃式的，而是一种连续的、前进的、螺旋式上升的过程，这实际类似于生物进化机制，促使科学知识能够以更快的速度进行更新和增长。通过观察生物之间的生存斗争，在适者生存思想的指导下，科学家以进化论为准则探索知识领域的进化现象，并最终产生了知识进化理论。知识进化是旧有的知识与新知识，旧思想与新思想更替的过程，科学知识的进化和增长是经过这一过程所产生的结果。

针对知识进化理论的研究，国内外已有不少学者进行了相关探讨。如：威廉·巴特利（William W. Bartley）在卡尔·波普尔（Karl Popper）传记中认为波普尔把达尔文（Charles Robert Darwin）生物进化结合到科学发展与实践中，阐明科学知识的进化是在实践中不断发现错误和杂质并删除掉，留下暂时还未被证明是错误的知识，这一过程就是知识进化的过程①；唐纳德·坎贝尔（Donald Thomas Campbell）在将波普尔确立为自然选择认识论的创始人与倡导者基础上，在重点开展知识特征研究时，认为知识进化适应中变异和选择保留过程可以被推广覆盖到替代知识过程的多个层级中②；毛里齐奥·佐罗（Maurizio Zollo）等建立一个涵盖变异、内部选择、复制和保留的四阶段知识

---

① William W. Bartley，“The Philosophy of Karl Popper”，*Philosophia*，Vol. 6，No. （3—4） September 1976，pp. 463—494.

② Donald Thomas Campbell，“Evolutionary Epistemology”，in P. A. Schilpp，eds.，*The philosophy of Karl Popper*. La Salle，Lasalle，IL：Open Court Publishing Company，1974，pp 413—463.

进化周期模型，认为组织知识遵循上述过程进行演化。该研究将知识进化的演化机理呈现出的动态性和复杂性特征应用到组织动态能力构建中①；刘植惠等从知识基因的研究角度出发，认为知识基因类似于生物学中的基因能够存在、复制和在知识间传递。同时，知识基因的遗传和变异特性决定了知识进化势必经历两个阶段：常规阶段和革命阶段，前一阶段以遗传为主，后一阶段以变异为主，这两个阶段循环往复，新知识就是这种在过程中产生的②。从研究者对知识进化理论的研究可以发现知识的发展和生物进化的情况相类似，新知识的产生就是大量正确和错误的思想重新组合的一个结果：新知识的成长通过批评和检测等各种方式进行筛选，让新思想能够和现实接触，通过检验其效能，去除不能解决问题或者与现实不一致的思想，从而促使知识不断进化；张凌志在知识进化思想的基础上提出知识变异的概念，利用知识类生物模型分析知识进化中变异的起源和产生知识变异的各种条件，并分析了整个知识进化过程中发生知识变异的方式以及区别③；和金生等通过深入探讨知识基因的类生物属性及其超越生物基因的特性，论证了借鉴生物基因来研究知识基因的科学性和必要性，并将知识的发展过程与生物的繁衍进化进行了类比，归纳出知识的发展具有有机性、外生性、惯性、变异性以及逻辑谐和性的特点，并由此构建了知识发展的类生物模型，以此来揭示知识发展传播的本质属性与规律④；并进而从生物进化与知识发展本质的联系出发，对知识基因理论的起源、演进及研究现状进行了全面、系统、深入的探索⑤。康鑫等研究认为知识进化是组织对自有知识存量进行评估与创造加工，不断增强知识活性以满足组织知识应用和创新需要的动态过程，知识动员则是提升知识进化效能、缩减知识进化周期的有效手段⑥。

针对知识进化理论实践的研究，也产生不少成果，如：布莱恩·洛斯比（Brian J. Loasby）研究认为技术创新及其所体现的理论和实践知识的增长是一

---

① Maurizio Zollo and Sidney G. Winter, "Deliberate Learning and the Evolution of Dynamic Capabilities", *Organization Science*, Vol. 13, No. 3, May 2002, pp. 339—351.

② 刘植惠：《知识基因理论新进展》，《情报科学》2003 年第 12 期。

③ 张凌志：《知识进化下知识变异的来源、条件与过程研究》，《情报杂志》2011 年第 8 期。

④ 和金生、李江：《知识发展的类生物模型》，《科学学研究》2008 年第 4 期。

⑤ 和金生、吕文娟：《知识基因论的源起、内容与发展》，《科学学研究》2011 年第 10 期。

⑥ 康鑫、刘强：《高技术企业知识动员对知识进化的影响路径——知识隐匿中介作用及知识基的调节作用》，《科学学研究》2016 年第 12 期。

个进化过程。其中，不确定性带来了常规和想象力，而变异和选择需要一个基线。知识进化的不确定性为学术、技术和日常知识的增长提供了一种进化方法，但这种方法是超越生物学模型的[①]；努尔·伊斯莱姆·卡拉巴吉（Nour EI Islem Karabadji）等提出一种新的基于进化元启发式优化的方法来识别决策树（Decision tree，DT）构建过程中的最佳设置，并设计一种结合多任务目标函数的遗传算法，以获得具有最佳参数的最优 DT[②]；李雪等提出一种基于范式转换的知识进化算法。每个范式对应一个问题的可行解，以范式为单位建立初始知识库，利用传承算子实现对优秀范式的传承，采用修补算子实现范式危机的消除，以创新算子产生新范式，从知识库的最优范式中获取问题的最优解。将该算法应用于求解函数极小值，其结果与遗传算法相比具有更好的寻优性能[③]；李楠研究提出知识进化视角的技术预见模型，包含“渐进性知识创新模式”和“突破性知识创新模式”两种模式，并构建了用以识别创新模式的创新特征集成测度方法[④]；康鑫等通过研究发现知识势差对知识适应进化和变异进化具有正向影响，对知识遗传进化具有负向影响。知识隐匿在知识势差与知识进化之间起着部分负向中介作用，组织惰性对知识势差及知识进化间关系具有调节作用[⑤]。

目前，知识进化的研究正逐渐得到社会各界的关注，获得许多重要的研究成果，并应用于产品设计、知识管理等众多领域。针对知识进化中体现的遗传、变异和自然选择机制等思想，应用到事物的演变发展中，通过其进化模式来探索分析进化的路径与发展态势等，是具有借鉴意义的，这也为本书将知识进化理论应用于科学文献传播网络的演变与预测中提供了新思路。

（2）生命周期

生命周期这一概念起源于生物学，指的是生物体从出生、成长到消亡的

---

① Brian J. Loasby, “The Evolution of Knowledge: Beyond the Biological Model”, *Research Policy*, Vol. 31, No. 8/9, December 2002, pp. 1227—1239.

② Nour EI Islem Karabadji, Hassina Seridi, Fouad Bousetouane, et al., “An Evolutionary Scheme for Decision Tree Construction”, *Knowledge-Based Systems*, Vol. 119, March 2017, pp. 166—177.

③ 李雪等：《基于范式转换的知识进化算法》，《计算机工程》2012 年第 1 期。

④ 李楠：《知识进化视角的技术预见方法研究》，博士学位论文，中国农业科学院，2021 年，第 5 页。

⑤ 康鑫、赵丹妮：《知识势差、知识隐匿与知识进化：组织惰性的调节作用》，《科技进步与对策》2021 年第 6 期。

过程，该理念被广泛的应用在政治、经济、环境、技术、社会等诸多领域。如企业、组织、产品一样，学科领域同样也具有生命周期，随时间经历着孕育、发展、成熟、衰败等过程。

将生命周期理论用于揭示学科领域的从孕育到衰败成长路程的研究，得到了许多学者的青睐。如：理查德·福斯特（Richard Foster）提出可用 S 曲线模型表征技术发展的阶段，进而推演技术发展的生命周期，并借助于生命周期理论阐述了技术发展的孕育期、成长期、成熟期、转型期之间的区别①；玛奇·沙马里查吉（Marzieh Shahmarichatghieh）等归纳产品生命周期、技术生命周期和市场生命周期三个概念，并通过研究和比较三个生命周期的异同为提高产品开发领域战略决策效率提供参考②；马丁·卡尔萨斯（Martin Kalthaus）研究不同类型知识的重组在技术生命周期中发生的变化，通过对循环技术生命周期模型进行扩展并实证研究发现，在发酵时代，来自技术外部领域的知识是相关的，但对于主导设计和渐进变化的时代，新的专业知识是最重要的③；焦耳·伯格森（Joule A. Bergerson）等利用生命周期分析法（Life Cycle Analysis，LCA）研究已有的、新生的技术以评估新兴技术的发展④；关鹏等利用生命周期理论，结合 LDA 模型，开展对学科不同阶段的主题抽取、主题演变研究以及作者研究兴趣的研究，其中基于文献统计的学科领域生命周期的划分主要依赖文献的增长量⑤；张松等将生命周期理论与技术创新非线性发展理论结合，对新兴学科发展历程按照生命周期划分为孕育期、成长期、发展期、成熟期和蜕变期五个阶段，并构建新兴学科生命发展评价

---

① Armand Gilinsky Jr.，“Innovation：The Attacker's Advantage：Richard Foster，Macmillan London（1986）”，*Long Range Planning*，Vol. 20，No3，June1987，pp. 115—116.

② Marzieh Shahmarichatghieh，Arto Tolonen and Harri Haapasalo，“Product Life Cycle，Technology Life Cycle and Market Life Cycle：Similarities，Differences and Applications”，in Valerij Dermol，Ales Trunk and Marko Smrkolj，eds.，*Proceedings of the MakeLearn and TIIM Joint International Conference 2015*，Internationl academic publisher：ToKnowPress，2015，pp. 1143—1151.

③ Martin Kalthaus，“Knowledge Recombination along the Technology Life Cycle”，*Journal of Evolutionary Economics*，Vol. 30，April 2020，p. 682.

④ Joule A. Bergerson，Stefano Cucurachi，Thomas P. Seager，“Bringing a Life Cycle Perspective to Emerging Technology Development”，*Journal of Industrial Ecology*，Vol. 24，No. 6，February 2020，pp. 6—10.

⑤ 关鹏、王曰芬：《基于 LDA 主题模型和生命周期理论的科学文献主题挖掘》，《情报学报》2015 年第 3 期。

二维坐标系①；贺德方等基于企业生命周期视角从种子期、初创期、成长期、成熟期四个发展阶段分析企业对科技创新政策的需求，并在借鉴国际经验做法的基础上对各阶段的企业科技创新政策举措进行归总，进而提出完善企业科技创新政策体系的思考和建议②。

无论是科学领域还是学者个人都有其发展的生命周期。生命周期理论是本书的基础理论，本书在研究科学领域成长阶段划分时，主要依据该理论。在研究高影响力学者的成长时，同样依据该理论。

第三节　研究内容与研究方法

探索科学文献传播的新特点与新规律，揭示科学发展的过程与趋势，以扩展原有的理论与方法，丰富科学学、知识管理、知识服务领域等方法论体系，是本书研究的宗旨。围绕着上述问题的解决，需要创新思维，需要将多学科理论与方法融合，并将多种研究要素综合开展研究。因此，本书以知识进化理论为视角，探索科学文献传播网络的演变及其影响因素，尝试将原有的理论思想交叉应用以解决新的问题，并设计新的研究框架以揭示问题的内在本质。

一　研究内容

针对前述的三大研究问题，即：其一，探究科学文献传播各个要素的关联作用、属性特征、行为模式与发展路径；其二，探究科学文献传播网络演变及其所揭示的科学发展脉络、衍生与嬗变规律；其三，探究科学文献传播演变的影响及应用效果。由此，在综合已有研究成果与借鉴相关理论基础上，本书设计四大块研究内容：第一，研究背景与研究基础。包括促使本研究开展的驱动、推动与支撑的论述，国内外的相关研究现状，研究内容与研究方法，研究的价值与创新，学术传播与传播要素、知识进化与生命周期、传播动力学、社会网络分析与复杂网络理论等研究理论基础；第二，基本概念界

---

① 张松、张国栋、王亚光：《生命周期视角下新兴学科的生命发展评价研究》，《科学学研究》2018 年第 5 期。

② 贺德方、祝侣、周华东等：《基于生命周期视角的企业科技创新政策体系研究》，《中国科技论坛》2022 年第 1 期。

定与进化模式创建。主要包括分析科学文献传播要素、传播模式及特点、传播要素间的互动关联，研究科学文献传播网络的界定、流程、类型、知识进化现象与表现形式，构建科学文献传播网络知识进化模式；第三，演变模型构造与隐含规律揭示。主要包括解析科学文献网络演变过程的影响因素，探究知识进化视角下科学文献传播网络演变的机制与结构，构建传播网络演变模型及仿真模拟，并对传播要素相互作用函数关系模型、传播网络演变模型和传播网络预测模型进行实证建模与分析，通过理论与实证建模相结合以揭示科学文献传播网络演变的特点、规律与趋势；第四，典型示例应用与演变影响分析。分别选取基于作者合作网络和基于双加权引证网络作为典型示例进行应用，针对传播要素之间的关联与可呈现的网络形式，从多个层面系统地研究科学传播过程中形成的科研团队、领域主题社区，以分析并发现不同类型传播网络演变所产生的影响及效果。

上述四大块研究内容将部署在七个章节中，各章之间的逻辑关系及其所体现的四大块研究内容设计框架如图 1.1 所示。

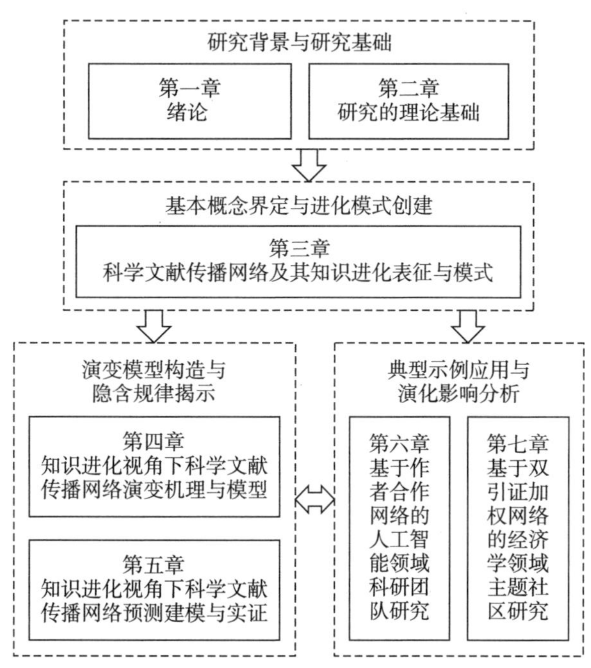

图 1.1　各章之间的逻辑关系及其所体现的设计框架

具体地，各章节的主要内容概述如下：

第一章：绪论。主要包括：研究背景，国内外的相关研究，研究内容和研究方法，研究的价值与意义。

第二章：研究的理论基础。主要包括：学术传播与传播要素、知识进化与生命周期、传播动力学、社会网络分析与复杂网络理论等领域的梳理和总结，从中提取出研究所涉及的基本概念与主要理论依据。

第三章：科学文献传播网络构建及其知识进化表征。主要包括：科学文献及其作用、科学文献传播要素分析、网络环境下科学文献传播模式及传播要素间的交互作用；科学传播网络的界定、构建流程与类型划分；着重以知识进化理论中进化和自然选择的思想为理论依据，应用知识进化的新知识产生机制和优胜劣汰、适者生存的自然选择机制，解析科学文献传播网络的生长、衰退、遗传和变异等进化现象和属性特征及其表现形式；结合科学文献传播网络应用现状，提出创建科学文献传播网络的知识进化模式。

第四章：知识进化视角下科学文献传播网络演变机理与模型。主要包括：借助于生命周期理论对科学文献传播网络进行成长阶段划分并提取影响因素；利用社会网络分析、动力学原理研究科学文献传播要素的交互作用，重点探索科学文献传播网络演变过程、原理、方式与路径及其演变进化行为、趋势与机制；提出构建知识进化视角下科学文献传播网络演变模型，并对该模型进行仿真模拟和验证模型的有效性与可行性。最后，以新能源为实例，研究科学文献传播要素在不同生命周期阶段中的演变、所呈现的特征及传播要素间的相互作用关系，分析基于作者、基于作者—关键词的不同类型的新能源领域传播网络演变的特征与结构。

第五章：知识进化视角下科学文献传播网络预测建模与实证。主要包括：以知识进化视角下科学文献传播网络演变模型为基础，结合知识进化理论与复杂网络理论，分析科学文献传播网络预测要素与方法；探索科学文献传播网络构建的假设条件、公式表达与定性解释；研究科学文献传播网络预测的主要变量和基本构造关系，并以新能源领域中的科学文献关键词网络预测为例重点研究具体预测的步骤、度量与结果。

第六章：基于作者合作网络的人工智能领域科研团队研究。主要包括：以大规模数据为来源，数据挖掘与分析为驱动，从作者合作网络中利用半监督方式识别出科研团队，提取出多维指标下的领军科研团队；进而界定领军团队的科研合作模式，并结合网络指标、研究绩效和地理分布等维度对比分析；从地域分布出发分析人工智能研究领军团队的国际合作模式，着重从地理位置分布、内部合作指标、合作主题内容方面综合对比分析其中的差异；聚焦于高产科研团队，从团队网络拓扑指标的极值分布切入，综合微观与宏观视角探究高产团队的动态演化特征与规律。

第七章：基于双加权引证网络的经济学科领域主题社区研究。主要包括：基于引证网络研究学科领域主题及其社区，探索双引证网络构建的思路与具体算法，结合 Leiden 算法提出从双引证网络中发现主题社区方案，并具体研究社区生长与演化分析的设计和测度，且结合经济学科领域，对文档向量化表征、文档相似度算法、社区发现与社区表征、社区演化趋势、社区主题演化与新生知识演化、社区间合作及其演化进行实证与分析。

二　研究方法

（1）文献研究法：广泛收集资料和大量阅读相关文献，通过图书馆与商业机构数据库等网络资源和书籍资料获得研究领域的相关文献资料，通过广泛阅读和学习大量文献资料分析与归纳总结国内外相关领域专家学者的研究成果，形成本书研究的理论基础参考和总体框架设计依据。

（2）科学计量法：利用统计学方法对相关文献的传播要素进行统计及效度分析，用数据来描述和分析科学文献网络演化中的分布状态及变化，在本书中涉及对文献的关键词、作者、机构、期刊、引文等传播要素进行数量统计、词频统计、引证分析、共现分析、相似度测算、节点度计量、密度与集聚系数分析等。

（3）数学建模法：本书根据科学文献传播网络的属性结构和内在特征，对科学文献传播网络演变与预测的方法、机制与原理等进行探索与分析，利用数学建模的方法，分别构建传播要素间相互作用函数关系模型、科学文献传播网络演变模型和传播网络预测模型。

（4）仿真模拟法：本书对科学文献传播网络演变过程进行描述，构建网络演变模型，针对此模型，通过 MATLAB 软件模拟仿真得出相关结果，并对仿真结果数据进行整理和各种统计分析，最终对仿真结果进行科学的分析，以期得到正确、有效的结论。

（5）数据挖掘法：本书在构建基于作者合作网络的科研团队研究的流程

时，将半监督方式融入传统的团队识别方法中，使得调参的优化目标更接近于实际需求，并通过团队网络拓扑指标的极值分布挖掘高产团队的动态演化特征与规律；在设计基于引证网络的主题社区发现的流程，将 PageRank 算法和 Leiden 算法引入到“双加权”引证网络构建及其社区主题发现中。

（6）实证研究法：本书在科学文献传播的基础上，采集科睿唯安、知网等数据库中的文献数据，通过 Python、Excel、Bibexcel、Ucinet 和 Spss 等相关软件与 Python 编程进行处理，分析各文献传播要素之间的相关关系与建立关联，研究基于作者合作网络和基于引证网络的主题社区发现的具体操作。

第四节　研究的价值与创新

科学文献数字化、网络化传播，使得传播要素之间建立起相互关联与作用的关系，随着文献数据库和数据挖掘等资源与工具的不断发展及应用，提取科学文献传播要素的关联数据并构建科学文献传播网络并加以分析成为可能。这样，对多元交互的科学文献传播网络进行生成、演化及其影响效果等研究，可以突破单一要素研究的局限性，使研究结果更有效地呈现科学知识传播与分享的动态性与复杂性，进而更加全面地反映科学发展的真实性。同时，从生命周期出发，随着达尔文学说的传播与发展，用进化的观点看待事物的视角也变得越来越普遍。科学文献传播网络作为科学知识的承载体，同样遵循着科学生命周期变化是在先前研究的基础上衍生、拓展和创新而来的法则，这正是科学文献传播网络知识进化的体现。而科学传播要素的交互作用产生了基于合作关系、共现关系、引证关系的多种类型的科学传播网络，结合不同类型的传播网络并深化应用研究，是透过科学传播网络演化机理阐释和解读科学技术发展内在特点及其规律的具体体现，也是理论知识进化的实践要求。由此，本书将知识进化理论与生命周期理论相结合，分解科学文献传播的影响因素及其相互作用，分析科学文献传播的模式、进化的表征；利用复杂网络与传播动力学原理探究传播网络的动力来源、结构模式、演变机制及演变路径；借助于科学计量、数据挖掘等技术方法基于作者合作网络和引证网络，针对科研团队和主题社区进行专题应用研究。

科学传播网络生成与演化过程推动了学术交流和知识创新，促进了科学技术的传承与发展。本书针对科学传播网络演化及应用进行的系统而深入的研究，可为揭示科学发展的影响因素及相互作用，探寻学科领域演变的内在逻辑与脉络，发现科学研究的新成果与新突破等，提供更加丰富的理论方法与多元化的实践依据。

一　研究的价值与意义

从科技发展历史与社会需求来看，如果没有学术传播所提供的信息、人才等的流动变化，知识创新就会缺乏根基和动力。但如果学术传播仅仅停留在对现存科技系统表层的理解和诠释，就不能形成一种具有创造性内涵的学术传播。

传播要素关联交错支撑的立体网状节点式科学文献传播网络的生成与演化，在促进学术传播过程中不断产生新的知识，推动着科学的进步与发展。那么，针对多元化与网络化科学文献传播，研究传播网络中传播各要素的相互关联、属性特征、行为模式与发展路径，进而从科学文献传播网络演化中发掘科学进程中的脉络、衍生、嬗变与关联，迫切需要创新性的思维，将多学科理论与方法融合，将多种研究要素综合，从科学发展的本质特征出发探索新的研究课题并将其深化，同时应用到实际问题的解决与验证中。因此，本书研究的价值与意义可主要体现在以下两个方面：

其一：在理论上，本书的研究对于信息资源管理学领域从本质上探索网络环境下科学文献传播与演变规律、重构学术传播体系具有重要的理论价值。科学文献传播是一个复杂的过程，在科学研究领域成长中，从作者发出信息到用户接受的每个环节及传播要素的网络化交互作用都对新知识的创造、分发与利用产生着影响。同时，科学文献传播演化产生效果是学术传播活动的最终目的，是传播系统构成要素网络化交互作用与进化的结果。本书的研究，不仅可以认清技术领域科学文献传播要素的相互作用及传播网络生长的动力来源，揭示传播过程的内在实质与演化，找出传播效果的影响因素，而且可以发现科学文献传播网络中隐含的科学交流行为特征和科技发展规律等，使传统的学术传播理论得以拓展与创新。

其二：在实践上，本书的研究对于政府部门和信息服务机构采用有效措施提升学术传播的速率和效率，促进新知识的创出与扩散具有实践指导意义。科学、准确地把握科学发展内在机理及研究前沿不仅是科学研究人员及其管理者关注的焦点，而且是各国政府制定科技发展战略时面临的重大问题。促进新研究领域科学知识及时有效地传播，并获得有效的社会认知和反响，进而推动科学技术的发展，是政府部门和信息服务机构支持科学文献传播的宗旨所在。本书的研究，在宏观上，有利于政府部门把握好知识创新与扩散的路径，根据传播网络动力机制与演化趋势预测科学的发展，并制订适时适度的科技发展政策方针；在微观上，有利于信息服务机构弄清科学文献传播影响因素及其产生的效果，根据传播要素的交互作用、所反映的态势特点及变化模式等规划信息服务战略，设计切实可行的服务措施。

二　研究的创新点

综上所述，对比已有的研究成果和所解决的研究问题，本书研究的创新点主要体现在以下几个方面。

（1）提出科学文献传播网络演变的知识进化模式，深度解析科学文献传播网络演化的内在实质。

依循知识进化思路，科学文献在传递知识的过程中，在由不同的传播知识要素交互作用下，形成的传播知识网络节点之间存在着择优汰劣、不断调节相互之间及其与环境关系的进化现象。因此，为深度揭示科学文献传播网络复杂演变的特点、模式和规律，本研究引入知识进化理论中的遗传、变异和自然选择等机制，研究分析科学文献传播网络的生长、衰退、遗传和变异等进化现象，提出了科学文献传播网络演变的知识进化模式，为科学文献传播网络隐含的知识转化及创新路径研判提供新的思路。

（2）创建知识进化视角下科学文献传播网络演变模型，深入阐释科学文献传播网络演化的动力机制。

从知识进化机制角度看，在科学传播过程中形成的复杂交互网络，不同于以往仅通过度择优机制的网络演化模型，不仅具有科学知识的前后承接、发展演变关系，而且具有调节变异的联系。因此，本研究尝试在科学文献传播网络演变模型构建时，以遗传机制中体现出的新节点偏向于继承网络中度值较大的核心节点和以变异机制中体现出的新节点趋向于连接度值较低的节点的特征，结合网络节点自身的适应度机制，构建以度择优表示网络节点之间的继承关系、以反择优连接表示网络节点之间的变异关系的演变模型。

（3）提出知识进化视角下科学文献传播网络预测模型，深化探究科学文献传播要素相互作用的发展趋向。

科学发展是事物构成要素相互关联作用的结果，以传播知识为根本的科学文献传播网络的发展同样可以为预期未来变化提供依据。因此，有别于以网络结构特征统计量作为科学技术领域预测的研究，本书尝试以科学文献传播网络演变模型为基础，结合传播要素相互作用及影响过程，提出科学文献传播网络预测模型。该模型将科学文献传播网络预测值划分为遗传作用产生的值和变异作用产生的值两部分，通过科学文献传播网络演变进化方式的不同确定遗传驱动力和变异驱动力之间的权重关系，进而分析与研判反映科学技术发展的传播要素相互作用的趋向。

（4）创建科学文献传播网络演化应用的系统化研究方案，深层揭示不同类型传播网络演化中传播要素交互的影响效果。

实证应用是检验与丰富理论研究的必经途径，也是提出与解决现实问题的有效方式。科学传播要素关联交错生成了多种类型的科学文献传播网络，不同类型传播网络所隐含的特点与规律各有差异，同一类型传播网络中传播要素交互关系的揭示也会由于构建算法与方案的差异而导致不同的研究结论。因此，本书选择两种典型的科学传播网络分别设计系统化的实证应用研究方案。在创建的基于作者合作网络研究科研团队的方案中，从科研团队识别、多维度领军团队提取、领军团队科研合作模式划分，到科研团队国家合作模式划分与对比、高产科研团队的动态演化分析，多层深入地挖掘出作者合作网络中多元传播要素的相互作用及影响；在基于双加权引证网络发现学科领域主题社区的方案中，层层递进提出了双加权的确立、双加权引证网络的构建、主题社区的发现及表征、社区主题演化与新生知识演化的分析等的具体操作，其中，将 Leiden 算法引入到“双加权”引证网络——diag（π^{*}）$\cdot\,\Omega$ 中进行社区主题的发现、社区生长动力概念的提出和表征主题术语算法的设计，使得基于引证网络挖掘主题社区具有了可行性与有效性，体现出设计思路与研究方案的新颖性，彰显了引文传播要素及其交互影响产生的应用效果。

第五节　本章小结

本章在论述研究背景与需求的基础上，结合国内外相关研究现状及发展，提出了本书研究的问题，构建了研究的主要内容，拟采用的研究方法，论证研究的价值与意义，分析了研究的创新点。

第二章　研究的理论基础

第一节　学术传播与传播要素

关于科学与非科学的界定，一直存在着争议。例如在社会科学范畴中，文学、艺术等被认为是“人文学科”，而不是“科学”。为避免研究“科学传播”时将社会科学中的一些学科排除在外，因此，本书在借鉴相关的理论基础而总体论述时主要使用“学术传播”这一术语。

一　学术传播的相关概念及分类

（1）相关概念及辨析

学术传播（Academic communication or Scholarly communication）与学术交流（Academic exchange or Scholarly Communication）密切关联，同时经常与科学传播/科学交流（Science Communication/Scientific communication）在研究表达时被交替使用。而在传播学研究中，学术/科学交流更侧重于交流者相互之间知识沟通和互动，学术/科学传播倾向于学术或科学信息的传播过程。

学术交流是所有学术学科的一项基本活动，如果没有学术交流这个系统，就没有学者网络、传播渠道，也就无法向读者提供有记录的学术财富。知识离不开学术交流，尤其是思想交流需要以最快的方式进行，当代信息和通信技术能使这种交流基本上是即时的。因而，距离不再是多个国家的学者交流思想或促进合作的障碍。同时，随着新技术快速发展的牵引及社会需求增长的驱动，学术交流的形式越来越多样化与社会化。由此，学者们如何交流以及交流系统中不同方面如何作用等一系列问题比以往任何时候都需要进行研究。如今研究界正在努力解决跨越社会和技术关注的问题，而这些问题反过来影响学术交流的过程和产品，影响学术作品的出版商、发行商和数据库服务商，更影响着社会公众。

学术传播的过程既包含知识生产者（传播者）和知识需求者（接受者或受众）双向驱动的过程即交流的过程，同时也包含了知识生产者（传播者）单一方向驱动的过程。学术传播过程不仅由学者们在进行学术交流的知识沟通和互动中的相互连接建立起来的，而且由学术交流内容中隐含的知识属性或者特征关系、控制学术交流的出版商和发行商及数据服务商间关系、支撑学术交流的传播渠道间关系等的连接建立起来的。在网络化与数字化学术交流环境中，能够建立起学术传播过程的连接越来越多样，连接的节点与关系也越来越复杂，形成了错综纷繁的学术传播过程，使得知识的传递与分发超越原有的传播强度和时空范围。由此，促使学术传播在本质上发生着改变，进而产生着许多亟待解决的学术传播要素构成及作用、传播效果及影响等研究课题。

（2）学术传播的分类

从不同的角度进行考察，可以将学术传播划分为不同的类型：

按照学术种类划分，可以分为非科学文献传播和科学文献传播。其中，非科学文献传播倾向于主观情感信息的传播，例如艺术、文学、人工技艺等的信息传播。而科学文献传播指的是描述客观世界规律、人类认知特点等知识集合的传播，例如自然科学、工程科技、社会科学、经济与管理科学等的信息传播。

按照信息依存载体划分，可以分为纸媒传播、电子媒介传播等。学术知识与信息依附于不同载体，表现出各自不同的特点。

按照传播环境与渠道，可以大致分为传统学术传播和网络学术传播，不同的环境下所表现的学术传播方式、范围等，都具有不同的特点。

二　学术传播要素的构成

要素是传播过程得以实现的基本单元，构成要素与要素间结构关系形成的不同传播模式，导致传播过程的差异及其效果。最早研究传播要素问题的是亚里士多德，他认为传播由谈话者、说的话和听者三要素构成。其后，美国密西根大学贝尔纳教授提出传播由传讯源、译送者、讯息、通道、收译者和受讯者六要素构成。1948 年，耶鲁大学哈罗德·拉斯韦尔教授将传播模式界定为5个W，即：Who（谁）says What（说了什么）in Which Channel（通过什么渠道）to Whom（对谁说）with What effect（有什么效果）[①]。那么，将5W模式应用到学术传播中，“谁”是学术传播过程的起源，担任着传播者的角色。既可以是个人，也可以是机构；“说什么”是学术传播的知识内容，它是由一组有意义的符号组成的信息组合，承载着传播者所要表达的主要信息；“渠道”在学术传播中主要是指不同出版形式与传播途径，如出版形式包括期刊、会议、专利、报告等，传播途径包括电话、电报、传真、谈话、通信、电子邮件、互联网络等；“对谁”是学术传播过程的终端，是指信息接受者；“效果”是学术传播引起接受者的关注或在一定程度上对接受者产生的影响。

在哈罗德·拉斯韦尔的5W模式上，米哈依洛夫的科学交流模式、兰开斯特的信息链模式、维克利的基于知识方程的交流模式、卢因的“把关人”理论、UNISIST（联合国国际科技信息系统）学术传播模型[②]等都从不同的视角研究学术传播的构成要素及其关系。大数据技术的成熟和广泛应用，使得学术传播链条中的传播者、传播媒介和反馈三个环节都与传统纸质媒介时期不同[③]。“发挥技术的驱动作用，强化传统媒体与新媒体融合的学术传播模式”[④] 正在引发社会关注。

第二节　知识进化与生命周期

一　知识进化的起源、过程与途径

知识进化（Knowledge Evolution）理论起源于达尔文（Darwin）进化论[⑤]，即：生物之间存在着生存斗争，适应者生存下来，不适者则被淘汰，这就是自然选择的过程。而生物正是通过遗传、变异和自然选择，从低级到高级，

---

① ［美］哈罗德·拉斯韦尔：《社会传播的结构与功能》，何道宽译，北京广播学院出版社2013年版，第35页。

② 万虹育、赵纪东、刘文浩：《社交媒体视角下的学术信息传播模式研究》，《图书馆理论与实践》2020年第3期。

③ 张楠：《大数据应用与学术传播的变迁》，《图书情报知识》2014年第5期。

④ 初景利：《高端交流平台建设需要创新学术交流模式》，《智库理论与实践》2021年第6期。

⑤ William W. Bartley, “The Philosophy of Karl Popper”, *Philosophia*, Vol. 6, No. (3-4) September 1976, pp. 463—494.

从简单到复杂，种类由少到多地进化与发展。在进化论思想的启发下，学者们开始探讨知识领域存在的生物进化的现象，并且在考察人类知识增长的过程中引入了进化的机制。

如果生物进化是一个不断从低级到高级的进化过程，那么以人类认知所获得的知识作为研究对象，也是一个不断进化着的动态过程，从孕育到产生历经各种变化形态。由于知识是人类对于客观世界规律性的认识，科学知识就是有关于科学技术发展规律的知识。因此，本书认为，要探究知识进化观的来源，可以从进化认识论和科学发展观两个角度来分析。其一，从进化认识论看，研究认为，其过程大致可以分为三个历史阶段①②：第一阶段，生物进化认识论阶段，以研究认识和整个人类知识的生理基础为侧重，以洛伦兹、雷德尔等学者为代表；第二阶段，心理进化认识论阶段，以研究个体认知能力的形成与发展为重点，以皮亚杰、乔姆斯基等学者为代表；第三阶段，科学知识进化认识论（或哲学进化认识论）阶段，以试图发现客观知识本身的逻辑为目标，强调人类认识能力是自然界长期进化的产物，是在自然选择中逐渐形成的，以皮尔逊、波普和坎贝尔等学者代表。其二，科学发展观是基于科学哲学来看科学发展中知识的进化，科学发展的过程也实际存在着类似的进化机制，这种机制使得科学知识能够以更快的速度更新和增长。正如波普尔（Popper）提出科学理论的选择是一个类似于达尔文（Darwin）所说的自然选择的过程，即假说的自然选择，我们的知识总是由假说构成的，它通过在生存斗争中存在下来而显示了它的相对适应性，竞争消除了那些不适应的假说③。

由上述的历史演化过程可知，知识进化理论是基于知识进化认识论的研究中衍生而来的。知识进化的过程应包括质的发展和量的增长两方面④，其中，知识质的发展是指一定历史阶段的人类知识相对于以前在深度和真理度方面的提高；而知识量的增长是指一定历史阶段人类全部知识总容量的增加。知识无论在质方面的发展，还是在量方面的增长，都应体现在内容、形式与工具三个方面。在内容进化上，如知识体系的逼真度提高，会发现更多的检验知识正确性的事实等；在形式进化上，如用更加先进、简单符号表述人类

---

① 何云峰：《进化认识论的兴起与演化》，《自然辩证法通讯》2001 年第 1 期。

② 范冬萍：《复杂性科学视野下的广义进化论》，《自然辩证法研究》2010 年第 10 期。

③ 张凌志、和金生：《基于生物进化模式下的知识进化机理研究》，《情报科学》2011 年第 2 期。

④ 何云峰：《论知识进化的要素和特征》，《中共浙江省委党校学报》2001 年第 5 期。

的知识，使理论体系在结构上更加精致；在工具进化上，如创造知识的方法和技术中介、手段的进步和完善。

基于科学发展观视角，知识进化的途径依赖于科学的进步与发展。而关于科学进步，波普尔提出的证伪主义模式为：问题（P1）产生一个试探性理论（TT），该理论通过错误消除（EE）进行了修改，进而导致一个新的或者意想不到的问题（P2），过程重新开始即可开始新一轮的发展循环①。库恩则提出的科学发展范式为“前科学→常规科学→危机→科学革命→新的常规科学”②。基于波普尔的证伪模式，科学知识是在尝试与排错、变异与选择中不断进化的，也是科学理论相互交替的自然选择的结果。而基于库恩的范式模式，科学革命是一个时间上和空间上有结构的过程，是新范式替换旧范式的过程，科学知识是由量变到质变而不断积累的。所以，知识进化是原有的科学理论与科学范式不断交替选择使得知识的内容和形式同时发展的结果。综合已有的研究且依循进化的理论思想，无论处于哪些模式中，知识的进化可由下面的四种途径取得：一是在新的领域中，提出全新的知识概念和知识体系；二是在知识比较发达和完善的科学领域中，综合统一已有的知识；三是在已有知识不甚发达的科学领域中，批判地继承并发展已有的知识；四是在知识比较陈旧、现阶段已失去价值的领域中，利用其中的知识组成部分进行重组，彻底抛弃旧的知识。由于各个方面的知识进化之间具有相对独立性，这四种可能不具有同步性，但至少在某一种途径要有所发展③。

二　知识进化的主要机制

知识是人类探索世界过程中形成的认识与经验的总和，所表征的关于客观现象与主观现象的特点和规律是长期不断累积形成的。依据知识进化观，现有的新知识的产生和发展必须符合科学变革的需要。那么，知识进化的演变与发展，类同生物进化一样，是一个同客观环境相适应的过程。因而，构成生物进化的基因及其遗传、变异、自然选择等机制，同样应成为知识进化

① Harry Ruja and Karl R. Popper, *Objective Knowledge, an Evolutionary Approach*, Oxford, England: Oxford University Press, 1972, p. 278.

② 刘磊：《双层范式与科学传统改变——库恩科学革命理论的新解读》，《自然辩证法通讯》2016 年第 4 期。

③ 丁玉飞、王曰芬、颜端武：《知识进化的理论研究及其应用》，《技术经济》2014 年第 9 期。

的主要机制。下面，具体地进行探讨与分析。

（1）知识基因。基因是保持与控制生物基本性状的基本遗传单位。基于进化认识论与科学发展观，知识的进化要保持与控制知识的基本特征状态，须要依赖于作为基本遗传单位的知识基因的存在。而知识具有的可复制性、遗传性、组合性、变异性与必须接受环境的考验这些类生物特性，是学者提出知识基因概念的主要原因①。知识基因是知识进化的最小功能单元，具有稳定性、遗传性与变异性，以及控制某一知识领域（学科、专业、研究方向）发育走向的能力，是一种不以人的意志为转移的客观存在②。知识基因以基本概念、观点、方法、技艺、关系等语词形态表达③。知识基因是知识进化轨迹的基本单位，可利用知识基因发现和挖掘隐含的、未知的、潜在的有价值知识，为知识创新提供智力支持④。

（2）知识的遗传。遗传是将生命体性状特征繁衍传递给后代的现象，是生命最重要的本质之一，遗传效应是生物进化的基本机制，任何进化现象都可以用遗传机制来阐释。依据波普尔、坎贝尔与库恩等学者对科学发展和科学知识进化认识论的研究可知，点滴积累或者相互交替而形成的知识只有具备延续性，才能使人类对于世界的认识及规律的获取得以进化，并推动科学从量变到质变的发展。那么，要使知识不断延续和增长，须要依赖于知识基因的遗传。所以，知识的遗传是指知识以知识基因的方式继承和传递的现象，知识遗传的效应是知识进化的基本机制之一。在遗传中，已有的知识经过长时间的自我检验和修正后，与客观事实相符的得以保留，反之则被淘汰。知识的遗传过程则保留了适应的部分，去除掉不适应的部分，从而使人类逐渐构建起关于客观世界与主观世界的知识体系。

（3）知识的变异。变异是指生物种与个体之间的各种差异，是生物进化的根源，包括可遗传的和不可遗传的变异。知识的变异与生物变异相似，知识基因的表达范围和表达的稳定性是可变异的，而且这种变异是可以遗传

---

① 赵健宇、李柏洲：《对企业知识创造类生物现象及知识基因论的再思考》，《科学学与科学技术管理》2014 年第 8 期。

② 刘植惠：《知识基因理论的由来、基本内容及发展》，《情报理论与实践》1998 年第 2 期。

③ 刘植惠：《知识基因理论新进展》，《情报科学》2003 年第 12 期。

④ 白如江、张庆芝、孙一钢：《科技文献知识基因表达及遗传与变异研究》，《图书情报工作》2020 年第 4 期。

的[①]。所有知识的真正增长都伴随着所处系统与环境适应性的提高，这其中依循着导入变异机制、一致性的选择过程、保留和/或传播选择变异的机制[②]。可见，遗传中的选择与变异是知识进化的重要过程，而变异机制也是知识创新的根源。知识变异是指受到众多因素的影响，不同的知识基因片段重新组合在一起形成新的知识基因的过程。这种变异的过程有可能发生在知识进化发展的各个阶段，知识的变异既是一个过程又是一个结果，不同的知识基因片段彼此之间发生接触，通过知识基因之间的碰撞就会有变异的产生。但是，知识的变异与知识的创新有着本质的区别，知识的变异只有被认可后并进行扩散，才能上升到知识创新的层面。

（4）知识的自然选择。自然选择是一种必然，累计的变化通过可遗传差异的个体实体的选择而发生[③]。“物竞天择，适者生存”是达尔文主义的核心思想。达尔文主义学派的学者认为，自然界的竞争属于物种间为维系自身生存而在不断的适应。因此，物种间的竞争不仅成为生物体持续繁衍和进步的动力，也成为生物体进化的起点和重点，一旦竞争失败，物种就会被环境所淘汰。这就是达尔文提出的“选择、适应和遗传”的自然选择机制[④]。

在进化过程中产生的进步被视为自然选择的结果，是在遗传育种群体提供的自我延续变化池上操作的[⑤]。由于不同知识主体对于科学知识的认知存在差异，通过社会选择的方式来确定哪些知识是否被保留或淘汰，称之为知识的自然选择[⑥]。然而，与生物进化的选择过程相比，知识的自然选择更复杂。生物的自然选择具有随机性，而知识的选择是带有主观目的性。知识主体提出的科学知识只有经过知识群体的认可，才能被传播、分享与利用，这个选择的过程相对复杂，涉及的因素众多，如社会政治、经济和文化环境等多重因素都对知识的选择有着重大的影响。正是由于知识存在着这样的自然选择

---

① 张凌志：《知识进化下知识变异的来源、条件与过程研究》，《情报杂志》2011 年第 8 期。

② Donald Thomas Campbell, “Methods for the Experimenting Society”, *American Journal of Evaluation*, Vol. 12, No. 3, October 1991, pp. 223—260.

③ 张凌志：《知识进化下知识变异的来源、条件与过程研究》，《情报杂志》2011 年第 8 期。

④ Harry Ruja and Karl R. Popper, *Objective Knowledge, an Evolutionary Approach*, Oxford, England: Oxford University Press, 1972, p. 278.

⑤ Donald Thomas Campbell, “Methods for the Experimenting Society”, *American Journal of Evaluation*, Vol. 12, No. 3, October 1991, pp. 223—260.

⑥ 王曰芬、丁玉飞、刘卫江：《基于知识进化视角的科学文献传播网络演变研究》，《情报资料工作》2016 年第 2 期。

过程，才促使人类在探索客观世界的过程中不断接近真理。

目前，知识进化的研究正逐渐得到社会各界的关注，获得许多重要的研究成果，并应用于很多领域。科学文献是承载知识的载体，体现了学科领域的前沿和动态，而作为表征学科领域的科学文献传播网络的演化与发展，正是在先前学科领域研究的基础上，依赖于所承载的知识，通过在不断批判和继承过程中的突破与创新而产生的。因此，本书从知识进化这一新的视角对科学文献传播网络进行分析与研究是具有可行性的，不仅将为科学文献传播网络的趋势发展分析提供新的研究思路，而且也是对知识进化理论研究与应用的深入拓展。

三　生命周期的定义与分类

（1）生命周期的定义与起源

"生命周期"（Life Cycle）这一概念源于生物学，主要描述生物个体的形态或功能在其生命演化进程中经历的几个阶段或者变化[①]，其基本涵义可以通俗地理解为"从摇篮到坟墓"（Cradle-to-Grave）的整个过程。许多生物现象和社会现象在它们的发展演变过程中都要经历这样的生命周期，同时生命周期理论在心理学、经济学、管理学等也有广泛的应用。

（2）生命周期的分类

随着生命周期理论的应用，已经逐渐产生了不同的概念与理论，如：植物生命周期、产品生命周期、企业生命周期、信息生命周期、信息系统生命周期、信息技术生命周期等[②]。

产品生命周期（Product life cycle）自 20 世纪 50 年代被提出以来，一直作为主题或者实证的研究出现在面向管理的文章或者书籍中，代表某些产品的单位销售曲线，从其首次投放市场到被移除为止，期间产品经历的变化阶段有不同的划分，主要在四到六个之间，一般常被采用的是四个阶段的产品生命周期，即：导入期、成长期、成熟期和衰退期[③]。

---

① 朱晓峰：《生命周期方法论》，《科学学研究》2004 年第 6 期。

② Peter Hernon，"Information Life Cycle：Its Place in the Management of U. S. government Information Resources"，*Government Information Quarterly*，Vol. 11，No. 2，April 1994，pp. 143—170.

③ David R. Rink and John E. Swan，"Product Life Cycle Research：A Literature Review"，*Journal of Business Research*，Vol. 7，No. 3，September1979，pp. 219—242.

企业生命周期（Corporate or Organizational life cycle）是从20世纪60年代被用于商业战略管理中的，该理论认为企业将不可避免地从一个发展阶段演变到另一个发展阶段，并假设企业将遵循一种可预测的模式，处于不同生命周期阶段的企业将拥有不同的组织结构、战略和活动[①]。有各种不同的多阶段企业生命周期模型，例如：早期学者提出的预测企业将经历创造力、方向、授权、协调、监控协作实现增长的五个阶段模型[②]，将企业发展划分为出生、成长、成熟、复兴和衰落五个关键阶段的模型[③]等。

信息生命周期（Information life cycle）作为学术概念最早出现于信息资源管理领域[④]。如在早期，凯伦·莱维坦（Karen B. Levitan）在定义与描述信息资源以及提供信息生产模型基础上，提出了信息生命周期模型，认为信息生产的进化各个方面最好是在"生命周期"模型中捕获，而生命周期可以通过细化信息转换过程来描述[⑤]；罗伯特·泰勒（Robert S. Taylor）从过程增值角度提出的信息生命周期为数据、信息、告知知识、生产性知识、行动[⑥]；而后，用于软件开发、信息技术、信息系统、记录管理、档案管理、政府信息资源管理等方面的信息生命周期的不同观点相继问世，并主要从规划、开发与管理的不同阶段进行界定[⑦]。

知识生命周期（Knowledge life cycle）术语最早出现在知识管理领域[⑧]，美国知识管理咨询专家马克·麦克艾尔洛埃（Mark W. McElroy）认为在第二代知识管理中，知识生命周期是10个关键概念之一，以用来阐释知识是如何在人类社会系统中产生和整合的，同时要反映出对知识生产、传播和使用的

① Sian Owen and Alfred Yawson, "Corporate Life Cycle and M&A Activity", *Journal of Banking & Finance*, Vol. 34, No. 2, 2010, pp. 427—440.

② Larry E. Greiner, "Evolution and Revolution as Organizations Grow", *Harvard Business Review*, Vol. 50, No. 4, July-August 1972, pp. 37—46.

③ Danny Miller and Peter H. Friesen, "A Longitudinal Study of the Corporate Life Cycle", *Management Science*, Vol. 30, No. 10, October 1984, pp. 1161—1183.

④ 万里鹏：《信息生命周期研究范式及理论缺失》，《中国图书馆学报》2009年第5期。

⑤ Karen B. Levitan, "Information Resources as 'Goods' in the Life Cycle of Information Production", *Journal of the American Society for Information Science*, Vol. 33, No. 1, January 1982, pp. 44—54.

⑥ Robert S. Taylor, "Value-Added Processes in the Information Life Cycle, *Journal of the American Society for Information Science*, Vol. 33, No. 5, September1982, pp. 341—346.

⑦ Peter Hernon, "Information Life Cycle: Its Place in the Management of U. S. Government Information Resources", *Government Information Quarterly*, Vol. 11, No. 2, 1994, pp. 143—170.

⑧ 孟彬、马捷、张龙革：《论知识的生命周期》，《图书情报知识》2006年第3期。

管理战略和计划的强化，并提出知识生命周期开始于管理活动中问题的发现，终止于有效知识要求及分布式知识组织库中知识的运用①。马克斯·埃文斯（Max M. Evans）等从整体观视角提出了包括识别、存储、共享、使用、学习、改进和创建的知识管理周期（KMC）模型，并将示例知识管理举措、活动和技术映射到上述七个非连续的 KMC 模型阶段中②。而在知识经济时代，知识生命周期决定了市场上特定知识或技能随时间变化的随机需求模式，当知识生命周期短且不稳定时，企业必须能够应对不断变化的市场新知识需求的挑战③。

第三节　传播动力学

一　传播动力学的涵义与研究对象

传播动力学是研究网络中行为传播和规律的理论与方法，其研究应用于人群中的传染病流行、互联络上的计算机病毒蔓延、社会中的谣言扩散以及不同网络中的传播行为等，对于了解和掌握网络中传播动力的来源、传播行为和过程以及传播规律具有重要的指导意义。

传播动力学的研究对象主要是传播动力学模型在不同网络上的性质与对应网络的静态统计性质的联系，包括已知和未知的静态几何量。围绕着传播动力学模型、动力学特征、传播网络结构及规律、复杂网络、社会网络等的主题是传播动力学研究的主要内容。其中，基于网络传播动力学中网络结构对动力学的研究主要是考虑不同的静态网络拓扑结构对传播动力学的影响。在研究过程中，实际上是假设网络结构变化比单独个体行为变化要慢得多，同时网络中个体与群落之间的相互作用与演变是存在时间效应的。而基于社会网络下的传播动力学研究在传染性疾病、计算机病毒、谣言传播等方面有

① Mark W. McElroy, *The New Knowledge Management: Complexity, Learning, and Sustainable Innovation*, Burlington: Butterworth-Heinemann publications, 2002, pp. 3—9.

② Max M. Evans, Kimiz Dalkir and Catalin Bidian, "A Holistic View of the Knowledge Life Cycle: The Knowledge Management Cycle (KMC) Model", *Electronic Journal of Knowledge Management*, Vol. 12, No. 2, June 2014, pp. 85—97.

③ Andrew N. K. Chen, Yuhchang Hwang and T. S. Raghu, "Knowledge Life Cycle, Knowledge Inventory, and Knowledge Acquisition Strategies", *Decision sciences*, Vol. 41, No. 1, February 2010, pp. 21—47.

了广泛的应用，也受到了学术界的深切关注。基于此，本书考虑将传播动力学理论应用于科学知识传播过程中，以期为揭示科学文献传播过程的实质与演变发展提供理论依据。

二　传播动力学的主要模型

传播动力学模型（Transmissive Dynamic Model）是在系统动力学模型（System Dynamics Model）基础上根据结构、功能、历史相结合而构建的，是为研究社会大系统及其决策问题而创立的计算机仿真实验技术的方法论。

大多数传播动力学相关研究主要基于经典的传染病传播模型，包括 SI 模型、SIR 模型、SIS 模型、SIRS 模型、SEIR 模型和 H-SEIR 模型等①。其中：

SI（Susceptible Infected）模型只有感染者和易感染者，其传播模型如图 2.1（a）所示，感染者以 β 的传染率传给易感染者，用 S（t）、I（t）表示 t 时刻易感染者和感染者的比例，有 S（t）+I（t）=1。

SIR（Susceptible Infected Removed）模型将人群分为三类：易感者 S、感染者 I 和免疫者或恢复者 R，其传播模型如图 2.1（b）所示，其中 R 表示人群已经治愈具有免疫力，且不具有传染性。在 SIR 模型中，传播路径为 S→I→R。易感者 S 以概率 β 被感染者 I 感染，感染者 I 以概率 γ 恢复变成免疫者 R。当传播过程结束后，网络中只存在 S 和 R 两种状态。

SIS 模型与 SIR 模型不同的是，感染者最终还是变成易感染者。SIS 模型描述了感染个体能够反复被治愈的流行病传播行为，其传播模型如图 2.1（c）所示。

SIRS 模型是针对社交网络中信息传播的复杂性而构建而成，其传播模型如图 2.1（d）所示。有学者提出了符合社交网络中信息传播的 SIRS 模型。在被治愈后，没有获得免疫能力，又以 η 的感染率再次成为易感染者，无法最终免疫，新的易感染者出现，新的一轮传染开始。

SEIR 模型是以 SIR 模型为基础加入潜伏节点 E（t）表示在 t 时刻潜伏者在网络中的比例，其传播模型如图 2.1（e）所示，易感者中部分以概率 λ 直接被感染成为感染者，另一部分以 α 的感染率变成潜伏者，潜伏者以 β 的概率转化为感染者，感染者则以 γ 的免疫率被治愈，获得抗体，不会被再次感

① 徐涵、张庆：《复杂网络上传播动力学模型研究综述》，《情报科学》2020 年第 10 期。

染也不会感染状态。

H-SEIR 模型是为了综合考虑在线网络中话题式信息的衍生特性，依据把网络看作静态网络和网络内节点密度均服从泊松分布的两个假设，基于 SEIR 传播模型改建的含有信息价值、信息出现频次及时效性话题式信息传播模型，其传播模型如图 2.1（f）所示。

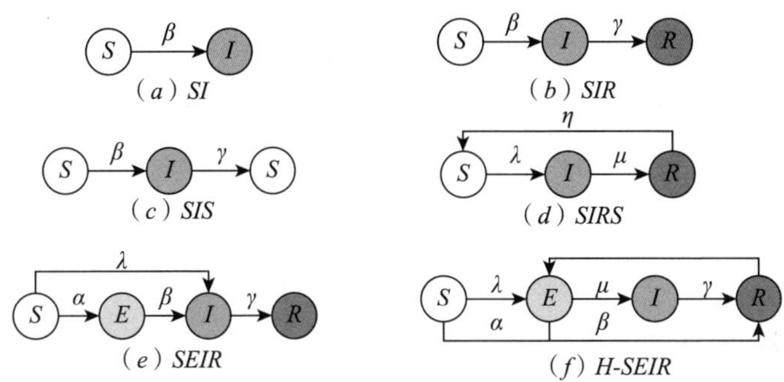

图 2.1　不同传播动力学模型的传播路径图

第四节　社会网络分析与复杂网络理论

社会网络分析理论源于对社会群体中个体间关系的度量。在社会群体中，个体不仅具有自己的独特属性，还与群体中的其他个体有着千丝万缕的关系，基于这些关系，个体与个体之间形成了不同的群体①。个体之间形成的关系随着时间和外部因素的变化影响着社会群体结构的变化，而不断演变的社会群体结构也会对个体的属性与个体之间的相互关系产生促进作用。社会网络分析理论研究的是通过彼此之间的关系来定量分析社会群体结构，最终目的是构造社会网络分析模型清晰的描述个体以及群体之间关系的结构，通过研究不同的网络结构分析对个体和群体功能的影响。

一　社会网络的涵义

1954 年约翰·巴恩斯（John Arundel Barnes）提出“社会网络（Social

① 牟冬梅等:《社会网络分析在学科知识结构研究上的方法思辨》,《情报理论与实践》2016 年第 8 期。

Network）”术语[①]，而关于社会网络的研究起源，可以追溯到社会学家格奥尔格·西美尔（Georg Simmel）对群体性质与动态的界定和提出的社会互动是社会学基本组成部分的观点[②③]。在韦氏词典（merriam-webster）中，社会网络有两种定义[④]：其一是通过人际关系联系起来的个人（如朋友、熟人和同事）网络；其二是一种在线服务或网站，人们通过它建立和维持人际关系。建立社会网络的关系可能包括友谊/影响、沟通、经济交易、互动、亲属关系、权力/等级、信任、社会支持、传播、传染等[⑤]。

从20世纪初对社会群体与互动的关注，30年代基于心理学、人类学和数学等领域分别对社会互动测量和社会结构理论等的奠基，到70年代掀起从不同学科、不同路径创建相关理论与方法的高潮，再到如今借助于现代技术工具开发新的模型和方法并加以广泛应用，许多学者投入到社会网络研究中，并做出了显著贡献，例如：阿尔弗雷德·芮克里夫－布朗（Alfred Radcliffe-Brown）提出了社会结构[⑥]，雅各布·莫雷诺（Jacob L. Moreno）提出用社会测量法（Sociometric）测量人际关系及其相互作用的模式[⑦]，马克·格兰诺维特（Mark Granovetter）提出了“弱连接”（weak ties）[⑧]，巴里·韦尔曼（Barry Wellman）提出了社会网络分析方法[⑨]，詹姆斯·克莱德·米切尔（James Clyde Mitchell）在反思社会网络概念与研究基础上对网络理论问题、结构与

① James Clyde Mitchell，“Social Networks”，*Annual Review of Anthropology*，Vol. 3，October 1974，pp. 279—299.

② Betina Hollstein，“Georg Simmel's Contribution to Social Network Research”，https://www.cambridge.org/core/books/abs/personal-networks/georg-simmels-contribution-to-social-network-research/DBA2B9036952812AD4655AB040507E44，November 2020.

③ Hans A. Illing，“Conflict and the Web of Group-Affiliations by Georg Simmel”，*The Journal of Criminal Law*，*Criminlogy*，*and Police Science*，Vol. 46，No. 2，Jul. -Aug. 1955，pp. 250—251.

④ Social Network，https://www.merriam-webster.com/dictionary/social%20network.

⑤ Social Network，https://simple.wikipedia.org/wiki/Social_network.

⑥ Alfred Radcliffe-Brown，“On Social Structure”，*The Journal of the Royal Anthropological Institute of Great Britain and Ireland*，Vol. 70，No. 1，1940，pp. 1—12.

⑦ Jacob L. Moreno，“The Sociometric View of the Community”，*The Journal of Educational Sociology*，Vol. 19，No. 9，May1946，pp. 540—545.

⑧ Mark S. Granovetter，“The Strength of Weak Ties”，*American Journal of Sociology*，Vol. 78，No. 6，May1973，pp. 1360—1380.

⑨ Barry Wellman and Stephen D. Berkowitz，“Social Structures：A Network Approach”，*American Political ence Association*，Vol. 94，No. 6，May1989，pp. 1512—1514.

透视、网络概念与数据收集进行了探讨[①]，林顿·弗里曼（Linton C. Freeman）关于中介中心性概念的提出[②]、中心性（Centrality）的测量[③]，邓肯·瓦茨（Duncan J. Watts）提出了“小世界模型”（small-world networks）[④]，罗纳德·伯特（Ronald S. Burt）提出了“结构洞”（Structural Holes）概念[⑤]，等等。在学者们的不断探索下，社会网络的理论体系得以建构与完善。

简单地说，社会网络是由节点、连线及连接方式构成的，体现的是由节点表征的社会行动者、连线及方式表征的行动者之间的互动关系而组成的社会结构，行动者与关系是社会网络中的核心。其中，行动者可以是个人、一个群体、公司或其他集体性的社会单位甚至是国家；节点间的连接关系则包含以人际互动的情感网络以及经济理性的工具网络等，如亲属关系、交换关系、合作关系等；连接方式有多种表现，如一元的、二元的、多元的等等；而节点间的关系因为社会互动关联的差异体现出为强关系和弱关系的不同程度。由节点、关系性质及其连接方式和强弱程度等的各种表达，呈现出不同的社会网络的结构特征，反映出所隐含的复杂的社会行动者及其关联事物之间的特点与规律。

社会网络有多种分类标准，如根据关系的方向、关系的性质、行动者所构成的集合的性质等等。行动者的范围非常广泛，可以是个人、集体、组织等等实体。按照行动者所构成的集合的性质可以将社会网络分为1－模网络、2－模网络、3－模网络、……n－模网络。其中，模是指网络中行动者的集合，模的数目指网络中行动者集合的种类。如果网络仅仅反映一个集合内部行动者之间的关系，那么该网络为1－模网络，例如数学领域中国学者的合著网络，如果一个网络表示两个行动者集合之间的关系，那么称该网络为2－模网络，例如一个公司所有成员组成的集合与该公司所有部门之间的关系网络，

---

① James Clyde Mitchell, “Social Networks”, *Annual Review of Anthropology*, Vol. 3, October 1974, pp. 279—299.

② Linton C. Freeman, “A Set of Measures of Centrality Based on Betweenness”, *Sociometry*, Vol. 40, No. 1, 1977, pp. 35—41.

③ Linton C. Freeman, “Centrality in Social Networks Conceptual Clarification”, *Social Networks*, Vol. 1, No. 3, 1978/1979, pp. 215—239.

④ Duncan J. Watts and Steven H. Strogatz, “Collective dynamics of ‘small-world’ networks”, *Nature*, No. 393, 1998, pp. 440—442.

⑤ Structural holes-HandWiki, http://handwiki.org/wiki/Structural_holes.

n－模网络则依次类推。目前，常用的网络是1－模网络和2－模网络，研究中常用关系矩阵来存储网络关系。

二　社会网络分析概述

社会网络分析（Social network analysis，简称 SNA）是对社会网络进行定量和定性分析的过程①。自20世纪30年代以社会计量学的形式出现以来，社会网络分析已成为传播、组织、市场、社区、家庭和婚姻、小群体动力学、社会支持、社会流动和动物行为等领域社会研究的主要范式。

社会网络分析不仅是在社会学和传播学领域发展起来的一种研究方法，更是一种侧重于人与人之间以及组织和国家等群体之间结构关系模式的一种新观点。社会网络是人类关系特征的突出表现形式，它集中体现了社会的结构属性。所以，社会网络分析既可以用于在微观层面研究个体的互动行为，也可用于在宏观层面研究社会现象的关系模式，如组织结构、社区关系甚至国际关系等②。社会网络分析是社会网络理论体系中的主要组成，它的兴起与应用突破了社会网络概念最早被应用时只是一种隐喻的局限，它将比喻社会关系或社会要素之间的网状结构，用描绘人与人之间联系数量和强度的图形化方法来表达出来。"网络分析员探究的是深层结构——隐藏在复杂的社会系统表面之下的一定的网络模式。他们试图描述这些模式，并利用它们的描述来了解网络结构如何约束社会行为和社会变化"③。随着社交网络越来越多地融入日常工作和个人活动，研究人员必须研究社交网络的特征如何允许个人操纵自己的身份，以最大限度地提高他们从社交网络分析中获得的感知利益④。

社会网络分析通过对于网络中节点及其关系的分析探讨网络的结构及属

① What Does Social Network Analysis（SNA）Mean? http://www.techopedia.com/definition/3205/social-network-analysis-sna，November 3，2012.

② F. N. Stokman "Networks：Social"，International Encyclopedia of the Social & Behavioral Sciences，2001，https://www.sciencedirect.com/topics/social-sciences/social-network-analysis.

③ Barry Wellman，"Network Analysis：Some Basic Principles"，*Sociological Theory*，Vol. 1，1983，p. 157.

④ Rozan O. Maghrabi，Richelle L. Oakley and Hamid R. Nemati，"The Impact of Self-selected Identity on Productive or Perverse Social Capital in Social Network Sites"，*Computers in Human Behavior*，Vol. 34，No. 4，April 2014，pp. 367—371.

性特征，包括网络中的个体属性及网络整体属性，网络个体属性分析包括：点度中心性，接近中心性等；网络的整体属性分析包括小世界效应、小团体研究、凝聚子群等。社会网络分析作为一种以关系数据为对象的研究方法，主要从各个测度用数值来考察社会网络的属性和特征，并对其中的个体和群体的属性和特征进行详细分析。社会网络分析法结合了计量社会学、社会心理学、平衡理论、图形理论、数学、社会比较理论等各领域的成果，并发展出弱连接优势、强关系以及结构洞等具有原创性的理论。社会网络分析法的分析架构主要可分为两大类：一是以个体为核心所形成的网络结构，主要分析的是其在网络中的连接与位置，如强连接、弱连接、接近中心性、中介中心性、结构洞等；二是以整体网络为分析焦点，其分析的内容包括网络的密度、小团体、结构洞等。根据研究者的需求不同，采用不同的社会网络，如科研合作网络、主题共现网络、机构合作网络等。与此同时，可用于社会网络分析的计算软件也有相应的快速增长，如 R 语言、Python、Ucinet 和 Pajek 等通用数据处理程序被广泛应用于数据分析与网络结构可视化。

社会网络分析经过 20 世纪 50 年、70 年的研究黄金时代后，在 21 世纪，借助于网络数据和数据处理技术的支撑下，又进入到参与者快速增长、重大发展和向新的实质性领域的生产性扩张的黄金时代①。

三　复杂网络理论概述

复杂网络（Complex Network）是对复杂系统的抽象和描述方式，任何包含大量组成单元（或子系统）的复杂系统，当把构成单元抽象成节点、单元之间的相互关系抽象为边时，都可以当作复杂网络来研究；复杂网络是研究复杂系统的一种角度和方法，它关注系统中个体相互关联作用的拓扑结构，是理解复杂系统性质和功能的基础。在复杂网络理论中，不同类型的网络被用来解释现实世界复杂系统的行为②。

复杂网络涉及的基本概念包括度分布、平均路径长度、集聚系数、介

---

① Ronald S. Burt, Martin Kilduff and Stefano Tasselli, "Social Network Analysis: Foundations and Frontiers on Advantage", *Annual Review of Psychology*, Vol. 64, January 2013, pp. 527—528.

② Sara Kaviani and Insoo Sohn, "Application of Complex Systems Topologies in Artificial Neural Networks Optimization: An Overview", *Expert Systems with Applications*, Vol. 180, October 2021, 115073.

数[①]，复杂网络的类型主要有规则网络、随机网络、小世界网络和无标度网络四种[②]，其中：规则网络具有聚集性（例如，你朋友的朋友很可能也是你的朋友，你的两个朋友很可能彼此也是朋友），但它的最短平均路径却较长，不具有小世界性；而随机网络正好相反，具有小世界性，但不具有聚集性。大多数真实网络既具有聚集性，又具有小世界性，被称为小世界网络，既不是完全规则的也不是完全随机的；主要包括的理论有小世界网络理论、规则和不规则网络理论、无标度网络理论。其中：小世界理论（Small World Network，SWN）起源于20世纪60年代[③]，美国人做了这样一个实验：任何两个美国人，通过5—6层关系就能找到自己想找的人，实验表明：短链普遍存在，并且人们能自主地发现它们（没有全局的知识），这就是小世界现象。最初应用于人文社会科学领域，后来引起数学家和物理学家以及数理经济学家的广泛兴趣，并对其进行了深入研究。他们研究了一维模型，分别用特征路径长度和集团化系数描写网络系统中各个结点间的流通和聚集性质，并通过理论分析和数值模拟证明，只要使大世界中各连接以很小的平均概率“断键重连”，就可以实现大世界向小世界的过渡，从而基本保持大世界的结构而实现小世界的功能。无标度网络理论是复杂网络研究上的一个重大发现，这类网络节点的连接度没有上述连接度峰值的制约，并没有明显的特征长度，节点连接度的对比可以非常悬殊，很难找到共同的标度，这类网络被称为无标度网络，互联网、新陈代谢网络等都属于无标度网络[④]。无标度网络及其相关的幂律度分布、偏好链接机制是网络科学研究中的核心概念[⑤]，普遍应用到学术研究与实践工作中，例如：基于无标度网络模型研究协同创新网络结构，发现在演化过程中协同创新整体知识水平持续上升，知识增长速度不断提高并趋于稳定，知识资源配置较为公平[⑥]。

---

① 安沈昊、于荣欢：《复杂网络理论研究综述》，《计算机系统应用》2020年第9期。

② 朱永海、陈雄辉、李昊：《基于复杂网络理论的科技中介问题》，《科技进步与对策》2008年第3期。

③ 刘晓庆、陈仕鸿：《复杂网络理论研究状况综述》，《现代管理科学》2010年第9期。

④ 张弛、梁伟：《无标度网络理论在网络中心战中的应用》，《指挥控制与仿真》2010年第2期。

⑤ 汪小帆：《无标度网络研究纷争：回顾与评述》，《电子科技大学学报》2020年第4期。

⑥ 张理、魏奇锋、顾新：《基于无标度网络模型的协同创新网络知识扩散研究》，《情报理论与实践》2018年第10期。

第五节　本章小结

本章根据研究的目的与要解决的问题，论述了在研究过程中需要运用的基础理论，包括学术传播、学术传播要素、知识进化理论、生命周期理论、传播动力学、社会网络分析理论与复杂网络理论，主要围绕着这些理论中涉及的基本概念、主要观点及其应用等进行了归纳和总结。

第三章　科学文献传播网络及其知识进化表征与模式

在学术传播体系中，科学文献不仅承载与传播知识，而且借助于传播要素之间的关系建立联系，进而通过传播要素载荷的知识单元及其建立起来的关联反映科研活动的过程与变化。所以，以科学文献传播要素及载荷的知识单元之间的相互关联与衔接关系作为纽带，可以构成基于多元关系而生成的多样化的科学文献传播网络。

第一节　科学文献与传播要素及其关联分析

一　科学文献及其作用

科学文献作为学术传播体系中重要的传播载体、科学研究成果的主要表现形式，是记录、积累、传播和继承知识的有效手段，蕴含着巨大的社会价值和经济价值历来备受社会各界的重视和好评[①]。随着人们认识和改造客观世界的科学知识的不断丰富，尤其是随着记录、贮存、传播知识的载体变化，科学文献处于不断的丰富且变化中。其中，缩微文献、视听文献、计算机读文献的出现，标志着科学文献发展史上的几次影响深远的文献革命，进而推动着人类社会的发展[②]。科学文献作为科学实验和生产实践的产物，是人们获取科学信息的主要形式，既是研究人员了解学科动态、掌握学科进展和开拓思路的主要知识资源，也是学者们发表研究成果、开展交流和促进知识增长

① 邹常诗:《科学文献计量分析与文献关联性研究》,《情报资料工作》2000 年第 4 期。

② 谢元泰:《科学文献与文献科学论略》,《图书与情报》1987 年第 Z1 期。

的主要依托。

科学文献是一个结构多元、功能综合的人造信息系统。其中，科学信息、符号、载体相互作用、相互结合，构成由一篇文章或者一种文献（包括期刊、报告、专利等）组成的文献微观结构，也即小型人造信息系统，具有贮存与传递功能的简单的初始情报系统。当经过信息的加工与转换后，多篇文章或者多种文献被多种方式及途径集合成具有宏观结构的文献系统（包括文献库、文献网络、文献检索系统等）。由此，科学文献系统的生成不仅汇聚了大量而零散的文献，而且建立了文献传播要素单元之间的联系，为将序化且有关联的要素单元进行处理以体现科学文献功能提供了基础与支撑。所以，如何基于微观结构从宏观结构的科学文献系统中挖掘出具有应用价值的知识和信息，使科学文献记录、贮存、传播信息或知识的作用得以充分发挥，是科学研究领域一直都在关注的问题。同时，科学、客观、准确地评价科学文献所承载的信息或知识内容，运用定量与定性相结合的方法分解文献传播要素之间的内在关系，揭示文献所载信息或知识内容中隐含的价值和意义，对于有效传播与继承吸纳已有的科技成果，提高科研工作效率与促进科技创新具有重要的意义。

二　科学文献传播要素分析

借鉴拉斯韦尔“5W”模式，本书从传播者、传播渠道、受众及传播内容这四个方面分析科学文献传播要素。

（1）传播者：科学文献传播活动的发起者

传播者，是传播活动发生的主体，是传播活动当中的第一要素。传统环境下科学文献的发布主要是借助图书、期刊和非正式渠道等多种多样的媒体形式进行的，其中，信息发布的主要媒体是图书、期刊等纸质载体，同时，这些纸媒也承担着研究成果公开等多种职能。在当今数字化与网络环境下，信息传播的便利性、及时性以及学术交流的广泛性，均使科学文献传播的方式以及范围产生明显变化。同时，信息的发布者及其相关行为也发生显著变化。当前参与学术信息发布的主要有科研人员、学术机构、学术团体、出版机构等传播者，但有的信息中介服务商（传播中介）也参与发布环节中。

（2）传播内容：科学文献传播活动的信息对象

传播内容是科学文献传播活动的信息对象，它将传播者、传播中介与传播受众连接起来，并进而使科学文献传播效果得以实现。传播内容通过文字、图形、音频、视频等符号表征并加以记录，在科学文献传播中，以题名、作者、机构、关键词、分类号、摘要、引文等特征概要传播内容。

（3）传播中介：科学文献传播活动的渠道

传播中介亦称为文献传播媒介，是文献传播活动中的重要条件，它是使文献得以传播的物理手段，是文献源与受众相互交流沟通的通道。文献传播渠道有间接和直接之分，其中，文献传播者利用机器设备对文献信息进行贮存或转换，之后受众以特殊手段获取文献信息即为间接渠道。而文献传播者让受众直接获取文献信息即为直接渠道。

在传统环境中，学术传播作为科学研究的基础，通常是由出版商、发行商、书目检索服务商和图书馆等严格有序的分工组成。而在其中，发行商、书目检索服务商和图书馆等在传播过程中都承担着中介角色。

如今，由于数字化与网络化媒介的介入，传统的学术传播中介的发展也面临着巨大的挑战，比如期刊发行者、报告颁布者、商业性出版机构等传播者都可能拥有自己的网站，受众可以通过访问相应站点而直接获得出版者的相关服务。

（4）传播受众：科学文献传播活动的终点

传播受众指的是文献信息的接收者与利用者，是文献传播的目标对象，如信息或者情报机构的用户、图书馆的读者、出版发行机构的顾客等，是传播活动的重要条件之一。受众是文献传播的最终端，能够判定传播内容、中介和传播者，并作出相应反应。受众的综合素质与对于信息的接受能力对文献传播效果有直接影响。

在数字化与网络环境中，传播受众作为网络学术传播活动的目标，在传播过程中扮演着至关重要的角色。他们既参与传播活动过程中，又翻译传播符号；既直接消费信息产品，又反馈传播效果。受众具有不同的特点和特征，比如具有隐匿性、分散性和混杂性等特点，又具有同质性、自主性和归属性等特征。按不同的传播媒介来划分，可分为影视读者、书刊读者、网络用户等。

三　网络环境下科学文献传播模式及传播要素间的互动研究

（1）网络环境下科学文献传播模式

由于科学文献是以文字、图形、线条等符号体系作为表达方式，以一定的物理形式作为存在依据的。而今在网络环境下由数字化表达的科学文献传播，具有更加公开性、稳定性和持久性等特点①，即在传播过程中，科学文献以单篇论文为依托、多点揭示文献信息特征与内容、多种链接关系进行交互传播，由此突破了传统模式中以“篇”为单位载体整体传递的局限性，可以使片段的或者整体的知识内容借助于各种传播要素以单一的、交互关联的或者多个要素汇集等方式传播，形成新的传播模式。基于此，本书以“5W”传播模式理论为基础，结合网络环境下科学文献传播的特征，充分考察传播要素在传播过程中的角色和各个要素之间的关联作用，基于“5W”模式中（即：谁（Who）、说了什么（says What）、通过什么渠道（in Which channel）、对谁说（to Whom）、取得了什么效果（with What Effect））的传播要素，提出网络环境下科学文献的传播模式，如图 3.1 所示。

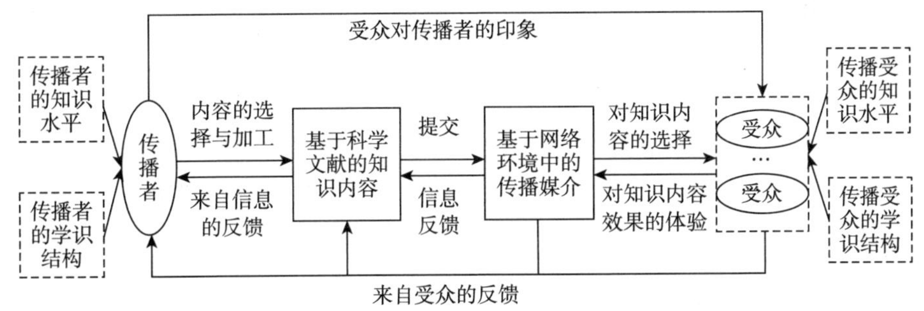

图 3.1　网络环境下科学文献传播模式

在图 3.1 所表达的网络环境下科学文献传播过程中，传播者、传播内容、传播中介与传播受众之间具有知识内容间的互动，并以期刊、会议、专利等科学文献的方式在传播媒介中传播。科学文献的传播由过去传播者直接推送信息的方式转变为由传播受众主动选择所需信息，而传播者和传播受众对文献内容的选择主要依赖自身的知识水平和学识结构等。网络环境下科学文献的传播是知识内容以个性化、多对多的方式在研究人员之间的交流与分享，传播者、文献内容和传播中介等多种传播要素揭示了文献信息的特征与知识内容，传播要素之间的多种交互关系，改变了传统条件下文献信息受众与传播媒介的接触方式和用户的信息获取模式，促使在科学知识传播过程中不断

① 王飞、丁玉飞：《网络环境下科学文献传播效果研究——以受众能动性为视角》，《图书馆学研究》2016 年第 5 期。

催生新的知识并推动着科学活动的发展。

第二节 科学文献传播网络的界定、构建流程与类型划分

一 科学文献传播网络的界定

科学文献作为科学研究成果的主要表现形式和承载科学知识的主要载体，从前述分析可知，一方面，科学文献传播要素由传播者、传播内容、传播中介与传播受众构成，这些要素通过载荷的知识单元在学术传播中发挥着知识的生产、传递和利用的功能，并进而通过传播要素和知识单元中隐含的关联反映知识间的相互作用和科研活动特点及规律。另一方面，随着使用范围的加大与规范化程度的提高，科学文献在编排方式上有着较为固定的格式，一般由标题、摘要、关键词、作者、机构、分类号、正文、参考文献等文献内部与外部特征项组成，这些单一的或者组合的特征项体现出科学文献包含的传播要素及载荷的知识单元。同时，大量的研究分析表明，科学文献外部特征项之间的联系反映了文献之间的内在相关性，如作者与作者之间的联系反映出研究者在研究内容方面具有相同或相似的主题，若作者处于同一研究团队中则也体现了团队的研究方向。此外，由于科学文献中的作者、机构、关键词、分类号和参考文献等内外部特征项具有可统计性，为科学文献的定量研究提供了数据信息，且由于特征项之间存在相互关联，也为揭示科学文献内容之间的相关性提供了前提和基础。

数字化与网络化的发展，使表征科学文献要素的内外部特征项在传播过程中得以独立地被提取与被传播，并可以作为体现知识内容的节点，通过传播不同或者相关知识内容建立起相同或者不同特征项之间的关联，由此可构成不同表现形态的且反映不同传播要素复杂关系的科学文献传播网络。

因此，本书将科学文献传播网络界定为：以表征科学文献传播要素的内外部特征项为节点、以反映节点语义关系及其关联强度为纽带而构成的网络。该网络以反映不同传播要素之间、各个要素与知识内容的交互作用与传播过程，进而揭示科学发展特点与过程为目的。

二　科学文献传播网络构建的流程设计

网络环境下科学文献的传播模式促使科学文献依附的传播要素与其承载的知识内容沿着多个方向进行交互传递与扩散，实现各个传播要素与知识内容、知识内容与知识体系之间的关联与繁衍。根据众多的研究成果发现，将科学文献内容可划分为文献主体具有的隐性知识和文献内容表现的显性知识两部分。在网络环境下的科学文献传播过程中，文献内容的表达是一种显性知识，而其他传播要素作为文献知识承载者则属于隐性知识。由于学科领域内科学文献传播要素承载的知识内容之间存在着关联、继承和发展的关系，基于这些关系的有无和强弱则可以透视学科领域的研究现状。因此，本书基于网络环境下科学文献传播模式，以科学文献传播要素为节点，通过抽取传播要素、建立传播关系构建基于传播要素之间相互作用的科学文献传播网络，如图 3.2 所示。从传播网络节点的组成内容分析，科学文献是由表达知识信息的外部单元和表达知识信息的内容单元构成的。其中，知识信息的外部单元如作者、机构、出版物来源、引文等，是知识传播的主体，具有掌控知识传播的主动权与选择权，控制与影响着知识进展与演化，但是相对于科学文献构成要素来讲属于外部单元。而知识信息的内容单元如关键词、主题、专业词汇、学科分类与全文等，是知识传播的客体，由知识主体驾驭的同时反作用于知识主体的行为，是知识进展与演化结果的反映，相对于科学文献构成要素来讲属于内容单元。从传播网络节点之间的关系与形成的不同结构来看，知识信息的外部单元与知识信息的内容单元的相互作用及其形成的不同关联，促进了科学文献的多元多向的传递与分享，由此带来了知识进展与演化的复杂性与多样性。

在 3.2 图中，以传播要素属性作为知识单元，以知识单元之间的相互关联与衔接关系作为纽带，构建基于合作关系的作者、机构的传播网络，再以传播主体、传播媒介与传播内容表达的知识之间的从属关系，构建基于共现/引证关系的关键词/引文、作者—关键词/引文、机构—关键词/引文和期刊—关键词/引文的传播网络等。与以单一要素并置于空间范围构建的静态网络不同，这些传播网络是动态网络，它们与静态传播网络共同构成科学文献传播网络。作为面向不同分析目标的表现形式，针对科学文献传播网络的研究可以发现科学知识传播过程中的各种关联与作用，进而揭示科学知识传播的特征与规律。

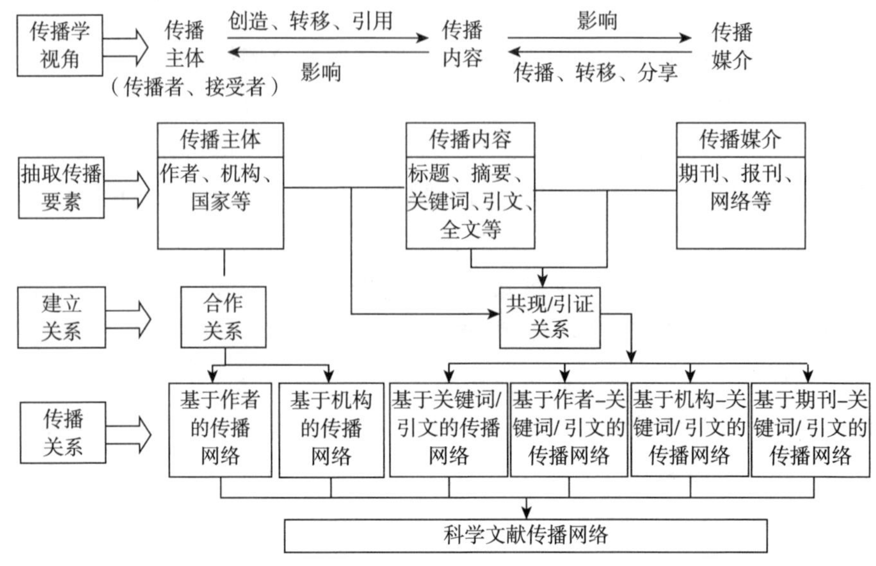

图 3.2　科学文献传播网络构建的过程

三　科学文献传播网络的类型划分

科学文献传播过程中，以表征传播要素的内外部特征项作为网络节点，以特征项之间的相互关联与衔接关系作为纽带，基于不同的网络节点及其之间的关系构成不同的科学文献传播网络。从传播网络节点之间的关系与形成的不同结构来看，科学文献传播网络的表达形式可以分为：基于合作关系的作者、机构的传播网络，基于共现关系的关键词、作者—关键词、机构—关键词和期刊—关键词的传播网络，基于引证关系的引文、关键词—引文、作者—引文、机构—引文和期刊—引文的传播网络，以及由上述传播要素构建的主题网络、加权引证网络、作者—主题、机构—主题等，为了更好地认清科学文献传播网络的特征，下面仅就主要的类型进行阐述。

（1）基于作者合作的科学文献传播网络

文献作者是交流的主体，无论是论文、期刊还是机构之间都无法主动发生关联，其基本依托的是作者之间不同类型的交流行为。随着学科专业化和学科交叉发展，研究人员加强了彼此之间的学术交流与合作，跨机构、跨地区的学者共同合作发表论文成为学界普遍的现象。如果一篇科学文献中同时出现两个及以上作者，则可认为作者之间以合作方式实现知识的分享、交流与传递，并由此构建形成基于作者合作的科学文献传播网络。

同时，从文献计量学的视角发现，科学研究人员的分工与协作首先体现在科学文献主体合作网络的分布状态中。由于科研人员合作过程中通常会产生一篇或几篇文献，通过对基于作者合作形成的科学传播网络中各个传播要素进行多元或者多维分析，以及包括由作者所属机构合作形成的传播网络、作者与关键词共现的传播网络、作者与引文共现的传播网络的研究，以探寻其中隐含的特点、规律及发展变化，揭示学术交流的态势及演化，也为打开某一科学知识领域隐性知识转移与进化的“黑箱”提供了契机。

（2）基于关键词共现的科学文献传播网络

关键词是以概念为基础、规范化的、具有组配性能的词和词组。科学文献中的关键词用于描述一篇文献的主要特征，代表着文献主体的研究领域范畴、研究方向关注与研究内容侧重等。一篇文献中存在着若干个关键词，这些关键词同时出现的现象，被称之为关键词共现。因此，可以将关键词理解为科学文献的特征标签和表达科学文献内容的概括，通过关键词共现聚集的科学文献之间可以构建并形成科学文献传播网络。

从共现分析思想、知识进化理论与社会网络分析方法可知，当两个能够同时表达某一学科领域研究关键词或研究方向的关键词出现在同一篇文献时，表明这两个词之间具有一定的内在关系，随着文献数量增多，两个词同时出现次数的增加，不仅两个词之间的交叉连结程度更加的紧密，体现出在知识进化中具有的知识基因特征，而且通过关键词共现聚集的相关文献在传播网络中呈现出时空衔接的结构化特性。所以，通过对基于关键词共现构建的科学传播网络，包括衍生构建的各种传播网络中（如作者—关键词、机构—关键词、期刊—关键词等）的各个传播要素，进行多元或者多维研究，可以探索传播网络形成过程中所隐含的特点及规律，并呈现出学科领域知识的发展状态及进化趋向、不同学科之间的内在关联及交叉影响等。

（3）基于引证关系的科学文献传播传播网络

科学文献的引文是体现科学研究活动继承与发展的重要要素，是科学文献创作时的重要基础与素材来源。在科学研究中，用引文来代替、说明、辅助思想的表达，有的引文可以作为文章的观点，有的可以用作分析阐述，多数情况是用来充当论据的。

引证关系，是指引证（引文）与被引证（参考文献）、引文耦合（引证间）、同被引（被引证间）等之间的文献关联。通过引证关系建立起来的节点间的交互结构，可构建并形成基于引证关系的科学文献传播网络。所以，对该类网络包括衍生构建的各种传播网络中（如引文—作者、引文—机构、引文—关键词、引文—期刊等）的各个传播要素，进行多元或者多维研究，可探索基于引证关系的传播网络形成过程中所揭示的数量特征和内在规律，呈现引证关联要素间的结构特点、学科内的继承与突变、学科间的交叉与演化趋向等。

此外，基于在科学文献中承载知识的属性可将科学文献传播网络划分为三类：其一是表征知识客体的传播网络，如：关键词网络、引文网络等；其二是表征知识主体的传播网络，如作者网络、机构网络等；其三是知识主客体混合网络，如：作者—关键词、引文—机构等。

第三节　科学文献传播网络中知识进化表征分析

体现不同知识内容的传播要素在交互作用下构成了科学文献传播网络，那么，科学文献传播网络的生成与演化，取决于传播要素之间相互作用的过程与结果。在科学活动发展中，作为承载知识的传播要素，不仅具有知识基因的属性，而且也具有知识种群的特点，遵循着知识进化的机制繁衍与演变。因此，本书引入知识进化理论，研究分析科学文献传播网络的演变表象。

一　科学文献传播网络中的知识进化现象分析

根据唯物辩证法的基本原理，知识遗传和变异的对立统一是知识进化的内因和依据。遗传和变异是对立的，遗传是保留知识特性、反映知识稳定性的方面，而变异是引起知识演变、反映知识创新的方面。它们又是统一的，都是建立在同一个知识基因的基础之上，且可以相互转化。在进化的过程中，最终使知识进化的可能性变成现实性，还要依赖于知识主体的认知，这就是自然选择的过程①。将知识进化理论用于考察科学文献传播网络的进化过程，

① Donald Thomas Campbell, "Methods for the Experimenting Society", *American Journal of Evaluation*, Vol. 12, No. 3, October 1991, pp. 223—260.

可以发现底层结构因子信息与知识是传播网络进化的基础，科学文献中的主体信息和内容知识是两大基本构成要素，决定着科学文献传播网络的构成和发展趋势。当科学文献的知识主体发生变化和承载的知识进化时，即由科学文献传播要素构成的传播网络中的节点发生了进化，促使科学文献传播网络产生新的进化。因而可以得出，科学文献传播网络进化的过程首先是传播主体和内容知识交互传承或者竞争的过程，由此构成的科学文献传播网络不是纯理论、别出心裁的出现的，而是在前人研究的基础上遗传进化而来的。随着人们在相关领域内的不断探索和发现，人们认识的不断提高，科学文献承载的知识也在发生变化，这其实就是知识变异、重组的过程。研究人员在对以前科学知识的继承的基础上做了相关改进或突破以前科学知识的非线性继承而引起的进化，可构建新的科学文献传播网络，该过程类似于自然选择的过程。因此，所谓科学文献传播网络进化是指人们不断认识知识的过程中，传播主体与内容知识在进化动力机制的作用下随时间而发生一系列不可逆演变的过程。在传播网络进化的过程中，信息与知识作为底层结构因子是最核心的内容，信息与知识包含的表达基本概念、观点、方法、技艺、关系等语词是进化的基因，传播要素是进化基因和网络的载体。

针对内容知识的主体特征，知识的发生和进化可分为两种基本形式：一是知识的系统进化；二是知识的个体进化。以某个学科领域为例，知识的系统进化主要是指具体某一学科的知识作为整体的进化状况。知识的个体进化则指的是各个具体的知识成员如何在人们的认识和实践活动中由初级的观念（知识变异）进化为“完形的”知识形式（知识个体）①。科学文献传播网络代表着学科领域一个时期的知识总量，类似于知识的系统进化，也是群体进化，是由各种具体的知识信息个体构成的（包括表达知识信息内容单元的主题和知识信息外部单元的作者等）。没有知识信息个体的存在，就不可能有知识信息群体进化，知识信息个体的进化是群体进化的前提和基础。而科学文献传播网络是学科领域知识信息个体的集合，是由知识信息个体构成的知识信息群体，也是反映学科领域知识质和量的形成及变化的集合。随着文献量的不断增加和文献内容的不断创新，科学文献传播网络在进化动力机制的作用下随时间发生一系列不可逆的进化与演变过程。正是知识进化的一系列进

① 何云峰、金顺尧：《关于进化认识论的研究》，《浙江社会科学》1998 年第 5 期。

程，引起科学文献传播网络的结构状态发生动态变化，并实现了知识的传承、拓展与创新，最终促进科学的不断发展与社会的不断进步。基于此，本书构建科学文献传播网络中知识进化现象分析流程图，如图 3.3 所示。

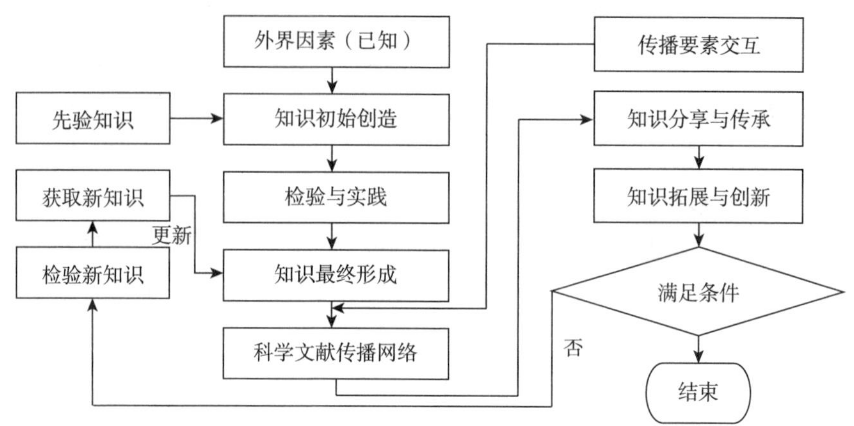

图 3.3　科学文献传播网络中知识进化现象分析流程图

根据知识进化的思想，首先，知识主体在认识和改造客观世界的过程中，受外界因素的影响，基于自身对客观规律的认识，创造了学科领域知识，并经过检验与实践，选择了那些暂时未被证明是错误的知识；其次，那些被保留的知识以科学文献的方式进行传递与分享，由此构成了以科学文献传播要素承载的知识为内容的科学文献传播网络；再次，科学文献传播网络实现了知识的分享，并在遗传机制的作用下传承与拓展；最终，创造的知识不断被检验，发生知识的变异，促使最终知识符合当前客观规律，同时知识主体也不断调整知识创意，重新创造知识，从而不断产生新的知识信息个体，以此朝着符合客观规律的方向前进与发展。

二　科学文献传播网络中的知识进化表现形式研究

由于科学文献承载的知识是在前人的基础上继承和衍生的，随着时间的推移符合客观规律的知识逐渐被认可，而与客观事实相悖的知识被淘汰，呈现与生物进化现象类似的知识进化。从科学文献传播要素的组成发现，科学文献传播网络是由文献主体与文献内容两部分要素构成的，既是文献主体互动的过程，也是知识内容交互的过程。而文献主体承载的隐性知识和文献内容反映的显性知识随着时间呈现出进化现象，导致由文献主体和文献内容构成的传播网络必然也具有进化现象。从哲学知识进化认识的视角认为，科学文献传播网络的本质是文献主体对表达与呈现客观知识的认识过程中，传播网络底层结构在进化动力机制的作用下随时间而发生一系列不可逆演变的过程。在进化的过程中，传播网络底层结构被认为是最核心的力量，本书中传播网络底层结构主要指的是由知识和信息表达的观点、理论、方法、技巧、程序等的术语或词组等，类似于知识进化中的“基因”概念。因此，下面以学科领域为例，依据知识进化思想中的基因理论、遗传机制、变异机制和自然选择等核心机制，对科学文献传播网络中的知识进化表现形式进行详细的分析。

（1）科学文献传播网络的“基因”

根据现代遗传学原理，生物遗传是指生物体构造和生理机能等由上一代传给下一代，变异则指同类生物世代之间或同代生物不同个体之间在生理特征、形态特征等方面表现的差异，而生物遗传和变异的基础是生物基因。生物基因的客观存在给人们以启迪，促使我们深入思考知识的传承与更新中是否存在着类似于生物基因的知识基因。从知识的构成发现，知识基因是由核心概念及核心概念之间的关系、独特的思维方式和规范所组成。知识基因是知识的内核，决定着知识的适应性、发展性和广延性，知识进化的上升方向本质上也是知识基因质量的跃迁过程①。古往今来，有些知识被遗忘和取代，另一些知识经历岁月的沧桑，历久弥新并焕发出蓬勃生机，主要源于表达不同学科领域知识基因的传承与变异的不同。

从知识进化的角度，知识的发展经历了知识重构、熟化与扩散的三个阶段：知识的重构是知识基因的变异、重组，以形成新的知识；知识的熟化，是在知识基因的指导下，人类大脑中原有的知识与新的知识基因的对接，形成对该知识基因的独特的理解或运用，即知识体的过程，亦即知识基因表达的过程；而知识的扩散则是知识发酵倍增的阶段，熟化之后的知识基因经过了学科领域知识体系的检验，更加的合理和具有可操作性，之后迅速的传播、扩散。相同的知识基因在不同的外部环境、社会条件下，有可能会形成不完全相同的知识体，也有可能会发生不同的变异。

---

① 孙晓玲、丁堃：《基于知识基因发现的科学与技术关系研究》，《情报理论与实践》2017 年第 6 期。

在生物学中，决定生物性状的底层结构是基因。在科学文献传播网络的进化中，表征底层结构的知识基因是决定科学文献内容、功能的最根本因子，它们的一代代传承和更新，促使文献主体和文献内容的进化，从而导致科学文献传播网络发生遗传和变异。承载知识基因的知识或信息的融合构建了科学文献内容，文献内容之间的交互衔接又形成了科学文献传播网络，即知识与信息最终决定了文献内容，而文献内容又决定着传播网络的构成。同时，科学文献传播网络反映出的主题内容特征和学科特点等反作用于知识与信息，科学文献的内容也反作用于知识与信息，对知识与信息的产生有着重要的影响。借助于技术创新基因遗传的中心法则①，本书构建上述循环往复的过程并形成科学文献传播网络中心法则，如图 3.4 所示。

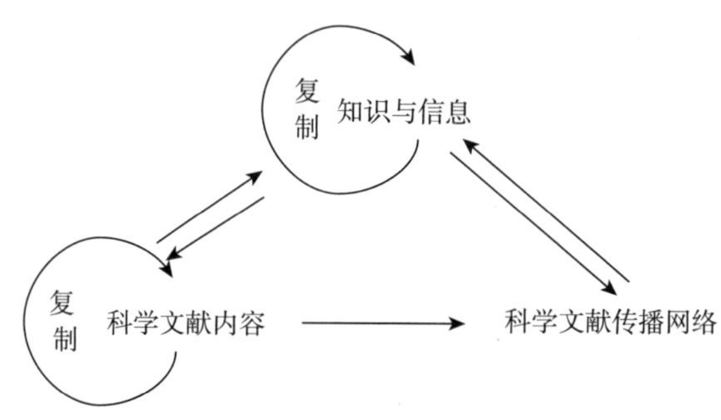

图 3.4　科学文献传播网络中心法则

图 3.4 中，科学文献内容是由承载知识基因的知识和信息的融合构成的，也即底层结构因子决定着科学文献传播网络的发展趋势。同时科学文献内容影响着传播者接受程度，对知识的交流、传递和共享产生作用，进而对知识与信息的产生、遗传与传播有着重要的影响。因此，从知识进化角度发现，作为“基因”的知识与信息决定着科学文献传播网络的构成，而传播网络的变化也会促使知识与信息发生改变，它们之间是相互作用的。

（2）科学文献传播网络的自然选择现象

自然选择学说是达尔文进化论的核心理论。自然选择过程是一个长期的、缓慢的、连续的过程，导致的最终结果是适合环境条件的生物被保留下来，不适合者则被淘汰。由于生物所在的环境是多种多样的，生物适应环境的方

① 蔡巧福、林迎星：《基于基因视角的企业技术创新变异机制研究》，《价值工程》2008 年第 12 期。

式也是多种多样的，自然选择的过程形成了生物界的多样性。在进化的过程中，生物之间的生存斗争通过对不间断、有利的变异积累而产生作用，不太可能引发强烈的、突然的变化。而适应是生物在生存斗争中适合环境条件而形成一定性状的现象，达尔文认为适应是自然选择的结果。从自然选择的机制看待知识进化发现，知识总是由假说构成的，竞争消除了那些不适应的假说，科学知识增长便是经过这一过程所产生的结果①。

学科领域内形成的科学文献传播网络的进化现象作为一种社会的认识，是比生物的自然进化现象更高级的一种运动形式。对于知识进化过程，其中的某些概念、方法和规律，可以作为研究科学文献传播网络进化的借鉴。纵观科学文献的发展历史，可以发现相关领域内科学文献传播网络的进化是一个由简单到复杂、由低级到高级的过程。根据知识进化的“自然选择”理论，科学文献传播网络的发展受到外围环境因素的影响和限制，现有传播网络表达的主题的产生和发展必须符合客观环境的需求。传播网络节点和结构的产生和变化势必来自对学科领域内知识的事实分析和实践检验，找寻出它的发展规律，以期得到社会的认可。因此，科学文献承载的知识，必须建立在修正先前知识的基础上，经过实践与检验，使之能够与客观知识相符或接近，体现了知识的进化过程就是同客观规律相适应的过程。

（3）科学文献传播网络的遗传现象

由于知识的发展与演变是具有延续性的，任何知识的进化都是点滴的积累逐步形成的。知识的进化也有一种“继承获得性遗传”，存在于日常生活当中，既加速了进化的进程，又压缩了进化的时间。人们面对个人问题时通过试错的方式尝试去解决问题，虽然成功的适应者没有任何社会目标，但是社会仍然能够从他们的实践中受益匪浅，这本身体现的是遗传对于进化的作用。对于种群个体知识的进化，周围的群体将从它的进化中选取有益的继承下来，同时传承给后代得以继续发展。

在知识进化的过程中，知识的延续是通过传承实现的，知识的传承是有惯性的。知识创新的前提是建立在共同的知识基础之上，具有完全不同学科领域知识文化背景的人在一起是无法产生知识碰撞的，主要是由于在知识的

① Donald Thomas Campbell, “Methods for the Experimenting Society”, *American Journal of Evaluation*, Vol. 12, No. 3, October 1991, pp. 223—260.

理解上存在偏差，彼此之间存在着排斥感而不会产生出新的知识。知识拥有者的这种排他性也使学科领域自身的知识体系比较独立，不容易造成学科领域自身知识的消亡，同时这种知识传承的特性也是由类似于生物进化中的“基因”所决定的。

在科学研究过程中，相同的知识结构为共同的研究成员提供了依据和借鉴，而学科领域内科学文献承载的知识都是基于该领域内的一种群体性行为的产出。科学文献传播要素交互作用构成的传播网络体现的也是一种群体行为，其中知识基因起着传承的作用。科学文献传播网络的演变中，当前阶段网络结构和节点的变化都是在前一阶段的基础上继承的，主要是知识的更新和增长是在原有知识的基础上展开和拓展的，并做进一步的改进从而更接近客观事实。文献主体的利用者查询他人的文献资料，结合自身的观点激发出新的思路从而以科学文献的形式发表自己的研究成果，文献内容则体现出知识的遗传（继承）和创新的关系。在科学文献传播网络发展的不同阶段，网络节点与网络结构会在前一阶段的基础上展现出不同的变化特征，主要是由承载知识基因的知识和信息的融合和交互作用形成的。因此，科学文献内容通过知识和信息的融合、遗传和拓展、创新等过程产生，以知识基因的方式遗传，经过自然选择的过程，促使科学文献传播网络实现了演变的过程。科学文献传播网络遗传进化示意图如3.5所示。

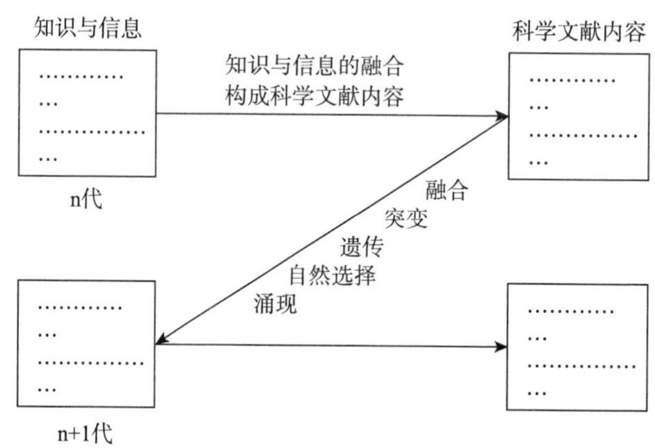

图3.5　科学文献传播网络遗传现象示意图

图3.5中，在演变的第n阶段，知识与信息的融合、遗传和拓展、创新构成了科学文献内容，基于文献内容的科学文献传播要素构成了传播网络。

因此，当前阶段科学文献传播网络的形成最终是通过“基因”知识与信息的融合、遗传、自然选择等过程实现的。

（4）科学文献传播网络的变异现象

根据达尔文进化论，物种的进化是为了适应现有的生存条件而发生改变的过程，从某种程度上是被动的表现，是为了符合客观环境的发展，为了适应现有的生存条件而产生的结果。生物群体从主观上没有进化的动力，如果环境没有变化，物种就不会发生进化。而知识的进化虽然也有环境刺激的因素，然而主观的能动性更强，知识的增加必须是在一定知识储备的基础上才会发生，这些知识的储备是需要知识拥有者主观的学习能动性才有可能实现。而人类的求知欲是新知识产生的根源，对于问题的求解过程就是新知识的产生过程①。

构成科学文献内容的知识和信息自身可以发生自我复制，使文献内容得以传承，且在复制过程中文献的底层结构因子重复实现复制变异，这种变异是基于之前知识与信息的基础上发生的连续的变化，最终导致科学文献传播网络持续不断地进化。由于外部环境因素影响，在一些重大的科技研究成果上，知识与信息的融合往往能发生非线性化的突变，使科学文献内容具有质的飞跃。前者称之为知识与信息的复制变异，后者称之为知识与信息的突变。这种知识与信息的复制变异和突变使科学文献传播网络获得了新的底层结构因子，而新的底层结构因子又将在传承过程中进行复制和变异。同时，作为知识与信息载体的科学文献内容，也将进行自我复制，此时科学文献内容也会因为非线性化的变异得以发生改变，形成新的科学文献内容。借助于技术基因变异机制模型②，构建科学文献传播网络变异示意图（如图3.6所示）。

由科学文献传播要素构成的传播网络是科学文献内容的集合体，科学文献主体信息与承载的知识共同构成科学文献传播网络，文献的知识与信息发生变化时，科学文献也随之发生动态变化。因此，科学文献内容呈现知识进化现象的过程，也是科学文献要素构成的传播网络产生进化的过程，当前阶段构建的科学传播网络继承前一阶段传播网络的知识点与网络结构状态，在

---

① 张凌志：《基于知识进化观的企业创新模式研究》，博士学位论文，天津大学，2011年，第47—49页。

② 蔡巧福、林迎星：《基于基因视角的企业技术创新变异机制研究》，《价值工程》2008年第12期。

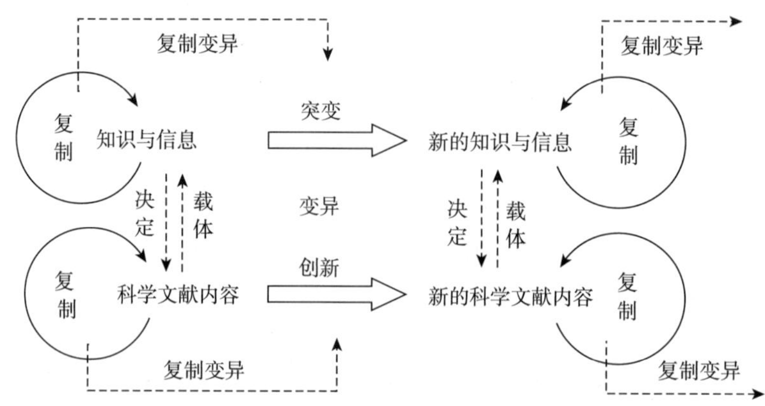

图 3.6　科学文献传播网络变异现象示意图

受到客观环境和社会环境因素作用下，科学文献传播网络也将随之发生变化。

第四节　科学文献传播网络知识进化模式研究

在科学文献传播过程中，传播网络的一系列过程都是遗传与变异共同作用的结果。传播网络的改变并非偶然，是内部因素相互作用同时受外界因素影响，并与之相适应的结果。依据知识进化理论，知识的变异在环境影响下是具有目的性的①，由此可推知表征知识的科学文献传播网络的演变与发展也不是随机的，是具有导向性的。以知识属性表征构成的网络为例，表征知识客体的关键词网络和引文网络等科学文献传播网络，主要针对编码化知识进行改进，通常是具有轨道或路径依赖式的进化过程。而表征知识主体的作者网络、机构网络等科学文献传播网络，更多表现为激进式的知识进化过程。同时，在进化中，上述两种传播网络都存在着知识变异——选择和保留的过程，且都是具有方向性的，需要经受外界环境因素的选择。

依据知识进化理论中的进化机制：学科领域内知识主体提出的各种知识，符合当前学科价值的则得到更多保留的机会，实现适者生存；在被保留下的知识中，通过科学文献传播方式分享与传递，实现自然选择；在漫长的自然选择过程中，经过不断的知识重组变异积累，最终实现科学文献传播网络的

① 赵健宇、李柏洲：《对企业知识创造类生物现象及知识基因论的再思考》，《科学学与科学技术管理》2014 年第 8 期。

持续进化。进化过程中，科学文献传播网络经历了从无到有、从混沌到清晰、从相似到差异化的过程，并不断调整自身以适应环境。基于上述理解与分析，本书构建科学文献传播网络中的知识进化模式，如图 3.7 所示。

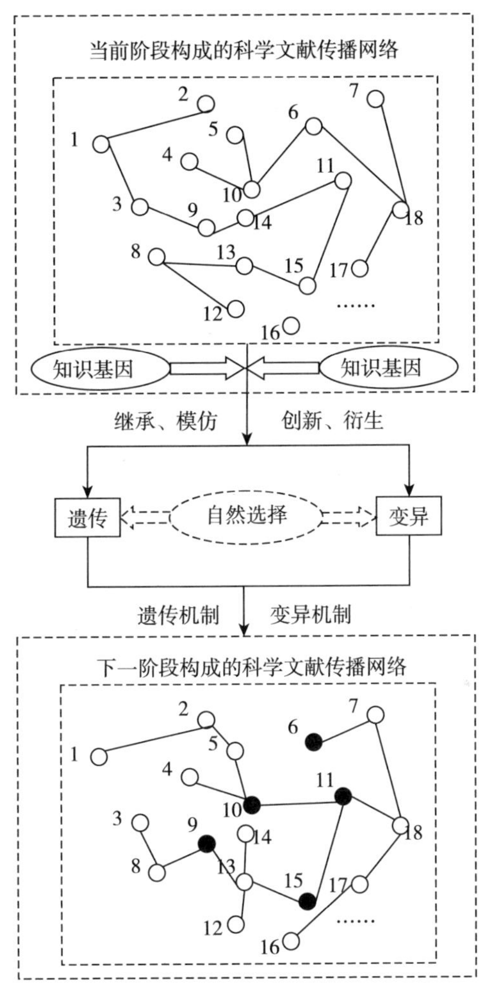

图 3.7　科学文献传播网络的知识进化模式

从图 3.7 中表达的进化模式可知，科学文献传播网络进化的过程中，网络结构和节点都随之发生动态变化。假设，本书以 s_m 表示网络结构状态，以 x_i 表示网络单个节点状态。由于受到外界因素的影响，有些网络节点状态发生动态改变，另一些节点则会退出网络。如时间阶段 t 构建的传播网络 s_m（t）到时间阶段 $t+1$ 构建的传播网络 s_m（$t+1$）的进化中，经过自然选择的过程，

传播网络 s_m（$t+1$）中节点 x_6、x_9、x_{10}、x_{11}、x_{15} 消失了。同时，传播网络中出现了新的节点，在变异机制的推动下，网络节点状态发生了改变，并以遗传的方式保留了下来。另外，从传播网络 s_m（t）到 s_m（$t+1$）的变化过程中，发现网络整体节点的数量、规模等也发生了改变，这也促使科学文献传播网络的知识结构状态会随之发生变化。

从图 3.7 可以看出，底层结构知识基因是传播网络进化的基础，是组成科学文献传播网络的基本单位和结构要素，也决定着科学文献传播网络的知识进化趋势。科学文献传播网络在进化机制作用下，以知识基因的方式遗传和变异、重组，经过自然选择的过程，呈现螺旋式不断上升的趋势。整个过程不断重现“遗传—变异—选择”三个阶段，并通过知识基因的融合、遗传和拓展、创新等实现的。

由上可知，科学文献传播网络是在人们不断探索客观规律的过程中，以底层结构知识基因为基础在进化机制的驱使下而渐进演化的。所以，依据知识进化理论，科学文献传播未来的发展趋势不仅与自身结构有关，更是来自外界因素的影响。在这里提及的外界因素影响主要体现在与其相关联传播网络对其自身的影响上。例如科学文献传播网络之间的相互交叉引用，充分体现了它们之间的关系紧密度，同时关联性的强弱又决定了传播网络之间的相互影响程度。由此，科学文献传播网络未来的发展趋势取决于与之相关联网络结构的特性和它们之间联系程度的强弱，最终是在进化动力机制的推动下实现前进与发展的。因此，针对科学文献传播网络未来的发展趋势，可以通过对传播网络的遗传和变异机制，以及进化过程中传播网络的演变过程分析做出判断与预测。

第五节　本章小结

本章针对科学文献传播要素交互作用形成的传播网络研究，提出了网络环境下科学文献传播模式及传播要素间的相互作用，界定了科学文献传播网络，提出了科学文献传播网络的构建流程并划分了主要类型。进而，结合知识进化理论，阐释科学文献传播网络的知识进化现象，剖析了科学文献传播网络的知识进化表现形式，构建了科学文献传播网络的知识进化模式，为揭示科学文献传播网络演变与预测研究提供理论依据与参考。

第四章 知识进化视角下科学文献传播网络演变机理与模型

为了解决科学文献传播网络的影响因素与发展路径及其机制的问题，本章围绕科学文献传播网络演变进行研究。首先，借助于生命周期理论对科学文献传播网络进行成长阶段划分，提取科学文献传播演变过程的影响因素；其次，以所构建的科学文献传播网络的知识进化模式为分析依据，利用社会网络分析方法，并借助传播动力学理论和动机理论，结合具体的量化指标，分析文献传播要素的交互作用，探索性分析科学文献传播网络演变过程、演变机制、演化行为与趋势；最后，构建基于知识进化的科学文献传播网络演变模型，并对该模型进行仿真模拟和实证分析，验证模型的有效性和可行性，以揭示科学文献传播网络中隐含的演变规律等。

第一节 科学文献传播网络演变的生命周期阶段与影响因素研究

科学文献传播是一个复杂的过程，从作者发出信息到用户接受的每个环节及传播要素的网络化交互作用都对新知识的创造、分发与利用产生着重要影响。具体而言，由于科学发展客观规律与信息用户主观需求使然，科学文献所承载的知识内容在传播利用过程中必然经历一个价值实现与新陈代谢的过程，从而会导致构成的传播网络在进化中呈现出规律性变化，即传播网络演变的生命周期过程。基于此，运用生命周期理论直观描绘科学文献传播网络从产生、传播、利用到衰减乃至消亡的动态变化过程，可为科学文献传播要素之间的相互作用与影响因素分析以及传播网络生长的动力来源分析等提供前提。

一 生命周期阶段划分的依据与原则

基于生命周期理论的特性，结合文献计量学，相关专家学者们也将生命周期理论的研究应用于图书情报与文献学等众多领域，探讨科学生命周期的变化与发展，并取得了许多重大的研究成果①。

（1）生命周期阶段划分的依据

文献计量学是以文献体系和文献计量特征为研究对象，采用数学、统计学等计量方法，研究文献的分布结构、数量关系、变化规律，进而解释与评价过去、现在，并预测事物的某些结构、特征和规律的一门科学。而文献增长率是文献计量学的基本规律，普赖斯（Price）的文献指数增长模型、纳利莫夫（Nalimov）的逻辑增长模型都是描述文献增长状态的②。这些模型表明文献的增长是分阶段的，每一阶段的增长率是按照逻辑增长曲线变化的。文献增长可表示为：$F(t) = K/(1 + ae^{-1})$，其中 $F(t)$ 为时刻 t 的文献积累量，K 为当 t 趋向无穷时的文献累积量，即文献累积量最大值，a 与 e 为参数。但是苏联科学家在研究文献的增长规律时发现文献的增长是具有阶段性的，在初始阶段是符合指数曲线的，当 t 趋向于无穷时 F 趋向于 K，这说明当科学发展到一定阶段时，文献增长率为零③。利用文献增长率可以对科学文献生命周期进行识别，如当文献传播增长速度缓慢时可视为孕育阶段，文献增长速度呈直线上升时可视为成长阶段，文献增长稳定时可视为成熟阶段，文献增长速度呈直线下降时可视为衰退阶段。

综上，本书将科学生命周期理论与文献计量学方法相结合，按照科学文献呈现的不同情形，通过测度该领域文献增长率的变化，以区分科学文献传播网络演变的不同成长阶段，进而分析不同阶段中传播网络的结构特性、传播路径以及演变动力机制等。

（2）生命周期阶段划分的原则

科学知识传播过程纷繁复杂，各种传播要素的实时变化导致科学文献传

---

① 马费成、望俊成、张于涛：《国内生命周期理论研究知识图谱绘制》，《情报科学》2010 年第 3 期。

② 刘则渊、陈悦、朱晓宇：《普赖斯对科学学理论的贡献——纪念科学计量学之父普赖斯逝世 30 周年》，《科学学研究》2013 年第 12 期。

③ 邱均平：《信息计量学》，武汉大学出版社 2007 年版，第 36—66 页。

播过程具有不确定性、衍生性等特点，这使得科学文献传播网络演变阶段的划分成为了一个难题。先前专家学者们的研究尝试无疑为网络演变阶段的划分提供了良好的借鉴，但由于专家学者们从事的领域、关注的焦点不同，从而提出的划分标准具有一定的局限性，导致最终提出的阶段的划分方式存在缺陷。因此，基于科学文献传播的科学性和合理性，本书提出了应遵循的基本原则。

一是科学性。从前述研究现状的分析可知，各种生命周期的划分，学者们从各自视角提出的阶段划分方式是具有某些方面的合理性，但却难以回答“为什么如此划分”的问题。如早期基于生命周期理论的三阶段方式提出的发生阶段、发展阶段和变化阶段等三个阶段，这一划分方式的理论依据明显不足。

二是逻辑性。科学文献传播网络演变阶段的划分需要考虑时间与空间的一致性与延续性等特点。同时，阶段的划分方式不是传播特征的概括，不仅要阐述传播过程内在变化方面的新颖性，还要考虑时间的延续性。

三是应用性。科学知识传播过程作为一个复杂的过程，需要科学文献传播网络阶段的划分在理论上不仅具有合理性，在应用于变化过程分析时还要能提供有效的指导，并能清晰地反映传播过程中阶段变化的内在特点。

四是抽象性。科学文献传播网络演变阶段的划分需着眼于众多领域的科学文献，即避免以单一领域提出的阶段划分方式，如果以此构造相应的模型无疑会弱化模型的抽象性，从而降低模型的应用价值。

二　生命周期阶段的划分与界定

科学知识传播过程中，因诸多因素的作用及各种信息的不断变化，科学文献传播在网络环境下呈现纷繁复杂的多样性，导致最终的传播效果也会呈现不同的表现方式。针对科学知识传播的复杂过程，必须对各个阶段进行更加细致的划分。因此，本书为了更好地认清科学知识传播过程的特点以及由科学文献传播要素构成的传播网络演变的方式和规律等，运用生命周期理论的思想对科学知识传播发展阶段进行理论上的探讨，利用文献计量方法对科学文献传播网络进行具体量化分析以各个阶段的测度。同时，为兼顾空间性特点，本书没有简单将科学文献传播网络演变过程作为“线条”式观察，而是将网络演变发展当作一个“球体”从无到有再到无的空间变化发展趋势，以便提升传播网络演变过程的抽象性和纯粹性。

综上，本书将生命周期理论与文献增长律相结合，考虑时间延续性以及空间的延展性。首先，借鉴国内外大部分学者对科学文献增长和知识传播研究成果，将科学文献传播网络演变划分为孕育期、成长期、成熟期和阶跃期等四个阶段；然后，通过测度该领域文献增长率的变化，具体测度并区分科学文献传播网络不同的演变阶段；再次，分析不同阶段中传播网络的结构特性、传播路径以及演变动力机制等。综合已有的研究，将不同周期进行如下界定：

（1）孕育期。文献增长缓慢，例如文献增长率平均值不超过 20%。该阶段虽文献数量较少，但一直有该学科领域文献出现；

（2）成长期。文献增长数量呈直线上升，文献增长率出现指数型增长。另外，在成长阶段中的文献增长率会随时间变化出现先增长后减少的趋势，反映在文献量曲线上则是在成长阶段末期会出现一个拐点，意味着所研究的学科领域将会步入较为缓慢发展的阶段；

（3）成熟期。文献量呈缓慢增长趋势，文献增长率进一步递减，呈现较为陡峭的坡度增长式，文献数量较之前的阶段有大幅度的增长，最终文献数量维持在一个稳定的数值之间；

（4）阶跃期。通常学科领域在经历过成熟期后，会朝着两个方向发展：一个方向是文献增长率为负数，学科文献数量缓慢减少；另外一个方向是学科文献数量在经历过短暂的缓慢增长或小幅度减少后，出现了新的发展阶段，文献数量开始缓慢递增，文献增长率为正数。

三　科学文献传播过程的特点分析

学术传播体系是社会大系统中的一个子系统，其中需要科学文献传播中的各要素之间彼此关联，并不断重复出现，且贯穿于整个传播过程之中。科学文献传播各要素在一定的条件下相互作用，促使构成的科学文献传播网络朝着某种趋势发展与前进。在传播过程中，科学文献信息传播的目的地同时也是反馈信息的信源，信息反馈可以实现自我调节和控制传播系统的行为。由此，本书分析科学文献传播网络演变过程的特点，以利于更清楚认识科学文献传播学术交流功能发挥作用的内在实质。

（1）科学文献传播过程具有可获得性

科学文献传播的可获得性是指科学文献传播过程中能够使受传者获得稳

定的文献信息，不像广播电视等非文献传播方式一样是“过眼云烟”。在印刷时代，传播受众可以获得可见的文献载体，比如图书、期刊、报纸等。进入网络时代，网络文献出现之后，文献传播并不必然伴随文献载体的位移，但文献传播过程仍具备可获得性。接受者可以通过网络传输获得可见的知识信息，并能够通过计算机等设备阅读和获取利用相应的文献信息，从而促使知识的传播者与接受者之间的相互连接。科学文献传播过程的可获得性，使得知识的传播能够跨越时空，实现异时异地的传递，同时知识的传播能够在时间维度上实现延续和传承，为知识的创新提供了条件。

（2）科学文献传播过程具有可重复性和持久性

文献信息具备相对的稳定性，能够促使文献承载的知识能够被持续传递与利用，这意味着文献传播具有持久性。文献传播的持久性可以使文献信息在时间维度上实现延续，提供了信息纵向传播的可能性，如许多重要核心的文献，无一不经过众多专家和学者的检验，证明了自己的巨大意义和价值。而这些核心文献又往往具有长久旺盛的生命力，对不同的人群具备不同的价值，同时如果没有文献传播的可重复性与持久性，也将不能实现人类知识的拓展与创新的。

（3）科学文献传播过程具有保存性和累积性

正是由于文献本身的稳定性，才促使文献传播过程具备保存性和累积性。随着科学技术的推进，文献传播的基本形态和性质也逐渐发生改变，促使文献传播具有保存性和累积性。纵观历史，如果不能保证文献传播的保存性，就不能保证文献传播的累积性，文献传播的保存性和累积性导致文献传播的规模不断扩大，质量也不断提高。

（4）科学文献传播过程具有自我演进性

文献传播与文献积累是共同成长与发展的。有了文献积累便有了文献源，同时就有可能实现文献传播，而科学文献传播需要有丰富的文献源为基础，只有不断积累、补充文献源，才能促使文献传播具有理想的传播效果。由此可见，文献传播过程促进了文献源的积累与丰富，而文献源的不断积累也促进了文献传播的不断扩大与发展，二者之间是相互促进、相互发展的。

四　科学文献传播网络演变的影响因素分析

科学文献传播网络演变是在科学文献传播过程中实现的，那么，促进或阻碍传播过程特点得以体现的各种因素或现象，也就是同样影响着科学文献传播网络的演变。通过对科学文献传播过程分析可知这些影响因素主要来自文献因素、传播因素和社会因素三个层次。科学文献传播网络的发展趋势就是这些影响因素相互作用、相互竞争、共同发展的结果。

（1）科学文献传播中的文献因素分析

科学文献是传播的物质基础，科学文献的收集、整理、组织、配置和开发利用，直接影响到传播特点及其效果，这主要是由于人们希望传播的是经过筛选的高质量、有价值的文献，而科学文献由于其自身数量、类型的多寡、内容的良莠和存在状态的不同影响着传播特点与传播网络的演化。

1）文献传播载体因素

科学文献传播载体是指记录、传达文献信息的物质材料，科学文献离开物质材料就不成其为文献。物质载体的先进与否、功能大小，直接影响着科学文献传播的可获得性、可重复性和持久性等。随着科学技术的进步，电子载体、网络载体文献快速发展，与纸质文献一起呈现出多种载体共存的局面。各种类型的载体各有特点，它们相互补充，共同发展，即有利于文献信息的存储与传播，便于建立不同载体传播要素之间的关联，同时也带来了大量信息冗余与表现形式的繁杂，将使得科学文献传播过程及形成的传播网络变得复杂而多样化。

2）记录方式因素

科学文献记录方式是指将表达信息的符号系统通过特定的人工记录手段使其依附于一定的文献载体上。从甲骨文献到电子文献阶段性的演化过程可以看出，随着生产力的发展变化，文献的载体形式和记录方式也随之演变，文献生产的成本越来越低，储存的信息量越来越大。特别是印刷方式和电子拷贝方式的运用，使文献的储存从质和量上都发生了前所未有的变化，成为人类文献传播史上的两次质变，有力地促进了文献量的增长，对人类社会知识传播的影响深远而巨大。

（2）科学文献传播中的传播因素分析

结合已有的研究成果，本书将科学文献传播划分为三个过程，分别是：知识的创建，知识的组织与传递，知识的接收与利用三个过程。其中，知识的创建的核心任务是从知识主体提出的各种学科领域知识进行筛选和整合，抛弃其中被认为不符合客观事实的信息与知识，并按照系统要求将各种知识分门别类，形成各种各样的专业领域知识，为知识的传播、分享和利用创造条件；知识的组织与传递是在知识已被创建和拓展的基础上，根据用户的需求，提供专题的信息筛选、提炼与检索的入口，实现对知识的分类组织和传递等；知识的接收和利用过程的核心任务是运用先进的信息手段和定性与定量相结合的方法，以知识获取——归纳整理——分析研究——服务利用为基本过程，以向知识受体提供知识服务的过程。结合科学文献传播特点分析，本书提出的科学文献传播的影响因素包括四部分：传播内容，传播主体（知识源），传播受体（知识接受者），传播双方的距离差异因素等，其主要内容如下所示：

1）传播内容因素。影响科学文献传播网络构成与演变的因素主要是传播内容的模糊性、编码性和规范化程度，即知识的可表达性、显隐性程度及标准规范化程度。来自专家、研究人员的知识，还是传播主体传递的知识，它们的模糊性、编码性和规范化程度都会影响网络节点的构成与演变。

2）传播主体因素。传播主体是科学文献传播活动发生的主体，担负着文献信息的发掘传播工作。传播者应不断提高自身的素质，想受众之所想，急受众之所急，分析传播受体的阅读心理，掌握他们的需求规律，有的放矢地创造知识并做好文献传播服务，使文献传播产生最佳效益。同时，传播者还应经常不断地征求受众意见，注重受众的信息反馈，不断改进传播技术与服务工作，努力提高传播效率，主动热情为受众提供所需文献，尽量缩短文献“传递时差”。因此，影响传播网络构成与演变的因素主要是传播主体的传播意愿、动机，即传播主体对于知识的创造能力、保护程度及在多大程度上愿意将知识传播给知识受体。作为传播主体的外部专家和研究人员如果有强烈的传播意愿和传播动机，从而对科学文献传播网络的演变起到促进作用。

3）传播受体因素。科学文献传播受体是文献传播内容接受的对象。科学文献信息的最佳使用价值的获取，取决于人们的信息意识水平和信息获取能力。传播受体的信息意识、语言能力、综合素质等对科学文献传播有着不可估量的影响。同时，传播受体的影响因素还包括自身信息的吸收能力和成本压力，即传播受体进行知识传播时付出与回报的比较，以及传播受体的消化吸收及应用能力。传播受体的成本压力越小，而吸收能力越高时，科学文献传播网络的流动性越强，知识传播效率也越高。

4）传播双方的距离差异因素。影响因素主要是传播双方的文化距离和知识距离，包括传播双方的文化背景与自身知识结构之间的差异，传播双方对知识所持的态度和使用方法及交流环境等。传播双方的文化距离和知识距离越小，知识传播效率越高，科学文献传播网络也越密集。

（3）科学文献传播中的社会因素分析

科学文献传播活动作为社会信息传播系统的一个子系统，始终是社会系统的有机组成部分。因此，科学文献传播不但受到文献传播系统自身内部因素的影响，还要受到社会政治、经济、文化教育等各种社会因素的综合影响①。

1）社会政治因素

社会是科学文献传播活动的空间，社会政治状况会对科学文献传播活动及传播效果产生举足轻重的影响。一般来说，国家越繁荣安定，科学文献传播活动的外部环境越宽松、越活跃，科学文献传播效果越明显。反之，国家处于动荡之中，或科学文献传播环境严苛，则科学文献的生产、存储、传播机制将会遭到破坏，科学文献传播活动大受损害，文献传播效果就不那么明显。一般而言，与国家意识形态相一致的文献信息，会优先得到传播，并取得较好的传播效果；反之，与国家意识形态不尽吻合或有所抵触的文献，或非主流文献，更容易遭到删除、改编，其传播的范围和速度会受到限制。

2）社会经济因素

由于科学文献传播需要人力、物力、财力等方面的投入，科学文献传播的顺利进行依赖具体的经济基础，一旦经济落后势必导致科学文献传播滞后，传播发展不均衡。科学文献传播中“知沟”现象实际上一直存在，它背后显示的就是社会的贫富分化对科学文献传播效果的不同影响。同时，社会经济因素也会影响文献传播者，文献传播者的贫困化很不利于文献信息的创作与生产，要保证高质量文献信息的创作与生产，科学文献传播者必须有一定的经济保障才行。总体上，社会经济因素对科学文献传播效果的影响是决定性的，因为只有正常的经济发展才能提供宽松的传播环境，科学文献信息的传递和接收才能顺利进行。

3）文化教育因素

科学文献传播必须考虑到受传者的文化素质与教育价值取向，才能有较

---

① 李远芝：《影响文献传播效果的障碍因素及对策》，《内蒙古科技与经济》2012 年第 7 期。

好的传播效果。科学文献传播者要创作和生产表达知识的文献需要一定的文化水平，受传者也需要具备一定的文化素质才能顺利接收文献所传递的知识，而要提高文化素质，必须接受一定的教育。因此，一个国家教育的体制、水平、普及程度等均会对传播效果产生重大影响，制约着传播者的传播水平和文献的传播内容、受传者的文献利用程度。同时，价值取向既是文献传播的影响因素，也是文献传播作用的结果。

4）科学技术因素

一个国家、一个社会的科学技术发展水平也会对科学文献传播效果产生重要的影响。科学文献传播从来就不是凭空产生和发展的，科学文献传播的渠道、机制乃至具体文献的载体都受制于具体时代科学技术发展的水平。一个国家和社会的科学技术发展水平决定了文献知识需求的状况，从而决定科学文献传播效果。在现实社会中，文献知识需求和文献知识生产往往是相辅相成的关系，许多时候并不是文献知识需求决定文献知识生产，而有可能是文献知识生产引导文献知识需求。

科学文献传递技术同样也受制于科技发展水平。当今时代依靠着网络化传播，可以实现即时文献传播。而在网络文献出现之前，科学文献传播一般以有形文献载体的位移为特征，文献传播有一个相对较长的时滞。而网络文献可以“随时随地传信息”的特征，使科学文献传播不但可以在时间上持续，也能够瞬间征服广阔的空间，在传播的时间和空间偏向上达到了一个新的平衡，科学文献传播的效果也由此表现出新的特点。

同时，科学技术水平也影响着科学文献知识的接收与利用，从而直接影响文献传播效果。科学技术水平作为社会发展水平的一个侧面，对于科学文献传播系统产生着极为重要的影响，由此也对传播效果产生了不可忽视的作用。事实上，文献传播技术本身既是科学技术发展的结果，也是科学技术发展水平的表征，甚至文献传播系统的一些负面因素也受科学技术水平的制约。

综上所述，本书从文献、传播、社会等角度对科学文献传播的因素进行了分析，科学文献传播的发展过程就是与这三大因素相互利用，相互竞争，共同发展的过程。科学文献传播网络演变过程的影响因素如表 4.1 所示：

表 4.1　科学文献传播网络演变过程的影响因素

分析视角	影响因素
文献因素	传播载体因素
	记录方式因素
传播因素	传播内容因素
	传播主体因素
	传播受体因素
	传播双方的距离差异因素
社会因素	社会政治因素
	社会经济因素
	文化教育因素
	科学技术因素

第二节　知识进化视角下科学文献传播网络演变机制研究

科学文献传播网络演变是一个动态复杂的过程，受到多种因素的影响，剖析科学文献传播网络这种复杂结构的形成与演变机制，需要从其动力来源、演变原理等成因入手，由此，本书从知识进化的视角分析科学文献传播网络的动力机制、演变原理、演变方式和演变路径等内容。

一　科学文献传播网络演变动力分析

关于科学文献传播网络的动力机制分析，已有学者进行了相关的研究。本书提出知识进化理论中的遗传机制与变异机制为演变动力，促使科学文献传播网络的演变与发展，并结合动机理论和前节中科学文献传播网络演变过程的影响因素，分析科学文献传播网络动力引起的根本动因，从而为科学文献传播网络的演变研究提供基础。

（1）演变动因分析

科学文献传播过程中，在动力机制的驱使下，网络节点发生增长或减少的现象，由此导致科学文献传播网络发生动态演变过程。科学文献传播网络的形成与演变，是在一定力量的驱动下完成的，这就是科学文献传播网络演变的动力。那么，科学文献传播网络演变动力产生的根本原因如何，这是传播网络演变动因分析所必要的。

由于科学文献传播网络演变具有一定的稳定性和规律性。随着时间的推移和外界因素的变化，网络的结构、功能和状态都会发生变化，新节点的加入和旧节点的退出，以及节点之间的关联推动了科学文献传播网络的演变。所以，科学文献传播网络演变过程中的各种影响因素交互作用支撑和驱动着传播网络的形成与变化。

1）知识主体的认知性是科学文献传播网络演变的前提和基础

科学文献作为承载知识的载体，其本身不能产生知识，而是由文献创作的知识主体提出知识的内涵，将自身对于客观事物的认知予以显性知识表达出来，进而以科学文献的方式传递与分享。知识主体在不断认识客观世界、改造世界的过程中，创造的知识越来越接近客观规律，促使由显性知识和隐性知识构成的网络节点新旧不断交替，持续发生动态变化，推动着科学文献传播网络的演变发展。

在网络环境下科学文献知识的传播不是一个自然流通的过程，文献主体的个人动机对知识的形成与传播产生重要影响。依据动机理论，知识主体的心理状态、文化背景、信誉意识和兴趣爱好等内部驱动力，以及受外界环境影响的外部驱动力共同促使科学文献知识在网络环境下广泛、有效的分享与传播。依据对个体活动的研究与分析，将知识主体的个体动机分为内在动机和外在动机：内在动机源于奖励与惩罚等，主要受到传播载体、记录方式和传播内容、传播主体自身等因素影响，更多的是促进个人对隐性知识的产生和传播；而外在动机是主要受社会政治、经济、教育、科学技术等因素影响，体现个人对显性知识的传播与利用程度等。不管是内在动机还是外在动机，都源自个人对客观世界的认知及其所拥有的学科领域知识范围及程度。

综上所述，科学文献是知识主体基于内在动机和外在动机的影响下创造、分享和传播的，科学文献传播过程中网络节点发生的增长和减少的现象，促使科学文献传播网络发生动态演化。而知识主体的内外驱动力本质上是来源于其对客观世界的认知和改造，人类的求知欲和社会发展推动着知识主体对客观世界的认识。因此，知识主体的认知性是科学文献传播网络演变的前提和基础。

2）网络不均衡性是科学文献传播网络演变的直接动因

科学文献传播网络演变过程的不均衡性是指传播网络在演变过程中非匀速性和演变的非平衡性。从知识进化理论视角发现，科学文献传播网络演变过程不是始终匀速的，是知识质变与量变相互交替的过程。当科学文献传播网络处于量变发展阶段时，网络内外环境相对稳定，整个科学文献传播网络结构是一种相对有序、均衡的状态。质变是一种打破均衡态和重建均衡态的过程。当网络内外环境发生剧烈变化时，网络结构逐渐呈现出无序、不均衡的状态，量变累积到一定程度时，将打破当前固有的网络稳定状态，从而使科学文献传播网络系统结构跃迁到一个更高层次。一般情况下，内外环境发生剧烈变化时，知识的量变累积到一定程度必然引起质变，促使科学文献知识有了“质”的突破，由此导致科学文献传播网络处于质变跃迁的过程。

同时，科学文献传播网络节点演变顺序有先有后，且各节点演变程度各不相同。由于知识主体的认知程度存在差异，由此提出的知识内容也因人而异，导致部分网络节点处于主导地位，而其他节点则处于从属地位。在外界因素的驱动下，那些认可度高的知识内容被保存下来，其余的则被淘汰，这也体现了知识节点与节点之间是适应客观规律的过程。

为了说明科学文献传播网络的不均衡性，本书采用式 4.1 表示，即：

$$X = (x_1, x_2, x_3, \cdots, x_n) \tag{4.1}$$

其中，X 表示整个科学文献传播网络的状态，x_n 表示网络节点的状态。t 表示时间。如果$\frac{dX}{dt}=0$，则表示网络是一种均衡状态。

当科学文献传播网络处于均衡状态时，网络状态变量不会随时间发生变化。而在现实的环境中，科学文献传播网络以核心节点为中心，节点与节点之间存在着差异性，在外界因素的影响下互相竞争、不断适应客观规律，最终导致了由节点构成的科学文献传播网络发生量变到质变的跃迁过程，从而处于一种非均衡的状态。

3）知识势差是科学文献传播网络演变的必要条件

科学文献知识传播发生的必要条件是网络内节点之间存在着知识势差，知识势差是指同一时刻两个知识主体之间相对于同一参照系所具有的知识势能的差，本书中知识势差表示的是科学文献传播网络节点之间的差异性。知识主体的认知性使知识势差的存在成为可能，正是由于知识势差的存在，才使得科学文献传播网络中知识存在流动与传播。科学文献知识节点之间的势差是对处在均衡状态上网络结构的破坏，同时又是维持网络在均衡状态上的动力。科学文献传播网络在知识势差的影响下，网络结构呈现出无序、不均衡的状态，最终由量变累积到一定程度引起质变，促使科学文献传播网络结构发生动态变化。

在科学文献传播网络演变中，存在着许多导致传播网络状态发生改变的因素，由此导致知识势差的形成，这些因素有前述的社会政治、经济、文化教育、科学技术等因素和传播载体、记录方式、传播内容、传播主体、传播双方的距离差异等因素，这些因素直接影响着科学文献传播网络结构状态的变化。因此，本书利用概率方法来描述网络结构状态的改变，运用方差和标准差表示网络状态的变化。设 X_i（$i=1, 2, \cdots, n$）为影响网络状态的因素变量，变量所处的状态是随机和不确定的，P_i（$i=X_1, X_2, \cdots, X_n$）为变量 X_i 在状态 X_i（$i=1, 2, \cdots, n$）时的概率，通过数学方法计算出变量的数学期望（均值）：

$$EX_i = \sum_i x_i p_i \tag{4.2}$$

由于方差是反映网络状态改变大小的有效量，用方差反映网络状态变化的绝对量：

$$DX_i = \sum_i (x_i - EX_i)^2 p_i \tag{4.3}$$

用标准差表示网络结构的变化：

$$\sigma = \sqrt{DX_i}/(EX_i) \tag{4.4}$$

式4.4中，如果 σ 值越大，表示网络相对状态变化越大，反之变化就越小。

综上，任何知识主体都拥有自己独特的知识结构，由此产生的知识结构上的差异性促使构成的科学文献传播网络中各节点具有不同的知识结构，最终形成了知识势差。在知识势差作用下，网络结构呈现出无序、不均衡的状态，最终由量变累积到一定程度引起质变，促使科学文献传播网络结构发生动态变化，从而推动着科学文献传播网络的演变与发展。

（2）演变动力表达模型与分析

针对科学文献传播网络演变动因分析，以知识进化理论中的遗传机制和变异机制为依据，发现科学文献传播网络演变进化过程中始终存在着两种驱动力：一种是遗传驱动力，主要是促进传播网络继承、衍生的动力；另一种是变异驱动力，主要是促进传播网络拓展、创新的动力。两种驱动力相互作用、相互制约，共同推动着科学文献传播网络的发展。针对科学文献传播网络进化机制的研究，本书借助达尔文的进化论思想，用f_m表示遗传驱动力，f_n表示变异驱动力，N_m、N_n分别为遗传驱动力和变异驱动力的要素的集合，则科学文献传播网络进化过程中遗传驱动力和变异驱动力分别表示为：

$$f_m = \frac{\partial N_m}{\partial t};\ f_n = \frac{\partial N_n}{\partial t} \tag{4.5}$$

对式4.5进行分析，可以得到以下四种结果：

1）若$f_m > f_n$，网络的驱动力主要以遗传、衍生为主。此时，网络结构形态得以延续，科学文献传播网络更多体现的是继承关系，整个学科领域也不会有较大的改变。

2）若$f_m < f_n$，网络的驱动力主要来自拓展、变异与创新方面的。此时，由于外界环境因素的影响，导致整个网络结构受到较大的影响，从而促使科学文献传播网络形态发生改变，呈现进化的发展态势。

3）若$f_m \neq f_n$，网络的驱动力来自遗传、衍生和拓展、变异两个方面。此情况很可能出现在传播网络进化过程的成长期。当前阶段，学科领域内的研究者由于外界因素的影响，对学科领域知识的认知度有了较大的改变，导致科学文献呈现的知识主题、作者和机构也发生了改变，引起网络形态发生迁移，网络呈现进化的发展态势。该阶段是科学文献传播过程的关键时期，既有知识的传承，也有知识的拓展，最终为传播网络的进化发展奠定了基础。

科学文献传播网络的演变进化过程，正是由于外界因素的影响，在遗传驱动力与变异驱动力的推动下，促使传播网络结构逐渐呈现出无序、不均衡的状态，一旦量变累积到一定程度时，将打破当前固有的网络稳定状态，从而使科学文献传播网络系统结构跃迁到一个更高层次。一般情况下，内外环境发生剧烈变化时，知识的量变累积到一定程度必然引起质变，促使科学文献知识有了“质”的突破，由此导致科学文献传播网络处于质变跃迁的过程。

二　科学文献传播网络演变原理分析

随着文献量的不断增加和文献内容的不断创新，科学文献传播网络在进化动力机制的作用下随时间发生一系列不可逆的进化与演变过程。正是知识进化的一系列进程，引起科学文献传播网络的结构状态发生动态变化，并实现了知识的传承、拓展与创新。因此，本书从知识进化这一新的视角对科学文献传播网络进行演变分析与研究，为科学文献传播网络的趋势发展分析提供新的研究思路。

（1）科学文献传播网络演变的核心——知识基因

随着科学技术的发展，由于知识领域的延伸、知识版块的重组，新知识不断产生，新学科也随之不断崛起。其发展与生物杂交、DNA 重组有着惊人的相似之处，这种不谋而合，为知识基因的理论探索及应用研究提供了依据，由此产生一系列对知识基因的研究成果。在已有研究基础上，本书从知识传播与扩散的角度，将科学文献传播网络的知识基因定义为：知识传播的最小单位，是组成科学文献传播网络的基本单位和结构要素，是传播网络结构可被划分出来的最基本的单元。同时，知识基因具有稳定性、统摄性、遗传与变异性等四大特征①②，其中最根本的特征是遗传性与变异性。

1）稳定性。知识基因的稳定性主要表现在知识基因在科学文献传播过程中持久地存在，不易变化与消亡。本书从时间和空间两个方面来衡量知识基因的稳定性：从时间角度而言，正是由于知识基因的稳定性，在长时间的传播中表现出规律性，才保证了知识源远流长。科学文献传播网络的知识基因应该具有跨年度分布的特点，即在一定时期内保持稳定；就空间角度而言，知识基因的稳定性表现为知识传播与知识扩散方面，不同的传播主体在网络环境下以科学文献的方式传播、分享知识，且被不同的传播受体接受与利用，从而使知识从生产者传递到使用者。因此，在科学文献传播网络中，知识基因应该具有空间分布的特点，即在一定范围内保持稳定性质。

2）统摄性。正如生物基因指导生物的生长，知识基因能够指导人类的行为。知识基因作为最基本、最本质的知识的内涵，具有统摄的指导作用，在

---

① 刘植惠：《知识基因理论新进展》，《情报科学》2003 年第 12 期。

② 和金生、吕文娟：《知识基因论的源起、内容与发展》，《科学学研究》2011 年第 10 期。

其指导之下，知识主体可能会产生出新的知识创意。每个知识主体在接受该知识基因的过程中，都会与自己脑中原有的知识基础相联系，形成自己对学科领域的理解，从而在知识基因的统摄指导下形成了知识创意。该特征可以用科学文献传播网络中节点的中心性来衡量，节点的中心性测量的是科学文献传播网络中一个节点与所有其它网络节点相联系的程度，节点的中心性越大，表明该节点影响力越大，其知识扩散的范围越广，统摄力越强。

3）遗传性。生物进化中生物基因记录着此前生物进化的成果，而知识进化过程中，人类所有的“新知识”也都是有其来历的，一切知识的产生都是在前人或他人创造的基础上进行的，都要利用前人或他人的研究成果。知识通过一代又一代的继承和积累逐步地深化、完善、逼近真理。在科学文献传播过程中，当前阶段传播网络结构和节点的变化都是在前一阶段的基础上继承的，在原有网络结构的基础上拓展和衍生的，从而更接近客观事实。

4）变异性。正如生物的基因在漫长的自然选择中不断地发生变异，知识基因在代代传承的社会选择中也在不断地发生着变异。变异是进化的基础，该特征可理解为知识基因的发展性。知识发展不是简单重复前人或他人的劳动，而是在继承已有成果的基础上进行探索和创新，继承和积累只能使知识延续、储存，只有在继承的基础上进行创造和开拓，才能使知识加深、发展，产生质的飞跃。在科学文献传播网络演变过程中，可以用知识进化轨迹来形象地表达知识基因变异的特征。后一阶段的传播网络继承前一阶段传播网络中的显性知识或隐性知识，并把早期传播网络在知识进化中到达的终点作为新的起点，在其基础上进行拓展与创新，使科学文献传播网络成为一个有机的整体，并形成一条连续的知识进化轨迹。

从上可以发现，知识基因的遗传、变异等特征推动了科学文献传播网络的进化，而科学文献传播网络的进化反过来又促进知识基因的拓展和创新，其中知识基因是科学文献传播网络进化的前提和基础。

（2）科学文献传播网络的继承——遗传作用

在生物进化理论中，遗传是指基因中的遗传信息向下一代传递，使基因在子代中得以表达，并记录着此前生物进化的成果。由此可见，生物学中的基因的遗传对应着科学文献传播网络中知识的传递，在科学文献传播过程中，传播网络的底层结构就是能够遗传和复制的知识信息，即知识基因。具体地，知识基因可指科学文献传播网络所涉及的各项知识单元，承载在表达知识内容的显性知识和指代知识主体、机构等的隐性知识中。而这些知识都具有遗传和复制的功能，通过科学文献传播的方式进行传播与分享。知识基因对科学文献传播网络遗传的影响与基因在生物机理中的作用类似，不仅具有一定的稳定性，而且随着时间的推移保持并传输其重要特性。但是，科学文献传播网络的演变与进化，同生物进化相比仍有着区别，如生物个体的基因会由于生物体的死亡而消失，而科学文献传播网络即使知识被废弃之后，仍然可以通过某些方式继续传递下去。

依据知识进化理论，科学文献传播网络不断向前发展是通过学科领域及知识主体与外界环境间的具有传递、分享和利用特征的选择、交叉与变异过程推动的。在这一过程中，遗传原理下的知识基因是关键。基于遗传与变异机制，学科领域知识主体提出的各种知识中，符合当前学科价值的则得到更多保留的机会，实现适者生存；在被保留下的知识中，通过科学文献传播方式分享和传递给其余人员，实现自然选择；在漫长的自然选择过程中，经过不断的知识重组变异积累，最终实现科学文献传播网络的持续进化。

人类所有的“新知识”都是在继承前人的成果的基础上发展而来的。科学文献传播网络知识基因的遗传，从本质上是对指令信息或者说是逻辑关系的传承。科学文献传播过程中，知识的“遗传”是具有选择性的，在外部环境刺激动力的作用下，知识主体会根据外部的环境激发自身的动力，从而要求促进对原有的知识进行选择性遗传，使其作为科学文献传播网络的知识基因遗传下去。同时，知识主体自身的动力在一定程度上受到外部环境影响的激发。知识进化视角下科学文献传播网络的遗传原理如图 4. 1 所示。

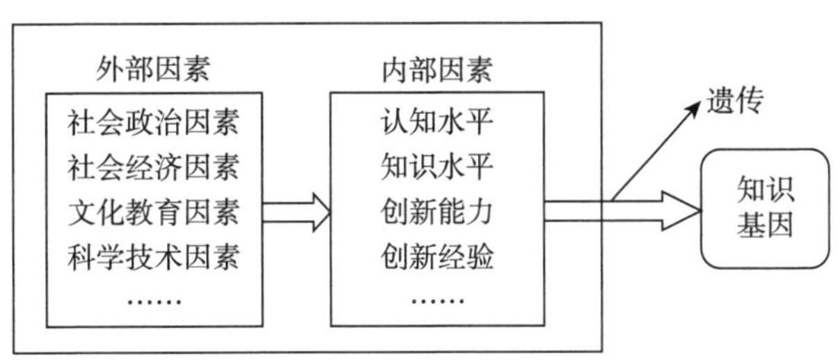

图 4. 1　科学文献传播网络遗传原理

此外，不同外部环境之间也存在相互作用关系。社会政治、社会经济、文化教育和科学技术等能够引起学科领域新知识不断涌现，有助于提升知识主体的认知能力和认知水平。而知识主体的知识创新能力在很大程度上决定了整个学科领域发展的态势，正是由于知识主体自身对于学科领域的不断探索与研究，才推动着整个学科领域的不断发展与进步，从而促使体现学科领域知识内容的科学文献传播网络不断的演变与进化。

（3）科学文献传播网络的进化——变异作用

生物进化理论中，变异主要分为两类：可遗传的变异和不可遗传的变异。可遗传的变异主要是源于基因的变异。一般来说，基因遗传比较稳定，但在特殊条件下，基因会突然产生变异，导致后代的性状表现中也就突然地出现了上一代没有的新性状。

科学文献传播网络的进化与生物的变异类似，都是在原有的知识上出现新的知识点，使其蕴含的知识重新组合，导致了知识基因的改变，实现科学文献传播网络的衍生与创新。科学文献传播网络的演变进化类似于生物进化，长期的知识创新形成了科学文献传播网络的演变，伴随着渐变式进化和突变式进化的统一，科学文献传播网络经历了从无到有、从混沌到清晰、从相似到差异化的过程，并不断调整自身以适应环境。而促进科学文献传播网络变异主要有两种方式：一是由知识基因激发导致的变异；二是由环境因素改变激发导致的变异。生物进化中，由环境因素激发引起的生物变异是不具有遗传性的，而基于知识传播构建的科学文献传播网络的演变进化过程中，这两种方式引起的变异都是具有可遗传性的。

1）基于知识基因引起的变异原理

在科学文献传播过程中，传播网络源于知识基因的改变，是由显性知识和隐性知识的相互转化引发的知识螺旋上升引起的。从科学文献传播网络的构成元素来说，传播网络的衍生与创新是由知识创新实现的。而知识创新源于知识实践，知识主体是知识的拥有者、应用者和创造者。他们自身所掌握的知识具有较强专业性，一般包括专业知识、经验与技能、个人专利和发明等等。知识主体根据学科领域的发展和自身的水平，运用所需知识，并在实践的过程中通过获取、分享、重组对知识进行掌握和改进，使知识得以转化与创新，形成学科领域知识不断螺旋式上升的发展，并以科学文献的形式记录与传播。因此，基于知识基因改变的创新演化动力，也是直接作用于知识改变的动力。知识主体既是知识的拥有者与创造者，也是知识的载体与传播者。知识主体认识与改造世界的创新原动力是科学文献传播网络演变动力产生的基础，而知识主体传播下来的知识转化创新的过程和结果单元，即所记录的知识基因及其变异状态，是科学文献传播网络的演变与进化的根本。

2）基于环境引起的变异原理

新知识的产生、生存和发展必须适应于客观环境。学科领域内产生的新知识势必要经过分析和实践检验，以呈现它们之间的内在规律，从而得到学科领域知识群体内广泛的认可。在这个过程中，经过时间的检验，最终才可能被纳入到学科领域知识体现中。当知识创新进行的同时，学科周围环境因素也处在变化发展之中，由此导致学科知识随之也发生变化。因此，知识进化的同时，也是与客观环境相适应的过程。

科学文献传播过程中，在知识不变的情况下，通过人文环境、宗教信仰、市场环境以及社会制度等环境变化“激发”某些原本存在的“隐性知识”，使其显性表达成某项新知识，从而实现科学文献传播网络的演变与进化。如果外界环境因素的改变提出了对科学领域发展的新需求，这些知识将能够立即运用到实践过程中，即使内部的知识结构并没有发生改变。环境的“激发”作用一直在潜移默化中影响着科学文献传播网络的演变，只是没有受到人们的关注。如社会政治、经济和文化等环境因素都会影响知识主体的认识水平和创新能力，进一步影响科学文献传播网络的演变进程。因此，考虑基于环境激发的变异原理，科学文献传播网络的演变趋势应适应于社会发展环境。

（4）科学文献传播网络的适应——自然选择

自然选择是能够导致同一种群的下一代中产生不同遗传性状的分布比例的过程，是影响生物进化的决定性因素。达尔文认为，在自然界的生存斗争中，适者生存，不适者淘汰的现象就是自然选择。

在知识进化中，胜者生存、劣者淘汰这个选择的标准比生物进化的自然选择更复杂，自然选择具有随机性，而受到不同知识主体对于科学知识认知差异的影响，知识的选择是带有主观目的性的。而且，当知识主体提出的科学知识经过学科领域知识体系的校验时，决定是否被保留或淘汰，除了时间作为检验的标尺外，选择的过程涉及的影响因素众多，如社会政治、经济、文化环境与技术要素等。同时，常常受到影响因素的多重作用，并在时间的历练中出现反复迭代。

由承载知识的传播要素构成的科学文献传播网络，同样需要适应自然选择机制，并在经历自然选择过程中，产生类似于生物进化的多样性、可遗传性和自然选择性三个方面的特质①。多样性意为科学文献传播网络演变进程中，由于网络节点知识势的出现，导致网络结构出现不平衡状态，从而引起网络结构发生改变；可遗传性是指传播网络依托以往知识的知识基因进行复制与转移；自然选择机制强调科学文献传播网络在演变过程中的竞争关系，符合客观实际的传播网络节点或者关系被保留，而时效性差或适应性低的将被淘汰。科学文献传播网络的演变过程中，所承载的知识同样存在协同演化的情况，但会受到知识主体认知及其所处环境的局限。

三　科学文献传播网络演变方式研究

科学文献传播网络是一种非线性的复杂网络，具有自我复制、变异和适应等多种进化行为，这使得传播网络在适应外部环境变化时的选择优势表现在群体行为上，新的网络节点（即单个知识节点）不易取代已经建立起来的传播网络。但是，科学文献传播网络在其稳定性的复制过程中，受到外界因素的影响和内部因素的作用，网络状态会出现波动产生不平衡特性，新的节点可能由此应运而生，并使网络节点之间形成新的相互作用，推动科学文献传播网络越过不稳定性而进入一种新的稳定秩序。科学文献传播网络正是通过自然选择保留下来有意义的网络节点，使网络结构不断适应外部因素的变化，经历着从量变到质变再到量变的循环往复的过程，从而产生不可逆转的螺旋式的进化行为。因此，利用知识进化理论中的遗传机制、知识变异机制和自然选择的优化机制，为解释和说明科学文献传播网络的演变提供理论依据。

科学文献传播过程中，知识主体通过网络环境下传播媒介的作用采集相关的科学文献，结合自身的学识结构，对研究事物产生了新的见解，从而以新颖的主题通过科学文献的方式表达和传播。主题的改变来自知识主体自身见识的呈现，是在先前知识的基础上拓展和衍生的，具有继承性、科学性和有效性等特点。由知识节点构成的科学文献传播网络表达了当前时间段下学科领域的所有知识内容或与此相关的所有知识主体关系，在自然选择的进化机制驱动下，符合当前阶段知识主体的认知价值和思想意识形态的知识内容

① 赵健宇、李柏洲：《对企业知识创造类生物现象及知识基因论的再思考》，《科学学与科学技术管理》2014 年第 8 期。

将被认可并保留下来，而新知识的提出和旧知识的拓展相互作用影响着知识主体对学科领域的认知，两者之间互相促进、互相影响，共同推动着学科领域知识的不断拓展与创新。正是由于自然选择的进化机制，才促使知识主体广泛、科学地选择知识内容和符合主体认知的知识不断被选择、保留。在此过程中，核心是知识主体的认知观和意识形态，决定着哪些知识被保留与遗传，哪些知识又将被淘汰与废弃。而人的意识形态和认知观不是人脑中固有的，而是源于社会存在，并受思维能力、环境、信息（教育、宣传）、价值取向等综合因素影响。不同的意识形态和认知观，对知识内容的理解、吸收与采纳也不同。因此，在人的意识形态和认知观影响下，知识主体最终选择了符合具有时代特征的知识，废弃了旧有的知识，由此推动了知识的进化与创新。那么，科学文献传播网络的演变就在知识的不断进化中得以实现。

如上可知，科学文献传播网络演变过程应该同知识进化的过程一样，进化过程可分为渐变与突变两种方式：科学文献传播网络渐变分为量的渐变和质的渐变。突变则是质变的另一种形式，是渐进过程的中断，是不经过任何过渡阶段从一种质态到另一质态的飞跃。两种进化方式具体阐释如下：

（1）科学文献传播网络渐变方式

科学文献传播网络渐变式进化是指传播网络的进化过程是渐进性的，相对稳定的。科学文献传播网络一经形成后会存在一定的稳定期，在稳定期内，网络结构或者不变或者幅度微小的变化。之后，随着知识主体的价值需求和外在环境的变化，大量的知识主体会做适当的调整，但是调整的空间限于原来的路径，沿着既定的轨迹适度的向前迈进。由此，促使科学文献传播网络的进化过程是分阶段、分群体的，是从部分到整体、从个体到群体、从增量到存量的逐步演变过程。渐变过程体现了从知识主体自身的微观世界，即与个体密切联系的知识价值追求开始，逐渐向宏观的群体、客观实际的价值取向演进的历史事实。同时，科学文献传播网络的渐进过程也是传播网络本身的特点决定的。科学文献传播网络的进化最终形成于人的认识能力，而人的认识过程本身就是依靠不断学习逐渐加深的过程。

在原有的环境条件下，在网络渐进性的演变过程中，网络节点中的作者（知识主体）要素共同积累同时也分享和传播领域或学科内的主题信息，沿着共同的轨道，能够依据各自的学识水平提出相近的主题，促使形成的作者网络、关键词网络、机构网络和作者—关键词网络、机构—关键词网络和期刊－关键词网络共同影响着科学文献传播过程，而这种演变的进展原则上是可预测的、是渐进性的进化、具有累积性和连续性等特点。在演变的过程中，网络节点中主题、作者和机构等传播要素逐渐发生“质”的改变，导致网络结构模式发生实质性改变，并由此打破了传播网络原有的均衡形式。因此，科学文献传播网络的渐变性演变过程中，构成网络节点的作者、关键词和机构等传播要素是从部分到整体、从个体到群体逐步演变的，整个网络结构特征也逐渐实现“质”的改变。

（2）科学文献传播网络突变方式

在知识渐进的进化中也会产生突变现象，突变出现的时间快，带来的冲击大，产生的效果也更强。突变主要是源于知识的适应性和外在的影响因素。知识进化秉承生物进化的适者生存原则，知识主体的主观意识在社会实践中只有与客观实际和社会意识形态相适应才能存在和进化，当一种知识观念不能够适应时代的需要时，在进化的临界点就会出现突变。突变的力量可以来自自身，但更多的是来自外在力量。这种外在力量包括技术革命、社会变革两股强制力量，它们迫使知识发展脱离原来的路径，走向一个新的轨道。知识的突变借助于外在的强制力量，知识主体主动地接受新内容有一个时间延续，延续的过程也是一个渐变的过程，知识主体在渐变中消化吸收突变的价值观。

科学文献传播网络的演变过程中，网络节点的进化与退化，改变了科学文献传播网络的实质结构，如网络的核心节点主题、作者、机构等发生了迁移，新的主题应运而生且在领域和学科内得到了认同，迅速得以分享和传播。同时，基于该主题的作者、机构也越来越得到网络中其他成员的重视，地位得到了很大提升，促使形成的作者网络、关键词网络、机构网络和作者—关键词网络、机构—关键词网络和期刊—关键词网络结构发生了“质”的改变。

前一阶段形成的科学文献传播网络，基于网络节点的进化原理，网络状态会失去稳定性出现分叉状况，新的网络节点之间的相互作用会取代现有的网络结构，这体现了科学文献传播网络演变过程中的非连续性。基于主题之间的显性知识传播和基于作者、基于机构之间的隐性知识传播和扩散，对学科领域的发展产生着影响。但这种非连续性促使网络演变的未来发展趋势呈现不确定性，而通过外界因素选择机制的作用引起了知识势差的变化，由此导致突发性变异，促使新的主题的诞生，进而使网络结构发生根本性的改变。

这就是通过基于主题、作者和机构形成的网络发生突变进化的过程。在科学文献传播网络成熟的阶段，随着外界因素的变化，即使是众所周知的领域知识和学科动态，也可能被证明是不准确的，产生出新的思想和新的主题。而新的主题充满了模糊性和不确定性，会产生突变性发展。在科学知识传播过程中，承载新思想和新主题的关键词及其作者和机构等传播要素连续的和非线性的相互作用，需要打破原有的规则，或多或少适应现在的或是将来的条件，才会促进新主题的产生。重构的过程实质上是网络节点之间在多样性中的适应选择过程，而选择的标准随外界因素的改变而改变。从进化的视角看自然选择的范围和特征在任何时候都是存在的，不会有最好的选择自动出现。因此，对于科学文献传播网络来说，发展和利用那些能够产生多样性的选择标准是极为重要的，多样性是其进化的内在根据，选择是其进化的外在条件，这些都是通过传播各要素和与外界因素的非线性作用所构成的重构式进化过程实现的。

四　科学文献传播网络演变路径研究

科学文献的传播过程中，在没有外界因素的影响下，对传播网络进行度的量化分析，可知传播网络呈现指数增长趋势。当受到社会政治、经济、技术、文化和教育等诸多因素影响时，传播网络的演变轨迹将发生动态变化。由于逻辑斯蒂（Logistic）曲线能近似地表示生物种群的生长过程，且被广泛应用于类群演变的增长模型。基于此，考虑科学文献传播网络进化特征，本书运用逻辑斯蒂曲线表示传播网络的增长趋势。结合前述的生命周期划分和知识进化中知识增长过程，将科学文献传播网络分为孕育期、成长期、成熟期和阶跃期四个阶段，如图 4. 2 所示。

图 4. 2 中，上图假设科学文献传播网络在 t_1 时刻前的网络结构形态为 A，由于外界因素和内部因素的作用，受到网络的遗传和变异驱动力共同影响，网络结构形态会不断发生演变。当驱动力主要来自遗传时，传播网络的发展过程以遗传为主，B 偏向于 C_2，而如果驱动力主要来自变异时，传播网络的发展过程以变异为主，B 偏向于 C_1。由此，科学文献传播网络在遗传和变异驱动力的共同驱使下发生动态改变。从知识进化中量的增长方面分析，科学文献传播网络表征的知识内容是不断增长、累积增加的，通过对传播网络中节点度的量化分析可以衡量传播网络处于的不同时期，如图 4. 2 上图所示的成长时期。同时，从知识进化中质的发展方面分析，科学文献传播网络表征

的知识的演变过程伴随着否定、肯定、否定等过程，其发展轨迹不可能是一条上升趋势的直线，而表现为螺旋式的上升曲线，如图 4.2 下图所示。

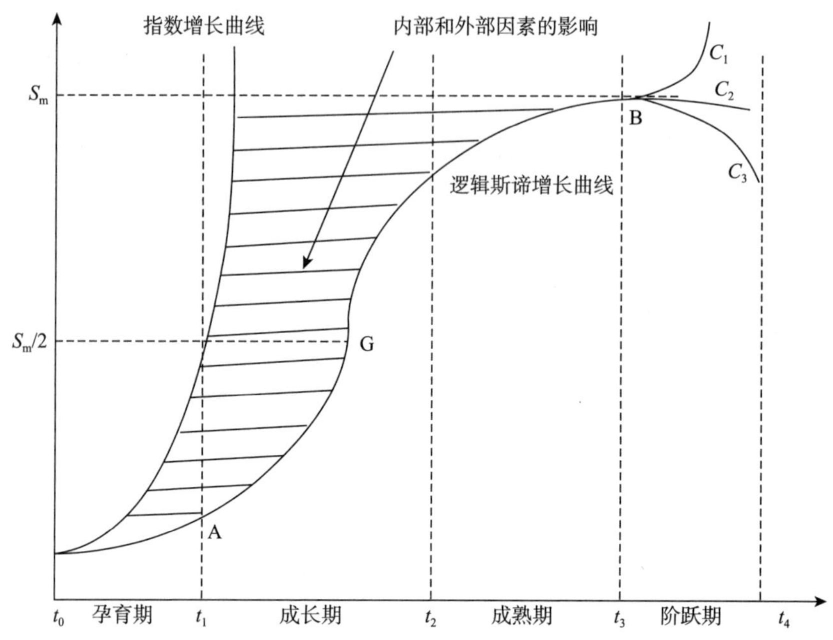

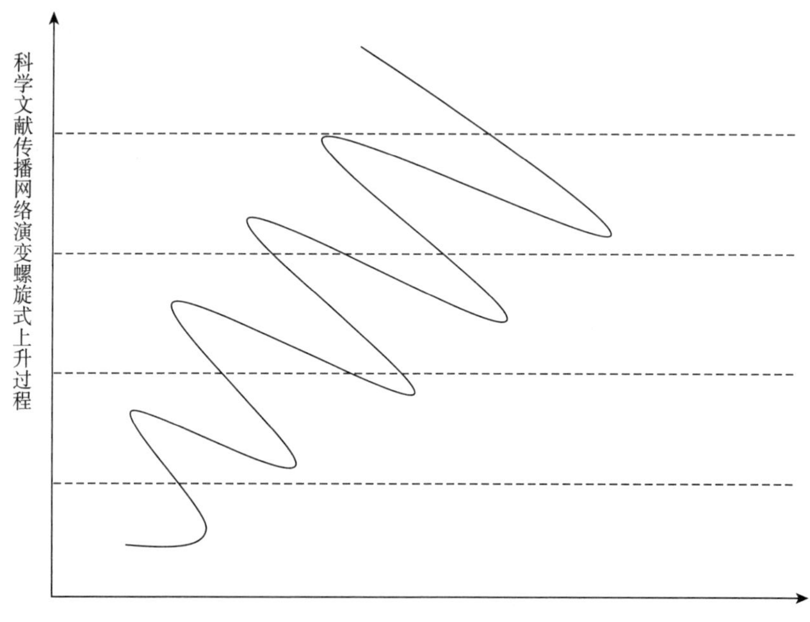

图 4.2　基于知识进化的科学文献传播网络演变路径

同时，由于科学文献传播网络从初始形成到演变发展的各个阶段，表现出的阶段特征是有差异的，促使传播网络的变异强度有所不同，导致传播网络结构及形式变化的结果也是不一致的。具体如下：

（1）孕育期，也即传播网络形成的初级阶段。如知识主体提出了学科领域新知识的观点，但是创新理念还不够突出，知识主体大多是通过观察、模仿进行知识的转化，热点内容点还难以全面体现，承载知识的关键词、作者、机构、引文等传播要素数量少，且形成的网络节点及其联系有限。因此，传播网络的演变过程中主要以遗传驱动力为主，变异强度相对较小。

（2）成长期，也即传播网络形成的成长阶段。如知识主体提出的热点主题引起了很多科研工作者的兴致，更多的研究人员参与到此类领域的研究中，并通过科学文献的方式传播和分享自己的成果，并被大量、快速的进行扩散，承载知识的关键词、作者、机构、引文等传播要素数量快速增加，且形成的网络节点及其联系不断增长。传播网络由基于小范围的、疏松的形式发展到大范围的、紧密的形态。该阶段表现出较大的变异强度，网络结构状态变化较大，具有较强的创新力。

（3）成熟期，也即传播网络发展的成熟阶段。如传播网络表达的热点主题趋势较明显，学科领域内的研究人员检验和证实的知识逐渐被相关研究人员所认可和接受，同时该时期知识发展更多的是一种知识的推广，是在先前知识的基础上衍生而来的，在多种知识的融合中知识选择的范围比较宽泛，学科知识的传承与拓展一直持续着，知识创新已经呈减退的趋势。此阶段由于知识的传承与创新同时进行，承载知识的关键词、作者、机构、引文等传播要素数量增加趋缓，且形成的网络节点及其联系达到了一定的饱和，体现出传播网络的变异强度与成长期相比有所下降，网络结构状态趋于稳定。

（4）阶跃期，也即传播网络发展的阶跃阶段。如知识主体逐渐丧失活力，知识创新意识逐渐减弱，当文献增长速度逐渐递减，此时期既是学科领域知识主题的衰退期，又是知识创新的萌动期。进行到此阶段，承载知识的关键词、作者、机构、引文等传播要素数量递减，且形成的网络节点及其联系渐次下降，传播网络的变异强度逐渐减弱，并趋向于零，传播网络的规模也呈下降趋势。

同时，由于科学文献传播网络所处的不同阶段，网络变异强度不一样，承载知识的关键词、作者、机构、引文等传播要素不断地发生着变化，且形成的网络节点及其联系也随着改变，反而促使学科领域内知识群体的选择会更有倾向性。而处于变异强度较大传播要素及其构成的传播网络，往往能获得知识群体更多的关注。

因此，在科学研究与知识传播中，科学发展态势、科学文献传播网络演化与变异强度值之间存在着直接的关联关系。因此，可以通过确定科学文献传播网络的变异强度的大小，对传播网络演变路径进行分析，进而判断科学技术的发展趋势。

第三节　知识进化视角下科学文献传播网络拓扑结构演变研究

科学文献传播网络演变过程中，网络拓扑结构分析是一个关键问题。随着计算机网络的快速发展，网络结构日益复杂，网络的拓扑结构研究提供了一个新的视野和思路。本书综合社会网络分析与复杂网络理论，探讨分析科学文献传播网络动态特征指标、演变行为和演变趋势等内容。

一　科学文献传播网络动态特征指标分析

由于构成科学文献传播网络承载着显性知识内容和隐性知识内容，类似于知识进化的过程，促使科学文献传播网络的演变沿着生命周期阶段不断地进化，导致在不同的演变阶段中科学文献传播网络具有不同的网络结构特征。基于此，本书运用社会网络分析方法，通过社会网络中网络密度、网络中心性等参数来表征不同阶段的传播网络结构特征。

（1）网络密度

网络节点之间的紧密程度可以用密度表示，密度值介于 0 和 1 之间，越接近 1 代表网络节点彼此间的关系越紧密。一般来说，固定规模网络的节点之间连接越多，网络的密度就越大，连接紧密的网络节点之间交互机会较多且传播与共享比较顺畅，节点之间的关系也相对较紧密；反之，连接疏松的网络节点之间资源共享不广泛，关联不紧密，彼此之间的连接也不紧密。因此，网络密度作为一个度量指标，可以用来描述传播网络的紧密程度，具体可以通过网络中实际存在的节点连接数占可连接数的比例大小来获得。

在科学文献传播网络的形成、发展、成长过程中，受外界因素的干扰，传播知识主体的认知与意识产生波动，影响着科学文献传播网络的密集度。本书以集聚系数 C 表示网络的平均密集程度，G 表示科学文献传播网络的连通图，设连通图的总连接数为 M，网络中任意节点的连接数为 m，则 i 的局部密集系数 G（G_i）可用公式 4.6 表示：

$$G(G_i) = \frac{m}{M} = \frac{m}{k_i(k_i - 1)/2} \tag{4.6}$$

其中，G_i 表示局部网络且最多有 k_i（k_i-1）/2 条边连接，k_i 是节点的邻接点数目，整个科学文献传播网络的密集系数 C（G）为所有节点密集系数的平均值，如公式 4.7 所示：

$$C(G) = \frac{1}{N}\sum_{i \in G} G(G_i) \tag{4.7}$$

由公式 4.6 和 4.7 可以推导出公式 4.8：

$$C(G) = \frac{1}{N}\sum_{i \in G} \frac{m}{k_i(k_i - 1)/2} \tag{4.8}$$

科学文献传播网络中各节点的密集程度反映了节点间的集中趋势，网络节点的连接比率越高，说明该节点在网络中的地位越高。而连接比率高的节点通常在传播网络形成过程中占据重要的枢纽地位，同时也影响着传播网络的结构及其承载知识的传播。当网络中某一个节点成为核心节点后，它与其他节点连接的概率增加，其密集系数 G（G_i）相应增加，促使整个网络的 C（G）也会增加。因此，在科学文献传播过程中可以通过调整传播网络节点间的密集程度来优化网络功能，扩大传播网络中知识传播的广度与效率，促进科学文献知识的衍生与拓展。

在科学文献传播网络形成初期，网络对节点的集聚效应还不是充分明显，随着网络节点之间交互关联及作用的增强，文献之间的共用性和互补性逐步增强，促使知识传播与共享的机率大大增加，导致传播网络密度也随之增大。网络密度增加，推动着科学文献传播网络演变的进程。而如果网络密度的过小，则说明传播要素之间的相互作用不够紧密，不能有力的促进传播网络的演变与进化。同时，网络密度的大小也能反映知识主体在创造与传播知识过程中获得丰富知识资源的能力，以及对于知识拓展与创新的推动。

（2）网络平均路径长度及网络流动性

网络节点间的距离反映了网络的连通能力与传递效率。网络平均路径长度表示的是网络中所有节点对之间的平均最短距离①，节点间的距离指的是连接两个节点的最短路径上边的数目。网络中节点间距离越短，网络的流动频率越高。因此，节点间较小的平均距离能够增强网络系统内容的传播能力，即网络平均路径长度及网络流动性对促进知识的有效传播起着重要的影响。现假设科学文献传播网络 G，其平均路径长度用 $L(G)$ 来表示，$L(G)$ 与网络节点间最短路径长度 d_{ij} 关系为：

$$L(G) = \frac{2}{N(N-1)} \sum_{i \neq j \in G} d_{ij} \tag{4.9}$$

其中，N 为网络节点数，d_{ij} 即网络任意两个节点 i、j 之间最短路径长度，在网络中主要指的是邻近程度。研究表明，网络交流频率 ε_{ij} 与节点间的最短路径呈反比关系，即：

$$\varepsilon_{ij} = \frac{k}{d_{ij}} \tag{4.10}$$

其中，k 是一个常数，将公式 4.10 带入公式 4.9，可得：

$$L(G) = \frac{2}{N(N-1)} \sum_{i \neq j \in G} \frac{k}{\varepsilon_{ij}} \tag{4.11}$$

从公式 4.11，可以得出传播网络流动性与特征路径长度成反比，常数 k 越大，网络节点之间的联系就越紧密，具有相似性的网络节点间的流动性较强，最短路径长度也较小。因此，可以通过节点之间的连接或中断方式增加或减少特征路径长度，即增加或减少网络节点间的交流更好地促进节点间的流动。

（3）网络中心性

网络中心性反映了网络的集中程度。如果一个网络中少数节点的中心性较高，多数节点的中心性偏低，则该网络的中心性水平较高。具有高度中心性水平的节点在网络结构中占据着具有重要意义的位置，网络中其他的节点

---

① 李蕓娜、郭进利：《基于复杂网络理论的高速铁路网络研究》，《科技管理研究》2018 年第 16 期。

进入到网络中或多或少都受到这些中心性较高的节点的影响，中心性较高的节点更易与其他节点建立联系。

网络中心性主要指标有：度数中心性、接近中心性和中间中心性。度数中心性测量的是一个节点与邻近节点之间的直接关系，反映了该点与其他节点之间的紧密程度。接近中心性指的是网络内节点在多大程度上不受其他节点的控制。中间中心性研究的是一个节点在多大程度上居于其他两个节点之间，刻画的是一种“控制能力”指数。对于网络而言，测量中心性的一个重要目的是找出网络中的重要节点，中心性的分析有利于明确科学文献传播网络中的核心主体和边缘主体，有效地挖掘传播网络节点中核心的作者、机构或者关键词等传播要素，预测网络中核心节点与传播要素的发展趋势。

1）点的度数中心性

点的度数中心性可以分为两类，绝对中心性和相对中心性。绝对中心性测量的是节点的度数，相对中心性是指绝对中心性的标准化形式。x 点的绝对中心性表达式通常记为 $C_{AB}(x)$，如果某个节点具有最高的度数，则该节点居于网络中心的核心位置，由于网络的规模不同，不同网络中点的局部中心性不可比较。相对中心性是指点的绝对中心性与网络中点的最大可能的度数之比，在一个由 n 个节点组成的网络中，任意点的最大可能的度数一定是 $n-1$。

2）网络的度数中心势

网络的度数中心势是用来衡量整个网络的整体中心性。首先找到网络中的最大中心性数值，计算该值与任何其他点的中心性的差，得到多个“差值”，再将这些“差值”累计运算，最后用这个总和除以各个差值总和的最大可能值。网络的度数中心势公式为：

$$C_D = \frac{\sum_{1}^{n}[C_{\max} - C_i]}{\max\sum_{1}^{n}[C_{\max} - C_i]} \tag{4.12}$$

其中，$C_i = \sum_{j} x_{ij}$ 是 0 或 1 的数值，代表节点 j 和节点 i 之间是否存在传播关系，$C_{\max}$ 是 C_i 中最大的点的中心性，网络的度数中心势反映的是节点间存在的直接联系，度数中心势越大，表明网络越具有集中趋势。

二 科学文献传播网络拓扑结构演变进化行为分析

在科学知识传播过程中，由于科学文献传播网络从初始形成到演变发展的各个阶段，表现出的阶段特征是有差异的，促使不同阶段形成的科学文献传播网络的拓扑结构也存在差异性。基于此，本节从知识进化理论为核心，分析不同成长阶段的科学文献传播网络的拓扑结构演变进化行为。

（1）科学文献传播网络孕育阶段

在科学知识传播过程中，随着知识主体自身认识的不断提高以及受到外界因素的影响，对新知识有了进一步深入的了解，逐渐实现了知识的共享、传递等过程。对新知识认可度一致的知识主体，围绕相同的知识点，彼此之间会互相引用各自的理论与观点，通过知识符号记录与文献载体传播，借助于承载知识的关键词、作者、机构、引文等传播要素构建并形成科学文献传播网络。在科学文献传播网络形成初期，首先是一个或几个知识主体为了取得领域内对客观事物认识上的创新，提出了本领域新知识的观点，且希望得到相关研究人员的支持与认可。此阶段属于科学文献传播网络的起始阶段，知识主体提出的观点与见解还没有被传播、分享与利用，基于传播要素的网络节点之间连接开始比较疏松、不紧密，导致网络中难以形成核心节点，且网络拓扑结构具有网络密度小和稳定性较差等特征。同时，由于知识主体具有的创新理念还不够突出，知识主体大多是通过观察、模仿进行知识的转化，由此使得网络初期拓扑结构随机性较大，传播网络反映的重要的或者核心的节点难以得到体现。

同时，此阶段知识主体基于自身发展的需求，不断借鉴科学文献中已有的观点，形成了自己的知识创意，并提出更加符合客观规律的新知识，这些知识创意既可以编码成显性知识，也可以构成无法描述的隐性知识。当大量的知识创意涉入到知识主体中时，不同的知识彼此之间发生碰撞，导致构成科学文献的信息与知识之间产生重构，进而形成一系列新的知识创意。知识创意之间也存在着千丝万缕的联系，在知识主体思索问题的引导下，不断的衍生、拓展与创新，促使新旧知识创意不断交替、循环往复。知识创意的形成与发展是一个缓慢而复杂、螺旋式的上升过程，在知识创意的不断形成和发展过程中，经历了抽象、概括、分析、综合、判断和推理等一系列的思维模式环节。依据文献增长定律，此阶段文献增长率平均值不超过 20%，科学文献增长比较缓慢，该阶段虽然文献数量较少，但一直会有相关文献出现且呈逐步增长之趋势。

因此，科学文献传播网络孕育阶段的网络结构具有三个基本特征：网络内部结构单一；网络中的核心节点，如核心关键词、核心作者、核心机构、核心引文等地位没有建立，但是对网络中的其他节点有着促进作用；关键词、作者、机构、引文等传播要素交互作用之间的紧密性不强。由此网络初始状态可能为随机网络、小世界网络和无标度网络，随着科学文献传播网络的演变与发展，网络拓扑结构也随之发生动态变化。

（2）科学文献传播网络成长阶段

在科学文献传播网络成长阶段中，随着知识主体提出的某领域的研究主题或者前沿方向引发更多科研工作者的兴致，更多的研究人员参与到此类领域的研究中，并通过科学文献的方式传播和分享自己的研究认知与成果。伴随着研究人员的增多与文献数量的增长，加快了在传播网络中局部范围的核心关键词、核心作者、核心机构等节点的出现和科学文献传播网络的发展进程。而其中的核心作者在对某学科领域研究中逐渐产生了一定的权威性，提出的见解能够被研究者们所共鸣和认可，这体现在传播网络中将会发现基于核心作者的关键词（主题）、机构的合作网络中往往具有较高的度分布。随着核心节点的演变与发展，网络的度分布逐渐显现出“贫富分化”特征，此时网络特征类似于复杂网络中的小世界网络，局部范围内网络内核心关键词、核心作者和核心机构具有较大的影响力。而当核心节点的进一步发展时，网络局部范围内的影响力会逐渐提升到网络全局范围内，将成为整个网络的核心节点，一旦有更多核心关键词、核心作者和核心机构的产生，将会导致网络核心节点的重要地位相对下降，核心节点度分布的分化程度也随之减小，此时的网络结构状态相对稳定。

任何学科领域内的科学文献传播从知识创意的产生、发展到实现都是缓慢、循序渐进的过程，这一过程是属于科学文献传播的成长阶段所要完成的。科学文献传播的成长阶段是整个传播过程中非常重要的一个阶段，此阶段科学文献承载的知识将大量、快速的进行扩散，传播网络的发展由基于小范围的、疏松的状态到大范围的、紧密的状态。此发展过程中，科学文献承载的知识在知识主体的创意下完成，伴随着知识变异的积累，科学文献表达的主题内容也逐渐清晰，知识之间的碰撞以及知识主体之间的衔接关系又形成了新的知识体系，进而螺旋式的向前演变与发展。此阶段中，知识变异是大量的、复杂的和多方向的，这些知识变异的积累有助于形成新的科学文献及衍生出更多的关键词、作者与机构等传播要素，增加的网络节点数及节点间的联系，使得更加复杂的网络结构及进化逐渐产生，为进入下一个演变阶段做准备。同时，该过程也是对知识主体的知识创意的一个检验过程，大量的知识创意因为无法满足需求或不符合科学发展规律被遗弃，最终形成的知识是经过筛选并与外界环境相适应的。此阶段中，科学文献增长数量上升快速，文献增长率率先出现指数型增长并随时间变化出现先增长后减少的趋势，反映在文献量曲线上则是在成长阶段末期会出现一个拐点，这也表明所研究的学科领域将会步入较为缓慢发展的阶段。

（3）科学文献传播网络成熟阶段

在成熟阶段，由科学文献传播要素交互作用呈现的传播网络表达的研究主题、热点等趋势较明显，学科领域内的研究人员检验和证实的知识逐渐被相关研究人员所认可和接受。而此阶段产生的知识变异更多的是受到外界因素的影响，在知识与知识的碰撞与交互过程中完成的。此阶段中，在自身存量知识的前提下，知识主体往往借助于其他学科的知识来弥补与完成自身领域的知识体系。尽管在多种知识的融合中知识选择的范围比较宽泛，然而知识发展与科学文献传播更多的是一种知识的推广，大量文献所表达的内容是在先前知识的基础上衍生而来的，知识创新已经呈现出减退的趋势。而其中产生的多元化与多样化的关键词、作者、机构、引文等，虽然还在表征众多知识点之间的碰撞与结合，不断地体现着领域内所要表达的研究主题与热点，但是，由于新增关键词、作者、机构、引文及其连接数的减少，使得传播网络结构变化趋缓。同时，该阶段的科学文献数量会呈缓慢增长趋势，文献增长率进一步递减且文献数量维持在一个较多的水平。

当科学知识传播进入此阶段后，传播要素数量及其关联的规模逐渐稳定，传播网络日益完善并形成完整的演变路径，而相应的知识主体在所研究领域的学习、创新、制度文化也日益成熟。由此，该阶段科学文献传播网络结构主要有三个特征：一是网络规模不断扩大；二是产生集聚效应；三是增长过程中网络结构形态基本不变。

（4）科学文献传播网络阶跃阶段

科学文献传播网络经过成熟阶段之后，传播动力逐渐减退，阻力迅速上升，知识主体逐渐丧失活力，知识创新意识逐渐减弱，原有的科学文献传播网络的增长渐次消退。当文献增长量速度逐渐递减时，科学文献知识传播进入阶跃阶段。此阶段传播网络结构具有三个显著的特征：一是网络核心节点的优势地位丧失；二是传播网络由紧密的状态向疏松的状态发展；三是网络呈逐渐解体之态势。随着科学知识传播过程的深入，科学文献传播网络体现的研究热点和主题也在发生变迁，具有创新趋向的节点在传播网络中萌动而生。因此，该阶段既是科学知识传播过程中领域或学科内主题研究的衰退期，又是知识创新的萌动期，所以将该阶段称为阶跃阶段。

综上所述，总的看来，孕育期的网络节点逐步增加，成长期的网络节点以一定的速度快速增加，成熟期的网络节点增加与减少的数量趋于平衡，整个科学文献传播网络中节点的数量以非线性方式增长的，阶跃期内科学文献的数量逐渐减少，网络结构状态也逐渐向疏松式演变与发展。

三　科学文献传播网络拓扑结构演变进化趋势分析

科学文献传播网络演变的不同时期，会呈现出不同的结构形态，从而表现出不同的演变规律。衡量传播网络的孕育、成长、成熟和阶跃各个阶段需要有相应的指标来进行考察，本书提出了以网络密度、网络流动性和网络中心性等指标来测度传播网络的动态特征，采用以下数学公式可以判断网络和节点的发展趋势。

在科学文献传播网络中，如果网络的节点数随时间增长而增长或者保持不变，并且网络的平均度呈小幅度增长或保持不变。具体地，如果$\frac{dS}{dT}\geqslant 0$且$\frac{d<S_i>}{dT}\geqslant 0$，则表示传播网络在成长发展中；反之，当$\frac{dS}{dT}<0$且$\frac{d<S_i>}{dT}<0$表示传播网络的衰退。对于节点，如果$\frac{d<S_i>}{dT}\geqslant 0$代表节点成长，则$\frac{dS_i}{dT}<0$代表节点衰退。

其中 S 代表网络的规模，$<S>$代表网络的密度，S_i 代表节点 i 在网络中的地位①。依据网络结构特性，科学文献传播网络状态可以分为：随机网络、

① 肖冬平：《知识网络导论：理论与应用》，人民出版社 2009 年版，第 360—361 页。

小世界网络和无标度网络，针对网络演变的不同阶段，结合生命周期理论与复杂网络的特点和规律，根据演变条件的不同得出不同阶段的网络演变过程特点与变化规律。

一般地，科学文献传播网络的发展有两种情况：良性成长和逐渐衰退。对于良性成长的传播网络，可依据知识进化理论中的选择机制，核心节点组织的出现不可避免。网络中核心节点的产生通常有两种方式：内部自然产生和外部迁入。内部核心节点的产生主要是网络中已存在的节点的地位逐渐得到提升，从而影响力不断扩大。而外部嵌入的节点是由于自身的地位突然被认可，受到的影响力不断扩大，网络结构的演变最终受到核心节点的影响。因此，科学文献传播网络结构形态是随着网络内核心节点的出现而逐渐发生动态变化的。

第四节　知识进化视角下科学文献传播网络演变模型构建及仿真

科学文献传播网络的演变是一个复杂和抽象的过程，难以直接进行观测和探讨，需借助特定的对象进行分析。本节主要针对构建的基于关键词共现关系和基于合作关系的科学文献传播网络进行研究，在此将前者称为共词传播网络，后者称为合作传播网络，分别考察承载知识的关键词和作者及其所表征的知识内容前后的传承或者变异现象。本书以知识进化理论为视角，以知识的前后承接、发展变化关系为导向，构建科学文献传播网络演变模型，并进行网络演变模型仿真分析。

一　科学文献传播网络演变模型运行机制分析

由于科学文献传播网络主要是由节点与节点之间的连接关系所组成的，本书假设科学文献传播网络初始阶段具有 x_0 个节点和 m_0 条连接，则科学文献传播网络的节点增长机制、节点连接机制和适应度选择机制如下：

（1）科学文献传播网络节点增长机制

科学文献传播网络初期在较短的时间内，有时不出现新增节点，有时又出现多个新增节点，网络新增节点的总体增长规律与网络结构有关，其增速呈现先快后慢的总体趋势。随着传播网络规模的扩大，新加入的网络节点数目也随之增多，但是学科领域发展到某一时期，受限于知识创新乏力带来的文献数增量递减，促使传播网络达到一定规模后网络节点的增速呈现放缓趋势，最终达到相对稳定的状态。

科学文献传播网络节点的增长速率在不同的时期是不一样的。考虑到网络节点增长的多样性，本书设定科学文献传播网络为 N，网络节点的增长机制可以描述为：网络初始节点的个数为 x_0，在不同的成长阶段时期内，传播网络节点以不同概率增加出现，或保持既有规模；若出现新增节点，则新增节点的数目上限为 $x(t) \times P(t)$ 个，其中，$x(t)$ 为 t 时刻网络的节点数，$P(t)$ 为增长率，且与网络规模有关。当科学文献传播网络处于成长期内，网络总体节点数目将呈现增长趋势，具体可表示为：$x(t) = x(t-1) + x(t-1) \times P(t-1)$。反之，如果科学文献传播网络不处于成长期，那么网络节点有可能存在减少现象。进入该时期后，随着科学知识传播过程的深入，先前表征学科热点和主题研究的传播要素也在发生变迁，逐步成减退之势，并伴随着具有创新趋向的网络节点萌动而生。

（2）科学文献传播网络节点连接机制

由于科学文献传播网络节点之间的连接机制形成的核心节点直接对网络的拓扑结构、网络状态产生影响，网络核心节点往往拥有大量的连接，而大部分节点却很少有直接的连接。在科学文献传播网络中，核心节点对网络的演变发展有着重要的地位，对知识的传播、分享与进化具有重大的促进作用，引领着领域内知识的进化、演变与发展。因此，针对核心节点连接的特性，本书运用知识进化理论中的遗传机制和变异机制的网络节点连接机制，具体如下①：

基于遗传作用的节点连接机制。新知识或者新作者产生的过程即表述为向科学文献网络中添加新节点的过程，新节点与已存节点之间的连接边，则表示新知识或者新作者对已存知识继承或者已有作者合作继承的关系。假设新节点连接到 x 个已存在的不同节点上（$x \leq x_0$），以不同概率选择度择优连接机制，连接新节点到传播网络 N 中一个已经存在的节点 i 上，由于遗传机制的作用，旧节点的结构遗传于新节点，且新节点偏向于继承网络中的度值较大的核心节点，而度择优反映了科学文献传播网络的继承关系，其中度择

① 丁玉飞：《知识进化视角下科学文献传播网络演变及预测研究》，博士学位论文，南京理工大学，2018 年，第 69—72 页。

优机制是对网络中重要节点的遗传与继承。因此，对旧的节点 i 的适应度 μ_i 越高，与它生成节点连接的概率就越大，则新的网络节点与旧节点 i 连接概率 $\prod(i)$ 为：

$$\prod(i) = \frac{\mu_i * (k_i + 1)}{\sum_{j \in N} \mu_j * (k_j + 1)} \tag{4.13}$$

基于变异作用的节点连接机制。由于变异机制的作用，使科学文献传播网络蕴含的结构重新组合，导致了知识基因的改变，实现传播网络的衍生与创新，经历了从无到有、从混沌到清晰、从相似到差异化的过程。而变异驱动力的存在，促使网络中度值较低的节点连接成为可能，即实现了传播网络的弱连接，这有助于传播网络吸收与传播新的知识及其相关节点，并由此生成很多新的网络节点。因此，对旧的节点 i 的适应度 μ_i 越高，与它生成节点连接的概率就越低。则新的网络节点与旧节点 i 连接概率 $\prod^{\bullet}(i)$ 为：

$$\prod{}^{\bullet}(i) = \frac{\mu_i^{-1} * (k_i + 1)^{-1}}{\sum_{j \in N} \mu_j^{-1} * (k_j + 1)^{-1}} \tag{4.14}$$

式 4.13 和式 4.14 中，k_i 表示为网络节点 i 的度，μ_i 表示为网络节点对任一旧的节点 i 的适应度。

（3）科学文献传播网络节点的适应度选择机制

科学文献传播网络的演变本质上是一个动态的竞争过程，不断会有新的节点加入传播网络中，旧的节点由于不能适应外界和内部的需求也会不断退出，整个传播网络维持一种动态的平衡，从知识进化来看是基于遗传驱动力和变异驱动力下导致节点增加和节点删除的动态演变机制。同时，网络节点之间的连线在生成或删除时也不是随意产生的，而是遵循着节点适应性的机制，在网络结构上体现的是择优连接（重连）和反择优连接（弱连接）的机制。

同时，由于科学文献传播网络中任意一个网络节点对其他旧的节点都需要有一个自身的适应性评判，则引入一个描述节点适应度的参数，来判断应该选择与那些节点相连接。基于此，本书假设从一个有 x_0 个节点的网络开始，在时刻 t 新加入到网络中的节点与网络中的不同的节点相连接，每个节点的适应度 μ 按一定概率分布选取，μ 不随时间变化，且适应度依赖于一个动态指数。

二　科学文献传播网络演变动力学模型构建

本书提出的基于知识进化的科学文献传播网络演变模型不仅与网络节点的度 k_i 相关，还与网络节点的适应度 μ_i 相关。同时，本书构建的传播网络演变模型的节点适应度是不确定的，这主要体现在：一是不同时间步 Δt 内任一网络节点的影响因素等是动态变化的，会导致对同一旧的网络节点适应度在不同时间是不同的；同一时间步 Δt 任一网络节点的影响因素等虽已确定，但可能由于众多节点与旧的网络节点相连接，致使不同网络节点对同一旧的节点适应度也不同。

由于网络节点适应度的不确定性，使得网络适应度的理论推导十分困难。因此，本书采用连续介质理论和平均场理论，计算该模型生成的网络中节点度分布特征。网络节点 i 是在第 i 步加入传播网络 N 的，在时刻 $t=i\Delta t$ 的度是连续变量，网络节点 i 在时刻 t 的适应度与节点度无关。假设每个时间步 Δt 内，网络节点适应度 μ_i 为服从分布函数为 $F(H)$ 的总体 H 中独立选择的正随机变量，分布函数 $F(H)$ 的期望值 $E(F(H))=\lambda>0$。本书以随机生成分布函数的随机数作为新增节点对于网络中旧的节点的适应值。

科学文献传播网络在每个时间 Δt 步内，由于遗传驱动力促使新节点按照一定的概率与 p_i 个旧的网络节点生成连接，同时，由于变异驱动力促使新节点按照一定的概率与 q_i 个旧的网络节点生成连接。k_i 的变化率与择优概率 $\prod(i)$ 正相关，与反择优概率 $\prod^{\bullet}(i)$ 负相关，则 k_i 的动力学方程为：

$$\begin{aligned}\frac{\partial k_i}{\partial t} &= p_i\prod(k_i)+q_i\prod{}^{\bullet}(k_i)\\ &= p_i\frac{\mu_i*(k_i+1)}{\sum_{j\in N}\mu_j*(k_j+1)}+q_i\frac{{\mu_i}^{-1}*(k_i+1)^{-1}}{\sum_{j\in N}{\mu_j}^{-1}*(k_j+1)^{-1}}\end{aligned} \tag{4.15}$$

当时刻 t 充分大时，令 $N(t)$ 在时刻 t 的网络节点数则近似为 t，即 $x_0+t\approx t$，每个时间步 Δt 内，对网络节点 i 的适应度有：

$$\lim_{t\to\infty}\frac{1}{t-i\Delta t}\sum_{i}^{N(t)}\mu_i=\lambda \tag{4.16}$$

且 N 的平均度为 $2(p_i+q_i)$，当时刻 t 充分大时，有：

$$\sum_{j\in N}\mu_j*(k_j+1)\approx[2(p_i+q_i)]\lambda t \tag{4.17}$$

存在连线中反择优选择与不论两个节点之间有没有连线都随机选择近似等价，则有 $\prod^{\bullet}(i)\approx 1/t$，当时刻 t 充分大时，将式4.17带入式4.15，得：

$$\frac{\partial k_i}{\partial k_i}=\frac{p_i\mu_i(k_i+1)}{\sum_{j\in N}\mu_j*(k_j+1)}+\frac{q_i}{t}=\frac{p_i\mu_i(k_i+1)}{[2(p_i+q_i)]\lambda t}+\frac{q_i}{t} \tag{4.18}$$

为求解的动力学方程，将式4.18改写成：

$$\frac{\partial[p_i\mu_i(k_i+1)+q_i\lambda[2(p_i+q_i)]]}{[p_i\mu_i(k_i+1)+q_i\lambda[2(p_i+q_i)]]}=\frac{p_i\mu_i\partial t}{[2(p_i+q_i)]\lambda t} \tag{4.19}$$

两边积分，得到：

$$In\mid p_i\mu_i(k_i+1)+q_i\lambda[2(p_i+q_i)]\mid=InDt^{\frac{p_i\mu_i}{[2(p_i+q_i)]\lambda}} \tag{4.20}$$

其中 D 是积分常数，在初始条件下 $k_i=p_i$，解方程式4.20，有：

$$x_i=C\left(\frac{t}{i}\right)^{\beta}+\frac{q_i\lambda[2(p_i+q_i)]}{p_i\mu_i}-1 \tag{4.21}$$

其中，$C=\frac{p_i\mu_i(p_i+1)+q_i\lambda[2(p_i+q_i)]}{p_i\mu_i}$，$\beta=\frac{(p_i+q_i)\mu_i}{(2p_i+q_i)\lambda}$，

为简化形式，利用平均场计算，有：

$$P(x)=\frac{1}{\beta}C^{\frac{1}{\beta}}x^{-\gamma} \tag{4.22}$$

其中 $x\in[c,\infty]$，以及：

$$\gamma=1+\frac{1}{\beta}=1+\frac{(2p_i+q_i)\lambda}{(p_i+q_i)\mu_i} \tag{4.23}$$

因此，在一些简化的假设下，模型能够得到一个度分布服从幂律指数为 $\gamma=1+1/\beta$ 的无标度网络。在此构造算法下，与现实网络可能存在一定的误差，但整体的数学特性还是相同的。

三　科学文献传播网络模型仿真实验

本书进行仿真实验的主要目的在于验证上述文中所提出的基于知识进化的科学文献传播网络演变模型的有效性。由于当前众多学者提出的无标度网络模型与现实网络具有较大的相似性，但是现实的网络都是兼具无标度特性和小世界特性的，所以本书通过模拟实验来验证提出的演变模型主要有 3 个方面的研究问题：一是演变模型仿真的节点度特征分布情况，是否符合幂律分布；二是相比于当前所提出的无标度网络模型，网络密度、平均路径长度等网络特征指标存在的差异性如何，并对网络小世界特性上是否有所改进；三是与现实网络之间的相似性如何。针对上述问题，如下做具体的分析。

（1）上述演变模型能够生成一个度分布服从幂律指数为 γ 的无标度网络。此时，网络适应度 *BA* 模型呈现出“先到者赢”的特征，也就是说，网络中最初的那些网络节点将有可能拥有相对较多的节点连接，因为它们有更长的时间获得其他节点的连线。需要说明的是，在任一时刻 t，网络的连线总数为 $x_0+(p_i+q_i)t$，任一网络节点的度为 $k_i=(p_i+q_i)(t/i)^{\frac{1}{2}}$，则有：

$$\lim_{t\to\infty}\frac{k_i}{x_0+(p_i+q_i)t}=\lim_{t\to\infty}\left(\frac{1}{t}\right)^{\frac{1}{2}}=0 \tag{4.24}$$

这意味着网络中任一节点拥有的连线占整个网络中全部连线的比例总是趋于零的。网络中并不存在这样的划分：一个或几个网络节点始终占据绝对统治地位，而其它网络节点拥有的连线都相对很少。

对网络适应度 *BA* 模型的理论推导结果表明，该模型的度分布不仅取决于推动传播网络演变发展的遗传驱动力与变异驱动力，还依赖于网络节点适应度的分布函数。假设网络中每个节点都取相同的适应度 μ，对 i、j 假设有 $\mu_i=\mu_j=\lambda$，则 C 可简化为：

$$C=p_i+1-\frac{q_i[2(p_i+q_i)]}{p_i} \tag{4.25}$$

同时，网络节点度分布的幂律指数有：

$$\gamma=1+\frac{1}{\beta}=3-\frac{q_i}{p_i+q_i} \tag{4.26}$$

该模型能够生成一个度分布服从幂律指数为 $2<\gamma<3$ 的无标度网络。此时，网络适应度 *BA* 模型呈现出“先到者赢”的特征；也就是说，网络中最初的那些节点将有可能拥有相对较多的连接，因为它们有更长的时间获得其他节点的连线。

考虑到显示网络中节点适应度 μ 分布函数 F（H）不会具有无限支撑，网络适应度 *BA* 模型中每个节点拥有的连接占整个网络中连接的比例仍然是趋于零的，这也符合上述数值模拟结果，网络节点度分布呈现出层次化特征。本书选取初始网络具有 $x_0=500$ 个网络节点，选取 $N=10000$，μ_i 满足区间［0，1］，分别对 $p_i=300$，$q_i=100$；$p_i=400$，$q_i=100$；$p_i=500$，$q_i=100$ 三种情况进行数值模拟，对科学文献传播网络演变模型与传统 *BA* 模型的数值模拟结果进行比较，见图 4.3 所示。从图中可以看出，网络节点的度 k_i 很小情况下的概率很高，k_i 很大情况下的概率很低，直观上网络节点度分布形成了一条“长尾”，这与传统 *BA* 模型的分析结果很相似，这说明科学文献传播网络演变模型具有无标度特征，其网络节点的度符合幂律分布的。

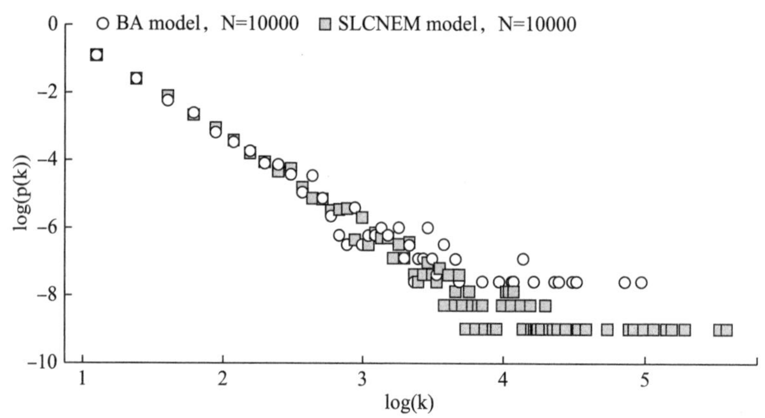

图 4.3　科学文献传播演变模型与 BA 无标度网络模型的数值模拟结果比较

（2）由于当前众多学者提出的无标度网络模型与现实网络具有较大的相似性，但是现实的网络都是兼具无标度特性和小世界特性的，所以本书通过模拟实验来验证提出的基于知识进化的科学文献传播网络演变模型是否相比于当前所提出的无标度网络模型在小世界性上有所改进，以及与传统无标度网络模型之间的差异性。具体方案如下：

第一步，对基于知识进化的科学文献传播网络演变模型以1000个节点、5000个节点、10000个节点为标准进行仿真试验，每个仿真试验单独运行8次，并且计算出每次网络模型的网络密度、平均路径长度的值，并进行各个仿真试验数据求均值，具体数据参见表4.2所示：

表4.2　科学文献传播网络演变模型的网络密度和平均路径长度值

序号	网络密度			平均路径长度		
	1000	5000	10000	1000	5000	10000
1	0.1951	0.2631	0.2992	2.4325	2.7453	2.8561
2	0.2234	0.2946	0.2743	2.2463	2.3462	2.8327
3	0.2635	0.2724	0.3215	2.2575	2.3225	2.7543
4	0.2218	0.2623	0.3125	2.2632	2.4542	3.0753
5	0.1834	0.2279	0.3018	2.0861	2.6421	2.8432
6	0.2369	0.2438	0.3247	2.3573	2.4532	2.6234
7	0.2541	0.2965	0.2967	2.1363	2.2349	2.5313
8	0.2018	0.2247	0.2854	2.2245	2.3256	2.0142
均值	0.2264	0.2607	0.3020	2.2505	2.4406	2.6913

第二步，对*BA*无标度网络模型建模，分别以1000个节点、5000个节点，10000个节点标准进行仿真试验，每个仿真试验也单独进行8次，并且计算出每次网络模型的网络密度，平均路径长度的值，并进行各个试验数据求均值，具体数据参见表4.3所示：

表4.3　BA无标度网络模型的网络密度和平均路径长度值

序号	网络密度			平均路径长度		
	1000	5000	10000	1000	5000	10000
1	0.2054	0.2345	0.2783	2.5236	2.4538	2.9872
2	0.1987	0.2764	0.2654	2.3467	2.5674	2.8745
3	0.2347	0.2321	0.3086	2.2436	2.4358	2.9542
4	0.2357	0.2754	0.2984	2.3643	2.7642	3.1479
5	0.1765	0.2145	0.2979	2.6644	3.0268	2.7346
6	0.2087	0.2325	0.3154	2.4474	2.8385	2.5428

续表

序号	网络密度			平均路径长度		
	1000	5000	10000	1000	5000	10000
7	0. 2243	0. 2764	0. 2865	2. 2366	2. 3131	2. 5642
8	0. 1939	0. 2235	0. 3018	2. 2347	2. 1294	2. 2147
均值	0. 2097	0，2457	0. 2940	2. 3827	2. 5661	2. 7525

通过对上面的数据进行比较分析，可以得出以下结论：

首先，对两个模型的网络密度对比，发现本书提出的模型网络密度最大，而网络密度反映了一个网络的集团化程度和节点之间的连接紧密程度，说明本书所提模型构建的网络鲁棒性越强；

其次，对两个模型的平均路径长度进行分析，发现这两个模型的平均路径长度都随着网络规模的增加而增加；

最后，两个模型中，本书所提出的基于知识进化的科学文献传播网络演变模型平均路径长度较短，这说明本书提出的演变模型比通常的 *BA* 无标度网络模型具有更好的小世界特性，而现实中的网络往往是兼具无标度特性与小世界特性的，从而说明本书所提的演变模型更加贴近实际网络。

（3）为了观察科学文献传播网络成长周期中同一个节点的适应度和节点度的关系，本次仿真试验建立了一个节点个数为 10000 的传播网络，并选取了本次实验的前 300 个节点中适应度最高的 8 个节点，并统计了这些点在网络发展到 1000 个、5000 个和 10000 个节点时刻的度值，因适应度是新加入的节点根据于网络中已有的节点的适应度和当前的度所产生的值，所以随着传播网络节点度的变化，适应度也是在不断变化的。具体如表 4. 4 所示。

表 4. 4　基于知识进化的科学文献传播网络演变模型适应度与节点度的关系数

	适应度由大到小的节点排列							
点序号	68	153	82	189	243	219	127	119
适应度	10. 85	10. 58	10. 16	9. 76	9. 35	9. 16	9. 07	8. 62
1000 点	26	158	136	184	76	137	184	84
5000 点	826	846	946	1056	648	286	634	451
10000 点	949	1187	1523	1872	914	1749	943	873

通过分析总结发现，网络节点度最大的节点并不是适应度最高的节点。例如本次实验中度最大的节点序号为 189 号，它的节点度为 1872，而该节点的适应度值为 9.76，且通过多次实验记录发现，适应度不高的节点要比适应度高的节点拥有更大的度的现象并不罕见，这可以说明适应度高的节点不一定就一定有高的节点度。

图 4.4 是在网络结束增长后，选取了网络中的前 300 个节点依据节点的度的大小由大到小排序并输出了这些节点所对应的的适应度的值，由图 4.4 中可以看出随着节点度的逐渐减少，节点的适应度是呈现出剧烈波动下降的，甚至在图 4.4 的最开始还呈现出了适应度上升的趋势，这说明新的传播网络有些是基于遗传驱动力而选择与度值较大的节点相连接，而有些节点基于变异驱动力与度值较大的旧节点相连接，这与真实网络是相符的。

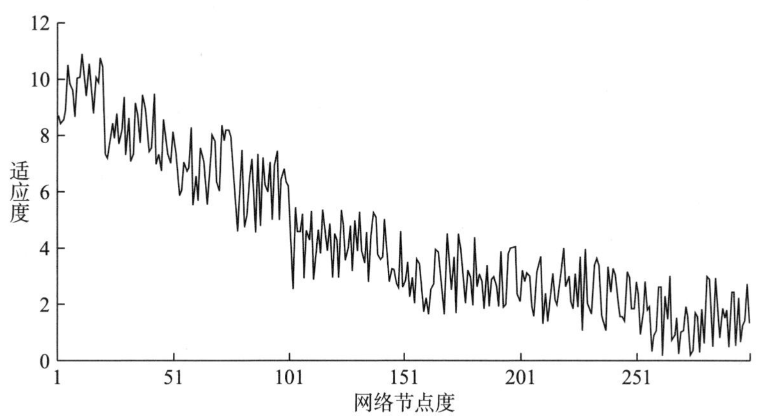

图 4.4　基于知识进化的科学文献传播网络演变模型的网络节点适应度分布图

同时，网络结束增长后，节点度较大的点都是在网络增长到个节点的时候度较大的节点。也就是说，当适应度高的节点有较高的度为依托的时候才会在网络成长中获得较多的节点。例如，在此网络中节点度最大的是 189 号节点，此节点在网络成长到 1000、5000 时的度为 184、1056，都是该行中度数最大的点，且经过数次实验，均有此现象，这与现实社会是相符合的。

四　科学文献传播网络模型仿真结果阐释

科学文献传播网络的演变过程是由于受到外部因素与内部因素的影响，

是网络节点之间的相互作用发生变化的时间表现形式。动态性、非线性增长是传播网络演变发展的重要特征，除此之外受到众多因素的影响，由此呈现出一定的波动性，有时甚至会出现暂时的衰退现象。科学文献传播网络这种结构上的变化，实际上就是各个网络节点之间的竞争过程。由此可见，科学文献传播网络的演变是节点之间竞争的结果，属于知识进化的一种现象，是“优胜劣汰”思想的一种真实体现。

由于科学文献传播网络的演变是一个动态的竞争过程，不断会有新的节点加入到传播网络中，旧的节点由于不能适应也会不断退出，整个传播网络维持一种动态的平衡，从网络结构角度反映的是节点增加和节点删除的演变机制。网络节点之间的连线在生成或删除时也不是随意产生的，而是遵循着节点适应性的连接机制，在网络结构上体现的是基于遗传作用的择优连接（重连）和基于变异驱动力的反择优连接机制（弱连接）。

第五节　科学文献传播要素与传播网络演变的实证分析

在前述的研究中，本书从理论层面上分析科学文献传播过程的特点、影响因素，研究了基于知识进化的科学文献传播网络演变动力、原理、方式与路径，根据网络动态特征指标分析了网络拓扑结构演变行为与进化趋势，并构建与仿真了科学文献传播网络演变模型。下文将从实证出发，研究科学文献传播要素是如何演化的，各个传播要素之间是如何相互作用与影响的，并基于知识进化原理实证构建与分析科学文献传播网络模型。

一　实证数据的采集与处理

本实证研究以“新能源”学科领域发表的文献为例，数据来源于中国学术期刊网络出版总库（CNKI）下的工程科技Ⅱ辑的新能源类目，按时间排序获取相关数据。统计新能源领域 1980－2017 年期间发表的所有期刊论文文献的题名、作者、机构、期刊、关键词、下载量、引用量 7 个特征项，统计时间截止到 2017 年 9 月底，作者、关键词、期刊、引用量分别对应学术传播要素中的传播者、传播内容、传播媒介和传播效果，用下载量表征读者接收信息的数量①。为了便于后续的研究与分析以及基于信息有效性的需要，在后面的数据处理过程中剔除题名、机构、期刊、年份 4 个特征项中任何一项为空的记录，剔除新闻稿、会议通知、消息等不属于学术论文类型的记录。

使用 bibexcel 软件统计文献中关键词、作者出现的频数，对关键词、作者按频次从大到小进行排序，并分别构建合作关系、共现关系矩阵，进而分析挖掘潜在的关系。用 Usenet 软件来对 bibexcel 中所处理得到的共现矩阵进行可视化分析，生成可视化的图例。

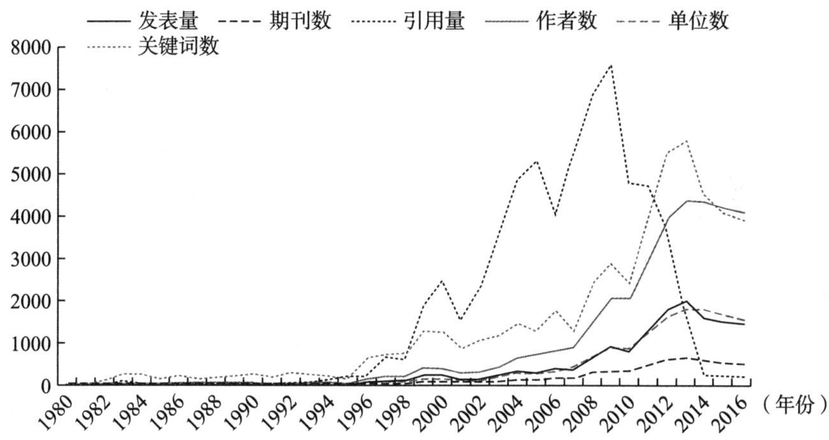

图 4.5　1980 –2017 年新能源文献传播要素特征值趋势变化图

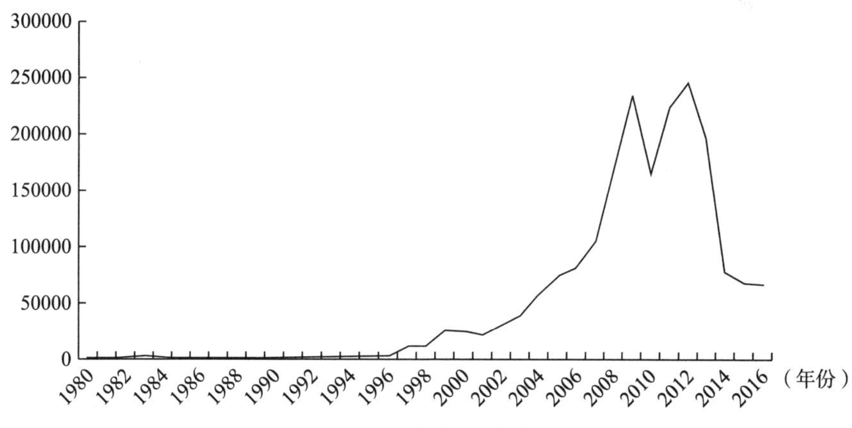

图 4.6　1980 –2017 年新能源文献下载量趋势图

① 李冬琼、王曰芬、宁静：《学术传播阶段中传播要素的演变规律及其相互作用研究——以中国新能源研究文献为例》，《情报理论与实践》2016 年第 1 期。

文献传播的各要素在1980—2017年变化趋势大致保持相对一致性，不难发现在1980—1993年，文献传播的各要素数量保持相对稳定状态，增长缓慢。1997年文献传播的各要素开始明显增长，呈直线增长状态。2009年至2013年，文献传播各要素继续保持增长趋势，增长速度加快。2014年下载量和引用量开始减少，其它各个特征量依然上升。2015年，除期刊数外，文献传播的各要素集体下降，文献传播可能在2014年开始进入衰退期。

二　科学文献传播生命周期划分与传播要素演变特征分析

（1）科学文献传播阶段判别与生命周期阶段划分

首先，根据纳里莫夫和弗莱杜茨的文献逻辑增长模型①，采用文献计量法，通过对新能源学科领域1980—2017年发表的文献进行逐年累加统计。然后，利用最小二乘法对实测数据进行曲线拟合，得到文献累计发表量随年代分布的曲线，如图4.7所示。

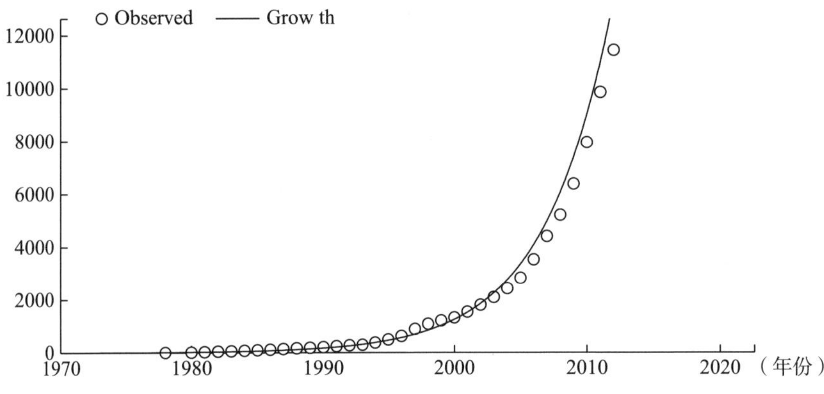

图4.7　文献累计发表数量随年代分布的拟合曲线

拟合曲线检验后得到增长曲线关系的表达式为：$y = e^{-388.343} + 0.198x$，其中$y$代表累积的文献发表量，$x$代表年份。而后，通过对上述的拟合函数进行求导，得到关于文献增长率的拟合函数，并将年份数据代入进文献增长率的函数中，从而求得每一年该学科领域文献发表数量的增长情况，最后，借用生命周期理论判别与区分科学文献传播的不同阶段。通过求导计算每一年的文献增长率，得到基于文献的新能源领域科学文献传播的生命周期划分，如

① 靖培栋、康仲远：《关于科技文献增长的数学模型》，《情报学报》2000年第1期。

图 4. 8 所示。

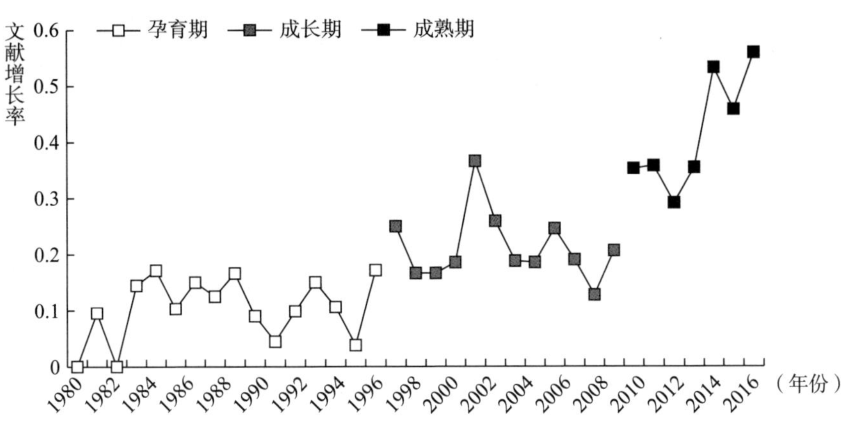

图 4. 8　基于文献的新能源领域科学文献传播的生命周期划分

根据图 4. 8 所示的研究结果，结合上文所述的生命周期理论和其阶段特征，本书将中国新能源领域科学文献传播的生命周期划分为三个阶段：

其一，孕育期：1980—1996 年。这一阶段该领域的年度发表文献数量在 0 – 20 篇之间，年度文献增长率在 0—0. 2 区间范围。符合生命周期理论中的孕育期特点，该阶段新能源领域刚刚起步，文献数量较少。

其二，发展期：1997—2008 年。该领域在这一阶段的年度文献发表数量在 37 – 350 篇区间范围，年度文献增长率在 0. 12—0. 4 区间范围。该阶段文献增长率震荡不稳定，有先递增后稍有减少再增长的趋势。

其三，成熟期：2009—2017 年。这一阶段的年度文献发表数量在 200—600 篇，年度文献增长率在 0. 3—0. 6 区间范围。文献增率呈较为陡峭的坡度增长式，无论是文献数量还是文献增长率都较之前的阶段有极大幅度的增长。但是，2015 年之后进入到文献数量与增长率都逐渐减少的状态。

（2）不同阶段中传播要素的演变及其特征研究

1）孕育阶段中传播要素的演变及其特征

根据上文测算出的新能源领域科学文献传播的孕育期，选择该时期每一年的文献量、作者数、期刊数、关键词数、引用量与下载量进行统计分析，以考察不同传播要素随着时间的演变及其呈现的规律。统计结果见图 4. 9 所示。

图 4. 9 显示的结果表明：作为该学科领域传播媒介的期刊数量在孕育期

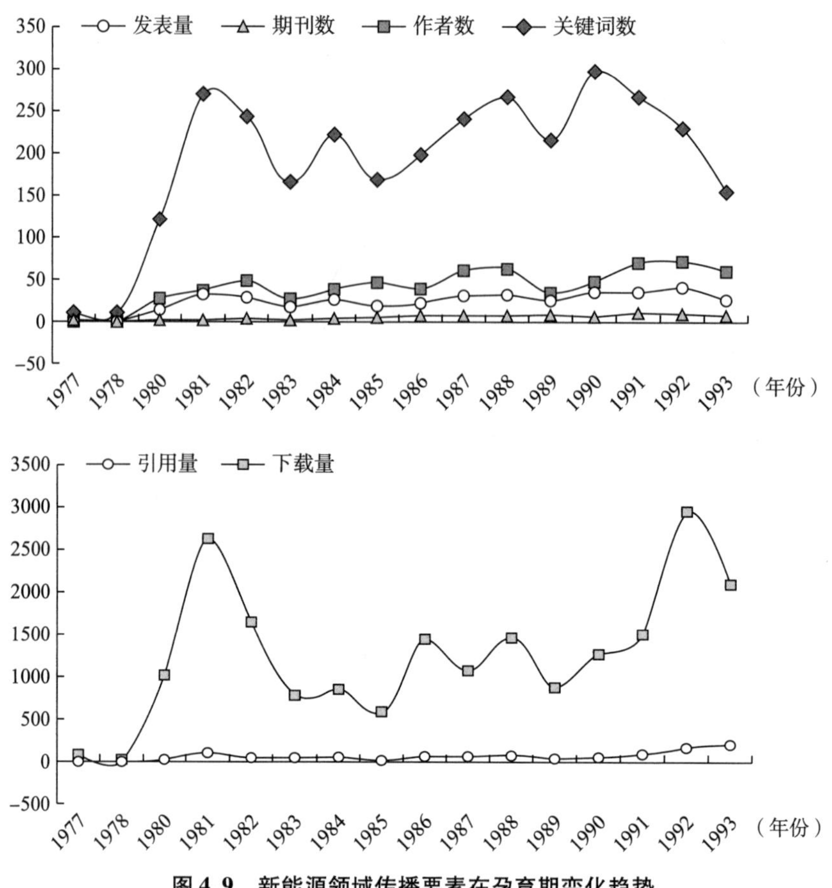

图 4.9　新能源领域传播要素在孕育期变化趋势

阶段增长趋势最为平缓，增长数量最少。在这一阶段变化最为震荡的是作为知识内容的关键词数和作为接受知识量多少的下载量。从孕育期的整个阶段来看，除期刊数量外，所有传播要素的表征均有不同程度的增长，其中下载量、关键词数量的增长幅度最大。而在 1983 年、1985 年和 1989 年，下载量、作者数、引用量和关键词数出现了不同程度的减少。通过曲线变化的状态可知，在新能源领域孕育期阶段，文献发表量与表征传播者的作者数量之间存在着较为一致的变化趋势，表征知识内容的关键词数量和表征信息接收多少的下载量之间可能存在着一定的关联性。孕育期传播要素的变化说明，在学科发展刚刚起步时，研究的学术内容变化较大，学术传播媒介是有限的，文献增长率与作者增长率也是比较小的，文献量的增长主要依靠文献作者的推动。这些充分体现在科学文献传播网络的孕育期，知识的进化以涌现、创新为主，尤其是当早期作者提出的观点与见解还没有被传播、分享与利用时，作者研究的自然选择推动着研究的进程。

2）发展阶段中传播要素的演变及其特征

同样，根据上文测算出的新能源领域科学文献传播的发展期，选择该时期每一年的文献量、作者数、期刊数、关键词数、引用量与下载量进行统计分析，以考察不同传播要素随着时间的演变及其呈现的规律。统计结果见图4.10所示。

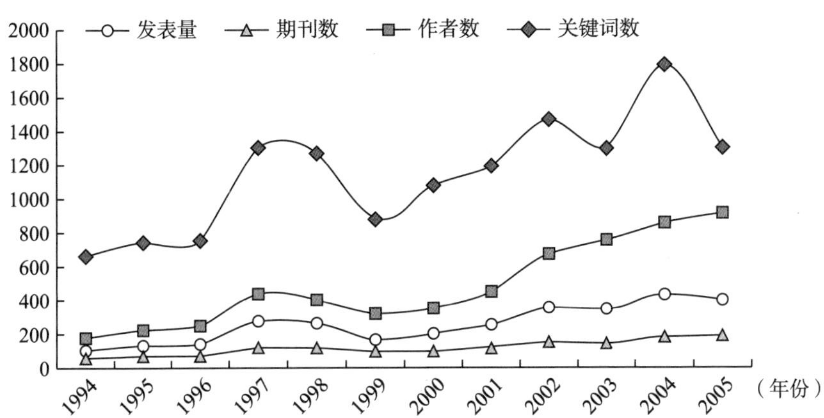

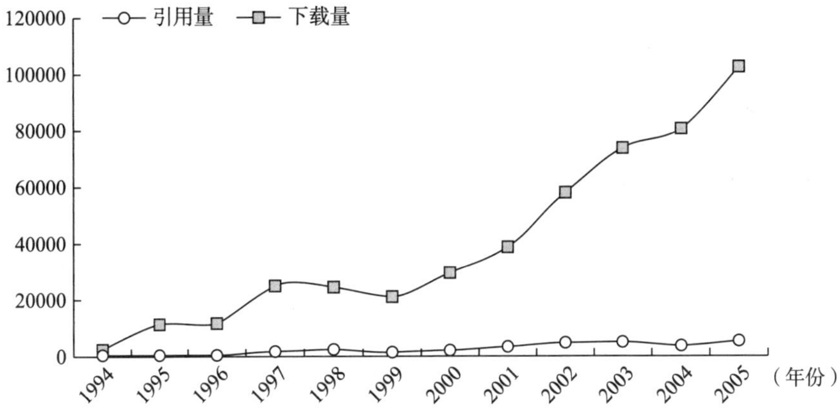

图4.10　新能源领域传播要素在发展期变化趋势

图4.10的结果显示：在新能源领域处于发展阶段时，数量增长最少的表征向量仍然是表征传播媒介的期刊数量，同时期刊数量也是该阶段表征量中变化趋势最为平稳的一个。表征传播者的作者数量、表征传播渠道的期刊数量、以及表征生产文献的发表数量，这三个项量的变化趋势大致相同。表征

知识内容的关键词虽有震荡，但是变化的趋势比孕育期要平缓的多。而表征文献传播效果的引用量和表征文献知识内容的关键词数量是变化波动较大的。发展期传播要素的变化说明，当学科进入到发展阶段时，研究的学术内容趋于集中并增量较大，同时，作者数、文献量、期刊数等都有较大增长，文献量的增长不仅有文献作者的推动，也有期刊数增加、研究内容增加的推动。此外，2002 年之前文献的引用量和关键词数量之间的变化趋势呈现出比较一致的状态。这些充分体现在科学文献传播网络的发展期，知识的进化以遗传、创新、突变为主，尤其是当早期作者提出的观点与见解被比较广泛地传播、分享与利用时，作者研究数的激增、内容研究的多样化、媒体的大量呈现推动着研究的进程。

3）成熟阶段中传播要素的演变及其特征

同样，根据上文测算出的新能源领域学术传播的成熟期，选择该时期每一年的文献量、作者数、期刊数、关键词数、引用量与下载量进行统计分析，以考察不同传播要素随着时间的演变及其呈现的规律。统计结果见图 4.11 所示。

新能源学科领域进入到成熟阶段后，最为明显的变化是衡量文献传播效果的引用量与其他表征项呈现相反的变化趋势。同时表征文献信息接收数量的下载量在成熟阶段后期也出现大幅度减少的变化态势。增长数量幅度最多的是表征文献知识内容的关键词数，从整体增长变化来看，关键词数量与文献发表数量的变化趋势大致相同，同时和作者数量变化情况也较为相似。成熟期传播要素的变化说明，研究的学术内容增加较快而且呈现出研究的多样性，参与研究的作者群体增加，两者相互作用对学术研究的产量产生着影响。而引文量与下载量随着年代产生下降的趋势，考虑到新发表文献的引用会受到时滞的影响，这样的下降是可以解释的。但是，在 2013 年后下载量呈现出下降态势，两者的共同作用可能预示着该领域将进入下一个研究态势。这样的趋势能否得到确认，还需要研究其它要素以及它们与学术背景的相互影响。这些充分体现在科学文献传播网络的成熟期，知识的进化以遗传、融合为主，尤其是当研究的概念与观点、原理与方法及应用不断在固化下来，虽然作者增加与研究主题内容增多，但是关注者量的减少使得研究进程变缓。

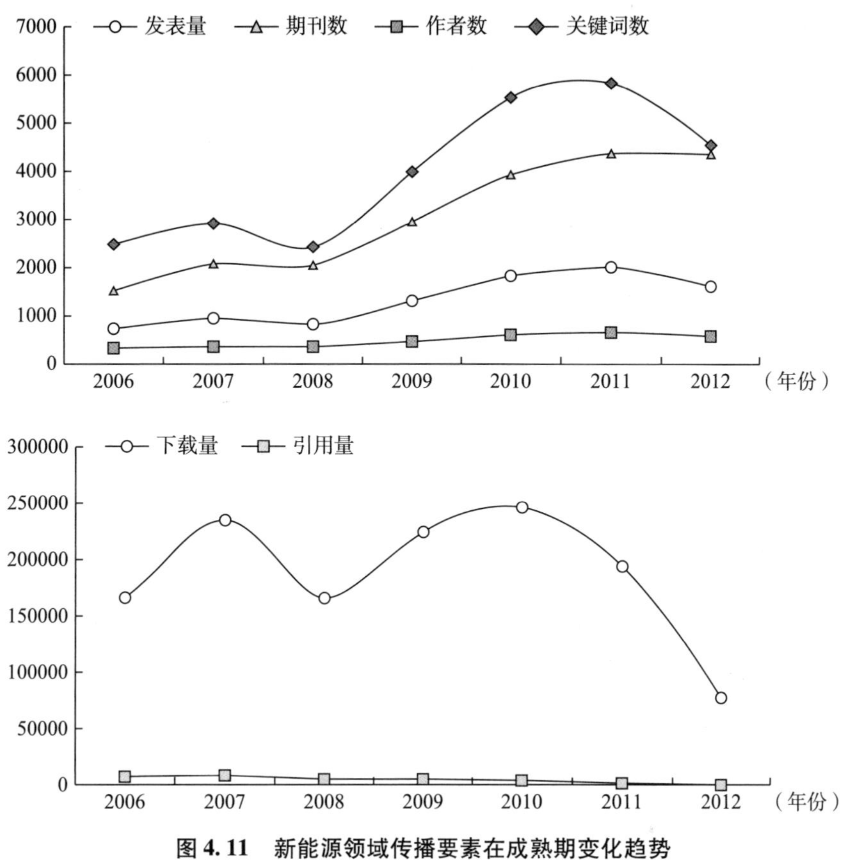

图 4.11　新能源领域传播要素在成熟期变化趋势

三　传播要素间的相互影响及其作用函数关系模型构建

为了研究科学文献传播生命周期阶段中各个传播要素之间的相互影响与作用，本书首先统计分析在整个传播阶段中，各个表征传播要素的特征项随着时间变化的数量，观察与统计其变化态势以及呈现出的相互影响。然后，计算各个特征项之间的 Pearson 相关性，根据所得结果来分析判断各个变量之间影响与相互作用的关系。最后，构建传播要素间相互作用的函数关系模型。

（1）传播要素的整体变化态势及所呈现的相互影响

采用文献计量方法，对论文发表量、作者数量、期刊数量、关键词数量、下载量与引用量进行逐年的统计，绘制这些统计量随时间变化的图形，见图 4. 12 所示。

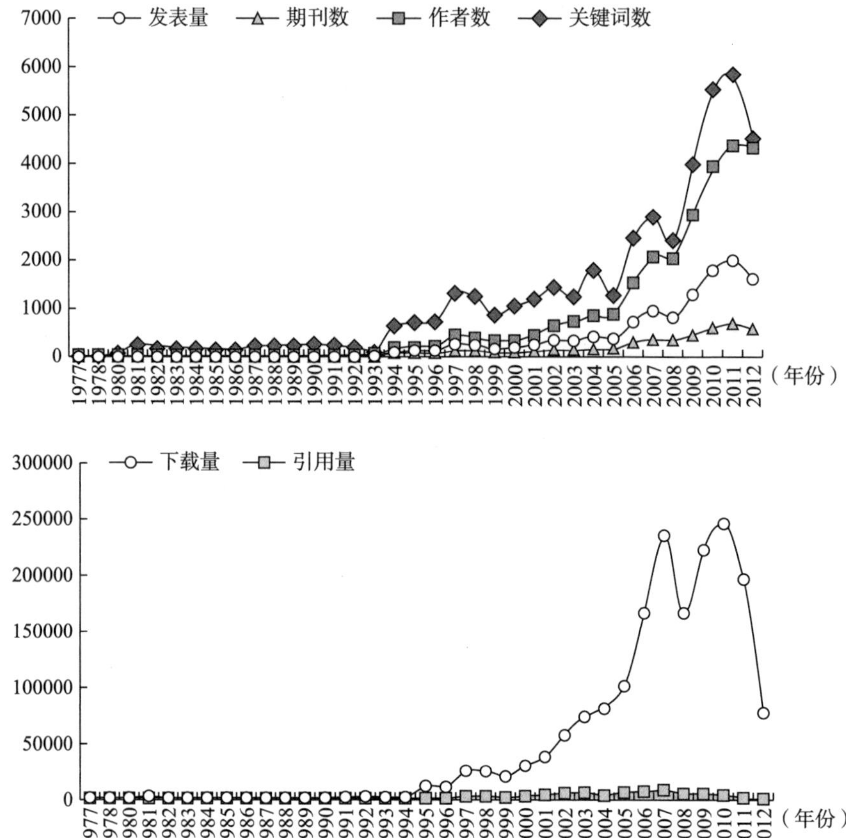

图 4.12　新能源领域科学文献传播生命周期阶段中传播要素的整体变化趋势

从图中呈现的结果可以看出：在 1980—2017 年期间的中国新能源研究领域，作者数、期刊数、关键词数这些表征科学文献传播的特征项，在总体上是保持相对一致性的并呈现出增长趋势，这与每一个阶段的变化也是基本一致的。其中关键词数量和作者数量在增长趋势和变化上始终保持一致，文献发表数量和期刊数量之间也呈现出整体变化趋势大致保持一致的状态。而下载量与引用量在整体上变化的随机性较大，没有呈现出一定的规律性。

由此得到的初步判断：纵观新能源学科领域整体发展阶段，文献知识内容数量与文献传播者之间有着比较密切的关联，文献的传播媒介对于该学科领域文献的发表起着比较重要的作用。

（2）整体传播阶段中各个传播要素的相关性分析

利用 Pearson 相关性分析法与 SPSS 分析工具，对上述 6 个特征量进行相关性统计与分析，表 4.5 是相关性分析得到的数据。根据相关性分析原理：当 r≤0.3 表明变量之间不存在相关关系；0.3≤r≤0.5 为正向弱相关关系；0.5≤r≤0.8 为显著正向相关关系；0.8≤r≤1 为极强正向相关系。由此可见，期刊数、作者数、关键词数与文献发表量之间存在极强正向相关关系。发表量与下载量之间存在显著正向相关关系，发表量与引文量之间存在正向弱相关关系。下载量与引用量之间不存在显著相关关系。同时，下载量与期刊数、作者数、关键词数之间存在显著正向相关关系。引用量与它们之间存在正向弱相关关系。

表 4.5　新能源领域整个传播阶段中各个传播要素的相关性统计

		发表量	下载量	引用量	期刊数	作者数	关键词数
发表量	Pearson 相关性	1	.682**	.393*	.994**	.986**	.949**
	显著性（双侧）		.000	.024	.000	.000	.000
	N	35	35	33	35	35	35
下载量	Pearson 相关性	.682**	1	-.148	.713**	.700**	.737**
	显著性（双侧）	.000		.412	.000	.000	.000
	N	35	35	33	35	35	35
引用量	Pearson 相关性	.393*	-.148	1	.397*	.317	.265
	显著性（双侧）	.024	.412		.022	.072	.135
	N	33	33	33	33	33	33
期刊数	Pearson 相关性	.994**	.713**	.397*	1	.975**	.944**
	显著性（双侧）	.000	.000	.022		.000	.000
	N	35	35	33	35	35	35
作者数	Pearson 相关性	.986**	.700**	.317	.975**	1	.979**
	显著性（双侧）	.000	.000	.072	.000		.000
	N	35	35	33	35	35	35
关键词数	Pearson 相关性	.949**	.737**	.265	.944**	.979**	1
	显著性（双侧）	.000	.000	.135	.000	.000	
	N	35	35	33	35	35	35

**. 在 .01 水平（双侧）上显著相关。*. 在 0.05 水平（双侧）上显著相关。

(3) 不同传播阶段中各个传播要素之间相互作用分析

通过上述统计与分析发现，在新能源领域科学文献传播生命周期阶段中，从文献发表量来看，文献传播者、文献传播的内容以及文献传播的媒介这三个传播要素，都会对最终文献产生的数量、文献内容被接受的数量以及文献的传播效果这三个代表传播结果的传播要素产生着不同程度的影响。结合不同传播阶段的统计分析结果，可以发现，在新能源学科领域处于孕育期时，文献传播者数量与产生的文献数量、文献传播内容（关键词）与内容接收数量（下载量）之间具有明显相互作用的特征；在新能源学科处于发展阶段时，文献传播者数量与产生的文献数量、文献传播媒介（期刊数量）与产生的文献数量、内容接收数量（下载量）与文献传播效果（引用量）之间具有明显相互作用的特征；当该领域处于成熟期时，文献传播者数量与产生的文献数量、文献传播内容（关键词）与产生的文献数量之间具有明显相互作用的特征。具体的关系见图 4. 13 所示。从图中还可以看出，表征文献生产者的作者数量在整个学科发展阶段都对文献数量的产生有着至关重要的影响；在后续的学科发展期和成熟期，文献产生的数量还分别依赖于作者和期刊以及作者和关键词。

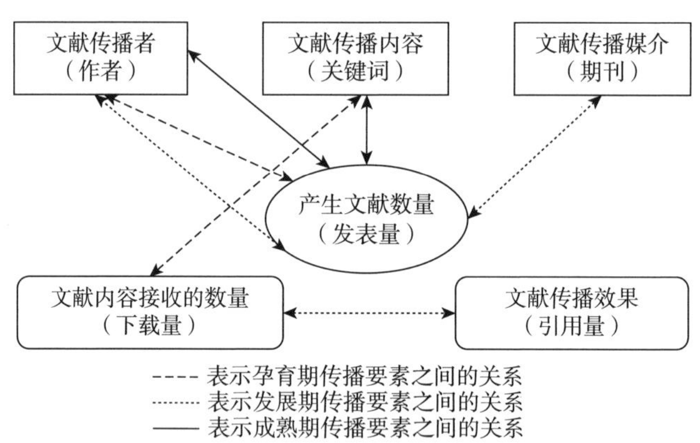

图 4. 13　不同传播阶段中各个传播要素之间的相互作用分析示意图

(4) 各个传播要素间相互作用函数关系模型构建

根据上述的研究，为进一步研究新能源领域未来的发展趋势，或者将研究结果应用到其他领域以判断学术传播所处的阶段，为制定相应的政策与促进学科发展提供服务，本书探索建立科学文献传播生命周期阶段中各个传播要素可能构成的函数关系。其中：表 4.6 中表示的是传播要素与发表量之间的关系函数，表 4.7 的两个表的数据表示的是作者数与关键词数、关键词数与期刊数之间关系的函数。

表 4.6　传播要素与发表量之间关系函数值表

自变量	方程	模型汇总					参数估计值			
		R 方	F	f1	f2	Sig.	常数	b1	b2	b3
期刊数	三次	.980	513.727	3	31	.000	24.812	1.191	.006	-4.984E-6
作者数	三次	.982	551.999	3	31	.000	21.961	.404	4.770E-5	-1.062E-8
关键词数	三次	.976	417.720	3	31	.000	13.730	.049	.000	-1.840E-8
下载量	幂	.938	497.442	1	33	.000	.129	.741		
引用量	幂	.737	87.974	1	31	.000	2.551	.644		

表 4.7　传播要素之间相互关系函数数值表（关键词 VS. 作者，期刊 VS. 关键词）

因变量：关键词数，自变量为作者数。

方程	模型汇总					参数估计值	
	R 方	F	df1	df2	Sig.	常数	b1
幂	.986	2297.808	1	33	.000	10.205	.770

因变量：期刊数，自变量为关键词数。

方程	模型汇总					参数估计值			
	R 方	F	df1	df2	Sig.	常数	b1	b2	b3
三次	.974	393.388	3	31	.000	-4.901	.079	1.195E-5	-1.256E-9

根据上述的表 4.6 得知，期刊数、作者数、关键词数与发表量之间均为三次函数关系，下载量、引用量与发表量之间均为幂函数关系。此外，从表 4.6 与表 4.7 得知，作者与关键词之间为幂函数关系；关键词与期刊数之间为三次函数关系。由此得到新能源领域科学文献传播生命周期阶段中各个传播要素之间的函数关系式，如图 4.14 所示。

上述得到的传播要素间相互作用的函数关系，可以应用到新兴学科领域中并对其处在的文献传播阶段进行预测。当得到某学科领域某一时间段的作者数，便可以根据表 4.6 中的参数预估值，对其发表量、关键词等进行预估，

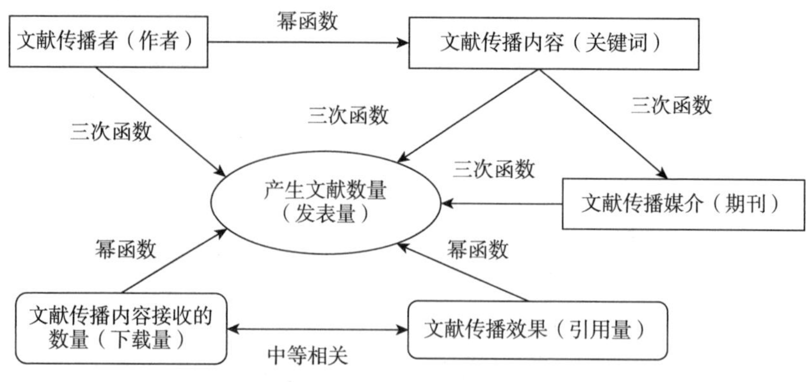

图 4.14　新能源领域科学文献传播生命周期阶段中传播要素间相互作用的函数关系

并从得到的文献发表数量、关键词数量对比上述各个传播阶段中的传播要素变化趋势和特点，对该学科领域正处于的阶段进行预测。同理，还可根据其他文献传播要素的数量进行预估。

四　基于作者合作关系的传播网络结构及演变特征的实证分析

作者是科学文献创造的知识主体，表征作者的传播要素是科学传播网络构成的主要节点。同时，作者的科学合作是推动科学技术发展的重要途径。由此，下面以基于作者合作关系构建的科学传播网络为例，进行结构及演变特征的实证分析。

（1）传播网络拓扑结构分析

基于作者合作的科学文献传播网络的孕育到成长、成熟的各个阶段，都影响着作者的参与变化。由于本节二中已对传播网络生命周期各个成长阶段进行了划分，出于对作者之间合作关系存续性考虑，本节将 1980—1984 作为起始时间窗口，之后按照 2 年为一时间窗口考察基于作者的科学文献传播网络结构及其在不同阶段内的演变状况，由此将传播网络划分为 18 期时间窗口。进而以传播网络中的作者作为网络节点，作者之间的合作关系作为网络间的联系，计算各个阶段的网络密度与平均路径长度，得到如表 4.8 所示的结果。

表 4.8　基于作者的科学文献传播网络各个阶段的网络结构属性

成长阶段	时间窗口	网络密度	平均路径长度
孕育期	1980 – 1984	0.0245	2.8423
	1985 – 1986	0.0184	2.5481
	1987 – 1988	0.0229	2.9642
	1989 – 1990	0.0385	2.8434
	1991 – 1992	0.0263	2.6383
	1993 – 1994	0.0387	2.5483
	1995 – 1996	0.0218	2.6793
成长期	1997 – 1998	0.0279	2.6316
	1999 – 2000	0.0359	2.5632
	2001 – 2002	0.0369	2.2531
	2003 – 2004	0.0457	2.4573
	2005 – 2006	0.0526	2.3832
	2007 – 2008	0.0398	2.4328
成熟期	2009 – 2010	0.0317	2.4273
	2011 – 2012	0.0316	2.2843
	2013 – 2014	0.0347	2.2484
	2015 – 2016	0.0259	2.3264
	2017	0.0229	2.1683

网络密度反映网络节点联系的紧密程度。通过对表 4.8 比较发现，传播网络的成长期内网络密度处于较高水平，表明网络节点之间的联系相对紧密，其中网络密度在 2005—2006 年达到最大值，之后进入到成熟期，网络密度逐渐呈现下降态势。孕育阶段的网络拓扑结构具有网络密度小和稳定性较差等特征。成长期的网络密度显示发现，传播网络是由基于小范围的、疏松的发展到大范围的、紧密的过程。成熟期的网络密度显示发现，传播网络由基于大范围的、紧密的发展到大范围、疏松变化的过程。上述不同阶段体现的特征与前述关于科学文献传播网络拓扑结构演变进化行为分析相吻合。

（2）传播网络的演变特征分析

利用 UCINET6 绘制传播网络的可视化图谱，得到如图 4.15 所示的各个阶段中基于作者合作关系的传播网络演变分布图。

进一步，通过基于作者合作的科学文献传播网络各个阶段分布图加以分析。

从图 4.15 孕育阶段中发现，此阶段是网络形成的初级阶段。图中显示学者李元哲、林文贤、吕恩荣、宋爱国、葛新石、殷志强、吴家庆、郑振宏、李申生、李明华、蒙沛南等发文率较高，且李元哲、林文贤、吕恩荣存在广泛合作关系。其中用于连接关系的直线的颜色深浅表示合作关系的紧密程度，作者与作者之间的连线表示合作关系，直接或间接连线代表直接或间接的合作。在所有作者中合作密切且发文较多的集团有 3 个：李元哲、林文贤和吕恩荣等学者形成的第一集团；葛新石、殷志强和吴家庆等学者形成的第二集团；以及李申生、李明华和蒙沛南形成的第三集团，其中以第一集团中的人员最为密集，所容纳的团队也最多，且彼此间存在广泛而密切合作。总体来讲，在孕育阶段，作者增加的数量不是很多，可能由于新能源的研究刚开始进行，许多技术不成熟还有赖更多的研究者参与其中。各个作者主要依赖于自身实力实现知识创新与知识发展，仅有少数作者之间出现合作关系，该阶段的特点是网络节点较少且节点之间的合作关系不明显，在传播网络的演变过程中主要以遗传驱动力为主，变异强度相对较小。

从图 4.15 成长阶段中发现，基于作者的科学文献传播网络图与孕育阶段相比，此阶段的作者数量有了大幅度提升，学者之间的合作有了较大改善，合作团队有所增加，呈现出显著的核心学者与核心团队分布。其中，吴创之、王梦如、朱家玲、李明、宋海斌、樊栓狮、葛新石、李业发、乔力、赵军、李新国、宋爱国、骆仲泱、岑可法、王树荣等发文率较高，大多数高发文量的学者与孕育阶段相比都有所不同，这可能是由于先前的一些学者在此阶段研究成果没有突破性的进展，但也有宋爱国和葛新石等学者一直有突破性的研究。在此阶段中，有众多专家学者涌现到新能源领域的研究与探索中，并取得了较大的成果，同时也产生了较多的研究团队。此时期的网络节点数与参与节点之间的关系等均有所增加，传播网络由基于小范围的、疏松的状态发展到大范围的、紧密的状态。该阶段表现出较大的变异强度，网络结构状态变化较大，具有较强的创新力。

从图 4.15 成熟阶段中发现，研究人员间的合作有着明显的增长，很多学者在这时期内存在连续而固定的合作，在改变合作人员后将合作关系及影响延续至另一个时期，核心作者与核心研究团队的作用彰显，如学者吴创之、岑可法和骆仲泱等人合作关系一直延续至高峰时期。在该阶段，显著的特点

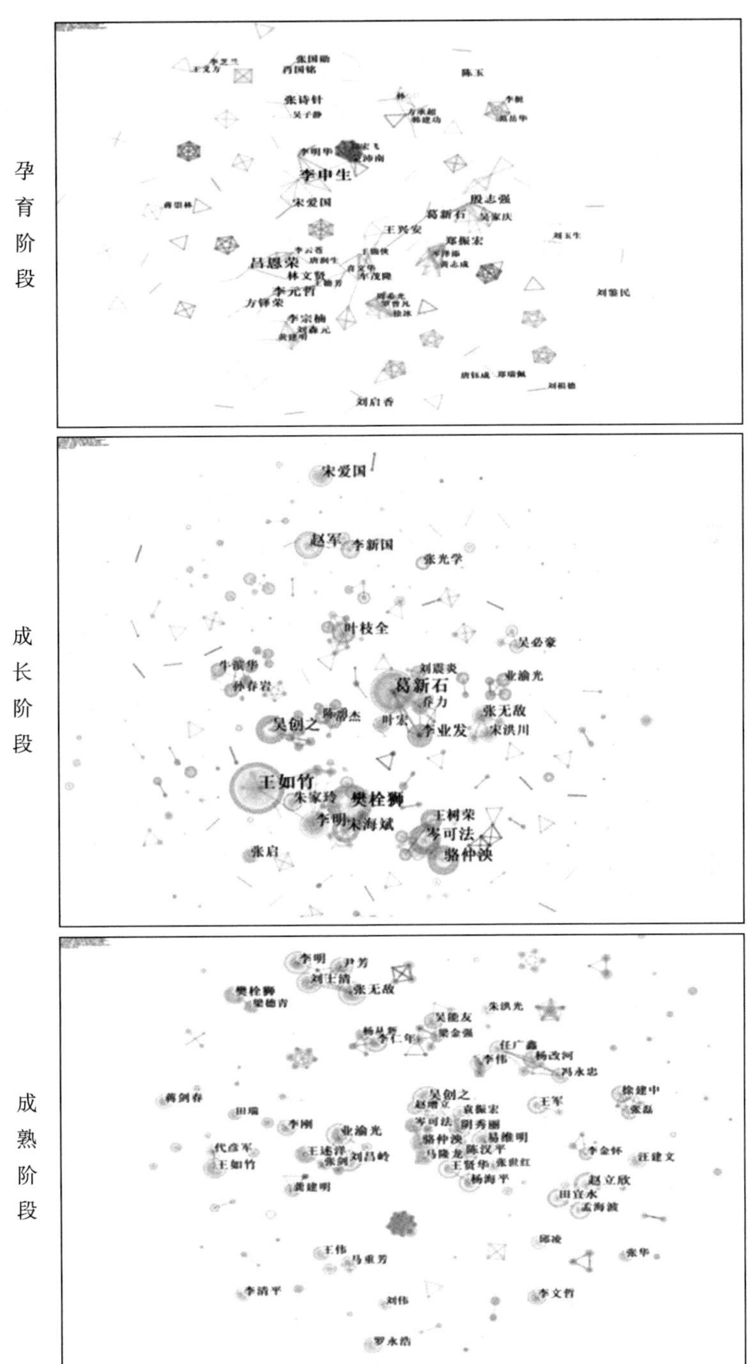

图 4.15　基于作者合作关系的科学文献传播网络各个阶段分布图

是单个学者的研究成果与扩散阶段相比有所减少，作者参与数趋于稳定，作者数目的变化表现为作者合作关系的重构，使得变异强度与成长期相比有所下降，网络结构状态趋于稳定。反映了此阶段知识的传承与拓展一直持续着，但是知识创新已经呈减退的趋势了。

五　基于作者—关键词共现的传播网络结构与演变特征的实证分析

关键词作为科学文献研究内容最直接的表达形式，具有对于知识高度概括的特点。将作者与关键词关联构建传播网络可以体现网络结构的复杂性，并发现传播网络演化的多样性特点，下面将以基于作者—关键词共现关系构建的科学传播网络为例，进行结构及演变特征的实证分析。

（1）传播网络拓扑结构分析

为了清楚地揭示作者—关键词共现的传播网络的深层次结构，有必要进行中心性分析，对作者或关键词在网络中的中心性位置进行测量，反映其在网络结构中位置及差异。由于2—模网络的中心性分析比较复杂，本书选取度数中心性、接近中心性、中间中心性进行统一分析。

在作者—关键词共现的传播网络中，作者的度数中心性是该点拥有关键词的数量，某作者拥有的关键词越多，说明其研究领域较广，学术兴趣多样化程度高。关键词的度数中心性是与该关键词相关联的作者的数量，与之关联的作者越多，说明和该关键词相关的研究领域受到的关注较多。作者的接近中心性测度该作者受其他作者和与之无直接关联的关键词的约束程度，衡量作者在领域内进行科研合作的便捷性。而中间中心性高的作者在科学交流、信息传播、科研合作中的桥梁作用显著，关键词的中间中心性高说明该关键词的媒介作用较强，是作者之间的合作纽带。利用二值矩阵计算的作者和关键词的中心性，计算结果如表4.9所示。

表4.9　基于作者－关键词的新能源领域中心性分析结果

阶段	作者	度数中心性	接近中心性	中间中心性	关键词	度数中心性	接近中心性	中间中心性
孕育期	李申生	0.436	0.629	0.152	太阳能热水器	0.548	0.584	0.157
	葛新石	0.421	0.631	0.163	集热器	0.527	0.718	0.159
	殷志强	0.397	0.569	0.063	太阳能集热器	0.492	0.753	0.143

续表

阶段	作者	度数中心性	接近中心性	中间中心性	关键词	度数中心性	接近中心性	中间中心性
孕育期	吕恩荣	0. 385	0. 735	0. 093	太阳能	0. 484	0. 695	0. 061
	李元哲	0. 369	0. 693	0. 072	太阳灶	0. 463	0. 539	0. 116
	郑振宏	0. 361	0. 547	0. 082	平板集热器	0. 431	0. 769	0. 081
	王兴安	0. 332	0. 681	0. 132	热性能	0. 395	0. 564	0. 094
	李宗楠	0. 294	0. 582	0. 095	太阳池	0. 361	0. 663	0. 102
成长期	葛新石	0. 484	0. 539	0. 083	太阳能	0. 584	0. 696	0. 113
	王如竹	0. 476	0. 663	0. 096	天然气水合物	0. 561	0. 752	0. 087
	樊栓狮	0. 432	0. 421	0. 118	生物质	0. 531	0. 591	0. 061
	宋海斌	0. 415	0. 632	0. 063	太阳能热水器	0. 517	0. 664	0. 136
	骆仲泱	0. 353	0. 476	0. 135	可再生资源	0. 482	0. 775	0. 154
	李明	0. 329	0. 685	0. 045	生物质能	0. 471	0. 632	0. 099
	李业发	0. 281	0. 458	0. 128	天然气	0. 465	0. 728	0. 079
	吴创之	0. 267	0. 568	0. 079	沼气池	0. 416	0. 563	0. 118
成熟期	王如竹	0. 432	0. 587	0. 139	生物质	0. 569	0. 758	0. 178
	樊栓狮	0. 406	0. 513	0. 126	太阳能	0. 541	0. 615	0. 146
	李仁年	0. 388	0. 492	0. 118	沼气池	0. 529	0. 528	0. 138
	吴创之	0. 374	0. 663	0. 105	天然气水合物	0. 496	0. 664	0. 115
	徐建中	0. 348	0. 569	0. 095	风力机	0. 491	0. 726	0. 097
	骆仲泱	0. 326	0. 642	0. 081	沼气工程	0. 478	0. 587	0. 089
	张无敌	0. 274	0. 471	0. 062	可再生资源	0. 463	0. 689	0. 074
	刘昌岭	0. 253	0. 619	0. 041	生物质能	0. 425	0. 543	0. 069

通过表4. 9发现，在传播网络的孕育期，李申生与葛新石的度数中心性排位前列，在新能源领域的合作网络中，处于核心地位。同时，他们具有的接近中心性与中间中心性也比较高，即与其他学者连通距离最近，并具有一定的控制影响能力，而吕恩荣与李元哲的接近中心性高，王兴安的接近中心性与中间中心性都比较高，表明他们在合作交流或者控制影响上拥有优势。对该阶段整个网络的中心势进行计算，得出网络点度中心势为5. 29%、中间中心势为0. 53%，这表明该阶段网络中存在大量作者无合作关系的现象，网络中节点之间的信息交流存在着很多障碍的影响。而该阶段的主要研究集中

在太阳能热水器、集热器、太阳能、太阳灶、平板集热器、热性能和太阳池等方面，这些研究的侧重各自呈现出不同网络结构特点。

在传播网络的成长期，通过中心性的测度，发现该网络中的核心人物相对孕育期已经发生了很大变化。葛新石、王如竹、樊栓狮、宋海斌和骆仲泱等取代了李申生、葛新石、殷志强和吕恩荣等人，占据了网络的核心位置。而骆仲泱、李业发、樊栓狮等人的中间中心性较高，表明他们更具有控制该领域合作交流的影响力。同时，李明、王如竹和宋海斌等学者在接近中心性上占有相对优势，说明他们能与更多学者产生更为快捷的合作沟通。对该阶段整个合作网络的中心势进行计算，可以得出网络点度中心势 8.28%、中间中心势指数为 3.15%，这表明该阶段网络的中心势指数相对较高，作者合作与潜在交流快速增加。而该阶段的主要研究集中在太阳能、天然气水合物、生物质、太阳能热水器、可再生资源、生物质能、天然气、沼气池等方面，相比孕育期，发现研究主题的侧重在继承中发生着变异。

在传播网络的成熟期，王如竹、樊栓狮、李仁年和吴创之的度数中心性与中间中心性都是排列在前位，说明他们即具有网络核心位置，又具有最强的合作网络控制力；在接近中心性上，吴创之、骆仲泱和刘昌岭等人处于优势地位。对该阶段整个网络的中心势进行计算，可以得出点度中心势 8.13%、中间中心势为 5.25%。这表明该阶段网络中作者间的合作保持在稳定的状态，与上一个阶段相比略有下降，而信息交流的连接状态更加通畅。而该阶段的主要研究集中在生物质、太阳能、沼气池、天然气水合物、风力机、沼气工程、可再生资源、生物质能，而成熟期的研究主题继承关系表现等比较明显，从这一方面也可以说明该阶段研究逐渐处于相对稳定状态。

（2）传播网络的演变特征分析

为了分析传播网络演变的特征，构建基于作者—关键词的不同时期的科学文献传播网络，如图 4.16 所示。图中作者和关键词均用节点表示，节点间的连线代表某作者对该关键词开展过研究工作，表明作者和关键词之间有着直接的连接关系。可视化图中的节点越大说明该节点在网络中出现的次数越多，连线越粗说明该作者对这一关键词研究的成果越多，即该关键词多次出现在作者的文献中，连线粗细取决于作者和关键词的连接强度。从作者 - 关键词的 2—模网络可视化图中可以发现新能源研究成果中的作者与研究内容之间的关系。图 4.16 中仅列出了出现频数不小于 4 的作者。同时为了测试数据的准确度，借助了中国知网和万方等网络数据库对表中作者的发文量及初次发文时间进行抽样核查，结果显示均无误。

从图 4. 16 发现，孕育期，网络节点逐步增加，在成长期，网络节点以一定的速度快速增加，到了成熟期，网络节点增加与减少的数量趋于平衡，整个科学文献传播网络中节点的数量以非线性方式增长的，网络结构演变特征逐步从小范围的、疏松的状态转变到大范围的、紧密的状态。具体地，从各个阶段所呈现的分布来看：

1）基于传播网络的遗传驱动力，新能源领域研究内容不断深入。新能源领域孕育期，新能源的相关文献主要以太阳能热水器、集热器、太阳灶等太阳能密切联系；成长期，研究内容逐步深入到生物质能、地热能、风能与天然气化合物等内容；成熟期，太阳能、风能、地热能、生物质能、海洋能、化学能和原子能各个子领域都得到了深入的研究，特别是太阳能和生物质能的研究已有众多研究者参与；

2）基于传播网络的变异驱动力，新能源领域相关新研究主题产生频繁。一方面，风电场、热裂解、可再生资源等技术随着时间的演进被引入到新能源研究领域当中，使得新能源领域研究内容不断丰富，研究范围更加广泛，方法更加多元化。另一方面，由于新能源领域应用环境和各个子领域的变化，更多的核心技术也出现在网络中。

3）基于传播网络的遗传驱动力和变异驱动力的相互影响，新能源核心主题融合和分裂现象突出。图 4. 16 中不同时期都出现了作者与关键词连接相对紧密的现象，例如孕育期的太阳能热水器、太阳能热水系统、葛新石、殷志强和吴家庆的连接，成长期的生物质能、沼气池、吴创之、骆仲泱和岑可法等的连接，成熟期的太阳能、生物质能、吴创之、易维明等的连接。这说明新能源领域的核心主题演变过程中，即呈现出主题之间的融合和变化的关系，又体现了核心作者之间的紧密合作关系。

4）网络中核心节点的形成及其演变是遵循着节点适应性的机制，在网络结构上体现的是择优连接（重连）和反择优连接（弱连接）的机制。由于新节点偏向于继承网络中的度值较大的核心节点，如图 4. 15 所示的新节点偏向于连接李元哲、林文贤、吕恩荣、宋爱国、葛新石等核心节点，图 4. 16 所示的新节点偏向于连接太阳能热水器、集热器、太阳能、热性能、太阳池等核心节点，这体现了度择优反映了科学文献传播网络的继承关系，其中度择优

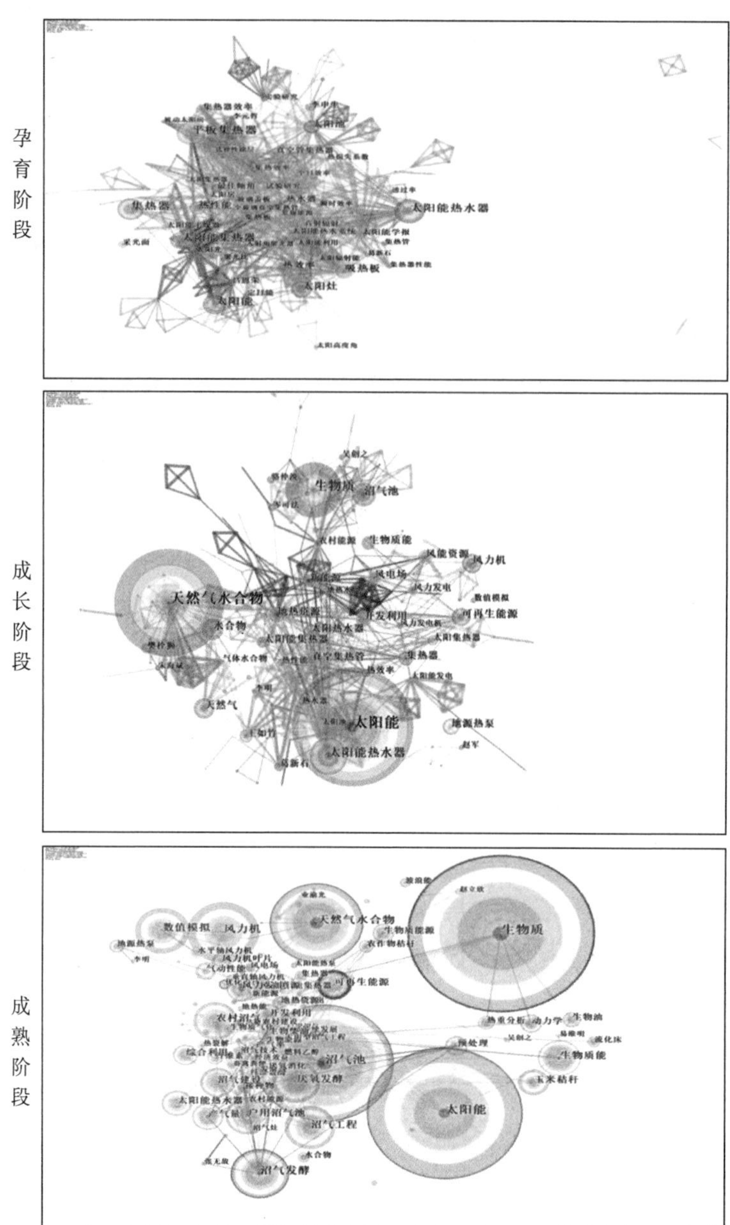

图 4.16　基于作者 – 关键词共现的科学文献传播网络各个阶段分布图

机制是对网络中重要节点的遗传与继承。而变异驱动力的存在，促使网络中度值较低的节点连接成为可能，即实现了传播网络的弱连接，这有助于传播网络吸收与传播新的知识节点，并由此生成很多新的网络节点。

第六节　本章小结

本章将科学生命周期理论与知识进化理论相结合，划分了科学文献传播演变的生命周期阶段，分析了影响科学文献传播过程的特点与影响因素，并运用社会网络分析与传播动力学理论，研究了基于知识进化的科学文献传播网络演变机制与拓扑结构演变进化行为及趋势，构建并仿真了知识进化的科学文献传播网络演变模型。同时，选择“新能源”领域为数据源，对科学文献传播要素间的相互作用和影响、传播网络拓扑结构及演变特征进行实证分析，并以知识进化理论为基础，阐释了科学文献传播网络演变的内在特点，从而为揭示学科领域科学文献传播演变规律提供参考与借鉴。

第五章　知识进化视角下科学文献传播网络预测建模与实证

本章基于知识进化的科学文献传播网络演变模型为基础，结合知识进化理论，分析基于传播网络演变的科学文献传播网络预测要素，探索构建科学文献传播网络预测模型，并详细阐述预测模型的主要变量和基本构造关系。进而结合社会网络分析和知识进化理论，以新能源为例做实证分析，以为科学技术发展趋向与技术竞争态势决策提供支撑。

第一节　知识进化视角下科学文献传播网络预测要素分析

由于科学文献传播网络的发展过程中体现出与生物体进化相似的特性，使得知识与信息的重新组合中知识的传承、衍生、交融等客观规律共同构筑了知识的进化特征。科学文献承载的知识不断进化也促使科学文献传播要素构成的传播网络处于不断进化之中，导致科学文献传播网络在进化动力机制的作用下随时间而发生一系列不可逆的过程。由此，基于网络环境下科学文献传播的复杂性，以传播网络的形成过程为依据，从知识进化理论中的遗传机制、变异机制以及自然选择等方面预测科学文献传播网络未来的发展趋势，探索科学文献传播网络的进化机制和成长规律。

基于科学文献传播网络未来的发展趋势预测研究首先在于确定预测的主体，探究哪些主体对象是动态变化的，以及在知识进化视角下这些动态变化的主体对象是如何逐渐演变发展的。针对这些问题，下面做详细的分析。

（1）科学文献传播网络预测的主体

基于科学文献传播网络的预测首先对相关领域内构成的传播网络进行划

分，得出网络节点数不同的子领域，而这些不同网络节点数密集的子领域整体发展趋势也代表着科学文献传播网络未来的发展趋势。由相关领域内构成的传播网络领域可以划分出不同的子领域网络，本书称之为不同的科学文献传播网络类群，这里传播网络类群指的是相比于网络类群之外的节点而言，关系更加密切的节点的集合。单个密集的网络类群即视为一个领域，更大的可作为一个学科，具体如何以传播网络类群的粒度大小而定。单个网络节点（例如一篇文献）是静态的，而由节点所构成的网络类群却是随时间发生动态变化、增长的①。因此，本节针对科学文献传播网络未来发展趋势的判定，主要是对节点数密集的科学文献传播网络类群的未来发展趋势的预测。

（2）科学文献传播网络类群（子领域）之间的关系

由于相同属性的节点聚合到一起，组成了一个新的网络（这些节点称为网络类群节点，两个不同节点之间的连接数即为这两个节点所包含的内部节点之间的连接边的数量）。如图 5.1 所示，不同的网络结构属性形成 3 个网络类群（左图），即 3 个网络类群节点（中图），右图类群节点上的小箭头表示每个类群节点都是有方向的，方向取决于各自的状态属性，这些属性由这一时刻类群所包含的内部节点来定义。

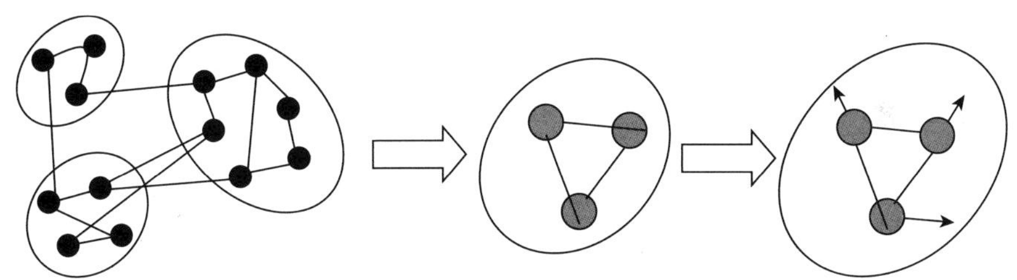

图 5.1　科学文献传播网络类群的关系图

（3）科学文献传播网络类群（子领域）的发展趋势

科学文献传播网络类群在未来的发展趋势，可以采用网络类群节点的网络节点向量来表示。例如在利用第四章中的实例新能源领域 2017 年的关键词发展趋势进行预测，可以采用该领域所包含的文献的所有关键词节点向量之和来表示。这样的处理方式既具有能够清晰地演示传播网络发展脉络的结构，

① 马费成、刘向：《知识网络的演化（II）：增长老化与产生时点的关系》，《情报学报》2011 年第 9 期。

克服了网络时间上的滞后性，又能监测传播网络类群的节点向量的历时变化，从而更好的预测科学文献传播网络类群未来的发展趋势。

（4）科学文献传播网络类群（子领域）的预测

科学文献传播网络类群未来的发展趋势不仅与自身结构有关，也受其相关联网络类群结构的影响。知识的进化是基于先前知识的继承、创新的过程，科学文献传播网络类群也是由前一阶段的网络结构状态演变而来的。网络之间的相互交叉引用，充分体现了它们之间的互相影响关系，同时关联性的强弱又决定了科学文献传播网络类群之间的相互影响程度。

针对上述思路，首先构建基于知识进化的科学文献传播网络预测模型，对模型进行量化分析，其次以构建的科学文献传播网络类群的关键词词向量变化作为结构状态，探讨传播网络趋势的形成过程与成长规律，预测传播网络未来的发展趋势。

第二节　知识进化视角下科学文献传播网络预测模型构建

从基于知识进化的科学文献传播网络演变模型得知，传播网络的演变发展是由促进传播网络继承、衍生的遗传动力机制和拓展、创新的变异动力机制相互作用，并在自然选择的机制推动下形成的。由此，在演变模型的基础上，本节构建基于知识进化的科学文献传播网络预测模型。

一　传播网络预测模型构建的假设条件

科学文献传播网络的发展趋势变化主要是由多个节点密集的网络类群结构状态影响的，而科学文献传播网络类群未来的发展变化是由其当前的结构状态和与之紧密关联网络类群的发展状态共同决定的。基于此，本书以知识进化理论为视角，构建科学文献传播网络预测模型，首先做出以下两点假设：

（1）基于知识进化理论中的遗传机制，在没有外部影响的作用下，单个构建的网络类群下一阶段时间窗口 $t+1$ 的结构状态主要来自于当前时间窗口 t 的结构状态，s_i（$t+1$）保持当前时间窗口 t 的结构状态不变；

（2）科学文献传播网络类群下一阶段时间窗口的结构状态是受当前阶段

结构状态的影响，并立足于当前时间窗口的结构状态的，在没有外部作用影响的条件下，该网络结构状态与上一时间窗口保持一致。如果当前科学文献传播网络类群的结构状态还受到外部相关联网络类群的影响，那么受此影响的网络结构发展态势还与相关联网络类群的结构状态有关，且与其发展趋势及类群之间的差异度的乘积成正比。

二　传播网络预测模型的表达公式

科学文献传播网络发展趋势的判定基本思想是：传播网络未来的变化值，一方面遗传于传播网络自身的值的大小，另一方面由于变异而产生的新的值，共同组合而产生的。通过传播网络不同时期变异强度的大小可以判断，传播网络遗传的值和变异的值之间的比例关系，从而预测科学文献传播网络未来的趋势。根据张华夏总结的波普尔证伪主义和进化认识论的思想①，本书以遗传驱动力和变异驱动力为动力机制，构建科学文献传播网络预测值的计算公式，如式 5.1 所示：

$$K_{t+1} = \{(K_t, P_t), (W_t, Q_t), (N_{t+1})\} \tag{5.1}$$

式 5.1 中，K_{t+1}是在 $t+1$ 时间阶段传播网络的预测值，K_t 是传播网络在 t 时间段的值，W_t 是传播网络在 t 时间段由变异产生的值；P_t、Q_t 分别是传播网络在 t 时间段继承关系与新生关系的权重系数，N_{t+1}表示传播网络在 $t+1$ 时间段 K_{t+1}所取预测值的个数。同时，由于科学文献传播网络从初始形成到演变发展的各个阶段，表现出的阶段特征是有差异的，促使传播网络的变异强度有所不同，导致因传播要素相互作用促使的知识群体的选择结果也是不一致的。针对 P_t、Q_t 值的大小，通过科学文献传播网络演变的分析，得出传播网络是以遗传为主，或是以变异为主，从而判定传播网络的演变过程中遗传权重系数 P_t 和变异权重系数 Q_t 的值的大小。

其中，P_t、Q_t 分别是传播网络在 t 时间段继承关系与新生关系的权重系数，两者的取值变化在 0 到 1 之间。针对 P_t、Q_t 值的大小，借鉴张建华提出的知识进化绩效测度指标评分策略和权重配置方案②，结合科学文献传播网络

① 张华夏：《波普尔的证伪主义和进化认识论》，《自然辩证法研究》2003 年第 3 期。

② 张建华：《知识管理中的知识进化绩效评价机制研究》，《科学学与科学技术管理》2013 年第 7 期。

的生命周期特征，判断引起传播网络演变与发展的遗传驱动力和变异驱动力的强度差异，进而确定权重系数 P_t、Q_t 的具体值，具体如下：

（1）如果传播网络的驱动力主要以遗传、衍生为主。此时，网络结构形态得以延续，科学文献传播网络更多体现的是继承关系，整个学科领域也不会有较大的改变。考虑此阶段变异强度较小，表现出的变异驱动力较弱，由此传播网络的继承关系占主导地位，遗传权重系数较大，P_t、Q_t 可以分别取值为 0.7、0.3；

（2）如果传播网络的驱动力主要来自拓展、变异与创新方面的。此时，由于外界环境因素的影响，导致整个网络结构受到较大的影响，从而促使科学文献传播网络形态发生改变，呈现进化的发展态势。考虑此阶段变异强度较大，表现出的变异驱动力较强，由此传播网络的新生关系占主导地位，变异权重系数较大，P_t、Q_t 可以分别取值为 0.3、0.7；

（3）如果传播网络的驱动力来自遗传、衍生和拓展、变异两个方面。该阶段是科学文献传播过程的关键时期，既有承载知识的关键词、作者、机构、引文等传播要素的传承，也有它们的拓展，最终为传播网络的进化发展奠定了基础。考虑此阶段变异强度一般，表现出的变异驱动力也一般，由此传播网络的继承关系与新生关系同等重要，遗传和变异权重系数比较平衡，P_t、Q_t 可以分别取值为 0.5、0.5；

（4）如果传播网络的两种遗传驱动力和变异驱动力都趋向于零，说明网络没有了动力来源，结构会逐渐解体，这可能出现在进化的衰退期。由于此阶段遗传驱动力与变异驱动力趋于零，P_t、Q_t 近似取值为 0。

依据知识进化理论，科学文献传播网络结构状态未来的趋势来自于外界因素的影响，主要体现在与其相关联传播网络结构的影响程度。本书假设学科领域内构建了科学文献传播网络 m，在时间阶段 t 的结构状态标记为 s_m，当忽略外界因素的影响时，进化过程中 s_m 的结构状态将以遗传的方式传递，科学文献传播网络的状态不会发生改变，则 P_t 为 1，Q_t 为 0，所以 s_m 在时间阶段 $t+1$ 的发展趋势为：

$$s_m(t+1) = f[s_m(t)] \tag{5.2}$$

式 5.2 是在没有外界因素的影响下科学文献传播网络未来的趋势发展是由当前传播网络的状态所决定的，式中 s_m（$t+1$）表示传播网络在 $t+1$ 时刻的网络结构状态。

然而，现实中的科学文献传播网络并非是一个完全封闭的网络，通常是处在一种开放的环境下，它的构建随时随地都受到外界因素的影响。由于外界因素的影响导致知识主体对知识的客观认知得到提高，从而使承载知识的关键词、作者、机构、引文等传播要素构建的网络节点发生变化，进一步引起整个传播网络发生进化的过程。正是由于这种外界因素的影响和知识主体认知的变化，才最终导致科学文献传播网络发生进化，这也是科学文献传播网络发生变异、创新和衍生的过程。因此，为完善科学文献传播网络的演变机制，对式 5. 2 做了必要的修改，使之符合开放环境下网络的演变情况，具体如式 5. 3 所示：

$$s_m(t+1) = f[s_m(t)] + \theta(t) \tag{5.3}$$

其中，θ（t）表示来自外界因素影响产生的刺激。如果科学文献传播网络 s_m 在当前阶段受到传播网络 s_n 上一阶段 $t-1$ 时刻的影响，即它们之间的相互作用强度可表示成 $l_{m(t)n(t-1)}$。本节以 x_1，x_2，x_3，…，x_n 表示科学文献传播网络节点，x_n（t）表示传播网络节点在 t 时刻的特征属性。由于外界因素的影响，知识主体对客观规律的认知也发生改变，进一步促进了引起科学文献传播网络的变异与创新。因此，为完善科学文献传播网络的趋势变化情况，对式 5. 3 做了必要的修改，具体如式 5. 4 所示：

$$s_m(t+1) = P_t * f[s_m(t)] + Q_t * \sum_{m=1,n=1}^{i} l_{m(t)n(t-1)} x_n(t) \quad m,n \in [1,2,\cdots,i] \tag{5.4}$$

式 5. 4 右边的第一部分 f［s_m（t）］表示 s_m 在时间阶段 $t+1$ 时的发展趋势对自身阶段 t 的状态继承关系，这主要是来源于人们常常使用节点的当前状态表示未来发展的趋势，因此这里直接取线性函数 f［s_m（t）］$=s_m$（t）。等式右边的第二部分则表示 s_m 在时间阶段 $t+1$ 时的发展趋势对相关联传播网络在时间阶段 t 时的依赖关系。P_t、Q_t 值的大小依据传播网络所处的时期而确定，$l_{m(t)n(t-1)}$ 表示传播网络 $s_{m(t)}$ 与 $s_{n(t-1)}$ 之间的连接强度①，这里取：

① 刘向：《知识网络的形成与演化》，武汉大学出版社 2014 年版，第 155—156 页。

$$l_{m(t)n(t-1)} = h_{m(t)n(t-1)} / \sum_{n} h_{m(t)n(t-1)} \tag{5.5}$$

$h_{m(t)n(t-1)}$ 为 $s_{m(t)}$ 的节点数与 $s_{n(t-1)}$ 的节点数两者连接数之和①。由于科学文献传播网络之间的关联对整个科学文献传播网络的趋势发展具有重要影响，而关联系数采用的是网络节点之间的连接强度，连接强度在每一时间阶段都不一定完全相同，由此形成的一种非线性关系的时变网络也是随时间发生动态变化的。

综上所述，科学文献传播网络的发展趋势受到自身及与其相关联传播网络的影响，影响程度与传播网络之间的连接强度成正比。依据知识进化理论，当忽略外界的影响因素时，传播网络在进化过程中网络结构状态不会发生改变，将保持原有的状态。但是在外在因素的影响下，传播网络之间的相互影响，促使网络结构状态也随之发生动态变化。

三　传播网络预测模型的定性解释

图 5.2 是科学文献传播网络的时间段划分图，主要分为 $t-1$、t、$t+1$ 三个时间段，网络类群 A 在不同的时间段分别记为 A_{t-1}、A_t、A_{t+1}，网络类群 B、C 采用相同的表示方法。

如图 5.2 所示，$t-1$ 为科学文献传播网络前一阶段结构状态，t 处于当前阶段状态，而 $t+1$ 为后一阶段状态。$t-1$、t 时间段的网络结构由网络节点和连接关系构成，且网络结构状态是可知的，而 $t+1$ 时间段的网络结构状态是未知的。通常情况下，如果时间段划分的周期较短，处于同一时间段的节点之间的连接比较少，而如果时间段划分较长，则同一时段内它们之间的连接数也可能很多，但相邻两个时间段之间的连接数还是较多的。这个从图 5.2 中可看出网络类群在 t 时间段与 $t-1$ 时间段之间的连接线有较多连接。

根据知识进化理论中的遗传机制，在没有外界影响的条件下，网络类群的结构状态不会发生改变，当前的状态只需要复制前一阶段的节点向量即可。同时由于知识进化理论中的变异机制，如网络类群的结构状态 C_t 受到自身结构的影响，且受到 C_t 关联网络类群 A_t、B_t 的影响，这里取 C_tA_{t-1}、C_tB_{t-1}、

① Darui Zhu, Rui Wang and Chongxin Liu, et al., "Projective Synchronization via Adaptive Pinning Control for Fractional-Order Complex Network with Time-Varying Coupling Strength", *International Journal of Modern Physics C*, Vol. 30, No. 7, July 2019, pp. 1—12.

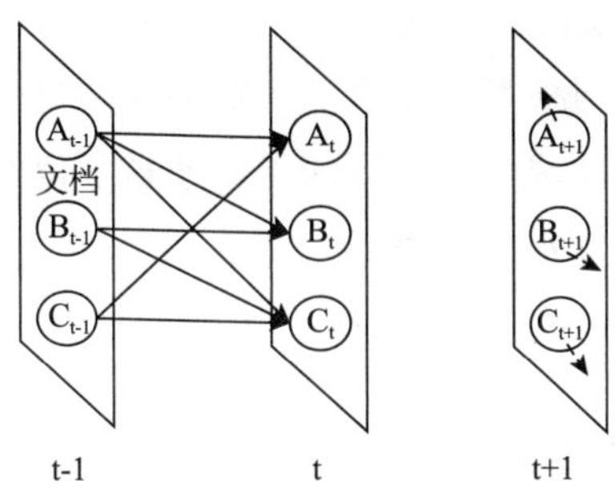

图 5.2　科学文献传播网络时间段划分

$C_t C_{t-1}$三条连线的连接强度来分别表示 A_t、B_t、C_t 对 C_{t+1}网络状态的影响程度。网络类群下一阶段的发展趋势只需要复制当前阶段的节点向量，以及通过相关联网络类群与其发展趋势的差异性修正本网络类群的节点向量即可。

第三节　知识进化视角下科学文献关键词网络趋势预测

由于不同学科的各自特性存在差异，由此呈现的演化规律也有所差别，本节仅以传播网络节点之间的关系与形成的不同结构为研究对象，分析知识信息的外部单元与知识信息的内容单元的相互作用及其形成的不同关联，探究科学文献传播要素之间复杂演化的特点和规律。考虑到关键词是描述一篇文献的主要特征，具有对于知识高度概括的特点，代表着文献所反映的研究内容动态和研究主题的分布领域，且形成的关键词网络之间的共现关系体现了文献传播网络核心节点间的亲疏关系和紧密关系。因此，本节以关键词网络节点之间的关系与形成的结构为研究对象，基于知识进化的科学文献传播网络预测方法，运用构建的科学文献传播网络预测模型，判断科学文献关键词网络趋势的变化。

一　科学文献传播网络预测步骤设计

本节利用基于知识进化的科学文献传播网络预测方法，运用构建的科学文献传播网络预测模型，结合社会网络分析方法，预测科学文献传播网络关键词趋势的变化，主要包含六个步骤，如下：

步骤一：构建科学文献关键词网络；

步骤二：科学文献网络类群确定。针对构建的科学文献关键词网络进行领域内划分，由多个子领域构成不同的网络类群。以网络类群包含的节点数量从多到少依次对网络类群进行排序，取前 n 个类群进行考察，记为：P_0，P_1，P_2，…，P_n，并对形成的网络类群按时间段划分为 m 时间段，则有；$P_i = \{P_{i(0)}, P_{i(1)}, P_{i(2)}, \cdots, P_{i(m)}\}$，$(i=0, 1, 2, \cdots, m)$，$P_{i(t)}$ 表示类群 P_i 在 t 时刻的状态；

步骤三：科学文献传播网络类群遗传与变异的选择。通过对不同传播网络类群演变分析，得出传播网络类群是以遗传为主，还是以变异为主，从而选择传播网络类群遗传与变异的区间大小值。经过一系列分析，确定 P_t、Q_t 值的大小；

步骤四：科学文献传播网络类群遗传值的确定。$s_m(t+1)$ 表示传播网络在 $t+1$ 时刻的网络结构状态在没有外界因素的影响下由当前传播网络的状态所决定的。所以遗传值的大小为 $f[s_m(t)]$；

步骤五：科学文献传播网络类群变异值的确定。以 $x_n(t)$ 表示传播网络节点在 t 时刻的特征属性，$h_{m(t)n(t-1)}$ 为 $s_{m(t)}$ 的节点数与 $s_{n(t-1)}$ 的节点数两者连接数之和，$l_{m(t)n(t-1)}$ 表示传播网络 $s_{m(t)}$ 与 $s_{n(t-1)}$ 之间的连接强度。则变异值 $\theta(t)$ 的大小表示为

$$\theta(t) = \sum_{m=1,n=1}^{i} l_{m(t)n(t-1)} x_n(t) \quad m,n \in [1,2,\cdots,i] \tag{5.6}$$

步骤六：科学文献传播网络类群预测值的确定。依据上述求得的传播网络类群的遗传值、变异值以及两者之间的区间大小，带入到预测模型式 5.4 中，最终预测值的大小表示为 $s_m(t+1) = P_t * \beta(t) + Q_t * \theta(t)$。

其中，本节对科学文献传播网络类群按照子领域所包含节点数从高到低进行逆序排序，并取前 n 个关键词网络类群，保证所取类群的节点数较多，在每一时刻段落皆有节点。

二　科学文献关键词网络演变度量与进化分析

科学文献关键词网络的演变分析主要是针对在各个时间窗口内分布的关键词强度的量化与相似度的计算，从而判断关键词网络的演变方式，判断传

播网络演变与发展的遗传驱动力和变异驱动力的强度差异，进而确定遗传权重系数和变异权重系数的大小。

（1）关键词强度度量

关键词强度度量主要是挖掘关键词的强度及变化，即对关键词强度进行量化。依据关键词概率分布处理，关键词强度可以利用与关键词相关的关键词向量空间在各个时间窗口内散布状态的计算来实现。通常情况下一个关键词向量空间含多个关键词，且单个关键词的强度也都有不同。假如采用关键词向量空间 d 中关键词 k 所占的比例来代表关键词强度，该比例由关键词抽取后得到的概率分布计算得到。

根据对关键词的度量范围与时间长短，将关键词强度度量模式划分为全局关键词强度度量和局部关键词强度度量。

1）全局关键词强度度量

全局关键词强度度量是在全部年份时间段下所含关键词的概率强度，在所有时间段内根据关键词出现的频率来度量，即计算其所含全部关键词的概率的平均值。则全局关键词 k 的强度 φ_k 表示为：

$$\varphi_k = \frac{k * \beta_M^k}{\sum_{d=1}^{M} d * \beta_M^k} \tag{5.7}$$

其中，M 为与关键词 k 概率分布相关的关键词向量空间，β_M^k 为关键词空间 M 中关键词 k 所出现的次数。

2）局部关键词强度度量

局部关键词强度度量是在相关的时间段下所含关键词的概率强度，在每个时间窗口内根据关键词出现的频率来度量，即在每个时间窗口计算其所含全部关键词的概率的平均值，这样得到的每个关键词在不同时间窗口内的活跃程度就是局部关键词强度。则 t 时间窗口内，关键词 k 的强度 φ_k^t 表示为：

$$\varphi_k^t = \frac{k * \beta_N^k}{\sum_{d=1}^{N} d * \beta_N^k} \tag{5.8}$$

其中，N 为 t 时间窗口内与关键词 k 概率分布相关的网络中关键词向量空间，β_N^k 为网络中关键词空间 N 中关键词 k 所出现的次数。

关键词强度度量的分析是建立在关键词在各个时间段内具有内容一致性

的假设条件下的。也就是说，为了保证某个关键词在不同时间段的散布具有相同的同质性，一般要对全部年份的文献集合进行关键词度量得出全局的关键词也就是网络类群中的核心关键词，然后将这个核心关键词再分散到各个时间段内，进而进行局部时间段关键词强度的度量，从而挖掘关键词强度随时间变化的演变模式。

（2）关键词相似度的判定

关键词相似度是表示两个或多个关键词之间的匹配程度的一个度量参数。相似度越大，说明关键词相似度程度越高，反之越低。目前使用的最多、应用最为成功的关键词表示模型就是向量空间模型。在比较关键词间的两两相似度时，一般采用基于向量空间的相似度计算公式①或其改进公式：

$$\mathrm{Sim}(D_1, D_2) = \cos\theta = \frac{\sum_{k=1}^{n} a_{1k} * a_{2k}}{\sqrt{\sum_{k=1}^{n} a_{1k}^2 * \sum_{k=1}^{n} a_{2k}^2}} \tag{5.9}$$

本节将关键词内的分布看作是关键词概率分布的空间结构，利用关键词概率分布作为计算的概率密度。关键词概率分布就是关键词空间的概率分布形态，计算两个关键词之间的相似度可以通过计算与之对应的概率分布来实现②，本书提出的局部关键词相似度计算方法是将局部关键词的向量看作是关键词概率分布的空间结构，利用关键词概率分布作为计算的概率密度，采用 Tan 提出的相似度算法③，公式如下：

$$JS(p, q) = \frac{1}{2}\left[D\left(p, \frac{p+q}{2}\right) + D\left(q, \frac{p+q}{2}\right)\right] \tag{5.10}$$

其中 JS（Jensen-Shannon）是指两个局部关键词的相似程度值，p 和 q 分别表示两种概率密度，其衡量的是两个概率密度之间的差异，也称为相异度。

---

① Myungjae Kwak, Gondy Leroy and Jesse D. Martinez, et al, "Development and Evaluation of a Biomedical Search Engine Using a Predicate Based Vector Space Model", *Journal of Biomedical Informatics*, Vol. 46, No5, October2013, pp. 929—939.

② Man Yuan, Yuan Xin Ouyang and Zhang Xiong, "A Text Categorization Method using Extended Vector Space Model by Frequent Term Sets", *Journal of Information Science & Engineering*, Vol. 29, No1, January2013, pp. 99—114.

③ Vincent Y. F. Tan and Oliver Kosut, "On the Dispersions of Three Network Information Theory Problems", *IEEE Transactions on Information Theory*, Vol. 60, No. 2, February 2014, pp. 881—903.

当两个概率密度相同时，其值为0；否则为非负，p 和 q 分布越接近，相似程度就越高。

（3）关键词网络演变进化方式分析

关键词网络演变分析是指对所发现的关键词在时间序列维度上的研究，即在关键词模型中引入数据的时间分布，然后挖掘各个时间段内不同的关键词强度变化情况和关键词内部演变规律情况，通过关键词演变方式中子关键词与全局关键词经过关键词相似度计算后可表现出的形式，判断遗传驱动力与变异驱动力的区间大小。本书将关键词演变方式分为4种：基于遗传为主的关键词网络演变，基于变异为主的关键词网络演变，基于遗传和变异双为主的关键词网络演变，基于驱动力无效的关键词网络演变。具体内容如下：

1）基于遗传为主的关键词网络演变

科学文献关键词网络类群演变现象表现为围绕着某个全局的核心关键词，在各个局部时间窗口内总存在某个子关键词与该核心关键词密切相关（表现为：相似度较高，相似度值≤阈值Y_1）；同时，相邻的时间窗口内的这些若干子关键词之间也密切相关（表现为：相似度较高，相似度值≤前驱阈值Y_2且≤后继阈值Y_3）。此时，传播网络类群更多体现的是继承关系，该阶段变异强度较小，表现出的变异驱动力较弱，由此传播网络的继承关系占主导地位。因此，预测模型中的P_t、Q_t可以分别取值为0.7、0.3。

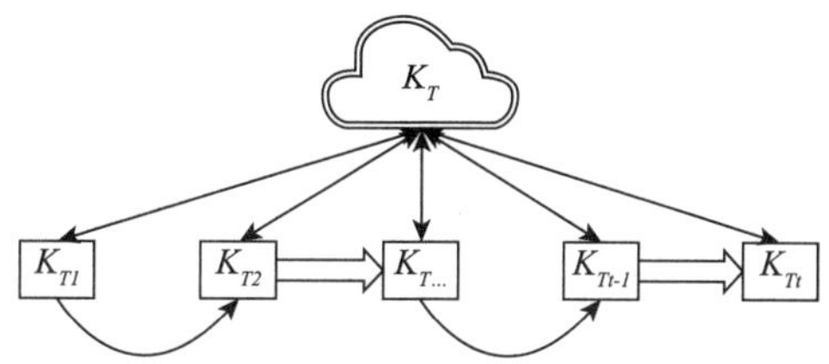

图5.3　基于遗传为主的关键词网络演变方式

2）基于变异为主的关键词网络演变

科学文献关键词网络类群演变现象表现为在非首个观测时间窗口内，存在与全局某个核心关键词密切相关（相似度较高，相似度值≤阈值Y_1），同时与上一时间窗口相似度最高的关键词非密切相关（相似度较低，相似度值 > 前驱阈值Y_2），与后一时间窗口关键词相似度最高的关键词密切相关（相似度较高，相似度值≤后继阈值Y_3）。此时，整个网络结构受到较大的影响，该阶段变异强度较大，表现出的变异驱动力较强，由此传播网络的新生关系占主导地位。因此，预测模型中 P_t、Q_t 可以分别取值为0.3、0.7。

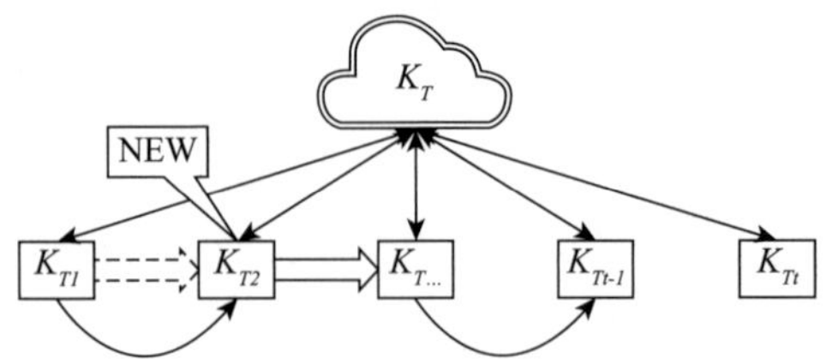

图5.4　基于变异为主的关键词网络演变方式

3）基于遗传和变异双为主的关键词网络演变

科学文献关键词网络类群演变现象表现为各时间窗口内的子关键词总存在与某个全局的核心关键词密切相关（表现为：相似度较高，相似度值≤阈值Y_1），但在该全局核心关键词框架下，各个子关键词之间并没有形成明显的前驱关键词密切相关或者后继关键词密切相关（表现为：相似度不稳定，相似度值不同时≤前驱阈值Y_2且≤后继阈值Y_3）。此时，传播网络类群的驱动力来自遗传、衍生和拓展、变异两个方面，该阶段变异强度一般，表现出的变异驱动力也一般，由此传播网络的继承关系与新生关系同等重要。因此，预测模型中 P_t、Q_t 可以分别取值为0.5、0.5。

4）基于驱动力无效的关键词网络演变

科学文献关键词网络类群演变现象表现为各时间窗口内的子关键词不总是存在与某个全局的核心关键词密切相关，没有围绕某个全局的核心关键词，前驱关键词与后继关键词缺乏承上启下的关键词规律性。此时，如果传播网络的两种遗传驱动力和变异驱动力都趋向于零，说明网络没有了动力来源，结构会逐渐解体。由于此阶段遗传驱动力与变异驱动力趋于零，因此，预测模型中 P_t、Q_t 近似取值为0。

上述四种的关键词演化方式各有各自的优点，通过科学文献传播网络类群关键词演变的方式，可判断传播网络演变与发展的遗传驱动力和变异驱动力的强度差异，进而确定权重系数 P_t、Q_t 的具体值。

三　科学文献传播网络关键词预测值的确定

科学文献传播网络关键词预测值的确定主要由三部分表示组成：一是网

络类群值的集合，主要包括网络类群现有值和受相关类群影响产生的值；二是演变进化方式的判定，根据构建的关键词向量，计算网络类群的不同时间阶段实现关键词强度度量，通过关键词相似度的计算判断传播网络类群演变过程是何种进化方式；三是阈值的确定，由进化方式的不同确定遗传和变异的权重系数，如果类群属于基于遗传为主的关键词网络演变方式，说明关键词未来的趋势变化更多的是继承关系，如果属于基于变异为主的关键词网络演变方式，则说明未来的关键词更多的是变异演变而来的，而如果属于基于遗传和变异双为主的关键词网络演变方式，那么关键词未来的趋势变化是继承和变异演变交叉而来的。由此，按关键词强度的变化对预测值进行排序，并最终确定网络类群预测值。因此，科学文献传播网络类群关键词的预测值表示为：

$$K_{t+1} = \{(K_t, P_t), (W_t, Q_t), (N_{t+1})\} \tag{5.11}$$

式 5.11 中，K_{t+1}是网络类群在 $t+1$ 时间段关键词的预测值，K_t 是网络类群在 t 时间段关键词的值，W_t 是网络类群在 t 时间段新生演变产生的值；P_t、Q_t 分别是网络类群在 t 时间段继承关系与新生关系的权重系数，如果网络类群是以继承关系为主，P_t、Q_t 别取值为 0.7、0.3，如果网络类群是以变异为主，P_t、Q_t 分别取值为 0.3、0.7，而如果网络类群是以遗传、变异同时为主，则 P_t、Q_t 分别取值为 0.5、0.5；N_{t+1}表示网络类群在 $t+1$ 时间段 K_{t+1}所取预测值的个数。

第四节　科学文献关键词传播网络动态预测实证分析

本节基于 JGibbLDA 平台和 SqlServer2008 数据库平台，设计了知识进化视角下科学文献传播网络动态预测方法的应用，辅以文献计量学方法和社会网络方法进行分析。实验的思路如下：首先，选取 CNKI 数据库中中国学术期刊网络出版总库下的工程科技Ⅱ辑的“新能源”为数据来源进行数据的采集，在数据筛选和清洗后，按照时间片原理划分数据样本，并进行聚类分析，为实验结果的对比分析提供基础；其次，构建实验平台，对比分析不同时间段中不同关键词的强度变化和演变趋势；再次，在关键词强度度量的基础上，运用关键词演变判定方法，进行演化进化方式的判定，以确定网络类群预测值的来源；最后，结合关键词强度度量与关键词演变进化的方式，利用预测模型计算的网络类群关键词空间值判断科学文献传播网络类群关键词的趋势变化。

一 实证数据提取与处理

本节实证分析的数据来源于 CNKI，同第四章第五节实证数据相同，在此提取与统计新能源领域 1980—2017 年发表的所有文献的关键词。由于本节选择的新能源领域成长周期相对较长，同时考虑到总样本数量，为了更为直观的展现出关键词强度和演化脉络等，所以本节按照一年为一跨度的原则划分，样本时间横跨 1980—2017 年。由于样本初始年份的数量较少，所以从数据处理的角度出发，将 1980—1983 年作为初始年份时间窗口、将 2017 年作为截止年份时间窗口，如图 5.5 所示。同时，图 5.6 显示了新能源关键词共现频次大于 16 的网络图。

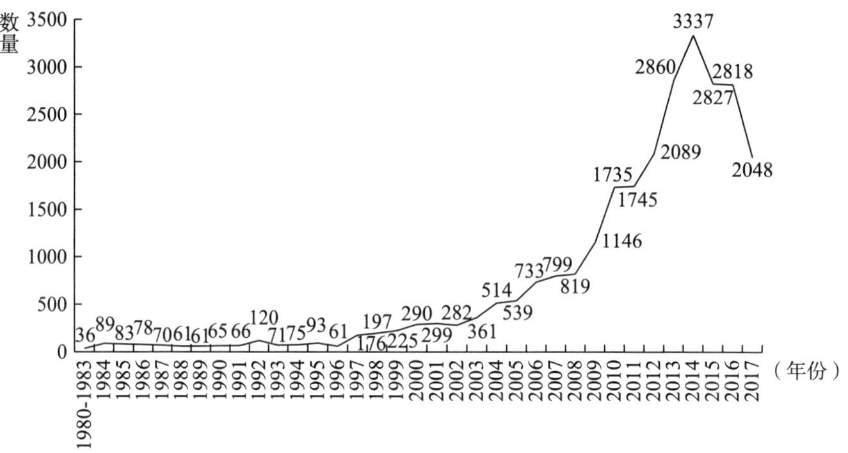

图 5.5 时间片划分分布图

二 关键词传播网络的强度度量及其分布

按照式 5.7 计算出各个关键词的整体强度，如图 5.7 所示。从图中得出 10 个关键词在全局整体上的强度，且各个关键词强度之间区别明显。其中，强度大于 0.08 的有 Topic4 和 Topic6，它们的强度明显高于其他关键词，这可

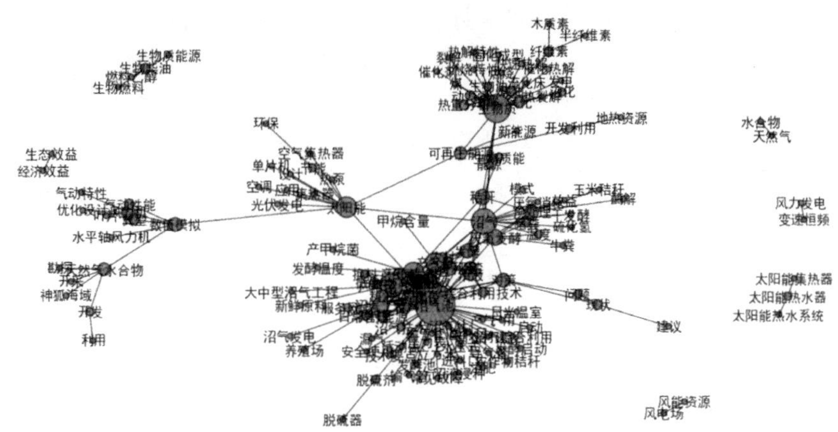

图 5.6　新能源关键词网络图（共现频次大于 16）

能表明在面向新能源领域的相关基础和应用研究方面优势较强。而 Topic0、Topic1、Topic5、Topic7、Topic8 和 Topic9 等关键词可能是面向前沿研究、创新研究，其关键词强度相对较弱。

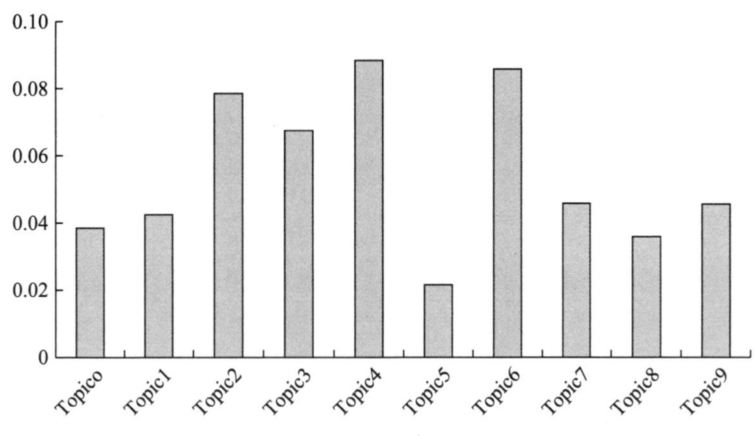

图 5.7　“新能源”领域全局关键词强度

在十个关键词中，从中挑选具备代表性的 4 个关键词展示，其关键词概率分布如表 5.1。表中清晰地描绘了四个关键词不同的分布与强度演化趋势：（1）Topic4 太阳能和 Topic6 风能作为新能源领域的主要研究部分，在各项研究中整体强度明显占据高位，同时在各时间窗口内的关键词强度变化不大；（2）Topic5 生物质能和 Topic8 海洋能作为新能源领域的研究项目，在各项关键词的研究中整体强度占据低位，但从各时间窗口的关键词强度演化可以明显看出，这两类关键词的研究明显具有偏向性，特别是 Topic5 生物质能作为高新技术的一个产业技术方向，其研究已经得到了显著、持续的关注。

表 5.1　典型 Word-Topic 分布

Topic4 太阳能		Topic5 生物质能		Topic6 风能		Topic8 海洋能	
特征词	概率	特征词	概率	特征词	概率	特征词	概率
太阳能	0.02763	生物质	0.02457	风能	0.02515	海洋能	0.02108
太阳能集热器	0.02622	沼气	0.02348	浓缩风能装置	0.02613	波浪能	0.01926
光热利用	0.02015	天然气	0.02186	风能转换系统	0.02516	潮流能	0.01852
太阳能设备	0.01992	发热量	0.01968	流场	0.02418	海洋能发电	0.01756
光热利用	0.01732	生物炭	0.01842	最大风能捕获	0.02402	发电	0.01702
太阳辐射	0.01765	燃烧	0.01765	容错控制	0.02203	潮汐能	0.01604
热性能	0.01591	烃类燃料	0.01642	风能利用	0.02116	海洋能产业	0.01557
光电利用	0.01389	提纯	0.01552	风力机	0.02008	温差能	0.01508
太阳能集热管	0.01348	差热分析	0.01415	风能资源评估	0.01935	能量转换	0.01496
光电利用	0.01325	纤维素	0.01351	叶片	0.01807	盐差能	0.01426
太阳能热水器	0.01287	秸秆	0.01201	能量捕获	0.01816	海洋能发电装置	0.01317
光学设计	0.01168	工业分析	0.01201	风能利用系数	0.01504	海洋能发电系统	0.01218
太阳能资源	0.01086	粪便	0.01145	叶片设计	0.01406	海洋能试验场	0.01201
能量管理	0.01078	热重分析	0.01052	浓缩风能装置	0.01306	电力产业	0.01156
传热	0.01016	木质素	0.01015	数值模拟	0.01306	海洋工程	0.01015

三　关键词传播网络的演化方式分析

在关键词强度度量的基础上，运用关键词演变判定方法，从原始文档中抽取两种关键词演化方式。目前，对于关键词相似度阈值的界定还没有形成权威的统一，本节根据先前研究的经验①，设定全局关键词相似度阈值Y_1为 0.25，前驱关键词相似度阈值Y_2为 0.2，后继关键词相似度阈值Y_3为 0.2。两种演化方式如下：

① 丁玉飞、王曰芬、刘卫江：《基于主题模型的科技监测方法及应用研究》，《情报学报》2015 年第 8 期。

（1）基于变异为主的科学文献关键词网络类群演变方式判定

Topic4 是太阳能方面的关键词，是指太阳的热辐射能，主要表现就是常说的太阳光线，在现代一般用作发电或者为热水器提供能源，成为新能源应用的一个重要方面。对 Topic4 内容的关键词研究判定，自 1995 年形成新生 Topic4 关键词，并脉络演变至 2017 年时间窗口。由于数据量较多，本节以 07—17 年间窗口为例，其网络类群演变主要以遗传为主，如表 5.2 所示。

表 5.2　Topic4 太阳能关键词演变

时间窗口	局部关键词	相似度
时间窗口 07 年	风能发电；太阳能制冷；反应器；节能；无刷双馈发电机；热源温度；地源热泵；吸附式制冷；吸热器；反射式聚光	0.18725
时间窗口 08 年	建筑节能；真空集热管；热泵；太阳能光电；氢能；内不可逆性；固体吸附式制冷；太阳能加热；环保；吸附制冷；清洁能源；太阳能空气集热器；温度场	0.21428
时间窗口 09 年	太阳能；降膜蒸发；海水淡化；节能；制冷；建筑；二氧化钛；相变蓄热；吸附制冷；光催化；太阳能热动力发电；吸热器；反射式聚光；热管	0.23276
时间窗口 10 年	太阳能；太阳能烟囱；节能；吸附制冷；温室空间站；海水淡化；采暖；反应器；太阳能电动车；太阳能热动力发电；蓄热；吸收式制冷机；喷射；太阳能技术生态建筑	0.21052
时间窗口 11 年	吸附制冷；热能利用；太阳能冷管；光催化；太阳能建筑一体化；氢能；热分析；生态建筑；风能发电；太阳能制冷；无刷双馈发电机；热源温度；热化学反应循环制氢；电解水制氢；吸收式制冷	0.24865
时间窗口 12 年	太阳能烟囱；蓄能；集热棚；节能；热泵；建筑；光伏；制冷；流场；太阳能热推进；火箭发动机；烟囱；地源热泵；光催化；吸附制冷；温度场；放电控制器	0.19542
时间窗口 13 年	热泵；光伏系统；制冷系统；溴化锂；热发电；太阳能热水器；太阳能热水系统；吸附式制冷；节能；光伏发电；海水淡化；太阳能烟囱；风能；低温储粮；闭式循环；双喷射	0.20185
时间窗口 14 年	太阳能保证率；集热器；太阳能供热；槽式；热发电；塔式；太阳能热气流；发电系统；燃气轮机；直膨式太阳能；热泵热水器；太阳能热发电；制氢；碟式；吸附制冷	0.26511
时间窗口 15 年	光伏发电；太阳能制冷；经济性；太阳能保证率；空气集热器；土壤蓄热；蓄热；太阳能建筑；塔式太阳能热发电；太阳能集热器；热分区；可再生资源；贮热性能；吸附式制冷机组；开式循环；可用能；闭式循环	0.20153

续表

时间窗口	局部关键词	相似度
时间窗口 16 年	太阳能烟囱；太阳能干燥；数值模拟；太阳能保证率；工质 太阳能光热利用；热效率；太阳能采暖；太阳能空气集热器；太阳能制冷；热棚；有机朗肯循环；切割制绒一体化	0. 18567
时间窗口 17 年	太阳能制冷；太阳能光伏；太阳能光伏产业；低碳经济；光伏发电；热泵；太阳能模拟器；效率；光谱辐照度	0. 23416

（2）基于遗传和变异为主的科学文献关键词网络类群演变方式判定

Topic6 是有关风能的关键词，其研究发展贯穿了所有时间窗口，经关键词网络演变分析后符合基于遗传和变异为主的演变方式。由于数据量较多，本节以 2007—2017 年时间窗口为例，其各时间窗口的关键词演变如表 5. 3 所示。

表 5. 3　Topic6 风能关键词演变

时间窗口	局部关键词	相似度
时间窗口 07 年	风力发电；风电场；风能密度；风能资源；风力发电机； 动力学；表面气流；动力学；表面过程；风能密度	0. 02384
时间窗口 08 年	风力发电；风力发电机；风电场；风能密度；风能资源； 风能发电；风能提水；风力机；电力系统	0. 03685
时间窗口 09 年	风力发电；风电场；风能发电；风力致热；风能资源； 能量转换；风能利用；可再生能源；风力发电机	0. 06249
时间窗口 10 年	浓缩风能型风力发电机；风力发电；风电场；风能密度；迎风；最大风能捕获；风能资源；风能转换；容量系数；风能发电	0. 08426
时间窗口 11 年	最大风能捕获；控制系统；风能转换；风力发电机；装机容量；风能发电；风能密度；风电场存储模式；风力发电；新能源	0. 12564
时间窗口 12 年	最大风能捕获；风力发电浓缩风能型风力发电机；风电场； 控制系统；新能源；风能密度；变转速风力发电系统；风力机；评价；风力发电机	0. 15621
时间窗口 13 年	风力发电；浓缩风能型风力发电机；风能密度；最大风能捕获；控制系统；变转速风力发电系统；新能源；风力发电机；风力机；变速恒频风力发电系统	0. 12183
时间窗口 14 年	浓缩风能型风力发电机；风力发电；矢量变换控制；风力发电机；风能密度；数值模拟；变速恒频风力发电系统；控制系统；单片机；风能资源；最大风能利用搜索算法；变转速风力发电系统；相似模型；同步发电机	0. 15483

续表

时间窗口	局部关键词	相似度
时间窗口 15 年	风力发电；浓缩风能型风力发电机；最大风能捕获；变速恒频；风能密度；变速恒频风力发电系统；风能转换系统；数值模拟；功率分流；风能利用；风能资源；变转速风力发电系统	0.13251
时间窗口 16 年	风能转换系统；浓缩风能型风力发电机；风力发电；最大风能捕获；变速恒频；动态补偿；流场特性；相似模型；开关磁阻发电机；风能资源；风能资源评估；风能密度；最大风能跟踪	0.12105
时间窗口 17 年	风能转换系统；浓缩风能型风力发电机；变速恒频；最大风能跟踪；变转速风力发电系统；行风能海水淡化；流场特性	0.13285

根据上节关键词演变方式分析的规则，表 5.2 中的相似度值与以变异为主的演变条件中的阈值相比较得知，是属于以变异为主的演变方式。依据阈值判定结果，在非首个观测时间窗口内，存在与全局某个核心关键词密切相关，同时与上一时间窗口相似度最高的关键词非密切相关，与后一时间窗口关键词相似度最高的关键词密切相关。同理，依据表 5.3 中的相似度值与以遗传和变异双为主的演变方式的判定条件得知，表 5.3 是符合以遗传和变异双为主的演变方式。即在各个局部时间窗口内总存在某个子关键词与该核心关键词密切相关，相邻的时间窗口内的这些若干子关键词之间也密切相关。

上面两张表清晰的展现了太阳能和风能两个领域的新生演化和脉络演化趋势。结果表明，该方法能够在主观因素、专家知识有限干预的情况下，较好地完成相关领域中对科学文献关键词网络类群的演变判定任务。

四　关键词传播网络的演化趋势研判

为了印证本章提出的知识进化视角下科学文献传播网络预测模型的可行性和有效性，本节选取了新能源领域中的风能这个研究关键词作为案例进行分析。之所以选择风能关键词，有两方面的原因，其一是由于新能源领域文献量较大，分析起来有一定的难度，所以有必要选择一个子领域进行实证分析；其二是风能的研究过程贯穿了所有时间窗口，数据完整，具有较好的代表性。由此，本节就基于风能的关键词网络做出趋势判定，具体如下：

通过表 5.3 发现基于风能的关键词网络演变过程中表现出基于遗传和变异双为主的演变特征，即；变异强度一般，表现出的变异驱动力也一般，由此得知风能等各个子领域构建的关键词网络表现出的继承关系与变异关系同等重要。因此，风能的关键词网络遗传权重系数和变异权重系数 P_t、Q_t 可以分别取值为 0.5、0.5。

新能源领域中主要包括风能、太阳能、生物质能、地热能、海洋能、化学能、原子能等子领域，上述子领域之间的节点联系紧密，内部连接也很紧密。通过新能源领域数据采集与分析，构建风能、太阳能、生物质能、地热能、海洋能、化学能和原子能等子领域的关键词网络，由此得知新能源领域 s 的组成内容，如下：

$$s = \{s_{fn}, s_{tyn}, s_{swzn}, s_{drn}, s_{hyn}, s_{hxn}, s_{yzn}\} \tag{5.12}$$

上述式 5.12 右边表示风能、太阳能、生物质能、地热能、海洋能、化学能和原子能等子领域的关键词网络，与风能构建的关键词网络之间的连接，可以求得预测模型中 $h_{m(t)n(t-1)}$ 的大小，进而计算出风能构建的关键词网络与太阳能等子领域构建的关键词网络之间的连接强度 l_{fn}，结果如式 5.13 所示：

$$l_{fn} = \{l_{fn-tyn}, l_{fn-swzn}, l_{fn-drn}, l_{fn-hyn}, l_{fn-hxn}, l_{fn-yzn}\} = \{0.41, 0.17, 0.15, 0.13, 0.09, 0.05\} \tag{5.13}$$

式 5.13 显示了风能与各个子领域连接强度的值，如风能与太阳能、海洋能 x（t）的连接强度为 0.41、0.13。本节以 x_2，…，x 表示不同的关键词网络节点，表示不同领域构建的关键词网络在 t 时刻的特征属性。W_t 是关键词网络在 t 时间段受变异作用产生的值，通过各个子网络的当前值和式 5.13 显示的网络之间连接强度可以得知：

$$W_t = \sum_{m=1,n=1}^{i} l_{m(t)n(t-1)} x_n(t) \quad m,n \in [1,2,\cdots i] \tag{5.14}$$

通过式 5.14 可以求得基于变异驱动力所获得的风能关键词集合 W_t。由于 K_t 是基于风能的关键词网络在 2016 年时间段的值，通过采集的数据已经得知，结果如表 5.4 所示。同时，依据表 5.3 关于风能的关键词网络分布特征，为了清晰的显示风能的关键词网络在 2017 年主要的关键词，本节设置网络在 $t+1$ 时间段所取预测值 N_{t+1} 为 20。结合之前的遗传权重系数和变异权重系数 P_t、Q_t 分别为 0.5、0.5。由此对风能领域关键词网络进行预测。如式 5.15 所示：

$$K_u = \{(K_t, 0.5), (W_t, 0.5), 20\} \tag{5.15}$$

通过上述内容分析，得知基于风能的预测值主要有两部分组成：一部分来自遗传驱动力获得的遗传值，表5.4中K_t所示，以及遗传的权重系数P_t的值为0.5，由此求得风能关键词网络依靠继承关系所获得的值；另一部分来自变异驱动力获得的变异值，表5.4中W_t所示，以及变异的权重系数Q_t的值为0.5，从而求得风能关键词网络依靠变异关系所获得的值。最终，依据网络预测模型式5.15，得出风能在$t+1$时间段的预测值K_u，数据结果如表5.4中所示。

表5.4　基于风能的关键词网络数据

数据类型	主要关键词
遗传值K_t	风能转换系统；风力发电；最大风能捕获；风能；变速恒频；风能资源评估；风能密度；最大风能跟踪；发电机；浓缩风能型风力发电机；流场特性；相似模型；开关磁阻发电机；新能源；电力；风能资源；风能发电系统； 风电场；风能资源；动态补偿
变异值W_t	风电；产气性能；新能源；能量储存；风能资源；滑膜控制；可再生资源；测控系统；资源评估；模糊控制；动态补偿；数值模拟；动态特性；热性能；能量效率；利用系数；控制性能；太阳辐射模型；发电；追踪系数
2017真实数据	风能转换系统；浓缩风能型风力发电机；变速恒频；最大风能跟踪；变转速风力发电系统；开关磁阻发电机；流场特性；模糊控制；最大风能捕获；风能转换；控制系统；可再生资源；风力发电系统；新能源；测控系统； 风能资源；风力机；能量存储；滑膜控制；资源评估
2017预测数据	风能转换系统；变转速风力发电系统；风力发电；最大风能捕获；风能；变速恒频；风能资源评估；风能密度；最大风能跟踪；风能资源；发电机；浓缩风能型风力发电机；风电；风力机；新能源；能量存储；滑膜控制； 流场特性；模糊控制；测控系统；

在表5.4中，对风能领域关键词网络中的关键词词频预测值按照词频进行排名，推荐了前二十位关键词。从表5.4中对风能关键词网络在2017年真实数据与预测数据对比分析，发现共有14个关键词是相同的，准确率为70%。同时，从表5.3和表5.4中，发现预测的关键词网络即遗传了以前关键词网络的特征，也通过变异机制，有了新的趋势。风能转换系统、变转速风力发电系统和最大风能捕获一直都是近期的研究热点，在预测中的排名也是比较靠前，是知识遗传驱动力的结果。而滑膜控制、模糊控制、测控系统等系统控制方法的兴起则是由风能转换系统异变出来的，体现了知识变异驱动力。在遗传和变异这两种驱动力下，风能领域的研究主题不断演化，但这

种演化是循序渐进的，而不是突变的。

该实例通过模型预测 2017 年风能关键词网络的排名靠前的数据，通过数据结果对比分析验证了本书提出的基于知识进化的科学文献传播网络趋势预测方法的可行性和有效性，能够根据历史数据对未来时间段关键词网络进行预测和判断。

同时，考虑到关键词是表征文献主题内容具有实质意义的词语，本节以关键词网络节点之间的关系与形成的结构为研究对象，验证了科学文献传播网络预测模型的可行性。针对作者、机构等传播要素构成的其它网络，同样可以运用本章构建的预测模型进行分析，通过判断科学文献网络趋势的变化，以挖掘科学文献内容之间的衔接关系和文献主体之间研究的交叉点等。

第五节　本章小结

本章以知识进化为视角，结合科学文献传播网络演变模型，提出了科学文献传播网络预测方法与步骤，构建了科学文献传播网络预测模型，详细阐述了预测模型的主要变量和基本构造关系，提出了基于关键词共现的传播网络演变进化方式及预测值，并以“新能源”领域数据为例进行验证。研究结果表明，本书提出的基于知识进化的传播网络预测模型和方法，能够发现传播网络演化的特点与发展趋向，达到通过挖掘科学文献中蕴含的科技知识揭示科学研究关键词的演进过程与脉络的目的。因此，可以将知识进化理论中所独有的继承与变异的关系应用于科学研究等活动中，实现科学领域的关键词演变、发现新技术的衍生与预测等。

第六章 基于作者合作网络的人工智能领域科研团队研究

科研合作自科学诞生之初即成为科研活动的内在固有属性，是支撑科研活动中知识共享、知识转化、知识创新的重要途径。科研合作借助于作者合作来表达是合作方式及成果的重要体现，而作者合作关系的形成、合作结构的状态及合作演变的趋向是由科研合作结果来决定的。因此，通过对基于作者合作关系建立的科学传播网络及其各个传播要素进行多元或者多维分析，可以反映作者科研合作过程中知识共享与转化的状态，发现学术交流的态势及演化规律，揭示科研合作知识创新的内在特点，并可为政策制定提供有力的支撑。

科研团队是因科研合作而产生的。随着数据密集型科学研究范式的兴起和大规模科学研究活动的增多，尤其是在网络化与知识化的推动下，科研问题跨学科性和复杂性日益强化，需要通过科研合作的高效运行来实现突破①，促使支撑科研运行的主体——科研团队的构成与功能产生着新变化。首先，从科研团队的构成过程来看，为了对复杂研究问题簇进行条分缕析，加上当今科研合作更加易于突破机构、地域甚至是学科领域等限制，使得科研团队在组成中可以将不同背景的学者凝聚和多个机构的研究资源整合；其次，从科研团队的功能效应来看，随着科研合作效果的日益彰显，科研团队逐渐成为科研评价的重要组成与科研项目资助的重要对象。尤其伴随大规模数据集采集与处理可行性的增强，深入揭示科研团队的机理，

---

① Maaike Verbree, Edwin Horlings and Peter Groenewegen, et al., "Organizational Factors Influencing Scholarly Performance: A Multivariate Study of Biomedical Research Groups", *Scientometrics*, Vol. 102, No. 1, January 2015, pp. 25—49.

分析团队的形成机制、合作模式以及动态演化特征，正在成为学术界关注的研究热点方向。

科研团队的形成与发展，可以基于作者合作网络结构状态和变化趋向反映出的科研合作来呈现，所以，本书以作者合作网络演化为研究视角，基于科学文献传播网络结构特征及演化规律，以大规模数据为来源，以数据挖掘与分析为驱动，尝试系统地探索科研团队方面的相关问题，将是对已有研究的新拓展与新应用。

第一节　人工智能领域科研团队识别与领军团队提取

本书所研究的对象是建立在科研协作关系上的虚拟科研团队。传统识别科研团队的方法主要是专家访谈、问卷调研等，随着社会网络分析方法的发展，利用合著网络关系识别科研团队得到深入研究。科研团队识别的相关研究主要从两个方面展开①。

第一个方面是识别不同领域的科研团队。由于科研团队在现代科学研究中的重要性，不同学科领域都关注科研团队问题，例如管理科学、流行病学、情报学、肿瘤学等学科，分别研究科研团队识别问题。

第二个方面是改进科研团队识别的算法。最基本的识别算法是社会网络分析中的派系识别方法，在此基础上有运用向量空间模型、引入关联规则挖掘中 FP-Growth 算法、基于原始数据矩阵因子分析、合著网络加权等方法开展科研团队识别的实证研究。

本节研究主要有两个出发点：第一，人工智能领域的重要性日益增强，但是还没有专门针对该领域的系统性科研团队研究。人工智能技术的飞快发展，在全球范围内引起广泛重视，不仅集聚了许多学科领域学者参与到研究中，而且随着各个国家或者地区对于人工智能产业的大力布局，人工智能的研究不断深化与发展。因此，从科研团队角度对人工智能领域展开分析具有重要决策支持意义。第二，既有的科研团队识别研究主要是基于较小数据规模的实证研究，鲜有基于大规模数据的实证分析。已有的研究主要选取数量

① 余厚强等：《人工智能领域科研团队识别与领军团队提取》，《图书情报工作》2020 年第 20 期。

有限的期刊作为数据来源，识别出的科研团队数量在几个到几十个不等。并且，采用的方法主要是先确定团队领导者，再扩展得到团队成员，这样虽然避免了团队规模无法确定的难题，但是少数极大团队的存在会导致按中心性排名，许多其他团队无法得到显示。

因此，本节通过研究旨在解决以下主要研究问题：

（1）如何基于大规模科技文献数据识别出人工智能领域科研团队？要回答这个问题，不仅需要解决机构数据、作者数据的规模化清洗问题，而且需要通过试验确定合适的科研团队分割粒度。

（2）基于识别出的大量科研团队，人工智能领域不同角度提取出的领军团队有哪些？具体来说，将选取不同的指标，从不同角度去提取出人工智能领域的领军团队。

在科研团队的基础上，领军科研团队是指在科学研究上成绩突出的科研团队，简称为领军团队。由于评价研究团队存在多种维度，本书主要目的不是综合各种指标评价出最好的团队，而是认为不同维度成绩表现突出的科研团队都是领军团队，这既可以是单一维度上表现突出，也可以是若干维度上同时表现突出。并且，科研团队的评估是复杂的，因此不宜对多样化的科研团队使用一种指标或通过加权降维去排名展示。为了揭示领军团队的多样性，本书研究拟从多个维度去审视人工智能领域科研团队。

通过系统化识别出科研团队并基于多维视角提取出领军科研团队，对于分析全球人工智能的研究力量及其分布、跟踪研究发展状态与前沿、制定研发规划等，具有重要的决策支持意义。

一　研究流程设计与数据处理

（1）整体流程设计

从大规模数据集中识别出科研团队的过程，实际上就是数据采集、处理、挖掘与利用的数据分析过程。因此，本书研究从数据驱动出发，将涉及到的主要内容嵌入到操作环节中，设计科研团队识别的整体流程，如图 6.1 所示。

（2）数据采集

本书研究采用 Web of Science（WoS）的数据进行分析，WoS 是国内外进行科学计量分析最权威的数据库之一。由于索引的期刊经过专家遴选，通常被认为是领域核心期刊，具有较高的质量。并且，大多数 WoS 索引的期刊具

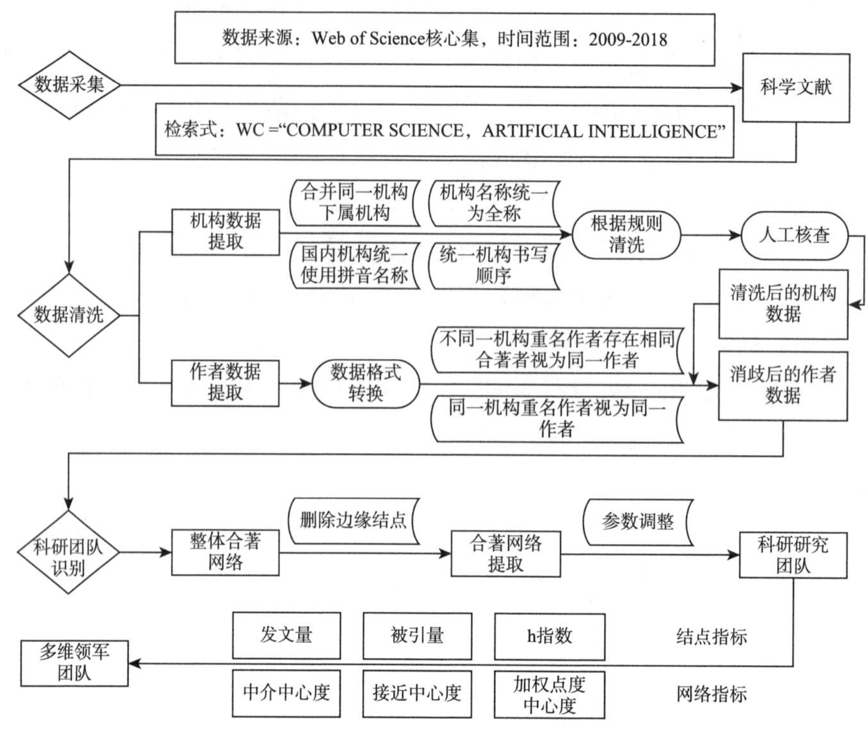

图 6.1　基于数据分析的人工智能科研团队识别流程

有较好的国际导向，便于分析和比较全球范围的科技文献发表情况。因此，采用 WoS 数据具备较好的可靠性和可信度。

人工智能是个复杂的新兴领域，为了检索获得该主题的所有相关文献，采用关键词检索将遇到检全率不足的问题，因为人工智能涉及非常多的子主题，但是一旦选用了过多的关键词，又会出现检准率的问题，由于不少关键词有歧义或范围太广。而 WoS 数据库的学科分类中在计算机大类下设有人工智能子类，涵盖了所有与人工智能密切相关的期刊，因此，我们将该子类的所有文献下载下来。虽然 WoS 数据库的学科分类是基于期刊的，存在局限性，但该学科分类采用专家同行评议实现，具备较好的可信度。经过比较，利用该学科分类进行检索的效果最好。因此，采用“WC = COMPUTER SCIENCE，ARTIFICIAL INTELLIGENCE”检索式进行检索，检索时间范围为 2009—2018 年，检索时间是 2019 年 1 月 16 日，共采集到 421148 篇人工智能领域的科技论文。这十年间，人工智能领域科技论文数量随时间分布如下图 6.2 所示。

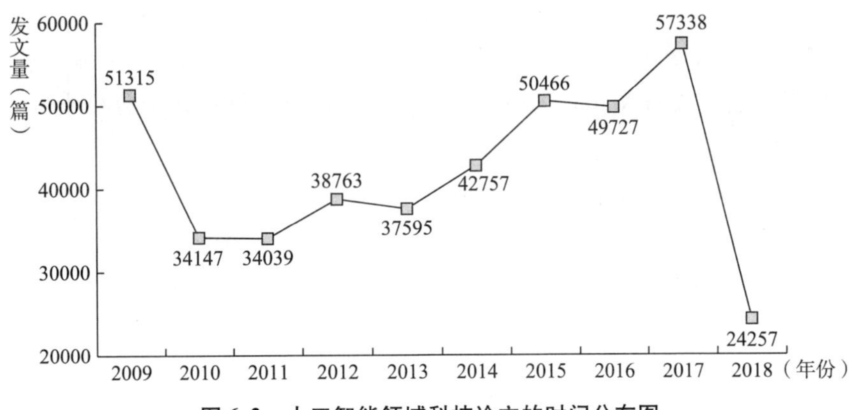

图 6.2　人工智能领域科技论文的时间分布图

（3）机构数据的清洗

科研团队识别的前提是对作者数据进行消歧，而作者消歧需要与机构数据结合，因此，本书研究首先要对机构数据进行清洗，再进行作者数据清洗。在已有研究与实践基础上，制定机构数据清洗的流程与规则如下：

1）依据机构所属国家名进行区分。提取论文机构和国家名称，若机构名称相同但国家名称不同，则视作不同机构。

2）采用迭代式积累方法设计清洗规则并进行消歧①，具体为：第一，机构名称前后顺序不同，实际上是同一家机构，例如“Washington Univ”和“Univ Washington”是同一家机构；第二，同一机构下属的不同实验室或机构，合并到同一机构，例如“NICTA Canberra Lab”和“NICTA Queensland Lab”同属于机构“NICTA”；第三，国内大学英文名称和拼音名称等不同类型的名称，统一使用该大学的拼音名称，例如“Beijing Univ Aeronaut & Astronaut”统一称为“Beihang Univ”；第四，同一机构既有缩略名，也有全名，则将所有类型的缩略名统一为该机构的全称，例如“EPFL，Switzerland”“EPFL IC”，清洗后名称为“Ecole Polytech Fed Lausanne，Switzerland”。

3）人工核查。利用分数计数法计算出各个机构的发文量，并依据发文量进行降序排列，共有机构 17511 个，人工对发文量前 1% 的机构进行核查，合并基于前述规则未能发现的同一机构不同表述的情形，并以发文量较高的机

① 范丽鹏等：《人工智能研究前沿识别与分析：基于高产机构对比研究视角》，《情报理论与实践》2019 年第 9 期。

构名称为准。

(4) 作者数据的清洗

作者姓名歧义（Author Name Ambiguity）问题在科学计量分析中广泛存在，一般地，这一问题可以细分为“异形同义”和“同形异义”两类。前者指同一个作者拥有多种不同形式的姓名写法，如全称写法和缩略写法；后者指普遍存在的重名现象，这一问题在亚洲学者中尤其严重。为保障数据分析的质量，在机构清洗的基础上，制定以下数据清洗流程和规则来实现作者人名消歧①，具体如下：

1）数据格式转换。将 WoS 格式的原始数据转换为可供后续处理的格式。

2）抽取待消歧作者机构与合著者信息。这里使用前面已经清洗好的机构信息。

3）依据机构信息和合著者信息实现作者消歧。第一，机构相同的重名作者视为同一作者；第二，不同机构之间的重名作者若存在相同合著者，则判定为同一作者实体；第三，不满足上述两个条件的重名作者判定为不同作者，用“下划线 + 数字”的方式进行区分。

未消歧之前有 53 万名作者，由于重名作者的存在，消歧之后得到 65 万名作者，最终结果存储在结构化表单中。

二　基于作者合作网络的科研团队识别与领军团队提取的方法

(1) 整体合著网络的构建

在进行作者姓名消歧之后，本书研究构建了数据集中所有合著文章的整体合著网络，共涉及 656668 个节点（作者）和 2042924 条边，边的权重代表合作强度，由二者的总合作次数计算得到。相关研究表明，分数计数法比一般的使用的全计数法更能发现网络中的簇群，也与实际科研产出更相关②。因此，本书研究使用分数计数法来计算合作次数，即若一篇文章有 n 个作者，则任意两个作者之间的合作次数为 1/n。由于构建出的合著网络规模巨大，因

---

① Hung Nghiep Tran, Tin Huynh and Tien Do, "Author Name Disambiguation by Using Deep Neural Network", *ACIIDS* 2014: *Proceedings*, *Part I*, *of the* 6*th Asian Conference on Intelligent Information and Database Systems*, Vol. 8397, April 2014, pp. 123—132.

② Contact B. Pritychenko, "Fractional Authorship in Nuclear Physics", *Scientometrics*, Vol. 106, No1, 2016, pp. 461—468.

此无法进行可视化展示，后续所有操作都是利用程序完成。

针对初始网络，研究中采用 Pajek 中 Louvain 方法。选择“Multi-Level Coarsening + Multi-Level Refinement”，其他参数为默认值，共探测到 94347 个社区。这些社区紧密相联，又与其他社区相分离，因此视作以合著关系形成的科研团队。对这些科研团队进行描述性统计分析，发现最大的团队包含 1553 位作者，规模前 10 的团队中，仅有一个在 1000 人以下（996 人）。这样的结果无法满足本书研究的细粒度分析需求，并且实际的科研团队规模与所识别出的结果有所出入，这可能是因为科研团队当中存在大量单次合著、重要性较低的边缘结点，它们被误认为是团队成员。因此，研究中需要对原始合著网络进行提取。

在本书研究中，选择删掉原合著网络中发文量为 1 并且被引量低于 100 的作者结点，因为这些作者在人工智能领域研究的影响力非常弱，甚至并不是真正属于人工智能领域的学者，例如，是参与部分非核心工作的研究生或技术人员，在科研团队中处于极其边缘的位置，因而构成科研团队识别的干扰因素，需要将其剔除。提取后，得到节点数为 186997、连接数为 543351 的新合著网络，与原始合著网络相比，节点数减少了 469671，连接数减少了 1499573，整体合著网络在保持原有重要节点的基础上大幅度缩小。

（2）识别粒度的选择

为了识别出规模合理、可供分析的科研团队，需要不断地调整参数，对不同参数下所识别出的科研团队结果进行对比和评估。由于合著网络规模巨大，每一次参数调整重新计算都需要耗费大量时长的计算资源。随着参数的调整，识别出的科研团队逐渐趋于稳定。聚类识别采用的是 Louvain 算法，Resolution 参数影响识别出聚类的规模，Max Level 和 Max Iteration 两个参数对应算法的迭代条件限制。以已知人工智能科研团队作为参照进行调参，选取了西安电子科技大学焦李成科研团队，调研了其科研团队成员构成。通过调参，当参数设置为 Resolution = 290，Max Level = 13，Max Iteration = 13 时，达到了较为适宜观察团队内部具体情况的粒度，得到的焦李成科研团队与实际调研所得到的科研团队基本相同，此时得到的科研团队规模均在 100 人以内。如果团队规模过大，可能内部联接会较为松散。如果团队规模过小，可能会遗漏掉某些重要联接。需要说明的是，在团队规模粒度选择上并没有严格的标准，只是所揭示的科研团队紧密程度会有所不同。

在进行参数调整的过程中，本书研究也对团队来源的合理性进行了验证，以确保识别出的团队是来自上一个更大的团队，如图 6.3 所示。

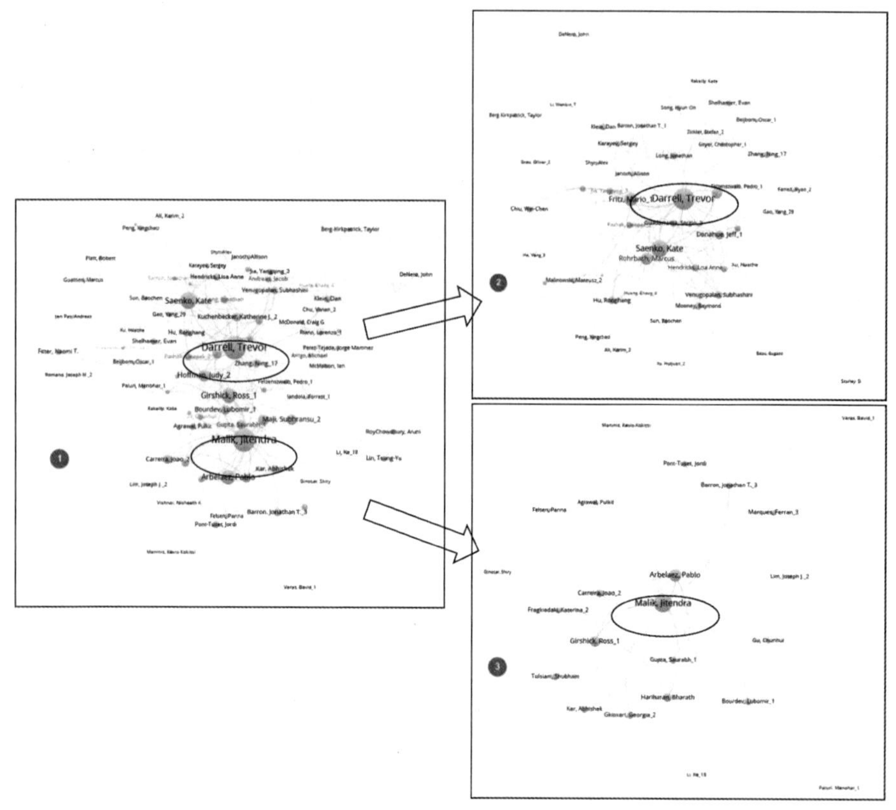

图 6.3　经调参团队 1 分裂成粒度更小的团队 2 和团队 3

（3）领军团队的提取

人工智能领域有很多科研团队，但在实际研究和工作中，主要关注处在领军位置的科研团队。因此，在识别科研团队的基础上，需要进一步提取出领军团队。本书研究采用六种指标从不同角度对科研团队进行测度，分别是发文量（Number of Publications）、被引量（Number of Citations）、h 指数（h index）、加权点度中心性（Weighted Degree Centrality）、中介中心性（Betweenness Centrality）和接近中心性（Closeness Centrality）。其中，前三种指标从结点属性上测度科研团队的实力，后三种指标从网络结构上测度科研团队的实力。发文量、被引量和 h 指数的具体数值根据其定义，采用自编 Python 程序计算获得，加权点度中心性、中介中心性和接近中心性指标的具体数值，利用大型社会网络分析工具 Pajek 计算得出。对于每个维度的指标，取排名前 10 位的科研团队作为该维度的领军团队。

三　科研团队识别的结果

基于上述过程，共识别出人工智能领域科研团队 23423 个，涉及作者 186997 名，按团队规模的分布情况如图 6.4 所示。许治等认为小规模团队（10 人以下）在合作网络密度与合作强度上均优于大规模团队（25 人以上）[①]。由图 6.4 可以看到，团队规模在 25 人以内的团队占比达到 89.4%，其中 10 人以下的团队规模占比为 78%，团队规模分布较为合理。

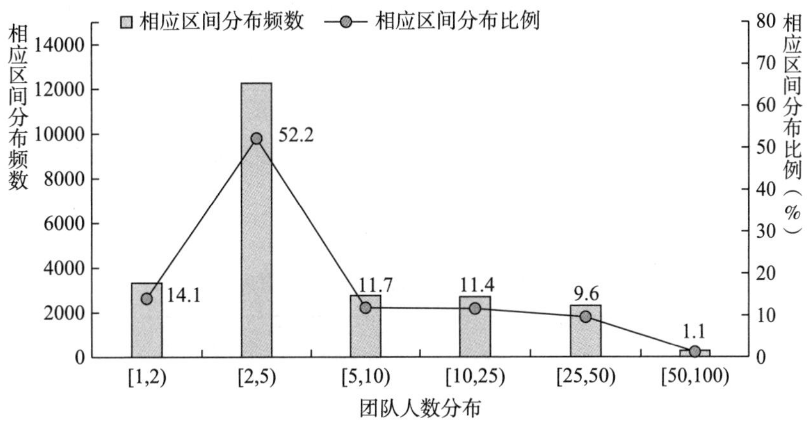

图 6.4　人工智能领域科研团队按规模分布

其次，从发文量、被引量、h 指数、中介中心性、接近中心性以及加权中心性六个维度对科研团队进行测度和排行，将前 234 名（占总数前 1%）科研团队定义为领军团队，每个指标分别选取排名前 10 的领军团队作展示和分析，共涉及 47 个团队，因为其中有 10 个团队在两个或两个以上的指标排名中进入前 10，其中团队#205、#342、#207 分别在三个指标的排名中进入前 10。由于篇幅限制，仅对排名前三的科研团队作简明扼要的分析，以及对排名第一的领军团队结构作可视化展示。

① 许治、陈丽玉、王思卉：《高校科研团队合作程度影响因素研究》，《科研管理》2015 年第 5 期。

四　多维度领军团队的提取结果及分析

（1）基于发文量的领军团队

基于发文量的领军团队 Top10 如表 6.1 所示，具体每个团队的成员构成见附表Ⅰ，可以发现发文量高的团队，成员数量基本在 50 人以上。以排名第一编号为#448 的团队为例，该团队共有 52 位有紧密合作关系的著者，如图 6.5 所示，该团队的领军学者为 Pedrycz, Witold_2（末尾数字是对数据分析中对重名作者的编号）。该领军团队的研究前沿主要关注时间序列（time series）、模糊认知图（fuzzy cognitive maps）、数据挖掘（data mining）三个方面。编号为#1927 的团队共有 54 位有紧密合作关系的著者，该团队的领军学者为 Zhang, Mengjie_2，研究前沿主要关注边缘检测（edge detection）和机器学习（machine learning）两个方面。编号为#1064 的团队共有 58 位有紧密合作关系的著者，该团队的领军学者为 Castillo, Oscar，研究前沿主要关注基于模糊逻辑的动态参数自适应问题。

表 6.1　基于发文量的领军团队（Top10）

排名	团队编号	团队人数	发文量	人均发文量
1	#448	52	242.9	4.7
2	#1927	54	219.2	4.1
3	#1064	58	213.5	3.7
4	#205	58	211.3	3.6
5	#342	49	207.7	4.2
6	#203	73	205.2	2.8
7	#594	77	198.9	2.6
8	#1800	58	197.7	3.4
9	#170	60	191.9	3.2
10	#3661	52	190.9	3.7

（2）基于被引量的领军团队

基于被引量的领军团队 Top10 如表 6.2 所示，具体每个团队的成员构成见附表Ⅱ，可以发现被引量高的团队，成员数量相差较大，就排名前十的团队而言，成员最少的#5997 号团队仅有 23 人，成员最多的#843 号团队却有高

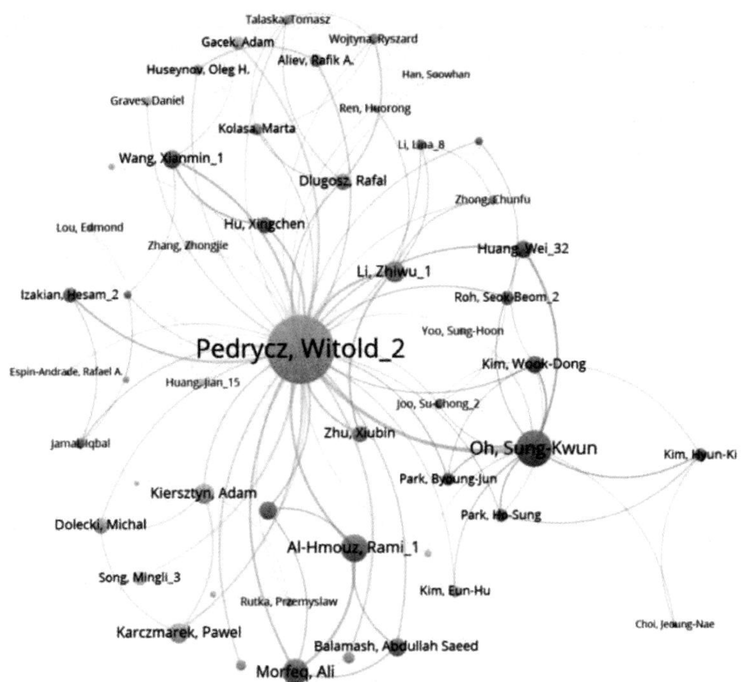

图 6.5　发文量视角下编号#448 领军团队合著网络

达 80 人。以排名第一编号为#2096 的团队为例，该团队共有 36 位有紧密合作关系的著者，如图 6.6 所示，该团队以 Lin,Chin-Jen 为核心。该领军团队的研究前沿主要关注与人工智能相关的算法研究，主要体现在分类算法和大规模线性分类两个方面。排名第二的编号为#5330 的团队以学者 Sun,Jian_14 为核心，研究前沿主要关注基于图像分类（image classification）新模型或新方法的提出。排名第三的编号为#1959 的团队以学者 Ma,Yi_4 为核心，研究前沿主要关注计算机视觉领域，探讨的问题包括在严重损坏的情况下识别图像、在图像中找到固定物件的模型等，并试图用矩阵的方法解决这些问题。

表 6.2　基于被引量的领军团队（Top10）

排名	团队编号	团队人数	被引量	人均被引量
1	#2096	36	13595.7	377.7
2	#5330	36	9695.1	269.3
3	#1959	25	8565.5	342.6

续表

排名	团队编号	团队人数	被引量	人均被引量
4	#929	34	7887.3	232.0
5	#342	49	7337.7	149.7
6	#5997	23	6919.5	300.8
7	#399	43	6813.1	158.4
8	#843	80	6775.7	84.7
9	#2435	60	6664.7	111.1
10	#205	58	6614.2	114.0

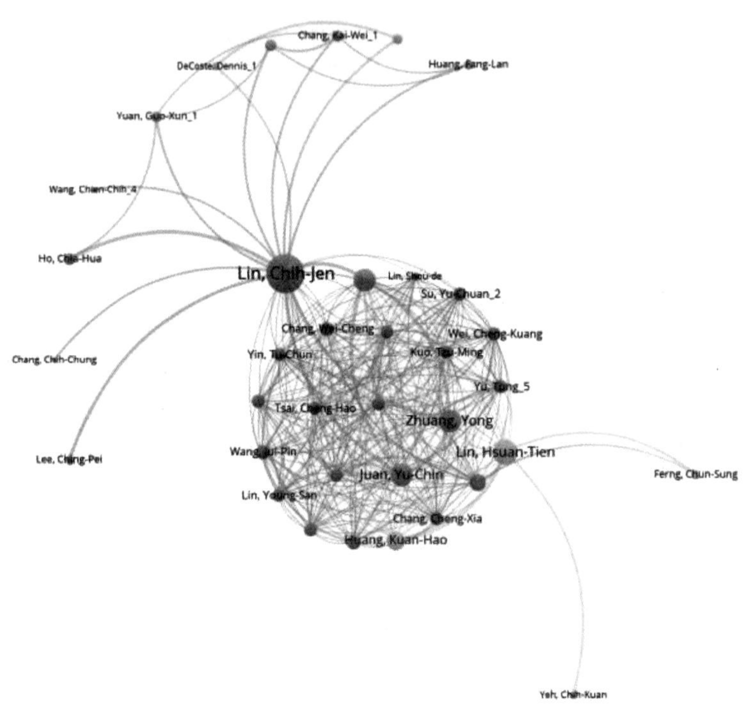

图 6.6　被引量视角下编号#2096 领军团队合著网络

（3）基于 h 指数的领军团队

基于 h 指数的领军团队 Top10 如表6.3 所示，具体每个团队的成员构成见附表Ⅲ，可以发现 h 指数高的团队，成员数量相对较多，最大的#207 号团队有 98 名成员。以排名第一编号为#594 的团队为例，该团队共有 77 位有紧密合作关系的著者，如图6.7 所示，该团队以英国布鲁内尔大学 Wang,Zidong 为核心，研究前沿主要在同步控制（synchronization control）、多目标优化（many-objective optimization）方面，并且对神经网络在时变时滞（time-varying delays）影响下的指数稳定性（exponential stability）进行了探讨。编号为#205的团队以西班牙格拉纳达大学的 Herrera,Francisco 为核心，研究前沿主要关注群体决策（group decision）、基本分类器（base classifier）和分类系统（classification system）三个方面。编号为#108 的团队共有 80 位有紧密合作关系的著者，研究前沿主要关注基于模糊关联规则挖掘和模糊逻辑结合的物流、医疗、仓储等方面。

表 6.3　基于 h 指数的领军团队（Top10）

排名	团队编号	团队人数	团队 h 指数
1	#594	77	250
2	#205	58	193
3	#108	80	189
4	#795	85	178
5	#342	49	177
6	#207	98	174
7	#223	51	173
7	#203	73	173
9	#2711	60	171
10	#29	49	169

（4）基于中介中心性的领军团队

基于中介中心性的领军团队 Top10 如表 6. 4 所示，具体每个团队的成员构成见附表Ⅳ，可以发现中介中心性高的团队，成员数量基本在 40 人以下。以排名第一编号为#698 的团队为例，该团队共有 44 位有紧密合作关系的著者，如图 6. 8 所示，该团队以重庆大学 Zhang,wei_27 为核心，研究前沿主要在图形识别的相关技术，近年研究重心在利用线段匹配的方法提高图像匹配的正确率。编号为#1348 的团队以学者 Willmann,T 为核心，研究前沿关注与人工智能相关的算法研究，特别是与矢量量化算法（LVQ）相关的研究。

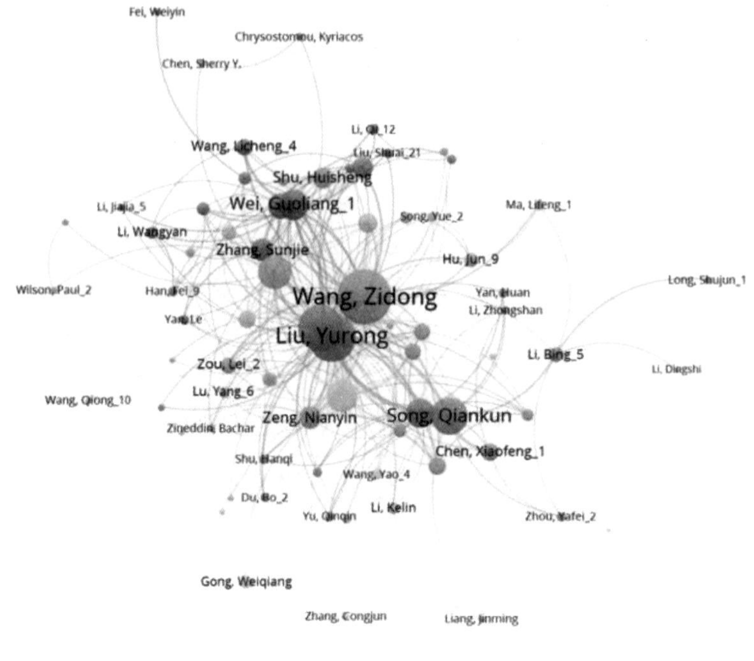

图 6.7　**h 指数视角下编号#594 领军团队合著网络**

表 6.4　基于中介中心性的领军团队（Top10）

排名	团队编号	团队人数	团队中介中心性
1	#698	44	0. 0148
2	#1348	16	0. 0103
3	#3127	22	0. 0078
4	#904	26	0. 0059
5	#2982	33	0. 0058
6	#499	39	0. 0051
7	#1663	31	0. 0047
8	#2242	38	0. 0045
9	#196	37	0. 0041
10	#63	58	0. 0038

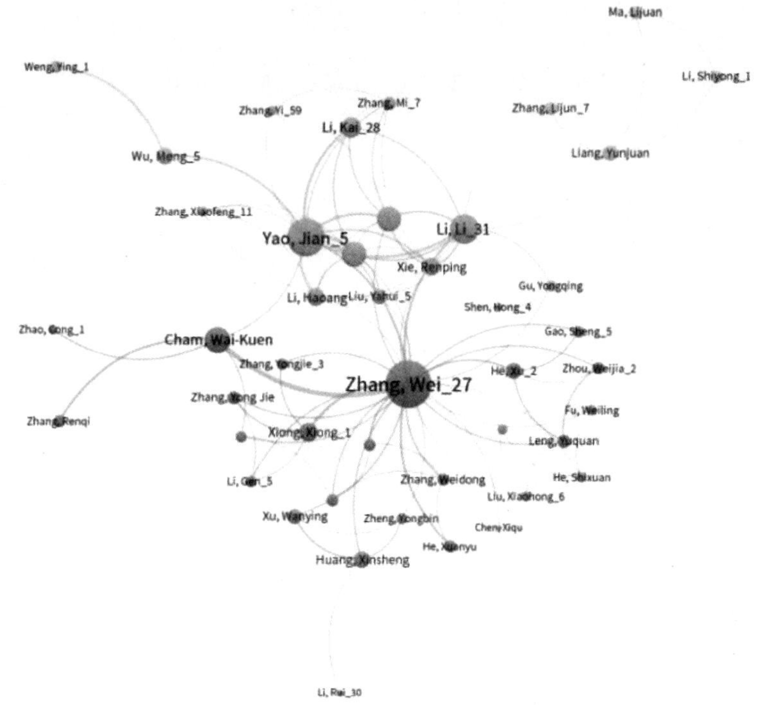

图 6.8 编号#698 领军团队合著网络

（5）基于接近中心性的领军团队

基于接近中心性的领军团队 Top10 如表 6.5 所示，具体每个团队的成员构成见附表Ⅴ，可以发现接近中心性高的团队人数普遍较多，成员数量基本在 80 人以上。以排名第一编号为#2352 的团队为例，该团队共有 100 位有紧密合作关系的著者，如图 6.9 所示，该团队以埃及开罗大学 Hassanien, Aboul Ella 为核心，研究前沿主要关注支持向量机参数优化的量子粒子群优化，还关注贝叶斯优化方法（Bayesian Optimization Approach）、多目标优化算法、求解全局优化问题的可动阻尼波算法等。编号为#2733 的团队以美国圣母大学 D'Mello, Sidney 为核心，研究前沿主要针对教育领域，应用计算机视觉技术（computer vision technique）捕捉学习者在环境下的面部表情并分析其状态，研究的目的是完善他们的智能辅导系统（intelligent tutoring system），因此该团队在语音识别、情绪分析方面也颇有建树。编号为#1063 的团队以西班牙马德里理工大学 Bajo, Javier 为核心，研究前沿主要关注物联网系统的自适应容错跟踪控制算法、提高物联网系统的区块链管理效率的非线性自适应闭环控制系统、物联网多设备分布式连续时间故障估计控制。

表 6.5　基于接近中心性的领军团队（Top10）

排名	团队编号	团队人数	团队接近中心性
1	#2352	100	4.723
2	#2733	83	4.395
3	#1063	84	4.082
4	#2181	94	4.036
5	#795	85	4.001
6	#207	98	3.974
7	#948	84	3.962
8	#5899	79	3.962
9	#2177	92	3.909
10	#3481	83	3.895

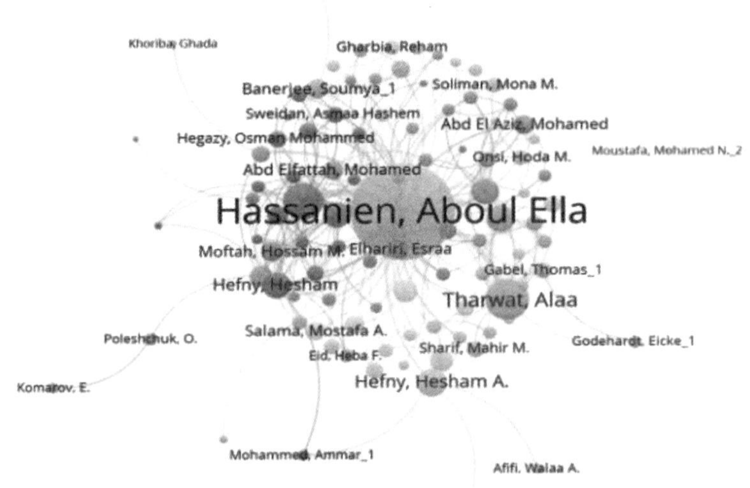

图 6.9　编号#2352 领军团队合著网络

（6）基于加权点度中心性的领军团队

基于加权点度中心性的领军团队 Top10 如表 6.6 所示，具体每个团队的成员构成见附表Ⅵ，可以发现基于加权度的团队排名，在团队人数上分布较为均匀。以排名第一编号为#3127 的团队为例，该团队共有 22 位有紧密合作关系的著者，如图 6. 10 所示，该团队以法国巴黎第六大学学者 Perny, Patrice 为核心，研究前沿主要关注包括公共设施的位置布置问题、电力市场贸易谈判问题、多边谈判的策略问题、碳排放量评估与交易问题、多准则决策问题，核心在于决策理论在人工智能中的应用。编号为#2056 的团队以 Xu, Yang_7 为核心，研究前沿主要是格值逻辑（lattice-valued logic）、格蕴含代数（lattice implication algebra）、SAT 问题以及模糊逻辑（fuzzy logic）。编号为#2242 的团队共有 38 位有紧密合作关系的著者，该团队以学者 Ramirez, J. 和 Gorriz, J. 为核心，研究前沿主要的是模式识别（Pattern recognition）等人工智能（Artificial intelligence）方法在生物（Biology）和医疗（Medicine）领域的应用研究，近年来特别针对阿尔茨海默症展开研究。

表 6. 6 基于加权点度中心性的领军团队（Top10）

排名	团队编号	团队人数	团队加权度
1	#3127	22	423. 7
2	#2056	58	413. 0
3	#2242	38	399. 7
4	#2312	37	393. 9
5	#2373	50	393. 2
6	#196	37	374. 2
7	#207	98	367. 6
8	#48	36	355. 8
9	#276	61	345. 7
10	#2733	83	341. 6

（7）六种维度下领军团队的比较分析

将上述六种维度的领军团队 Top10 进行比较，结果如表 6. 7 所示，具体每个团队的成员构成见附表Ⅰ至附表Ⅵ。其中团队#205 和团队#342 同时在发文量、被引量和 h 指数排到前 10 位，团队#207 同时在 h 指数、接近中心性和加权点度中心性排到前 10 位。此外，团队#196、团队#203、团队#2242、团队#2733、团队#3127、团队#594 和团队#795 均在两个维度中排到前 10 位。这个结果说明，不同维度的领军团队排名确实揭示了不同内涵的领先优势，与

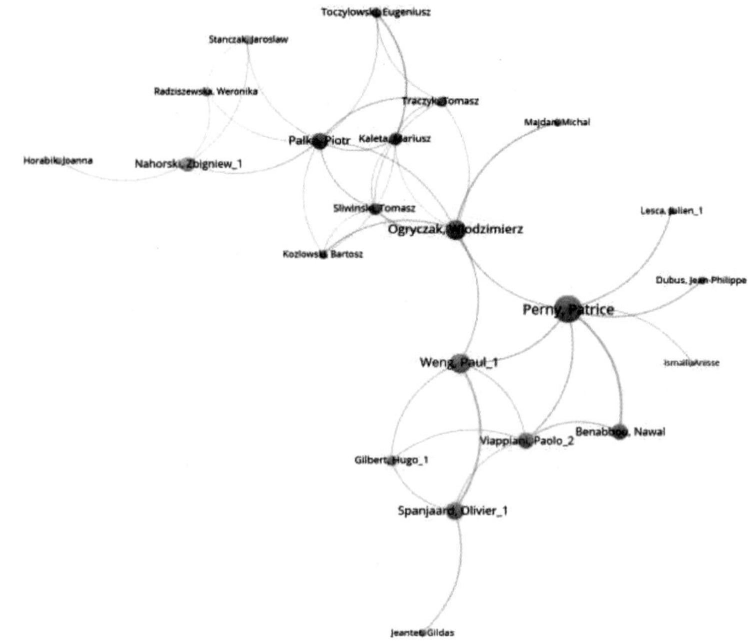

图 6.10　编号#3127 领军团队合著网络

此同时，存在一些领军团队在不同维度均体现出了领先优势，其中，在 h 指数方面表现优秀的领军团队更可能在其他维度也取得优势。

表 6.7　六种维度领军团队的比较分析（Top10）

排名	发文量	被引量	h 指数	中介 中心性	接近 中心性	加权点度 中心性
1	#448	#2096	#594	#698	#2352	#3127
2	#1927	#5330	#205	#1348	#2733	#2056
3	#1064	#1959	#108	#3127	#1063	#2242
4	#205	#929	#795	#904	#2181	#2312
5	#342	#342	#342	#2982	#795	#2373
6	#203	#5997	#207	#499	#207	#196
7	#594	#399	#223	#1663	#948	#207
8	#1800	#843	#203	#2242	#5899	#48
9	#170	#2435	#2711	#196	#2177	#276
10	#3661	#205	#29	#63	#3481	#2733

五　研究结论与讨论

本节以 2009—2018 年十年 Web of Science 人工智能学科所有科技论文的数据为来源，从基于作者合作网络演变应用出发，构建基于数据分析的从数据清洗、网络构建、科研团队识别与领军团队提取的完整流程。

通过研究，本节得到如下三个主要结论：

（1）基于迭代式积累设计科技论文数据清洗的规则。形成一套人工智能研究机构别名对应表，提出基于机构名和合著者对作者进行大规模消歧的方法，并在人工智能科技论文数据集上得到实证检验。这种名称消歧的思路和方法较为简便可行，实际消歧效果较好，可以用于其他学科领域的机构或作者名称消歧。

（2）构建基于合著网络关系识别人工智能科研团队的流程体系。采用分数计数法构建全局合著网络，通过消除边缘结点进行合著网络提取，利用已知团队作参考进行动态参数调整，识别出了粒度合适的科研团队。在实际调参过程中，由于没有客观标准，需要选取已知团队作为参照点，判断合适的团队划分标准，这同样适用于其他学科领域科研团队的划分过程。

（3）基于六个维度提取人工智能研究的领军团队。分别从发文量、被引量、h 指数、中介中心性、接近中心性、加权点度中心性识别了领军团队，并举例分析了领军团队的构成及其研究主题。

本书的应用价值在于，一是构建了从大规模数据集中识别科研团队与提取领军团队的系统化流程；二是通过应用科学评价中认可度较高的六个维度指标对领军团队科研绩效评价比较发现，将领军团队用于描述科研成绩突出的科研团队时，其科研成绩可以体现在不同维度上，且各有侧重。

第二节　人工智能科研团队的合作模式及其对比

科研合作模式是指科学研究主体行为的一般方式，具有简单性、重复性、结构性、稳定性等特点，能够反映科学研究过程中参与的主体之间的合作关系及其规律。合作模式的不同，不仅使研究团体行为特征形成差异，而且会产生不同的研究绩效。

人工智能在全球范围内的普及，不仅使大规模的科研团队得以集聚产生，而且通过不断的合作促使新的研究成果持续涌现，推动着人工智能的广泛而深入的发展。那么，人工智能科研合作呈现出哪些模式？这些合作模式的特点包括哪些？不同的合作模式下科研团队的结构特征、研究绩效与地理分布如何？这些问题的研究，对于把握科研团队合作态势和趋势，进而深入解读与分析人工智能领域的发展，具有重要的价值。

经过文献检索与调查发现，相关研究主要体现在对科研合作模式进行划分或者针对某种合作模式专门跟踪，并进而探讨科研合作的特点、影响及其效果等方面①。其中，在合作模式划分上，一是基于作者的机构、地域（国别、城市）、年龄、职称等某个属性研究合著关系进而划分模式，二是基于合作网络结构特征和群体连接特点通过计算作者合作网络密度、节点中心性、节点之间距离等对合作模式进行划分。已有的研究成果揭示了科学合作过程的特点和规律。但是，现有研究主要是从个人作者出发，涉及的研究学科领域普遍规模较小、实证分析的数据量有限，使得研究结论主要停留在对合作模式的识别及其相关阐释上。由此，探讨合作模式及其产生的影响是值得深入研究的。

一　研究流程设计与数据处理

（1）研究思路与流程设计

在已有研究的基础上，针对要解决的问题，本节基于大规模数据分析提出如下研究思路：首先，在合作网络中将科研团队与个人作者组合进行合作模式划分，其中包括通过综合研究从科研团队中筛选出领军团队、构建核心学者识别算法；其次，从人员数量、中心性、研究热点主题分别对每种模式进行枚举解读；最后，比较不同合作模式的领军团队在网络结构特征、研究绩效表现和地理分布三个维度上的差异。人工智能科研团队合作模式划分及对比的整体研究流程设计如图 6.11 所示。

（2）样本选择与数据处理

本节数据来源与上节相同，并在所识别出的 23423 个科研团队、涉及 186997 名作者基础上，选取发文量、被引量、h 指数、加权点度中心性

---

① 王曰芬等：《人工智能科研团队的合作模式及其对比研究》，《图书情报工作》2020 年第 20 期。

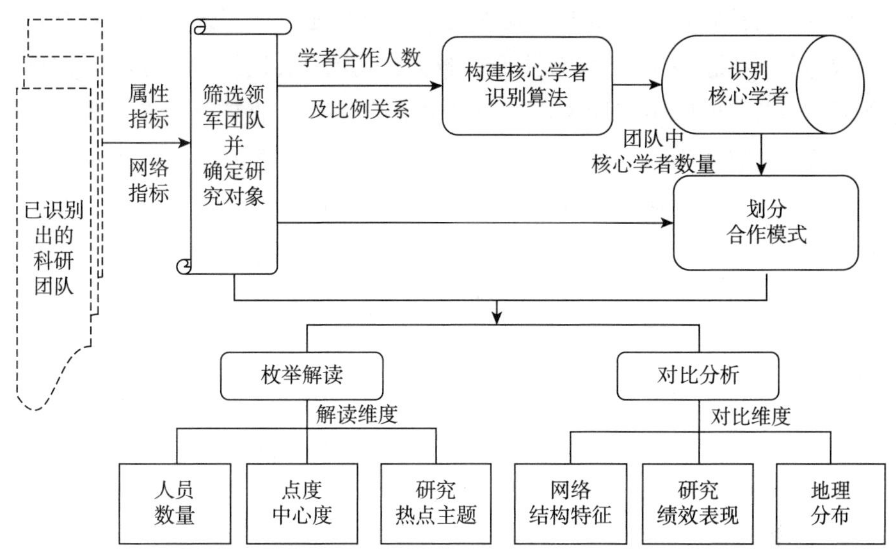

图 6.11 人工智能科研团队合作模式划分及对比的整体流程

（注：虚线框图表示的是在前面研究中已经完成的内容）

（weighted degree centrality）、中介中心性（betweenness centrality）和接近中心性（closeness centrality）为指标，以团队中成员各指标的总和为依据对团队排序（发文量和被引量均使用分数计数法计算得出），分别选取每个指标下排名位于前 15 的团队视为领军团队，取其并集得到 68 个团队作为本书的研究对象。

基于原始数据构建国家/地区—机构—文章之间的关联，进一步根据学者与文章间的对应关系识别学者所属机构和国家/地区。为了进一步分析科研团队的国家分布情况，将学者所属地区合并到相应的国家表述中，如，"Taiwan" 归为中国，"England" "Scotland" "NorthIreland" 和 "Wales" 都归为英国，"Reno" 归为美国，此外，忽略部分无法追踪到具体的国家名的国家。

二 领军团队合作模式划分

(1) 划分方法与流程

在复杂网络中，节点的度中心性表示与节点直接相连的其他节点的个数，是用于衡量网络中节点中心性的常用指标。如果一个行动者与很多其他行动者之间存在直接联系，那么该行动者就居于中心地位，在该网络中拥有较大的“权力”。因此一个节点的度中心性越大，表示其在网络中越重要。在作者合著网络中节点的度中心性表示与该学者有合作关系的其他学者的人数，可用于衡量学者影响力，识别网络中的核心学者。加权点度中心性则加入对边权值的考虑，节点的加权点度中心性是与该点相连接的边权值之和。在构建的作者合著网络中，边的权值反映两个作者之间的合作强度，由二者的总合作次数计算得出。本书研究借鉴范如霞等的研究中识别高合作作者的方式①，以学者在其所在团队网络中的度中心性、加权点度中心性以及其发文量为划分依据，并通过多次实验确定更为合理的阈值，从网络视角识别团队核心学者从而定义团队合作模式。以团队中节点 i 的点度中心性表示与作者 i 合作的作者数，以 D_i 表示；以节点 i 的加权点度中心性表示作者 i 的合作频次，以 WD_i 表示；以 pub_i 表示作者 i 的发文量，以 Z 表示团队总人数。具体操作流程设计如下：

①基于 D_i 将节点降序排列，若 $D_j = D_k$，进一步比较 WD_i 与 WD_j；若 $WD_i = WD_j$，则进一步比较 pub_i 与 pub_j。

②识别团队中核心学者：首先根据团队中度数最高的作者的合作人数（D_i）与团队总人数（Z）的比例关系（α）来识别团队中的唯一核心（有关 α 的阈值选择见下文），若第一个节点 i 的合作人数满足 $D_i/Z >= \alpha$（$0 < \alpha < 1$），则节点 i 为团队唯一核心；否则以下述方法进行判断，若存在节点 i，j，k，满足 $D_i > D_j > D_k$（若 $D_j = D_k$，则进一步比较 WD_i 与 WD_j），且节点个数/$Z <= 0.2$，使得（$D_i + D_j + D_k$）$/Z >= 0.8$（基于二八定律），则节点 i，j，k 为团队核心学者。需要注意的是，D_i、D_j、D_k 相加时需进一步排除 D_i、D_j、D_k 中重复的学者，即若节点 i，j，k 均与节点 a 都有合作，则 a 只计算一次。

③划分合作模式：根据团队中核心学者的数量划分合作模式。如表 6.8 所示。

① 范如霞、曾建勋、高亚瑞玺：《基于合作网络的学者动态学术影响力模式识别研究》，《数据分析与知识发现》2017 年第 4 期。

表 6.8　团队合作模式划分

合作模式	划分标准	说明
单核模式	核心学者数量 =1	团队中存在某个核心成员，维持着团队合作网络的基本结构
双核模式	核心学者数量 =2	团队中存在两个核心成员，连接着更小子网，共同构成团队主体部分
多核模式	核心学者数量 > =3	团队中存在三个及三个以上核心成员，将几个多人合作的子网连接起来，形成多团体合作模式共存的状态
均衡模式	核心学者数量 =0	团队中学者间合作较为均衡和分散，不存在占据绝对主导地位的核心成员

（2）α 的阈值选择

在团队合作模式划分过程中，对划分结果有决定性影响的为团队中作者的合作人数与团队总人数的比例关系，即 $D_i/Z=\alpha$ 的阈值设置。在研究中，将 α 分别设定为 0.5、0.6、0.7、0.8 来进行实验（α 需满足 $0.5<=\alpha<=0.8$，以保证核心节点的地位并且不与双核及多核模式的界定阈值冲突），通过对不同合作模式的计算得到不同的划分结果，如表 6.9 所示。

表 6.9　领军团队合作模式划分结果比较

团队合作模式	$\alpha=0.5$	$\alpha=0.6$	$\alpha=0.7$	$\alpha=0.8$
单核模式	58	46	31	21
双核模式	0	0	8	14
多核模式	7	19	25	29
均衡模式	2	2	3	3

观察表 6.9 可以发现，随着阈值 α 的增大，单核模式的团队数量不断减少，双核、多核和均衡模式的团队数量不断增加。即当 $\alpha=0.5$ 或 0.6 时，将领军团队可划分为三种合作模式，分别为单核模式、多核模式和均衡模式，且单核模式占主导地位。但是当 α 增大到 0.7 或 0.8 时，开始出现双核模式的团队，且多核和均衡模式的团队数量也有所增加。因此，为了确定较优阈值，首先比较 $\alpha=0.5$ 或 0.6 与 $\alpha=0.7$ 或 0.8 时划分结果的差异，结合团队网络结构发现，当 $\alpha=0.5$ 或 0.6 时，划分结果中的某些单核模式团队中存在明显的双核结构，而当 $\alpha=0.7$ 或 0.8 时，原来的单核可明显地被划分为双核模式，如编号 399 领军团队，可见以 0.5 或 0.6 作为阈值 α 并不合理。进一步

比较 $\alpha=0.7$ 和 $\alpha=0.8$ 时的两种划分结果发现，当 $\alpha=0.7$ 时同样存在某些单核模式团队是明显的双核结构，如编号 3047 领军团队。因此，为了尽可能准确地区分单核模式与其他模式的团队，经过多次实验，本书研究将单核模式的划分阈值 α 设置为 0.8。值得说明的是，由于领军团队中编号为 905 的团队中只包含一个学者，该学者与其他学者之间均不存在合著关系，不在本书研究合作模式研究的对象范围。因此，最终确定的研究对象为 67 个领军团队。

三 领军团队合作模式枚举分析

(1) 单核模式

单核模式，即团队中只有一个核心学者的合作模式。根据上述的阈值选择结果，该核心学者与团队中 80% 以上的学者存在合作关系，表现在网络中即 80% 以上的节点与该核心节点连接，团队网络呈中心向外辐射的形态。在这种模式的网络中，核心学者占据绝对主导地位，与核心学者产生合作就相当于与整个团队建立了联系，了解核心学者的研究主题可以有效把握整个团队的研究方向。图 6.12 所示的团队即为典型的单核模式。

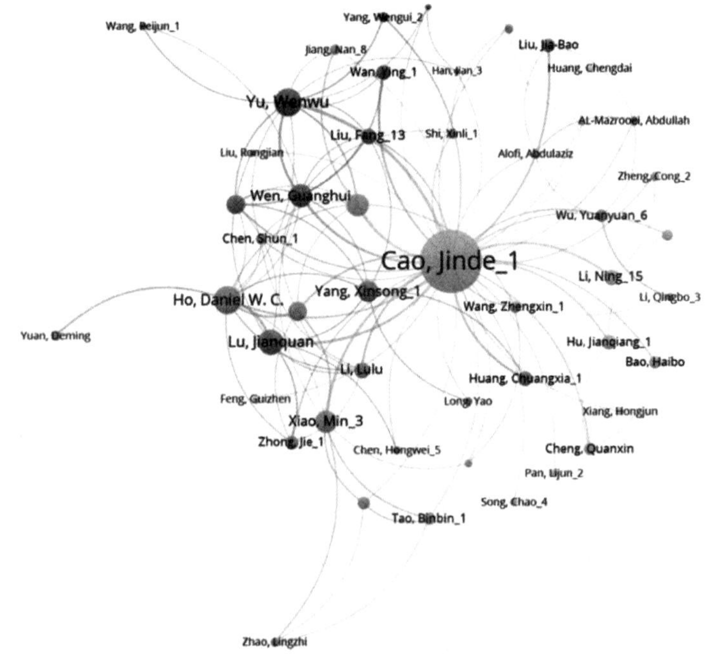

图 6.12 单核模式科研团队

在图 6.12 所示团队中，团队节点数量为 49，度数中心性最高的节点为 Cao,J. _1（曹进德），曹进德的度数中心性（即合作人数）为 45 人，因此曹进德的合作人数占团队总人数的 80% 以上，曹进德为该团队的唯一核心节点，该团队为单核模式。来自东南大学的曹进德教授通过与来自南京信息工程大学、江苏师范大学等众多机构的学者进行合作形成人工智能领域领军科研团队，通过对该团队研究成果进行分析发现该团队研究热点主题主要包括全局同步（global synchronization）、全局指数稳定性（global exponential stability）和多智能体系统（multi-agent system）这三个方面。

（2）双核模式

双核模式是指团队中有两个核心学者，其合作者的并集占整个团队人数的 80% 以上。双核模式的团队在网络中多呈现桥梁型结构，即两个核心学者是两个子网络的连接点，两个核心学者的合作构成两个子网之间的桥梁，两个子网共同维持着团队的结构。双核模式的科研团队对人工智能领域跨学科、跨机构的发展可能会起到重要作用。图 6.13 所示的团队即为典型的双核模式。

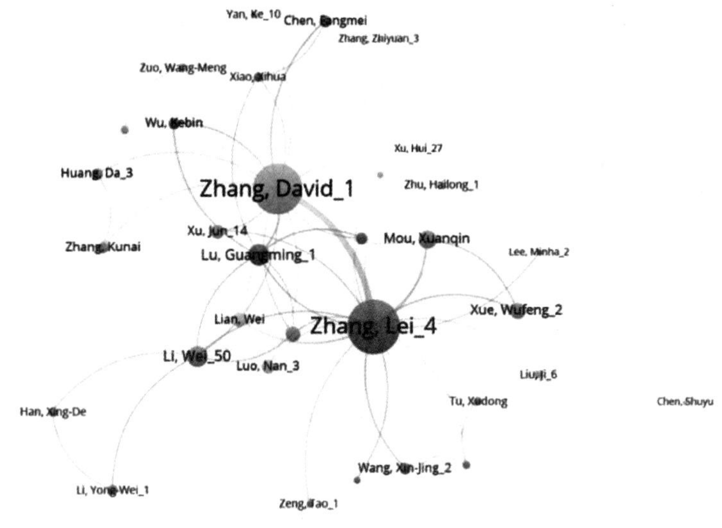

图 6.13　双核模式科研团队

在图 6. 13 所示团队中，团队节点数量为 34，度数中心性最高的节点为 Zhang,D. _1 其度数中心性（即合作人数）为 21 人，故无单独学者合作人数超过团队总人数的 80%。根据前述的团队合作模式划分方法与表 6. 9 结果，将学者按度数中心性排序，排除重复合作者后依次相加。度数中心性排名第二位的学者为 Zhang,L.，其合作人数为 20 人，两者的合作人数相加为 30 人（若某位学者同时与 Zhang,D. 和 Zhang,L. 合作，则该学者只计数一次），超过团队总人数的 80% 以上，且核心学者数小于团队总人数的 20%，因此 Zhang,D. 和 Zhang,L. 为该团队的核心节点，该团队为双核模式。Zhang,D. 和 Zhang,L. 均来自香港理工大学，两者与其他学者进行合作形成各自的研究子网，其合作者之间既有交集，也有差集，这些学者共同努力，形成了图 6. 13 所示的领军科研团队。该团队的研究热点主题主要包括人脸识别（face recognition）和卷积神经网络（convolutional neural network）两个方面，其中在人脸识别中涉及到人脸图像（face image）、稀疏表示（sparse representation）、图像分类（image classification）。

（3）多核模式

多核模式可根据团队中核心成员的数量进一步划分为三核模式、四核模式等，该模式通过几个核心节点将若干个多人合作的子网连接起来，形成领军科研团队。这种模式的团队中各子网之间的合作有利于加深人工智能领域合作程度，同时也可以汇聚各学科内容和研究方法的优势扩展研究范围和研究方向。图 6. 14 所示的团队即为典型的多核模式，其中包含 4 个核心学者。

在图 6. 14 所示团队中，团队节点数量为 37，度数中心性最高的节点为 Dastani,M.，其度数中心性（即合作人数）为 21 人，故无单独学者合作人数超过团队总人数的 80%。根据前述的团队合作模式划分方法，将学者按度数中心性以及加权点度中心性排序，排除重复合作者后依次相加，最终得到该团队的核心学者包括 Dastani,M.、Meyer,J. _1、Meyer,J. 和 Dix,J. _1 四人，因此该团队为多核模式。前三位核心学者均来自荷兰的乌得勒支大学，“Dix,J. _1”学者来自德国的克劳斯塔尔工业大学，这四位学者与其各自合作者一起，共同构成了图 3 的领军团队。该团队的研究主要是围绕多智能体系统展开的，结合了云计算（Cloud computing）等方法，在软件开发的管理层面运用多智能体系统进行过研究。团队在机器人运动协调方面有所探索，强调有

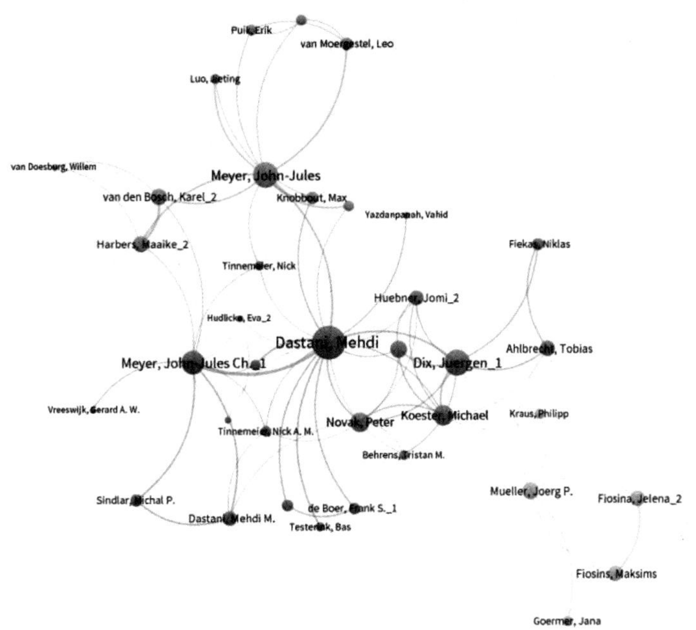

图 6.14　多核模式科研团队

效性和适用性。

（4）均衡模式

均衡模式即科研团队中不存在核心学者，团队中所有学者之间的合作较为均衡，其网络表现相较于多核模式来说更为分散，各子团队之间联系更少。图 6.15 为典型的均衡模式团队。其中，团队节点数量为 23，度数中心性最高的节点为 Gumus, A.，其度数中心性（即合作人数）为 11 人，故无单独学者合作人数超过团队总人数的 80%。根据前述的团队合作模式划分方法，前 20% 以内的学者（前 4 位）的合作人数总计为 15 人，不超过团队总人数的 80%，因此该团队中不存在核心学者，属于均衡模式，可以发现，该团队由多个相互之间联系很小的子团队构成，网络结构与葡萄串类似，没有明显的核心学者，但子团队之间存在桥梁学者，桥梁学者可进一步发展合作伙伴，以期形成规模更大、联系更紧密的科研团队，从而加快人工智能领域的合作发展步伐。

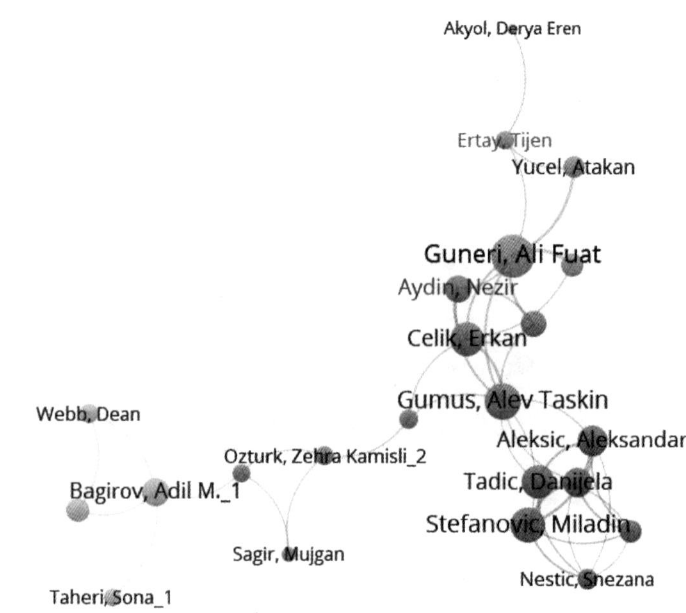

图 6.15　均衡模式科研团队

四　不同合作模式领军团队的网络结构、研究绩效与地理分布对比

（1）不同合作模式领军团队网络结构特征分析

团队的网络结构特征由网络图中的社会网络指标表征，如密度、聚类系数、平均最短路径等，可以反映网络中节点之间相互连接和聚集的程度。

密度：网络图中实际存在的边的数量与可能存在的边的数量的比值称为该网络的密度，可用于刻画网络中节点间相互连接的密集程度。

聚类系数：节点 i 的邻居节点之间实现存在的边的数量与可能存在的边的数量的比值称为节点 i 的聚类系数，网络的聚类系数为网络中所有节点的聚类系数的平均值。在合著网络中表现为作者的所有合作对象里也存在实际合作关系的概率，可用于衡量网络的聚集性。

平均路径长度：网络图中任意两个节点之间距离（即连接这两点的最短路径长度）的平均值即为网络的平均路径长度。

下面将在划分领军团队合作模式的基础上，统计不同合作模式领军团队的以上指标的值，并计算不同合作模式领军团队每个指标的平均值，从而分析不同合作模式在网络结构特征上的差异，如表6.10所示。

表6.10　不同合作模式领军团队网络结构指标

合作模式	网络密度（平均值）	聚类系数（平均值）	平均最短路径长度（平均值）
单核模式	0.143	0.783	2.002
双核模式	0.150	0.782	2.202
多核模式	0.116	0.732	2.544
均衡模式	0.132	0.734	3.162

由表6.10可以发现，无论是何种模式的领军团队，其网络密度、聚类系数值都较低，表示网络节点间的联系较为稀疏，团队成员之间的科研交流活动较少。而对比不同模式的网络结构指标发现，与多核模式和均衡模式相比，单核模式和双核模式的领军团队的网络密度和聚类系数值较高、平均最短路径长度较短，表示单核模式和双核模式的领军团队聚集程度较高，团队中学者之间的联系较为密切，这一结果表明有一个或两个核心学者的合作模式更有利于学者之间进行学术交流和知识共享。

（2）不同合作模式领军团队研究绩效分析

对领军团队的合作模式进行划分和界定的最主要目的在于比较不同合作模式团队的绩效表现，以分析何种合作模式最有利于团队工作，以提高其产出效率。团队研究绩效评估涉及很多方面，如文献计量指标、专利技术指标、经济财务指标等①。本书选取与科技论文相关的五个文献计量指标进行统计分析，包括不同合作模式领军团队的团队总发文（团队成员总发文量）、人均发文、团队总被引频次（团队成员发文总被引量）、人均被引频次和文章均被引频次。其中，团队总发文量、团队总被引频次和文章均被引频次衡量了团队整体研究绩效，而人均发文量和人均被引频次衡量了团队中个人的研究绩效。计算不同合作模式领军团队各指标的平均值，以对比分析不同合作模式对团队产出绩效的影响，结果如表6.11所示。

① 孟溦、李强、刘文斌：《基于3E理论构建科研机构评价指标体系》，《科学学研究》2007年第5期。

表 6.11 不同合作模式领军团队研究绩效指标

合作模式	平均团队总发文量	平均人均发文量	平均团队总被引频次	平均人均被引频次	平均文章均被引频次
单核模式	148.2	2.5	3364.6	72.6	38.6
双核模式	112.9	2.6	3598.8	104.9	38.2
多核模式	103.6	2.0	2087.6	37.9	20.5
均衡模式	58.1	1.3	441.6	13.7	11.2

由表 6.11 可知，在以上四个研究绩效指标的表现上，单核、双核和多核模式的值均远大于均衡模式，其中，单核模式和双核模式表现更为优异。这一结果表示，具有一个或两个核心学者的合作模式的研究产出更高，更有利于提高团队产出效率。

（3）不同合作模式领军团队地理分布分析

地理分布是团队分析时不可忽视的一大要素，反映了团队的辐射范围、影响力和内外交流程度。通过统计不同合作模式的领军团队中全部学者和核心学者所在国家信息，比较不同合作模式的领军团队地理分布及其差异。

1）全部学者国家分布

追踪领军团队所有学者所在国家，列出各合作模式下出现次数排名前 10 的国家以及其所属的洲，如表 6.12 所示。

表 6.12 领军团队全部学者的国家和大洲分布（Top10）

单核模式	双核模式	多核模式	均衡模式
中国（亚洲）	中国（亚洲）	中国（亚洲）	中国（亚洲）
德国（欧洲）	美国（北美洲）	美国（北美洲）	德国（欧洲）
瑞士（欧洲）	英国（欧洲）	西班牙（欧洲）	土耳其（亚洲）
埃及（非洲）	日本（亚洲）	英国（欧洲）	塞尔维亚（欧洲）
英国（欧洲）	法国（欧洲）	土耳其（亚洲）	荷兰（欧洲）
突尼斯（非洲）	西班牙（欧洲）	巴西（南美洲）	日本（亚洲）
墨西哥（北美洲）	德国（欧洲）	印度（亚洲）	澳大利亚（大洋洲）
西班牙（欧洲）	印度（亚洲）	加拿大（北美洲）	克罗地亚（欧洲）
新西兰（大洋洲）	葡萄牙（欧洲）	德国（欧洲）	奥地利（欧洲）
美国（北美洲）	爱尔兰（欧洲）	马来西亚（亚洲）	西班牙（欧洲）

统计不同合作模式领军团队学者所属的洲发现，单核模式团队学者所属洲际范围最为广泛，包括亚洲、欧洲、非洲、北美洲、大洋洲五个大洲，而双核模式、多核模式和均衡模式中的领军团队多为亚欧大陆之间的合作。

2）核心学者国家分布

上述研究已识别出不同合作模式领军团队中的核心学者，基于此统计核心学者的国家及其所属洲分布，如表 6.13 所示。需要注意的是，均衡模式中不存在核心学者，因此在这一部分的分析中不考虑均衡模式。

表 6.13　领军团队核心学者的国家和大洲分布（出现次数 Top10）

单核模式	双核模式	多核模式
中国（亚洲）	中国（亚洲）	中国（亚洲）
德国（欧洲）	美国（北美洲）	美国（北美洲）
瑞士（欧洲）	西班牙（欧洲）	西班牙（欧洲）
新西兰（大洋洲）	法国（欧洲）	英国（欧洲）
突尼斯（非洲）	英国（欧洲）	印度（亚洲）
马来西亚（亚洲）	日本（亚洲）	土耳其（亚洲）
墨西哥（北美洲）	德国（欧洲）	波兰（欧洲）
美国（北美洲）	荷兰（欧洲）	巴西（南美洲）
埃及（非洲）		荷兰（欧洲）
英国（欧洲）		马来西亚（亚洲）

与全部学者的国家分布类似，在三种不同合作模式的领军团队中，中国学者所占比例均为最高，表示人工智能领域的中国学者不仅数量多，而且在团队中占据着重要地位。对比三种模式可知，单核模式领军团队中的核心学者分布范围较为广泛，涉及亚、欧、非、北美、大洋五个大洲，而双核和多核模式的领军团队中的核心学者多分布在亚欧美三个大洲。

五　研究结论与讨论

本节以已识别出的人工智能领军团队为研究对象，从基于作者合作网络演变中科研合作模式及其绩效出发构建了一套基于数据分析的科研合作模式划分方法和流程，并从网络特征、研究绩效、地理分布三个维度挖掘不同合作模式团队之间的差异，本节得出的主要研究结论如下：

（1）根据科研团队与个人学者的组合，将领军团队的合作模式划分为四种类型：单核模式、双核模式、多核模式和均衡模式，每种模式都呈现出不同的结构状态，同时核心学者的研究发挥着较大作用。

（2）从网络特征角度看，与多核模式和均衡模式相比，单核模式和双核模式的领军团队的网络密度和聚类系数值较高、平均最短路径长度较短，即单核模式和双核模式的领军团队聚集程度较高，团队中学者之间的联系较为密切。

（3）从研究绩效角度看，与多核模式和均衡模式相比，无论是团队整体研究绩效还是团队中个人的研究绩效，单核模式和双核模式的表现都更为优异，即单核模式和双核模式的领军团队研究产出较高，更有利于提高团队产出效率。

（4）从地理分布角度看，单核模式团队合作范围更为广泛，而双核模式、多核模式和均衡模式中的领军团队合作范围较为集中，多为亚欧美大洲之间的合作；单核模式领军团队中的核心学者分布范围较为广泛，涉及亚、欧、非、北美、大洋五个大洲，而双核和多核模式的领军团队中的核心学者多分布在亚欧美三个大洲。

本研究的应用价值在于可为提高团队效率、扩大团队影响力、加强科研团队建设、促进学者合作等提供决策依据，并且可帮助相关研究者从整体层面把握人工智能领域学者合作态势，促进人工智能领域蓬勃发展。

此外，为加强研究的广度和深度，该方法可进一步应用于其他领域研究团队的合作模式研究中，同时可根据作者不同属性如年龄、职称、师承关系等进一步比较不同合作模式团队的差异。

第三节　人工智能科研团队的国际合作及其差异对比

在科研合作中，基于合作者所在国家角度进行地域考察与对比分析，可以发现在不同国家之间开展的科研合作的分布、特点与差异，分清某个国家在世界范围所处的研究地位，并为促进国际科学合作交流与政策制定提供依据。

目前国际合作相关研究涉及合作态势、影响因素和影响效用三个方面①。

① 王曰芬等：《地域视角下人工智能研究团队合作状态及其对比研究》，《科技情报研究》2020年第4期。

在国际合作态势研究中，主要以单篇论文为考量单位，从论文合著作者及相关属性的角度进行研究，通常使用文献计量法和社会网络法；在影响因素方面，主要对影响国际合作的内因和外因进行探究，包括学科领域性质、国家研究实力、地理、政治、历史、社会、文化以及语言等。现有国际合作模式的研究视角丰富，然而这些研究主要基于单篇论文合著关系来表征合作模式，多以个体科学家作为研究基点，缺少以科学家所在团队为整体性的国际合作研究，且涉及合作内容层面的研究较少。

在前述研究的基础上，本节从基于作者合作网络演变和数据分析出发，在前期研究已识别出的人工智能科研团队的前提下，将作者所在团队作为整体，在合作网络中按照科研团队合作者所处的地区进行国家间合作模式划分，分析不同合作模式下人工智能科研团队合作的状态，突出中外国际合作模式的对比，从地理位置分布及共现情况、合作指标和主题内容三个层面加以综合研究，以期得到有价值的研究结论，并为应用到其他领域提供方法及流程支撑。

一　研究流程设计与数据处理

（1）研究框架与流程设计

根据上述的研究设想，在前期识别人工智能科研团队识别的基础上，本节设计的主要分析框架如下：首先，开展人工智能科研团队国家分布及共现研究，利用 Python 自编程序实现科研团队的国家分布图，并以共现关系分析国家之间的合作；其次，开展人工智能科研团队内部合作对比研究，从多指标计算的角度，分别进行各模式团队的指标对比和国家间合作的指标对比；最后，开展人工智能科研团队合作内容对比研究，从合作研究的知识内容角度，利用软件聚类形成不同类型团队的研究主题，并进行对比分析。整体研究思路与框架流程设计如图 6. 16 所示。

（2）数据来源选择与处理

本节数据来源与本章第一节相同，在科研团队识别的基础上，按照发文量、被引量、h 指数、中介中心性、接近中心性和加权度筛选各指标排名前 100 的团队。将获得的六项指标排名前 100 的研究团队视为研究的样本，并作为本节研究科研团队的数据集。

在数据处理中，按照国别进行地域合作模式的划分，因而需将地区所属国家进行归并。首先将地区合并到相应的表述中，如，“Taiwan”归为中国，“Reno”归为美国，“England”“Scotland”“North Ireland”和“Wales”都归为英国。再将各指标排名前100的研究团队归并去重，得到342个团队作为本节的研究对象。部分国家无法追踪到具体的国家名，表示为none，暂不做进一步处理，视为未知国家。根据WoS号在清洗过的文本数据中抽取相应的文本，用于主题分析。

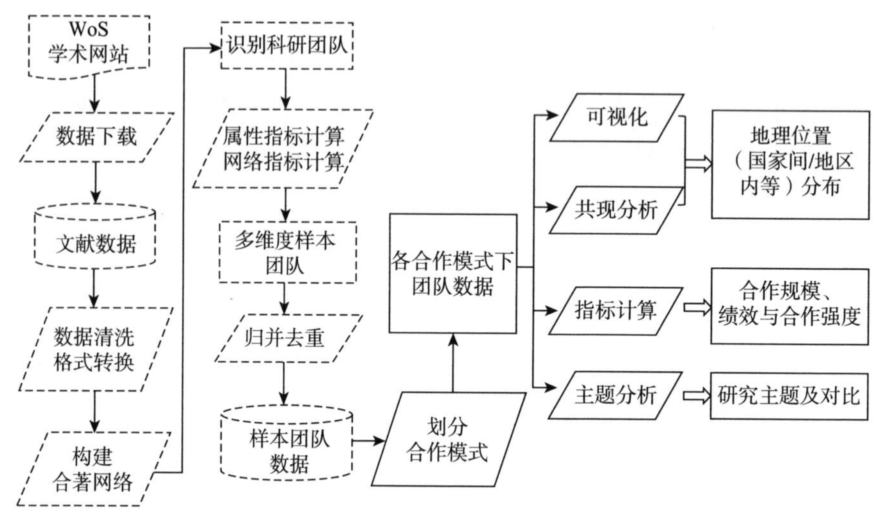

图6.16 人工智能科研团队国际合作模式划分及差异对比的整体流程

（注：虚线框图表示的是在前面研究中已经完成的内容）

二 科研团队国际合作模式划分

研究团队按地域分布的研究主要为两个方面的划分，一方面为基于国别的考虑，包括单个国家和多个国家两种；另一方面为从中国本国视角出发，包括中国国内、中国与国外以及其他国家。本书结合这两个方面进行合作团队模式划分，具体划分标准及数量统计如表6.14所示。假定团队T的专家所属区域中中国（包括台湾）所占的比例为P_T（China/country），按照P的值将研究团队划分成不同模式C_T，分别表示为“国外合作团队”“中外合作团队”以及“国内合作团队”。表6.14显示，国外合作模式可进一步划分为多个国家合作和单个国家合作，单个国家的合作模式涉及22个团队，多个国家的合作涉及147个团队。中外合作属于多个国家间的合作，涉及162个团队。

中国国内合作属于单个国家合作，涉及 11 个团队。从样本科研团队数来看，中国国内合作的团队数较少，远小于其他两种。值得说明的是，本节研究以人工智能样本科研团队作为研究对象，而样本团队的遴选是依据领军团队划分依据而确定的，因此，本节国际合作的研究定位在对于国际核心科研团队地域合作状态的分析，而非整体性研究，并从中分别对各个不同模式加以研究。

表 6.14　科研团队国际合作模式及数量统计

中国占比 $P_{T(China/country)}$	团队合作模式 C_T	团队数量 Num	团队数量		说明
			单个国家	多个国家	
0	国外合作（F－F）	169	22	147	非中国的国家间合作
（0，1）	中外合作（C－F）	162	－	162	中国和非中国的国家间合作
1	中国内合作（C－C）	11	11	－	中国国内合作

三　人工智能科研团队地理位置分布对比

对科研团队中国家数据进行统计，共涉及到 82 个国家，其中国外合作、中外合作涉及到的国家数分别为 80 个和 60 个。按照地理位置将国家参与的团队数统计结果映射到世界地图中，得到世界各国团队数统计分布图如图 6.17 所示，图中颜色的深浅表示参与的团队数量，颜色越深表明该国家参与的团队数越多。美国参与的团队数最多（201，占总体 58.77%），其次为中国（173，占总体 50.58%）。整体上显示出以北美洲的美国和加拿大、亚洲的中国和印度、澳大利亚和西欧发达国家为主要分布区域。下文分别对各合作模式中地理位置下参与团队数进行探讨。

（1）国外合作模式科研团队的国家分布

国外合作的模式包括国外单一国家合作和国外多国家合作。本节分别对两种情况进行分析，从单一国家合作的科研团队统计和多国家合作的国家间共现两方面进行探讨。

追踪到单个国家合作模式团队中具体的国家，发现国外有 14 个国家具有单个国家合作的模式，分别为巴西（Brazil，4）、韩国（South Korea，3）、以色列（Israel，2）、德国（Germany，2）、美国（USA，2）、捷克共和国

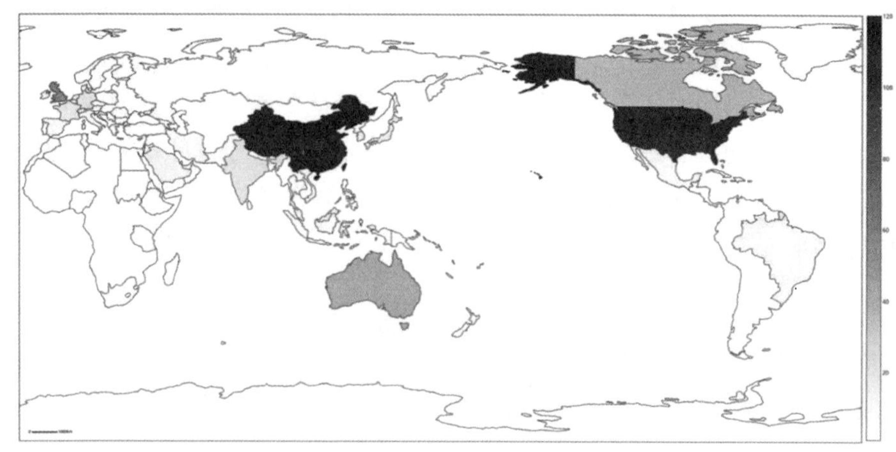

图 6.17　世界各国科研团队数分布图

(Czech Republic, 1)、日本（Japan, 1）、印度（India, 1）、加拿大（Canada, 1）、西班牙（Spain, 1）、葡萄牙（Portugal, 1）、墨西哥（Mexico, 1）、英国（UK, 1）、土耳其（Turkey, 1）。以上括号内为国家的英文表述和该类型模式下团队的数量。

国外合作模式中多国家合作的团队共现分析如图 6.18 所示。图中地图颜色的深浅表示该国涉及的团队数的多少，连线的粗细表明国家之间的共现程度。由图可见，该模式下美国在国际合作中占据主导地位，且美国与欧洲多国家间连线较多。根据普莱斯理论，筛选与美国共现的次数大于 $0.749\sqrt{n_{max}}$ 的国家，其中n_{max}表示与美国共现次数的最大值。结果得到 14 个主要共现国家，分别为德国（Germany, 32）、英国（UK, 28）、印度（India, 23）、法国（France, 19）、瑞士（Switzerland, 19）、西班牙（Spain, 18）、荷兰（Netherlands, 14）、意大利（Italy, 13）、奥地利（Austria, 12）、加拿大（Canada, 10）、日本（Japan, 9）、比利时（Belgium, 8）、韩国（South Korea, 8），括号中为英文表述和共现团队数。由此可见，在人工智能的国际合作方面欧美之间合作较为紧密，且主要表现为西欧发达国家和北美之间的合作，印度的人工智能研究在国际中也占据一定的地位。

（2）中外合作模式科研团队的国家分布

该模式表示中国与国外进行学术交流的部分团体。考虑中国在合作团体中的占比情况，统计各占比区间内的团体数量如图 6.19 所示。图中团队数量

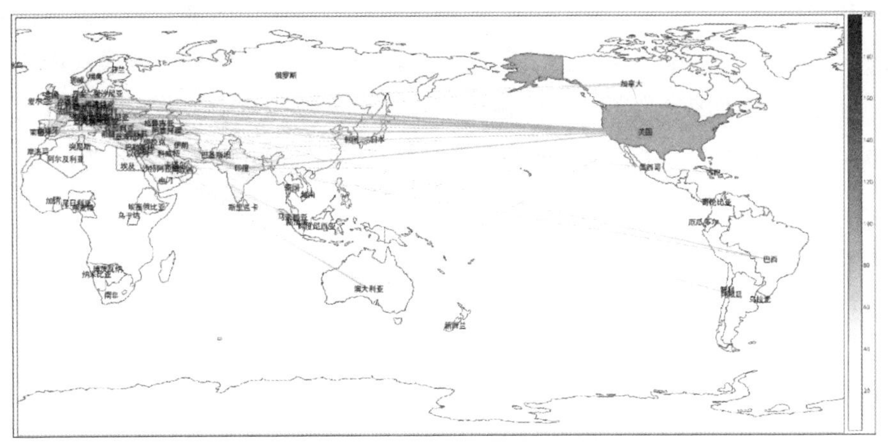

图 6.18　国外合作类别团队的国家分布及共现图

在各区间的分布呈现近 U 形分布状，靠近中间的值少而靠近两端的值多，也就是以中国为主导的团队和中国仅参与但不做主要贡献的团队这两种情况较多。中外合作的团队中，以中国为主的团队（0.9—1）共有 40 个，其中有 21 个团队与美国有合作。与英国合作的团队有 9 个，与加拿大合作的团队有 6 个，与澳大利亚合作的团队有 3 个，与新加坡合作的团队有 3 个，与德国、以色列、俄罗斯、沙特阿拉伯、韩国、西班牙、威尔士有合作的团队均为 1 个。

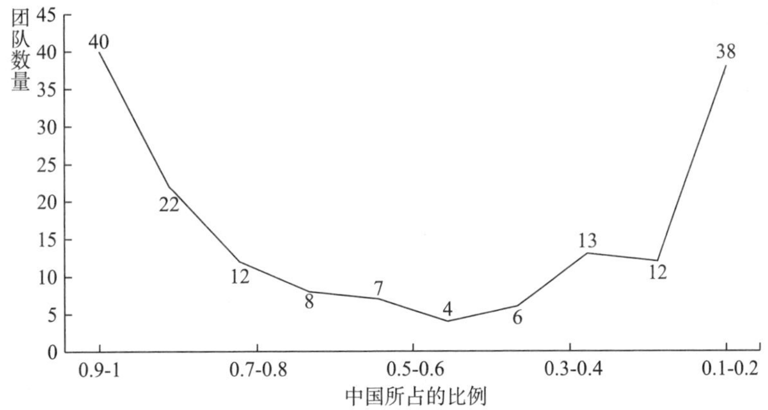

图 6.19　在团体中中国所占比例的区间分布及团队数量统计

中外合作模式团队的国家分布及共现情况如图 6.20 所示。图中地图颜色的深浅表示该国涉及的团队数的多少，连线的粗细表明国家之间的共现程度。

图中中国占据核心地位，除中国外，美国、澳大利亚、加拿大和欧洲地区是主要的连接点，且中国与美国之间的连线最粗，表明在中外合作模式的团队里中国主要与美国合作紧密。根据普莱斯理论，筛选与中国共现的次数大于 0.749 $\sqrt{n_{max}}$的国家，其中n_{max}表示与中国共现次数的最大值。结果得到 14 个主要共现国家，分别为美国（USA，111）、英国（UK，57）、澳大利亚（Australia，43）、加拿大（Canada，36）、新加坡（Singapore，25）、印度（India，21）、德国（Germany，20）、法国（France，19）、日本（Japan，17）、韩国（South Korea，16）、沙特阿拉伯（Saudi Arabia，14）、马来西亚（Malaysia，11）、巴西（Brazil，10）和西班牙（Spain，10）。由此可见，中国国际合作的范围较广，以北美洲、大洋洲、欧洲为主，亚洲合作的国家以新加坡为首。

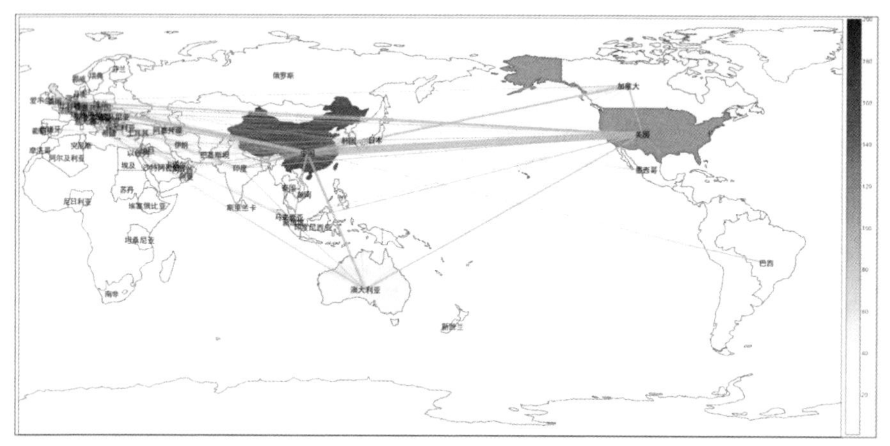

图 6.20　中外合作类别团队的国家分布及共现图

（3）中国内合作模式科研团队的地域分布

该模式表示中国国内学者的合作团体，其也属于单个国家的国际合作模式，对比国外单个国家国际合作的团体数量，中国国内合作的团体数最多。这一方面印证了中国学者数量庞大，在该模式下涉及中国学者的团体数较多；另一方面也反映了中国部分学者的合作幅度有限。

为考察中国国内合作模式的团队中主要涉及的机构分布，统计中国国内合作的这 11 个团队涉及的机构如表 6.15 所示，其中团队号为领军团队识别时的类团号，这里不做详细解释且团队不分先后，机构统计列括号内为机构在该团队中涉及的作者数。由表可见，团队#3943、#2667、#626 和#314 都为机构所处地域相邻的合作团队。团队#2835 中国防科学技术大学总部设在长沙，但在南京有分部，中国电子科技集团公司第二十八研究所则位于南京，也就是说从属机构中存在地域相邻的关系。而团队#983 则分布于多个省份，但以广东省为主，这可能源于广东高校较多，且具有一些院校的分部，如北京大学在广州具有实践基地。

综合以上三种模式团队的分析，整体上人工智能研究分布在美国、中国、加拿大、澳大利亚和欧洲发达国家。国外人工智能研究合作模式以发达国家为核心，美国占据科学研究的主导地位，欧美合作较为普遍；中国国内人工智能研究合作模式存在依据地域邻近关系和从属机构关系进行合作的研究团队。

表 6.15　国内合作团队主要机构分布统计表

团队号	机构统计	省份
#3943	朝阳科技大学（11）、厦门理工大学（3）、元培医事科技大学（1）、台中医院（1）、德霖技术学院（1）	中国台湾、厦门
#2835	国防科学技术大学（8）、中国电子科技集团公司第二十八研究所（1）	湖南/江苏、江苏
#2667	中南大学（28）、湖北汽车工业学院（2）、湖南科技大学（1）、湖南大学（1）、风险管理与控制技术湖南省工程实验室（1）、湖南城市学院（1）	湖南、湖北
#983	中山大学（30）、香港浸会大学（12）、华南农业大学（6）、越秀公安（2）、广东省信息安全技术重点实验室（2）、汕头大学（1）华南理工大学（1）、北京大学（1）、国防科学技术大学（1）、南昌大学（1）、香港理工大学（1）、香港中文大学（1）、广东省信息安全重点实验室（1）、广东省数字信号与图像专业重点实验室（1）	广东、中国香港、湖北、北京、江西、湖南
#982	南京理工大学（28）、攀枝花学院（3）、北京信息科技大学（2）、华南农业大学（1）、上海海洋大学（1）、南京航空航天大学（1）、金陵科技学院（1）、淮阴师范学院（1）、淮海工学院（1）	江苏、四川、北京、广东、上海
#745	西南交通大学（10）、暨南大学（6）、成都信息工程大学（5）、昆明理工大学（2）、西南民族大学（2）、宜宾学院（1）、山东省计算中心（1）、西北师范大学（1）	四川、广东、云南、山东、甘肃

续表

团队号	机构统计	省份
#399	辽宁工业大学（27）、大连海事大学（12）、集美大学（1）、大连海洋大学（1）、山东交通学院（1）、福州大学（1）	山东、福建、辽宁
#314	武汉理工大学（14）、湖北科技大学（10）、武汉大学（9）、洛阳师范学院（1）、襄樊大学（1）	湖北、河南
#87	中国科学院（54）、北京语言大学（3）、中国科学院大学（1）、江苏金陵科技集团有限公司（1）	北京、江苏
#39	中国科学院（29）、温州大学（7）、云南大学（2）、中国科学院大学（2）、中国三星研究院北京（1）、北京科技大学（1）、西南农业大学（1）、首都经济贸易大学（1）、北京航空航天飞行控制中心（1）	北京、浙江、云南、重庆

四　合作的程度及状况对比

关于科学合作测度指标有合作指数、合作率、合作度等，最常用的合作强度测量有 Salton 公式①和 Jaccard 公式②。根据这些指标的相关定义，本节进行概念延伸，将科研团队作为基础单位，计算平均每个团队的作者数、平均每个团队的机构数和平均每个团队的发文量，以此来表征合作广度和深度，即各模式下团队的合作规模和绩效；并从国家间合作角度，利用 Salton 模型，计算基于团体共现的国家间合作强度 Salton 指数如公式（6.1）所示：

$$S_{AB} = n_{AB} / \sqrt{C_A C_B}\ , \tag{6.1}$$

其中，n_{AB}是国家 A 和国家 B 共现的团队数，C_A和C_B分别为 A 国家和 B 国家的团队数。

（1）各模式下团队的规模和绩效

统计三种模式下团队中涉及的作者数、机构数并根据分数计数法原理计算各团队中作者的发文量、被引量和 H 指数，由此得到表示合作规模的平均每个团队的作者数和机构数以及表示合作绩效的平均每个团队的发文量、被引量和 H 指数如表 6.16 所示。

① Gerard M. Salton and D. Bergmark, "A Citation Study of Computer Science Literature", *IEEE Transactions on Professional Communication*, Vol. PC－22, No. 3, September1979, pp. 46—158.

② Terttu Luukkonen, R. J. W. Tijssen, O. Persson et al, "The Measurement of International Scientific Collaboration", *Scientometrics*, Vol. 28, No. 1, 1993, pp. 15—36.

对于表示规模的平均团队作者数和机构数这两个指标，整体上呈现“中国国内合作 < 国外合作 < 中外合作”的特点，由于中国国内合作类型为单国家合作，中外合作类型为多国家合作，国外合作类型中包含单国家合作和多国家合作这两种情况，因而，该特点可印证为单国家合作规模小于多国家合作类型规模。平均每个团队作者数差距不大，这也印证了本书中科研团队识别的可靠性。平均每个团队机构数中国国内合作明显小于其他两种合作类型。对于表示绩效的平均团队发文量、被引量和 H 指数这三个指标，中国国内合作模式和国外合作模式的指标值较为接近，而中外合作模式下指标值较大，由此可见中外合作在一定程度上促进了科学研究成果的产出。对中国而言，国际合作的绩效高于中国国内合作，表明人工智能研究领域国际合作对跨入领军团队具有一定的重要性。

表 6.16　各模式研究团队的指标对比

合作模式	平均团队作者数	平均团队机构数	平均团队发文量	平均团队被引量	平均团队 H 指数
国外合作（F－F）	42.0	12.1	87.9	1352.3	74.6
中外合作（C－F）	48.2	14.9	100.6	2017.4	93.1
国内合作（C－C）	39.1	17.2	82.9	1400.0	75.0

（2）国家间合作强度指标对比

根据公式（6.1），计算基于核心科研团队的两两国家之间的合作强度 Salton 指数，得到指标测量结果如表 6.17 所示。由于篇幅限制，表中只显示部分国家对。由表可见，伊拉克与巴基斯坦之间的 Salton 指数值为 1，这表示两国之间的合作团队为各国所在的所有团队。指数排名前五的国家对中除中国与美国之间地域跨度较大，其他国家均属于同一大洲，且这些国家在国际科研中的地位相对较低。为研究人工智能领域主要的合作国家，表中还显示合作团队数大于 20 的国家对。这些国家主要为一些科研能力较强的国家，这些国家之间的 S 值差距不大，团队数大于 40 的国家对的 Salton 指数值均排名前 20。由此可见，考虑国家所在地理位置，亚洲和非洲的国家根据地域进行合作的情况较多，科研地位较低的国家间易形成相互依赖的合作关系，科研地位较高的国家间合作相对均匀。中美作为主要的科研产出国，相互之间合作也较为紧密。

表 6.17 基于领军团队的国家间合作强度 Salton 指数排名

排序	国家对	Salton 值	合作团队数	排序	国家对	Salton 值	合作团队数
1	伊拉克（亚洲）；巴基斯坦（亚洲）	1.000	1	*18*	英国（欧洲）；美国（北美洲）	0.427	62
2	苏丹（非洲）；埃塞俄比亚（非洲）	0.707	1	*19*	英国（欧洲）；中国（亚洲）	0.423	57
3	中国（亚洲）；美国（北美洲）	0.595	111	*20*	美国（北美洲）；德国（欧洲）	0.419	49
4	尼日利亚（非洲）；伊拉克（亚洲）	0.577	1	…	…	…	…
5	尼日利亚（非洲）；巴基斯坦（亚洲）	0.577	1	*29*	印度（亚洲）；美国（北美洲）	0.385	39
6	南非（非洲）；纳米比亚（非洲）	0.577	1	*33*	加拿大（北美洲）；中国（亚洲）	0.366	36
7	克罗地亚（欧洲）；纳米比亚（非洲）	0.577	1	*38*	新加坡（亚洲）；中国（亚洲）	0.353	25
8	卢森堡（欧洲）；乌拉圭（南美洲）	0.577	1	*39*	英国（欧洲）；德国（欧洲）	0.343	29
9	厄尔多瓜（南美洲）；哥伦比亚（南美洲）	0.577	1	*48*	美国（北美洲）；澳大利亚（大洋洲）	0.327	35
10	伊拉克（亚洲）；约旦（亚洲）	0.500	1	*52*	法国（欧洲）；美国（北美洲）	0.315	34
11	纳米比亚（非洲）；丹麦（欧洲）	0.500	1	*53*	加拿大（北美洲）；美国（北美洲）	0.311	33
12	也门（亚洲）；约旦（亚洲）	0.500	1	*61*	美国（北美洲）；瑞士（欧洲）	0.296	23
13	巴基斯坦（亚洲）；约旦（亚洲）	0.500	1	*64*	美国（北美洲）；荷兰（欧洲）	0.293	22
14	乌干达（非洲）；斯洛伐克（欧洲）	0.447	1	*87*	新加坡（亚洲）；美国（北美洲）	0.275	21
15	科威特（亚洲）；埃及（非洲）	0.436	2	*91*	法国（欧洲）；英国（欧洲）	0.269	21
16	马来西亚（亚洲）；印度尼西亚（亚洲）	0.435	5	*107*	美国（北美洲）；西班牙（欧洲）	0.257	25
17	中国（亚洲）；澳大利亚（大洋洲）	0.433	43	*148*	印度（亚洲）；中国（亚洲）	0.224	21

根据上述研究，进一步探究中美各自合作紧密的国家。将中国与各国间的指数值排序以及美国与各国间的指数值排序后，抽取部分结果如表6.18所示，表中只显示指标值排名前15的国家。与中国合作Salton指数排名前15的国家中，美国的合作强度最高，澳大利亚、英国、加拿大的合作强度次之，随后为亚洲国家，如新加坡、日本、印度、韩国等，从数量上来看，与中国合作密切的国家中亚洲国家较多。与美国合作Salton指数排名前15的国家中，中国的合作强度最高，然而从数量上来看，主要的合作国家为欧洲国家。整体来看，中美的合作强度在彼此合作列表中均为最高值，这意味着中美在彼此合作中的地位是对称的，然而中国主要与亚洲各国之间联系紧密，美国大部分合作国家分布在欧洲地区。

表6.18 中美与各国间Salton指数值排名列表（Top15）

排序	中国		美国	
	国家	Salton值	国家	Salton值
1	美国（北美洲）	0.595	中国（亚洲）	0.595
2	澳大利亚（大洋洲）	0.433	英国（欧洲）	0.427
3	英国（欧洲）	0.423	德国（欧洲）	0.419
4	加拿大（北美洲）	0.366	印度（亚洲）	0.385
5	新加坡（亚洲）	0.353	澳大利亚（大洋洲）	0.327
6	日本（亚洲）	0.236	法国（欧洲）	0.315
7	印度（亚洲）	0.224	加拿大（北美洲）	0.311
8	韩国（亚洲）	0.222	瑞士（欧洲）	0.296
9	沙特阿拉伯（亚洲）	0.205	荷兰（欧洲）	0.293
10	法国（欧洲）	0.190	新加坡（亚洲）	0.275
11	德国（欧洲）	0.184	西班牙（欧洲）	0.257
12	马来西亚（亚洲）	0.178	日本（亚洲）	0.245
13	爱尔兰（欧洲）	0.169	奥地利（欧洲）	0.243
14	伊朗（亚洲）	0.153	爱尔兰（欧洲）	0.235
15	阿联酋（亚洲）	0.144	意大利（欧洲）	0.209

五 研究主题及对比

各模式领军团队合作内容的对比主要是对各模式下的研究论文进行主题

识别。对原文本数据中的主题、摘要、关键词字段进行词性还原等处理形成清洗后的文本数据，按划分出的领军团队合作模式抽取文本数据，并利用软件提供的谱聚类算法识别各类型研究主题。以下分别对国外合作、国内合作以及中外合作三种合作模式的主题内容进行解读。

（1）国外合作模式团队的研究主题

国外合作模式团队的研究主题如表 6.19 所示，主要包括：人工智能中的各类算法与模型，如差分进化（Differential Evolution）、神经网络（Neural Network）、聚类算法（Clustering Algorithm）、支持向量机（Support Vector Machine）和深层神经网络（Deep Neural Network）等，其中差分进化算法通过模仿生物群体内个体间的合作与竞争产生的启发式群体智能来指导优化搜索；常用于系统仿真研究的 t - s 模糊系统（t - s Fuzzy System）和模糊粗糙集（Fuzzy Rough Set）；用于对模型评价的鲁棒稳定性（Robust Stability）；关注应用的人脸识别（Face Recognition）等。综合以上研究主题，国外人工智能领军团队的合作研究主要在基础算法研究层面和基础模型层面，注重基础性技术研究，关注模型的性能。

表 6.19　国外合作模式团队的研究主题

聚类号	聚类结果	对应中文	聚类号	聚类结果	对应中文
#0	Differential Evolution	差分进化	#5	Support Vector Machine	支持向量机
#1	Neural Network	神经网络	#6	Robust Stability	鲁棒稳定性
#2	t - s Fuzzy System	t - s 模糊系统	#7	Face Recognition	人脸识别
#3	Sparse Representation	稀疏表示	#8	Fuzzy Rough Set	模糊粗糙集
#4	Clustering Algorithm	聚类算法	#9	Deep Neural Network	深层神经网络

（2）中外合作模式团队的研究主题

中外合作模式团队的研究主题如表 6.20 所示，中外合作模式团队的研究主题较为细致。在应用领域的研究主题主要有仿真机器人（Humanoid Robot）、人脸识别（Face Recognition）、波能量设施位置（Wave Energy Facility Location）等。算法层面主要有文化基因算法（Memetic Algorithm）和卷积神经网络（Convolutional Neural Network），前者是在模拟文化进化基础上的优化算法，是一种基于种群的全局搜索和基于个体的局部启发式搜索的结合体。在计算机技术层面的研究有多智能体系统（Multi-Agent System，MAS）、入侵检测（Intrusion Detection）、计算模型（Computational Modeling）等。参数空间中探索策略梯度方法（Parameter-Exploring Policy Gradient）是最有效和有力的政策搜索方法。综合以上研究主题，中外人工智能领军团队的合作研究突出在机器人领域的研究，在算法层面以及搜索策略层面的研究相较其他模式更为深入，在数据挖掘和计算机技术层面研究更丰富，整体上呈现计算机技术为主的态势。

表 6.20　中外合作模式团队的研究主题

聚类号	聚类结果	对应中文	聚类号	聚类结果	对应中文
#0	Memetic Algorithm	文化基因算法	#6	Face Recognition	人脸识别
#1	Multi-Agent System	多智能体系统	#7	Computational Modeling	计算模型
#2	Object Detection	目标检测	#8	Intrusion Detection	入侵检测
#3	Feature Selection	特征选择	#9	Parameter-Exploring Policy Gradient	参数探索策略梯度
#4	Convolutional Neural Network	卷积神经网络	#10	Wave energy Facility Location	波能量设施位置
#5	Humanoid Robot	仿真机器人	#11	Data Mining	数据挖掘

（3）国内合作模式团队的研究主题

国内合作模式团队的研究主题如表 6.21 所示，国内合作模式团队的研究主题涉及面较广。色彩空间（Color Space）是图像识别研究中重要的一部分，人脸重建（Face Reconstruction）研究主要涉及人脸分析、模型拟合、图像合成等，这两个研究主题标示着国内合作在人脸识别方面的研究。主成分分析（Principal Component Analysis）和自适应神经网络（Adaptive NN）是人工智能领域常用的算法，前者常用于数据挖掘中的降维。偏离警示系统（Departure Warning System）、模糊风险分析（Fuzzy Risk Analysis）等为不同层面的应用研究。粗糙集（Rough Set）、点匹配（Point Matching）等也为数据处理过程中的常用数学工具和方法。由此可见，国内人工智能领军团队的合作研究多为数据处理层面和应用层面的研究，突出人脸识别研究中的人脸重建以及色彩空间，并注重算法学习成效。

表 6.21　国内合作模式团队的研究主题

聚类号	聚类结果	对应中文	聚类号	聚类结果	对应中文
#0	Color Space	色彩空间	#8	Decision-Making Approach	决策方法
#1	Dynamical Uncertainty	动态不确定性	#9	Uncertain Nonlinear System	不确定非线性系统
#2	Face Reconstruction	人脸重建	#10	Clustering Technique	聚类技术
#3	Principal Component Analysis	主成分分析	#11	Rough Set	粗糙集
#4	Frank Prioritized Bonferroni	弗兰克优先多重比较	#12	Point Matching	点匹配
#5	Adaptive NN	自适应神经网络	#13	Interval type - 2 Fuzzy Set	区间 2 型模糊集
#6	Departure Warning System	偏离警示系统	#14	Learning Technique	学习技巧
#7	Fuzzy Risk Analysis	模糊风险分析	#16	Learning Achievement	学习成效

综合对比以上三种模式领军合作团队的研究主题，中国国内的研究侧重于数据处理和学习方法层面，国外研究则注重基础算法研究，而中外合作模式的研究则在计算机技术层面较多。此外，三种模式都在人脸识别和神经网络方面均有所涉猎。

六　研究结论与讨论

本节选取作者合作网络中科研团队所属的地域特征进行应用研究，在识别科研团队的基础上，按地域划分研究团队合作模式，从地理位置分布、内部合作指标、合作主题内容方面进行综合对比，得到的研究结论如下：

（1）中外人工智能研究均与科研大国保持密切联系。从领军团队涉及的国家区域分布来看，国外人工智能研究团队合作主要建立在欧美国家之间，以美国为主导，北美和西欧发达国家为主要合作国家；除主要科研大国外，与中国合作的国家中亚洲国家较多。

（2）中国的国内合作依赖度高于其他国家，同时，国际合作对中国跨入人工智能研究领军团队具有一定的重要性。从单个国家合作团队的数量上看，中国国内合作的领军团队数最高；从各模式合作的绩效看，中国国际合作的绩效高于国内合作；从合作机构角度看，在人工智能研究中地域邻近关系和从属机构关系也是科研工作者相互间合作的依据之一。

（3）中国国内人工智能合作研究的主题主要表现在数据处理和应用层面，而核心技术层面和基础算法层面多与国外进行合作。从三种模式合作团队的主题分析上看，中国国内合作的研究主题表现为数据分析处理和算法效率上，而国外人工智能合作研究在发展应用的同时关注于基础传统算法的拓展。

（4）关于中美两国的比较，美国人工智能研究国际合作地位略高于中国，但中美双方之间的合作具有对称性。从领军团队的国家数量上看，美国参与的研究团队最多，中国次之；从国家合作强度指数可见，中美各自的合作国家中双方的合作指数最高，中国对美国人工智能研究合作的重要性与美国对中国人工智能研究合作的重要性相近。

本书的应用价值在于系统地构建了作者合作网络中基于地域属性科研团队研究的框架，分析了不同地域之间产生的科研合作模式、研究侧重与绩效的差异，发现了中国国内人工智能研究合作中地理位置和机构依存关系之间的联系，这将对于国际或者国内科技合作政策的制定具有决策参考价值。后续研究可考虑进行多源数据分析，补充政治报告、基金项目等多个数据来源的研究，以期更加全面地探索地域特征在科学传播网络研究中的作用。

第四节　人工智能领域高产科研团队的演化研究

科研团队的演化是基于作者合作网络演化的具体反映，探索科研团队的演化对于把握其成长的内在特点与发展规律，深化科学文献传播网络演化研究的内涵，并强化理论的实际应用，都具有重要的作用。

经过调研，关于科研团队的演化，大多数研究工作主要从静态网络视角出发，以某一时间段或某一时刻的团队为研究对象，将其看作是恒定不变的、静态的结构实体①。但在实际情况中，这种存在交互行为的网络是随时间而不

① Mehdi Azaouzi, Delel Rhouma and Lotfi Ben Romdhane, "Community Detection in Large-Scale Social Networks: State-of-the-art and Future Directions", *Social Network Analysis & Mining*, Vol. 9, May 2019, pp. 23.

断变化的①。若将研究对象限定为科研团队，其演化将受到更多因素的影响，如为了申报或完成特定课题而临时组织、合作受到学者间的地理距离和其科学知名度、可见度、认可度等因素影响等。因此，需要通过识别事件来表征与发现演化状态②，通过拓扑结构变化来表征与反映演化的整体面貌③，结合主题等语义信息通过主题关联分析演化过程④等。

目前，应用于团队演化分析的方法主要有两类（国外研究多以“社区”这一概念指代包含“团队”在内的多种实体）：其一是先将数据集划分成多个时间片段，识别各片段中的社区后再比较不同片段间社区的相似度，从而获得社区的演化路径；其二是演化社区发掘方法，根据前一个时间片段中识别的社区结果，结合节点、边的相关属性来挖掘下一阶段的演化。在具体测度时主要采用从整体视角分析团队或整体合著网络中拓扑指标随时间的变化情况。虽然这种做法可以揭示“部分团队”的演化，但是不同团队对学科领域发展所作出的贡献是不同的，使得“部分团队”无法针对性地反映出不同团队的发展。同时，研究团队在演化过程中具有较高的不稳定性得到了越来越多的研究证实⑤。因此，本节从微观与宏观双重视角切入，利用科学文献传播网络动态指标分析的方法，针对科研团队演化路径，以人工智能领域的高产研究团队为实证研究对象，通过计算团队合作网络中节点数、边数、网络密度和平均聚集系数拓扑指标的极值分布，对高产科研团队拓扑结构演化及变化原因进行分析。

一　研究设计与团队选取

基于本节的研究目的与拟采用的研究方法，设计如图 6.21 所示的研究框

---

① Mark E. J. Newman, “Modularity and Community Structure in Networks”, *Proceedings of the National Academy of Sciences of the United States of America*, Vol. 103, No. 23, June 2006, pp. 8577—8582.

② Hector G. Ceballos, Sara E. Garza and Francisco J. Cantu, “Factors Influencing the Formation of Intra-Institutional Formal Research Groups: Group Prediction from Collaboration, Organisational, and Topical Networks”, *Scientometrics*, Vol. 114, No. 1, 2018, pp. 181—216.

③ 王曰芬、李冬琼、余厚强：《生命周期阶段中的科学合作网络演化及高影响力学者成长特征研究》，《情报学报》2018 年第 2 期。

④ Yi Wang, Bin Wu and Nan Du, “Community Evolution of Social Network: Feature, Algorithm and Model” *Physics and Society*, arXiv. 0804. 4356, April 2008.

⑤ 邹本涛、王曰芬、余厚强：《人工智能领域高产科研团队的演化研究》，《图书情报工作》2020 年第 20 期。

架图。

首先，数据采集与清洗环节。本节所采集与选取的数据与本章第一节相同，检索到共计 421148 条记录。作者人名歧义问题严重影响合著网络的构建，而合著网络的质量直接决定团队识别结果的准确性。因此，研究中结合合著者及作者机构两类信息完成人名消歧工作，将清洗后的数据导入 MySQL 数据库中存储。

其次，科研团队的识别与选取阶段。借助前述研究中基于作者合作网络识别出的科研团队结果，进行研究对象集合的选择。由于发文量一直作为传统的计量指标被广泛使用，所以，本节以发文量维度指标作为待研究科研团队选取的依据，针对高发文量团队进行动态演化分析的研究，并将发文量位列前 100 名的团队界定为高产科研团队，识别结果示例见附表Ⅰ。

最后，拓扑结构测量与演化分析。在获取待分析团队之后，匹配团队成员发表的文章集合，将文章去重后按照发表年份（2009—2018 年）划分成 10 个时间区间。在每个区间内，获取文章对应的所有作者，再构建特定团队在该区间内的合作网络，各个网络按时间串联起来便形成团队的演化路径。针对每一个时间区间内的作者合作网络，本节计算该网络的节点数量、边的数量、网络密度和网络平均集聚系数四项拓扑指标。团队拓扑结构的测度是从网络分析角度来理解科研团队的结构特征，而对每个时间片段中作者合作网络拓扑结构的分析，将揭示团队演化过程中网络结构的变化。与此同时，还可以挖掘高产科研团队演化过程中展现的共性和特性，以加深对科研团队动态演化的理解。基于此，本节结合微观与宏观双重视角对科研团队的动态演化进行分析。在微观视角下，本节探索所选拓扑指标极值的年份分布情况。其中，点和边数量的极值分布直接反映成员与成员关系（合作关系）的波动情况，网络密度和平均集聚系数反映团队演化过程中成员的合作密切程度，其极值分布可以在一定程度上反映高产团队内部合作关系的波动；在宏观视角下，本节分析拓扑指标在十年跨度上的整体演变。其中，点数量的变动反映团队规模的变化，边数量的变动反映团队成员合作关系的变化，网络密度的演变代表着团队整体合作的密切程度，平均集聚系数的变化则更加具体的体现出“小团体”合作现象的演变。

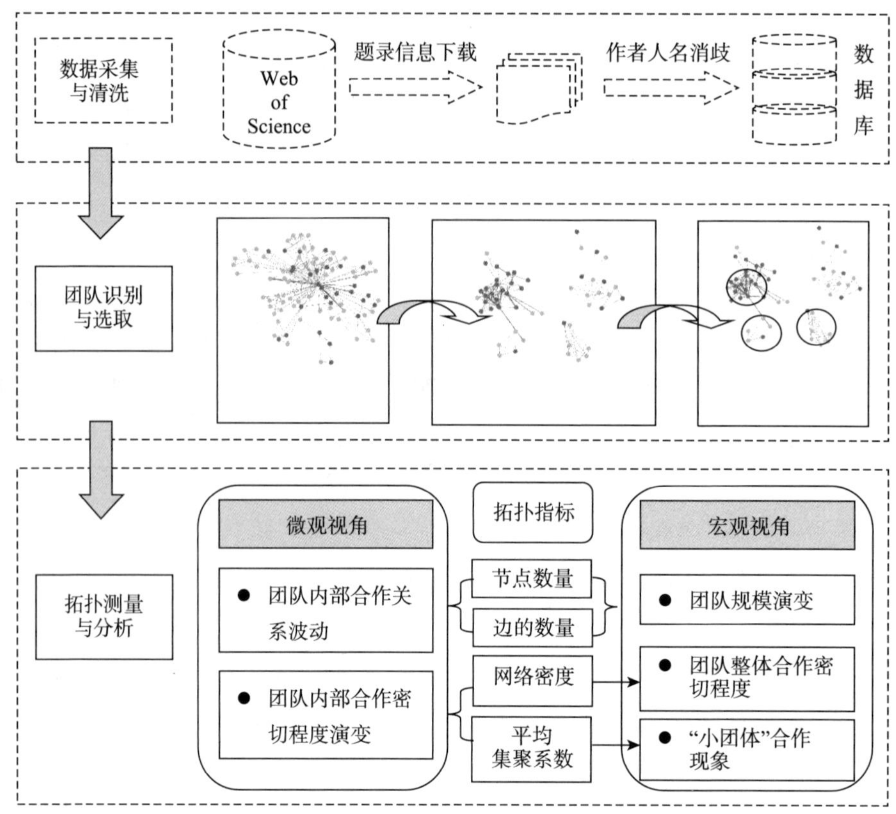

图 6.21　人工智能领域高产科研团队演化的研究设计图

（注：虚线框图表示的是在前面研究中已经完成的内容）

二　基于微观视角的高产科研团队拓扑结构演化及其分析

（1）点和边数量的极值分布

拓扑指标极值的年份分布可以直观揭示对应指标的波动情况，这种波动的内在原因则是团队演化的具体表现。图 6.22 和图 6.23 分别是所选团队在演化过程中点和边数量极值的分布。两个图反映二者呈现出高度的一致性：人工智能领域多数团队点和边数量的最小值分布在前五年和最后一年，最大值分布在所选研究区间的中后期（2012—2017 年）。这种分布说明团队在最初几年里，点和边的数量相对较少，但是随时间变化，各团队在这两方面逐渐呈现不同的演化行为——有的团队在中期达到最大值，说明团队中点和边的数量在后期会经历减少的过程；有的团队则在后期达到最大值，意味着团

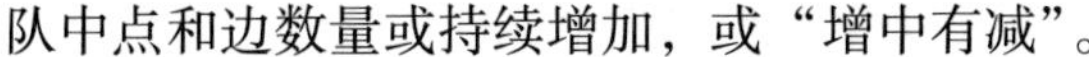
队中点和边数量或持续增加，或“增中有减”。

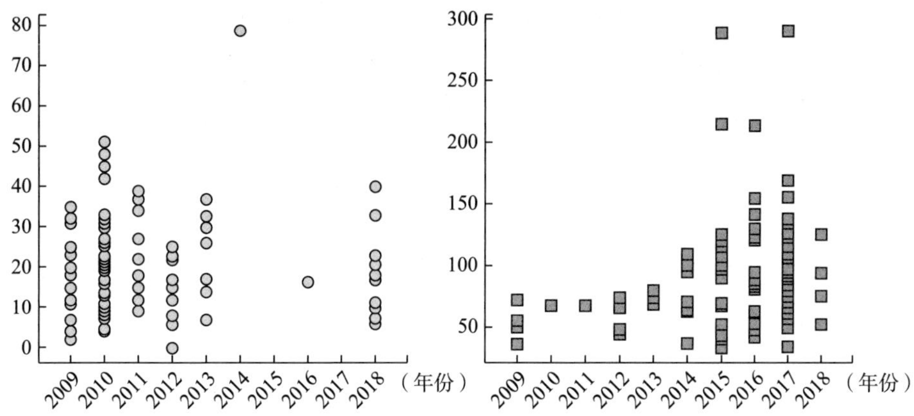

图 6.22　节点数的最小值分布（左）、最大值分布（右）

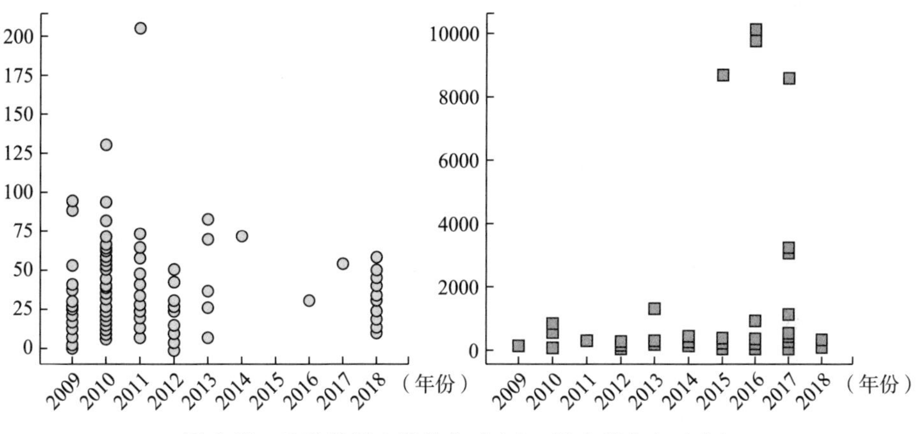

图 6.23　边数的最小值分布（左）、最大值分布（右）

下表 6.22 给出更具体的数值展示，2010 年有 33 个高产团队在节点数量和边数量上取最小值，其中有 29 个团队在这一年同时达到边和节点数量的最小值。可以看出，进行过滤之后识别出的高产团队，在节点和边的极值分布上高度同步，结合图 6.22 与图 6.23，可知其最小值主要分布于 2009—2012 年以及 2018 年。进一步的，表 6.23 列举了这些年份的示例团队（每一年选取发文量最多的 2 个团队展示），节点最小值分布在 2009 年的团队排名最高达到第 5，分布在 2018 年的团队发文量排名最高为第 17。可以发现，无论是从平均排名、最高排名或者团队的平均发文量来看，这些团队之间没有表现出较大差异。

表 6.22　团队节点、边取最小值时的年代分布

年份	2009	2010	2011	2012	2013	2014	2015	2016	2017	2018
节点	19	33	11	11	7	1	0	1	0	17
边	18	33	15	11	5	1	0	1	1	15
相同团队	14	29	10	8	5	0	0	1	0	13

表 6.23　团队示例：节点最小值主要分布年份

团队编号	发文量	代表成员（发文量前3）	成员数	排名/平均排名	最小值所在年份	平均发文量（采用分数计数法）
#342	207.7435	Xu, Zeshui_2; Zhai, Yuling; Liao, Huchang	49	5/46	2009	153.3683
#1800	197.6653	Zafeiriou, Stefanos; Panagakis, Yannis_2; Pantic, Maja	48	8/46	2009	
#448	242.9601	Aliev, Rafik A.; Pedrycz, Witold_2; Dlugosz, Rafal	52	1/55	2010	147.7397
#1927	219.1685	Browne, Will N.; Kukenys, Ignas_2; Zhang, Mengjie_2	54	2/55	2010	
#207	189.1315	Jiao, Licheng; Liu, Hongying_4; Yang, Shuyuan_3	98	12/52	2011	148.0426
#276	172.2859	Yaqoob, Naveed; Yousafzai, Faisal_3; Zeb, Anwar	61	19/52	2011	
#1064	213.4903	Melin, Patricia; Mendoza, Olivia; Castillo, Oscar	58	3/34	2012	167.2910
#203	205.2301	Xian, Yongjin; Zheng, Cheng-De; Wang, Yingchun_3	73	6/34	2012	
#736	173.5034	Hoogendoorn, Mark; van Maanen, Peter-Paul_1; Treur, Jan	52	17/61	2018	140.5768
#1326	173.1659	Tsai, Yu-Chuan; Wang, Shyue-Liang; Kao, Hung-Yu	50	18/61	2018	

注：姓名后编号用于区分同名作者，下同。

结合演化周期来看，不同团队处于不同的“生命阶段”，造成团队间在拓扑指标上呈现不同的分布。其中，在2018年达到节点和边最小值的团队，其成员数量在减少，成员间合著强度也在减弱，表现在团队层面则对应于团队的“衰落”，图6.24即为代表性团队的演化过程。这些团队的演化特征是小团体合作现象比较明显，在多个演化窗口中均可以看到其形成紧密联系的“小团体”。最终，“小团体”之间的平衡作用没有使整体团队走向汇合，导致整体团队在后期的“衰落”。与之相对应的另一种演化模式以编号为#207的团队为代表，该团队以西安电子科技大学焦李成作为带头人。带头人在10个时间窗口中均有出现，演化的前期、中期与后期均能看到以其为核心的合著网络。同时，虽然也有“小团体”合作现象，但“小团体”与整体团队之间有着稳固的联系，最终“小团体”和整体团队走向融合的方向。

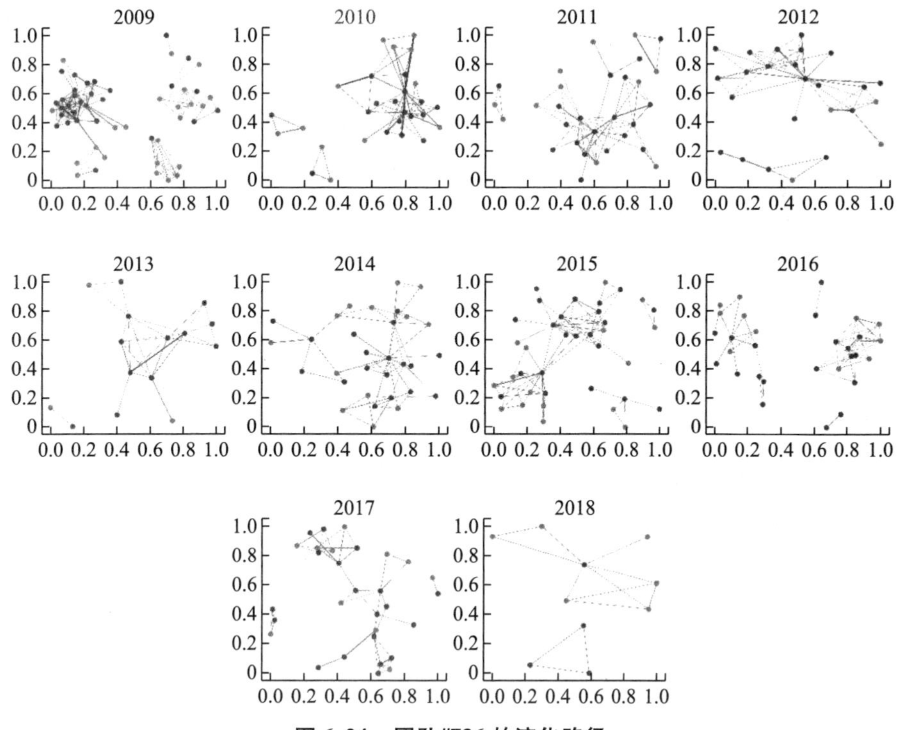

图 6.24　团队#736 的演化路径

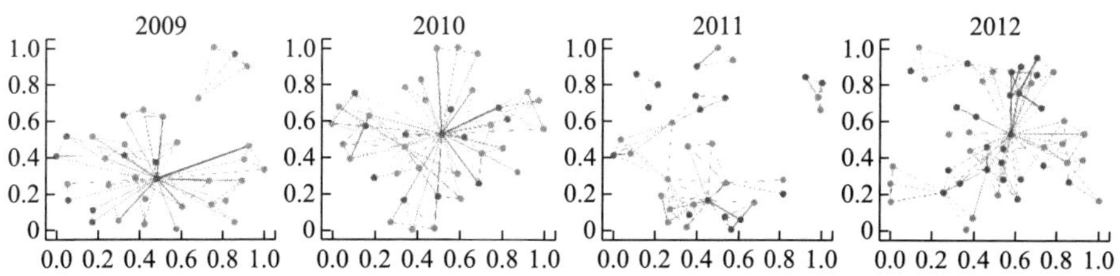

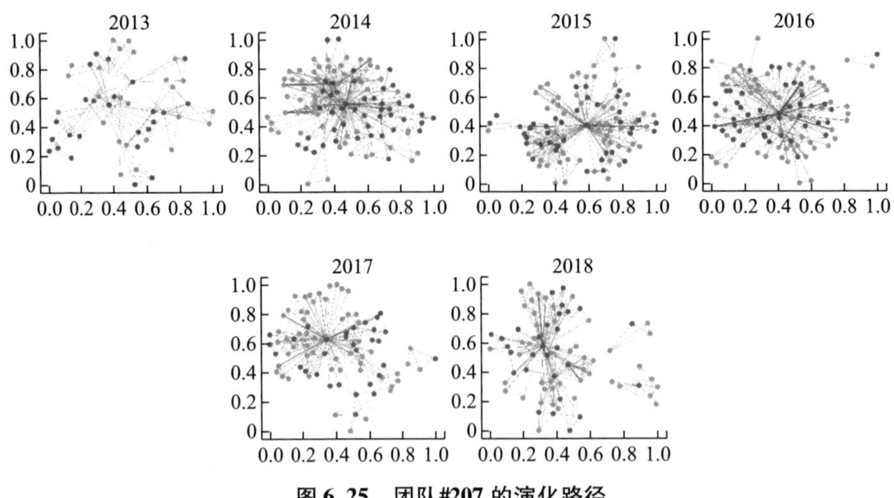

图 6.25　团队#207 的演化路径

（2）网络密度和网络平均集聚系数的极值分布

与点和边数量的极值分布相反，团队演化过程中网络密度的最小值分布集中在所选研究区间的中后期阶段（2014—2017 年），但最大值主要分布在前面五年和最后一年。结合图 6.22 和图 6.23 的分布来看，一些团队在最初几年的成员较少，但团队内部之间的合著较多，于是呈现出网络密度的最大值分布集中在前几年（图 6.26 所示）。图 6.27 表示团队的平均集聚系数分布，最大值和最小值的分布相对前三种指标更加均匀，但主要分布于前五年。平均集聚系数最小值大多数介于 0.4 至 0.85 之间，最大值主要介于 0.8 至 1.0 之间，反映出团队普遍有较高的集聚程度。同时，平均集聚系数的均匀分布也在一定程度上反映存在较多小团体合作现象。

结合社会网络的理论来看，网络密度反映着科研团队中合作关系的疏密。对于处于紧密合作关系中的高产团队，后期的合作关系将趋于稳定（图 6.26 左所示），此时的团队中增加一个成员，可能实际只建立几条边的合作关系，但潜在合作关系增加数十倍，于是团队的网络密度会在后期更可能取到最小值。对于网络平均集聚系数，“三人组”小团体合作现象是最直观的反映。当合作关系发展到一定程度时，“闭合三元组”的数量更多，也就使得一些团队的网络平均集聚系数在后期取得最大值。而高产团队的高发文量，意味着团队本身在发展过程中有部分比较稳定的合作关系，于是在中前期也有一些团队取得网络平均集聚系数的最大值（图 6.27 右所示）。

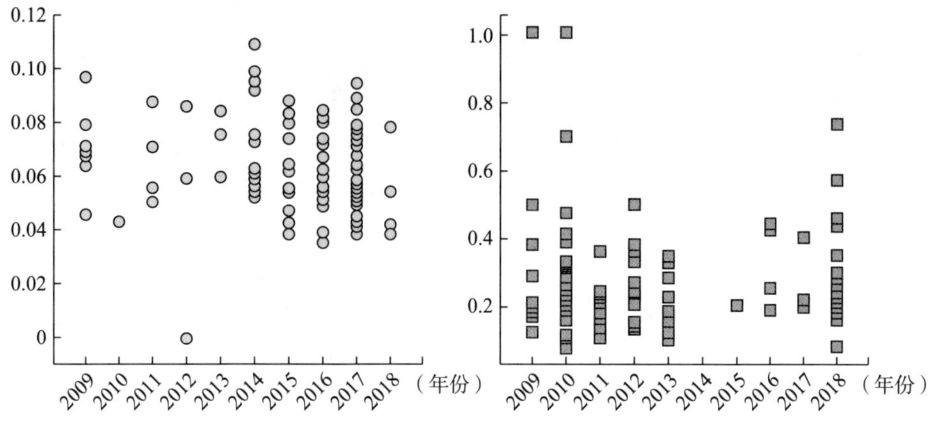

图 6.26　网络密度最小值（左）、最大值（右）分布

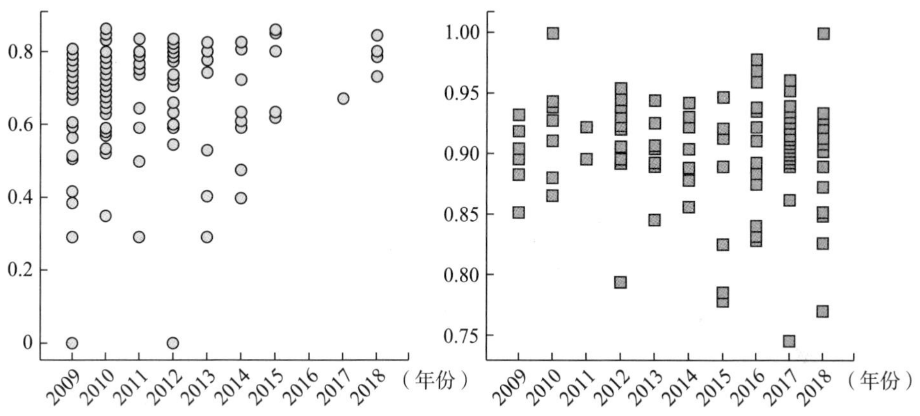

图 6.27　网络平均集聚系数最小值（左）、最大值（右）分布

同样的，仍以图 6.24 和图 6.25 所选团队为例：图 6.24 所示#736 团队在 2018 年取得网络密度的最大值，在 2017 年取得最小值。该团队在 2018 年节点数量急剧减少，导致网络密度增加；而在 2017 年，网络节点数处于中等水平，边的数量处于较低水平，反映团队成员之间的合作程度较低。对于网络平均集聚系数，其分别在 2013 年和 2018 年取得最小值和最大值。观察其演化路径图可解释这种极值分布，团队中“闭合三元组”数量在 2013 年占比较低，而在 2018 年，几乎所有的点都处于“闭合三元组”之中。图 6.25 所示#207 团队分别在 2010 年和 2014 年取得网络密度的最小值和最大值。从演化图来看，该团队在 2010 年以焦李成为中心呈辐射状，但辐射出去的点之间没有紧密联系，从而有最小网络密度；而在 2014 年，网络呈现以焦李成、公茂果和马文萍为中心的辐射网络，且辐射边缘的点之间有较多的边相连，带来网络密度最大值。对于网络平均集聚系数，其最小值和最大值分别在 2012 年和 2011 年取得，分别为 0.8197 和 0.9222，由于团队内部合作一直较为紧密，“闭合三元组”的占比稳定在较高水平，使得合作网络在演化中集聚程度较高。

三　基于宏观视角的高产科研团队拓扑结构演化及其分析

（1）点和边数量的整体演变

本节以每个团队在四个指标上的演化为基础，试图挖掘这些高产团队在某种指标或某几种指标上演化的共性，以辅助解释团队的动态演化。具体的，通过测度团队在每个时间窗口中的拓扑指标，可以画出各指标随时间的变化。图 6.28 是所有高产团队边的数量随时间的变化，从其所展示的演化来看，各个团队没有表现出明显的共性特征，但可以得知多数团队边的数量呈增加趋势，反映出新的合作关系在演化中逐渐增加。节点数量的演化与之类似，受篇幅限制此处不对节点数量演化做进一步讨论。

（2）网络密度和网络平均集聚系数的整体演变

值得注意的是，团队演化过程中平均集聚系数和网络密度的变化有两种明显的演化类型，图 6.29 反映的是 5 个团队的示例。两种演化类型具体表现为：类型一中团队的平均集聚系数处于中高水平并保持稳定，图 6.28 中团队编号为#1064、#205 和#203 皆属于此类；类型二有 1—2 年间的平均集聚系数较低，其余时间与前一种类型一致，如图 6.29 中团队#342 和#1363。此外，网络密度与平均集聚系数在演化中基本表现出相反的趋势：多数团队的密度稳定在较低水平，非常少的团队在 1—2 年间有波动至中高水平。并且，二者的这种变化能保持较高程度的同步，当网络密度变动时，平均集聚系数在 1—2 年间会发生波动，反之亦然。此外，这两种指标发生波动的时间基本分布在最初的五年，与上一小节中团队节点数量和边数量极值的分布情况相对应。

图 6.30 和图 6.31 分别选择团队#205 和#342 为例来阐释这两种类型的演化过程。团队 205 在 10 个时间窗口中均表现出明显的“小团体”合作现象，

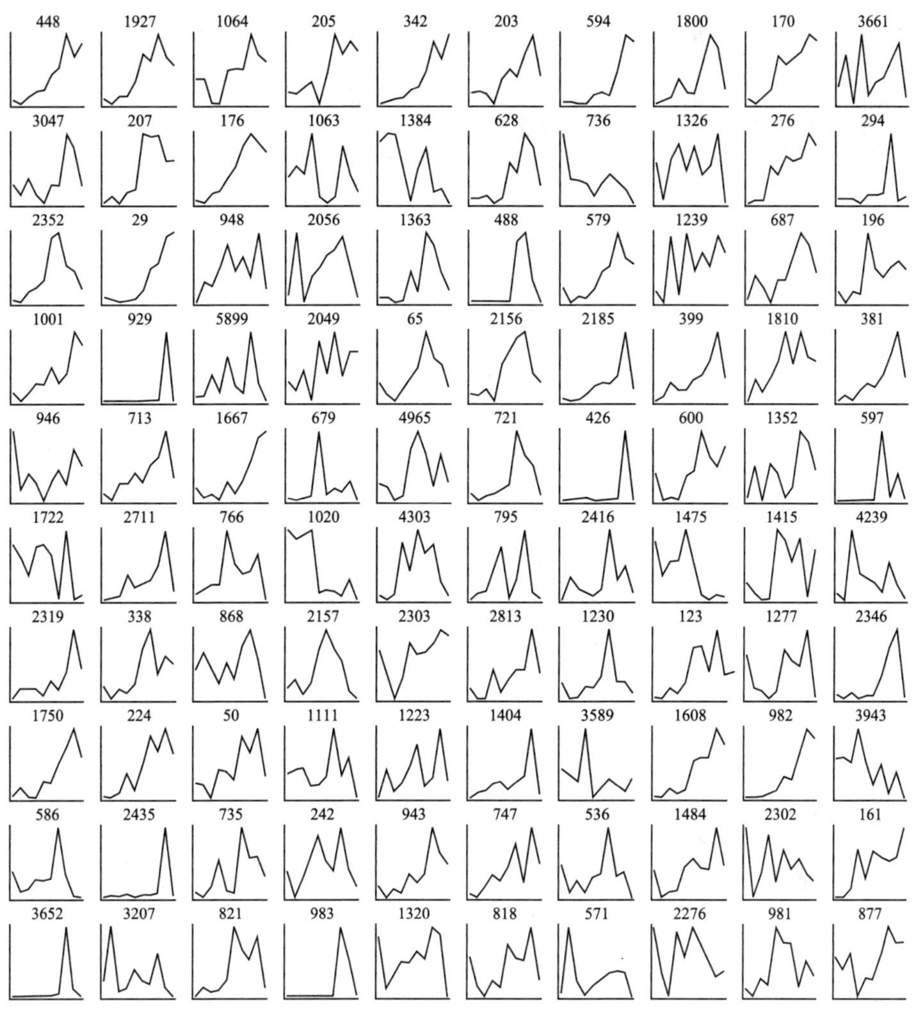

图 6.28　所有高产团队边数量的演化

但这些“小团体”之间的合作在前五年并不紧密，2014 年之后可以看出“小团体”之间开始发展出紧密的合作关系。并且，2014 年正对应于图 6.29 中团队#205 网络密度发生波动的年份。团队#342 的演化过程揭示出该团队的成长过程，前 5 年中点和边的数量都呈缓慢增长，2014 年之后形成较为稳定的内部合作关系，其后这些关系得到不断稳固，进一步发展出“小团体”现象，直到最后两年，各团体之间产生较多合作关系。

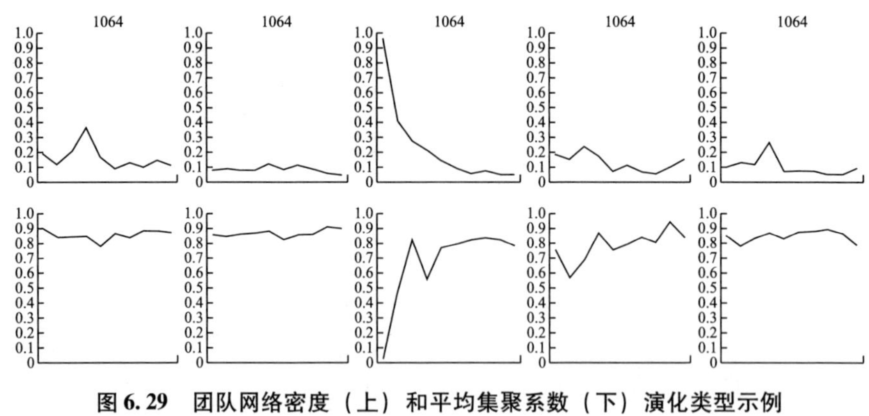

图 6.29　团队网络密度（上）和平均集聚系数（下）演化类型示例

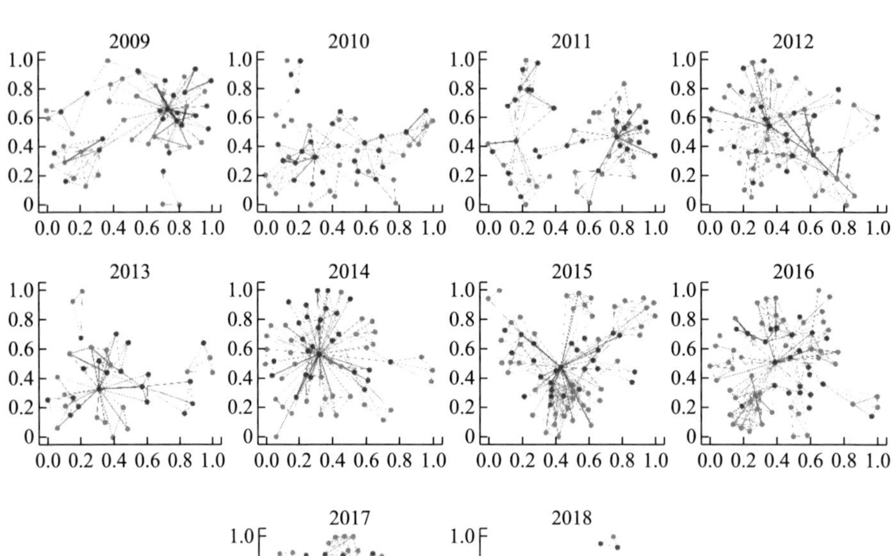

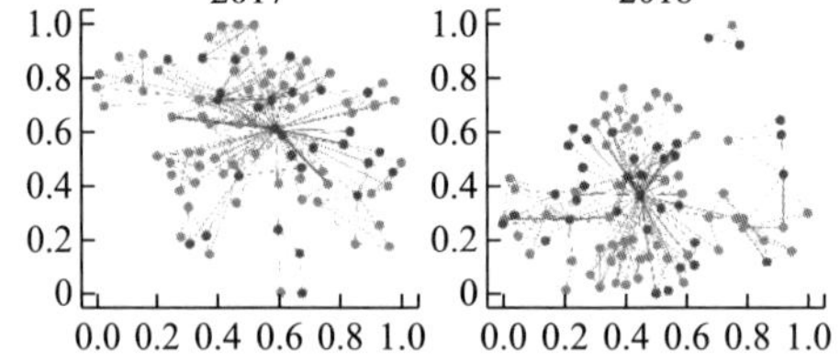

图 6.30　类型一团队的演化路径（以团队#205 为例）

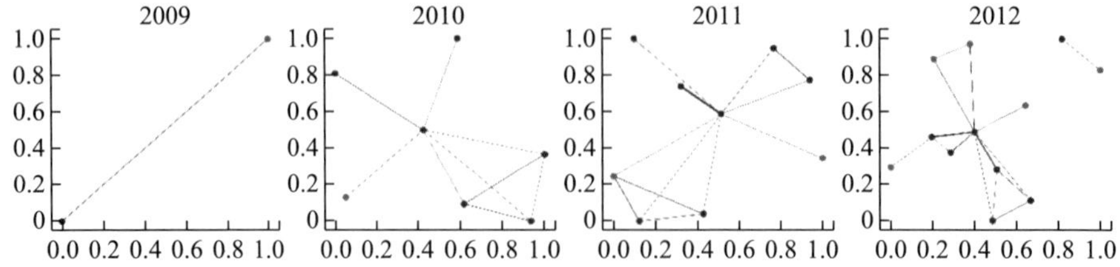

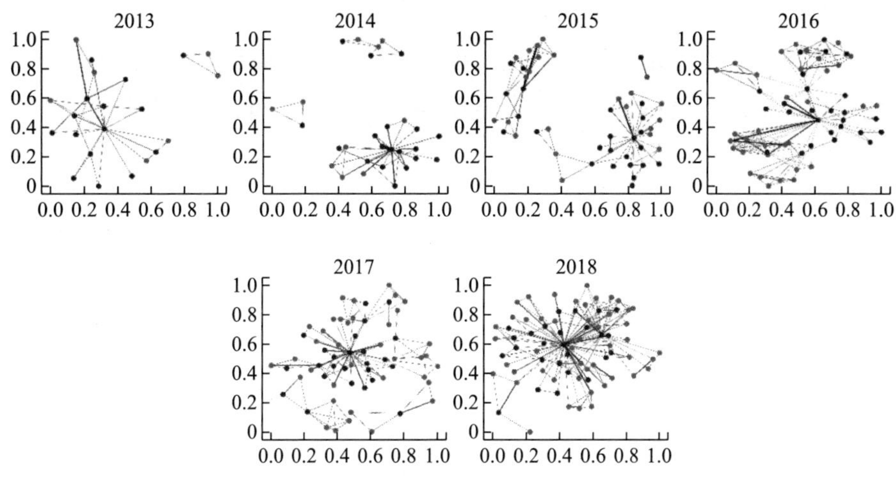

图 6.31　类型二团队的演化路径（以团队#342 为例）

四　研究结论与讨论

通过上述分析发现，首先，微观视角下的分析非常直观的反映出人工智能领域高产科研团队演化的动态属性，团队中点的数量、边的数量、网络密度和网络平均集聚系数的极值分布不一。具体地，点和边数量的最小值分布在前五年与最后一年（2009—2014 年与 2018 年），点数量的最大值集中在与之相对的 2015—2017 年，边数量的最大值则较为均匀的分布在 2013—2017 年；网络密度的最小值集中分布在 2014—2017 年，最大值分布于 2009—2014 年和 2018 年；平均集聚系数的最小值集中分布于 2009—2014 年，而最大值在所有年份均有分布。对比可知，该领域高产团队的点数量、边数量和平均集聚系数最小值基本分布在同一时间段（2009—2014 年），而这一时间段正好是网络密度最大值的分布区间。

其次，宏观视角下对团队拓扑指标整体演变的分析与微观视角下所作分析相印证：人工智能领域高产科研团队点和边数量的演化都呈增加趋势，部分团队在后期走向分解，对应的点和边数量再经历减少阶段；团队网络密度和平均集聚系数的演化呈现出两种模式，一种是这两项指标均处于相对稳定的水平，另一种是当某一指标发生波动时，另一指标则会在接下来的两年内发生相反的变化。综合两种分析视角和团队演化路径来看，人工智能领域大多数高产科研团队都能不断催生更多新的合作关系——平均集聚系数指标揭示出这种合作关系中有非常明显的“小团体”合作现象，且“小团体”之间的合作关系也趋于稳定。虽然，这些现象及其演化，需要进一步得到领域专家结合人工智能的领域特点来做深入解释。但是，从初步结果推断来看，人工智能自身的领域特性导致高产团队表现出两个方面的演化行为：其一，该领域以数学和计算机理论与技术为基础，解决跨学科的综合性问题，极大推动着合作行为的产生。当一个团队能成长为高产团队时，其团队中的“小团体”要么与团队带头人紧密联系，要么“小团体”之间逐渐走向联合；其二，相关技术在子领域间的应用有较大“流通性”。比如特征提取技术同时应用于计算机视觉任务和自然语言处理任务中，使得研究计算机视觉的“小团体”有较大可能性与研究自然语言处理的“小团体”建立联系。

综上，本节的主要研究结论可提炼为以下几点：

（1）从微观视角进行的分析发现，合作网络拓扑指标的极值分布揭示出人工智能领域高产科研团队演化的动态属性。该领域内，高产科研团队的合作网络中点和边数量的极值分布高度关联，并且这种关联分布与网络密度和网络平均集聚系数的极值分布互相印证，各项指标的极值分布揭示出，即便是高产团队的成员和内部关系也处于较大变化中；

（2）宏观视角下所做的分析表明，人工智能领域高产科研团队在网络密度和网络平均集聚系数的演变上表现出一定共性，且多数高产科研团队能不断催生新的合作关系（原有成员之间产生新的合作或随新成员加入带来的合作），这意味着，多数团队在成员数量和成员关系的动态演变中能保持一些拓扑结构的稳定；

（3）无论是从微观视角还是宏观视角展开分析，在任一种视角下深入观察和分析团队的演化路径时，均可发现人工智能领域高产科研团队演化过程中显著的“小团体”合作现象。并且，“小团体”之间的合作关系直接影响整体团队的未来走向，“小团体”间合作更紧密时，整体团队的网络密度和平均集聚系数均将提高；“小团体”之间疏于合作时，整个团队甚至可能走向“衰落”阶段，成员数量和成员之间的合作关系都有减少；

（4）人工智能领域高产科研团队在演化中除了表现出一定的共性规律，不同团队间的演化行为仍存在较大差异，如拓扑指标中点和边的数量增减规律的特异性，不同团队表现出不同的变动规律。

关于未来研究的展望，拟从两方面进行：首先，本书研究中所分析出的团队演化共性还有待深入。比如，边的数量和节点数量呈现出增加趋势，需进一步明确边数量的增加是来自“新成员”与“旧成员”的合作还是“旧成员”之间的合作；其次，可尝试引入新的分析视角或增加高产团队数量以进一步探析演化共性；最后，所选取的研究对象是非常有针对性的高产科研团队，还可以进一步分析由其他指标遴选出的科研团队的表现（如高被引团队），以探索相关操作与结论的推广性。

第五节　本章小结

本章以科学文献传播中的作者合作网络为基础，研究了科学合作过程中的科研团队。将基于作者合作网络的传播要素多元或者多维分析思想，用于科研团队识别与演化的系统分析中，利用数据挖掘的技术与方法，提出了具体的设计方案与分析流程。首先，将半监督方式融入传统的团队识别方法中，使得调参的优化目标更接近于实际需求，从而在大规模数据中有效识别出科研团队，并进一步提取出多维指标下的领军科研团队研究了的识别；其次，界定并划分出领军团队的科研合作模式来揭示其合作特征，结合网络指标对不同合作模式下领军团队的网络结构、研究绩效和地理分布等维度进行对比分析；然后，针对科研团队的国际合作划分出不同的合作模式，并从地理位置分布、合作程度、研究主题等不同层面对不同的科研团队国际合作模式进行了对比分析；最后，聚焦于高产科研团队，从团队网络拓扑指标的极值分布切入，综合微观与宏观视角对高产团队的动态演化特征与规律进行探究。

从科研团队识别、多维度领军团队提取、领军团队科研合作模式划分，到科研团队国家合作模式划分与对比、高产科研团队的动态演化分析，本书多层深入地探究了在科研合作中科研团队的特点与规律，可为丰富科学合作的理论与方法提供借鉴和参考。同时，进一步强化与拓展了科学文献传播网络及演化应用的内涵和范畴。

第七章　基于双加权引证网络的经济学科领域主题社区研究

科学文献的引文是体现科学研究活动继承与发展的重要要素，由引证关系构建的引证网络是科学文献传播网络的重要组成之一，通过引证网络分析，可以发现引文的数量特征和内在规律，呈现引证关联要素间的结构特点，反映引文及其引证关系所表征的热点或前沿主题、核心或者高影响力作者及其变化，揭示学科领域内的知识继承与突变，探寻学科间的知识交叉与演化趋向等。所以，利用引证网络进行学科领域分析，一直是学术界关注的研究。

主题发现即主题抽取或主题识别，目的是对大规模信息进行处理和分析，帮助用户快速有效地了解知识内容、发现知识主题，最早源自美国国防部高级研究计划署提出的话题检测与跟踪技术①。现有的主题发现方法分为文本聚类和主题模型两大类，其中文本聚类是一种无监督的机器学习方法，它在给定的某种相似性度量下将对象集合进行分组，使相似的对象汇聚在同一个组里。主题模型针对潜在主题进行建模来挖掘主题，在避免歧义和解决一词多义等语义层面的问题时效果更好。主题模型方法将文本视为三层的“文档—潜在主题—词”的随机分布，即将文档视为潜在主题的随机分布，又将潜在主题视为词的概率分布。

社区发现是指将一个集合中的元素按照元素之间的某种关系，划分为若干个社区（可交叉子集）的过程。社区发现的基本作用是将个体进行分类，划分到多个社区中。研究表明良好的社区结构是同一社区节点链接紧密，不同社区节点链接稀疏。目前，现有的社区发现研究主要集中在社会学的分级

① 王曰芬、王一山、杨洁：《基于社区发现和关键节点识别的网络舆情主题发现与实证分析》，《图书与情报》2020 年第 5 期。

聚类和图理论的图形分割两方面，代表算法有 GN（Girvan and Newman's）算法、Newman 快速算法、基于图聚类的 Normalized Cut 算法等，以及在上述算法基础的应用研究。

如何抽取研究主题并发现有分析价值的社区，是基于引证网络进行学科领域研究的关键，也是科学文献网络传播演化应用深化的需要。因此，在现有的文本聚类与主题模型基础上，将主题发现与社区发现结合，借助于双加权思想，基于引证网络研究与构建主题社区，从而在大规模数据集中发现学科领域的主题并分析其变化态势与演化趋势，将是对相关研究的不断丰富与完善。

第一节　数据采集与预处理

一　数据采集与样本数统计

以 Web of Science（WoS）核心合集（SSCI）数据库作为数据来源，采集经济学学科近 15 年发表的期刊文献题录数据及其引证数据样本。具体使用 WoS 数据库高级检索功能，参考 WoS 学科分类，以“WC = economics”为检索式，设定文献语种为英语，文献类型为“Article or Review”（一般研究性论文或综述类论文），文献发表时间范围为 2006—2020 年，进行文献检索和数据下载。对极少量相同文献的多版本记录通过人工确认进行冗余处理，并对 *Journal of Economic Perspectives* 期刊文献摘要和关键词数据错位问题进行调整处理，共计得到 256471 条 2006—2020 年有效文献数据（后文称内部目标文献）以及 3129843 条发表于其他时间或者其他学科的参考文献数据（后文称外部文献）。学科论文发表年份分布如图 7.1 所示。总体上，经济学学科发文在 2006—2008 年间经历了较快增长，2009—2013 年增长趋缓，2014—2015 年出现负增长，2016—2020 年间再次呈现增长趋势。后文将学科总体发文增长趋势作为自然增长趋势，在分析各主题社区演化时将考虑这一趋势的影响。

二　数据预处理

（1）引证关系构建与引证闭环拆解

针对 256471 篇目标文献以及 3129843 篇其他参考文献数据，提取“第

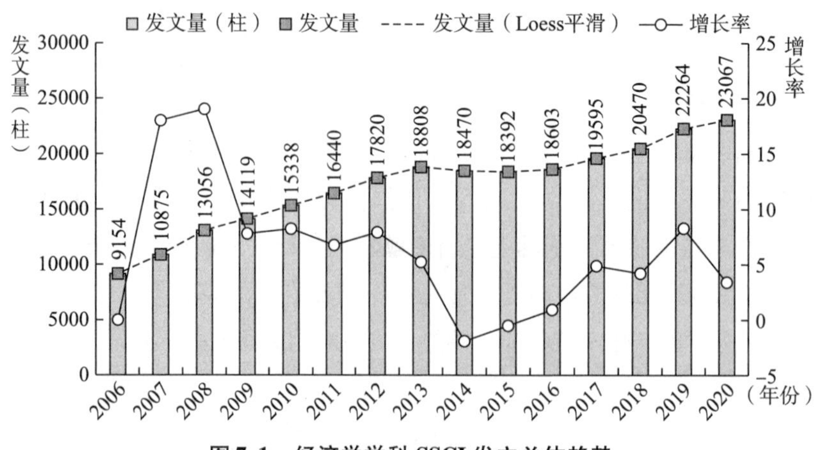

图 7.1　经济学学科 SSCI 发文总体趋势

一作者”“来源物名称”“出版年份”“卷”“开始页码”“数字对象标识符”等关键字段信息，制定规则，进行引证关系匹配，针对少量不一致匹配结果进行人工确认，同时去除文献自引，共计提取 4723587 条有效引证关系数据。

引证网络本质是一种有向图网络，其中可能存在引证闭环（circuit）。最简单的闭环比如两两文献间的互引，一种更复杂的引证闭环如“243982→243991→243990→243988→243984→243987→243989→243985→243982”（其中数字为文献编号）。引证闭环可能导致后续文献影响力加权以及社区发现处理出现权重陷阱式“沉积”。本书研究在实验比较经典约翰逊（Johnson）[①] 算法以及 Hawick & James[②] 算法等的基础上，基于效率更优的 Johnson 算法识别引证闭环，共计识别引证闭环 10071 条。针对所识别的每一个闭环，从引证关系数据集合中拆解（删除）最后一个引证链，比如针对前文示例的复杂闭环，拆解引证链“243985→243982”。通过闭环识别和拆解，最终得到无闭环引证关系 4721623 条（其中引证文献和被引文献均来自目标文献集合的内部引证关系 1591786 条），相关数据将作为后文引证网络社区发现分析的基础。

---

① Donald B. Johnson, “Finding All the Elementary Circuits of a Directed Graph”, *SIAM Journal on Computing*, Vol. 4, No. 1, March1975, pp. 77—84.

② Ken A. Hawick and Heath A. James, “Enumerating Circuits and Loops in Graphs with Self-Arcs and Multiple-Arcs”, Proceedings of the 2008 International Conference on Foundations of Computer Science, FCS2008, Las Vegas, Nevada, USA, July 14 - 17, 2008.

（2）语料库构建、词干提取、词表构建与同义异形处理

1）提取目标文献的标题、关键词和摘要文本，按照等权重（1∶1∶1）原则组织篇章级文献语料，构建语料库。

2）基于公开的英美拼写异形对照表，将所构建的语料从英语形式统一转换成美语形式；基于公开的不规则单复数对照表，将不规则复数单词统一转换成单数形式；基于雪球分析器对语料进行词干提取。上述处理可在单词层面消除语料中的同义异形表达对后文词向量构建以及文档相似度计算带来的语义淆杂。提取全部文献关键词的词干表达，构建包含复合短语的词表。基于 Word2phrase 算法①迭代（迭代长度设定为 15）进一步提取复合短语，补充词表，最终得到可作为后续社区术语演化分析术语来源、由词干构成、包含 201403 个条目的词表。

3）上述词表中仍然存在同义异形问题，比如“foreign direct invest”和“foreign direct invest（fdi）”“global valu chain”和“gvc（global valu chain）”“asset price”和“asset-price”“differ-in-differ approach”和“differ in differ method”等。针对这一问题，引入经典 Levenshtein（1966）字符串距离算法，计算上文词表中两两词条的字符串相似度，提取相似度大于 0.8 的相似词条二元组共计 79685 条。针对全部相似词条二元组进行人工审查，最终得到可确认的同义异形词条二元组 15014 条。对这些二元组进行迭代合并，共得到 10746 个同义异形词社团（clique），取每个社团第一个词条作为社团的根词条。对词干提取后的语料库进行遍历，将语料中的每一个同义异形词社团成员的出现实例替换为相应根词条，由此得到一个经词干提取和同义异形处理的语料库（Corpus－I），作为后文对词根进行词向量构建的语料基础。

（3）基于词表的文本信息编码、词向量构建与文档术语矩阵构建

1）对上文得到的经同义异形溯“根”的词表进行词条编码，即将每一个词表编码成 8 位随机字符，将同义异形词社团成员词条的编码回溯到根词条的编码。对经词干提取和同义异形处理的语料库进行遍历，将语料中的每一个词条的出现实例替换为相应编码，由此得到一个经编码处理的语料库（Corpus－II），作为后文对完整术语词条（包含短语）进行词向量构建的语料

① Tomas Mikolov，Ilya Sutskever，Kai Chen，et al，“Distributed Representations of Words and Phrases and their Compositionality”，*Computer Science*，arXiv：1310.4546，October2013.

基础。

2）分别对 Corpus－I 和 Corpus－II 进行 Word2vec[①] 训练学习，设定向量维度为100，得到基于词根的词向量矩阵（WVM－I）以及基于完整术语词条的词向量矩阵（WVM－II）。由于学科语料涉及大量低频专业术语，因此，在进行 Word2vec 训练时，本书研究选择 Skip-gram 机制。

3）分别对 Corpus－I 和 Corpus－II 进行文本分析，得到基于词根的文档术语矩阵（DTM－I）和基于完整术语词条的文档术语矩阵（DTM－II），其中术语文档权重采用经典 TF-IDF 方案。

（4）文档向量化表征

文档向量化表征是文档相似度计算的基础。文档术语矩阵的行是文档最简单和最直接的向量表征。但这种表征存在术语语义独立性、无法纳入术语语义单元在文本信息的语境信息等局限性。后期，以 LDA 为代表的主题模型方法试图通过生成式概率途径将文档表征成潜在语义主题的混合比例向量，较好地解决了传统词包模型的术语独立性问题，但其亦无法充分纳入语境信息特征。近年来的一些研究试图通过 Doc2vec[②]、文档术语矩阵点乘词向量编码矩阵（基于 Word2Vec、Bert、Albert 等深度学习方法训练获取）、词语移动距离（Word Mover's Distance，WMD）、词语移动嵌入（Word Mover's Embedding，WME）等途径，构建更能表征文档内在语义和语境信息的文档向量。马特·库斯纳（Matt J. Kusner）等[③]以及 IBM 研究团队吴凌飞（Lingfei Wu）等[④]对这些不同文档向量表征途径在公开语料文本分类任务中的性能进行了综合实验对比。实验表明，相较于直接的 TF-IDF 文档术语矩阵表征途径、

---

① Tomas Mikolov, Ilya Sutskever, Kai Chen, et al., "Distributed Representations of Words and Phrases and their Compositionality", *Computer Science*, arXiv: 1310.4546, October2013.

② Quoc Le and Tomas Mikolov, "Distributed Representations of Sentences and Documents", *ICML'14: Proceedings of the 31st International Conference on International Conference on Machine Learning*, Vol. 32, June 2014, pp. II－1188－II－1196.

③ Matt J. Kusner, Yu Sun, Nichoas I. Kolkin, et al., "From Word Embeddings to Document Distances", *ICML'15: Proceedings of the 32nd International Conference on International Conference on Machine Learning*, Vol. 37, July 2015, pp. 957—966.

④ Lingfei Wu, Ian En-Hsu Yen, Kun Xu, et al., "Word Mover's Embedding: From Word 2vec to Document Embedding", ICLR 2018 Conference Track: 6th International Conference on Learning Representations, Vancouver Convention Center, Vancouver, BC, Canada, April 30－May 3, 2018, https://arxiv.org/pdf/1811.01713.pdf, 2018.

Doc2vec、文档术语矩阵乘词向量编码矩阵以及 LDA 模型途径，WMD 以及 WME 的表现总体更好，且 WME 优于 WMD。

尽管数学原理复杂，但经蒙特卡洛逼近推导后，WME 处理可极大简化：构建 R 个随机主题（文档），依据语料库目标文档术语长度分布随机生成每个随机主题的术语长度，并依据已有词向量（如前文 WVM－I 或者 WVM－II）值分布随机生成主题文档每个术语的词向量；针对任意目标文档和任意随机主题的两两术语，计算术语词向量距离（如欧几里得距离），构建成本矩阵；在目标文档和随机主题的术语权重向量、成本矩阵的基础上，通过运输效率优化算法，计算任意目标文档与任意随机主题之间的陆地移动距离将目标文档映射到随机主题空间中，由此得到文档的向量表征。本书研究拟基于 WME 处理进行文档向量化表征。实际研究过程还将通过基于 LDA 建模得到的主题术语概率分布替代 WME 处理的随机生成主题，以检验随机主题与有监督主题的差异。

第二节　面向主题社区发现的双加权引证网络构建

一　基于文档相似度的引证关系加权

已有引证分析研究大多将任意两两文献之间的引用看成可等同赋权的学术行为。然而，尽管引证行为背后有着多元动机，但直观上，那些与施引文献更相关的被引文献对于前者有着更大的贡献。由此，本书研究引入文档相似度刻画引证关系中被引文献对施引文献的异质贡献度。尽管这种处理忽略了“文献内容相关”之外的其他引证动机，但考虑到本书研究旨在从内容和引证相结合的途径揭示学科主题演化，这种处理有着较好的逻辑基础。

在前文文档向量表征基础上，计算 1591786 条来自目标文献集合（构成内部引证关系）的引证文献和被引文献间的余弦相似度（值域为［－1，1］）。依据相似度得分对引证关系二元组进行逆向排序，对排序结果基于 min-max 标准化处理，将处理后的结果作为最终相似度结果，同时将其他 3129837 条目标文献对外部文献的引证对应文献的相似度设定为－1。对相似度进行自然指数处理，作为对两两引证关系的相关性加权。

二　基于加权引证矩阵与 PageRank 算法的文献影响力计算

在引证关系加权基础上，借鉴苏程（Cheng Su）等人①所提出的虚拟节点思想，构建引证权重矩阵。设 m 为目标文献集合大小，n 为目标文献和全部引文文献构成的集合大小。定义第 $m+1$ 篇文献为虚拟文献（由 $n-m$ 篇外部文献构成的整体）。由此，构建引证权重矩阵 $\Omega=(w_{ij})_{(m+1)\times(m+1)}$。矩阵元素 w_{ij} 为文献 i 在引用文献 j 时对文献 j 的重要性权重评判：

$$w_{ij}=\begin{cases}\dfrac{sim_{ij}}{\sum_{l\in R_i}sim_{il}} & i\in C_j,1\leqslant i\neq j\leqslant m\\ 0 & i\notin C_j,1\leqslant i\leqslant m,1\leqslant j\leqslant m\\ \dfrac{\sum_{l=1}^{m}w_{l,j}}{m} & i=m+1,1\leqslant j\leqslant m\\ 1-\sum_{l=1}^{m}w_{i,l} & 1\leqslant i\leqslant m+1,j=m+1\end{cases}\tag{7.1}$$

其中：R_i 为被文献 i 引用的全部文献，C_j 为引用文献 j 的全部文献，sim_{ij} 即前文所计算的被引文献 i 与施引文献 j 之间的文档相似度。与虚拟节点相关的 $w_{m+1,j}$（$1\leqslant j\leqslant m$）（上式第 3 行）的计算主要基于：任意目标文献 j 被虚拟节点 $m+1$ 引用的概率与其被全部目标文献引用的概率一致。

基于上述引证权重矩阵，进行 PageRank 算法②迭代。设 π 为目标文献集合的 PageRank 影响力向量（行向量），其迭代计算过程可表示为：

$$\pi^{(t+1)}=\frac{(1-d)}{m}\cdot 1+d\cdot\pi^{(t)}\cdot\Omega\tag{7.2}$$

其中 d 为 PageRank 阻尼系数。实际计算中设定为 0.2。

此外，本书研究在上述 PageRank 算法中还引入了时间增强机制，以提升经典研究文献和最新研究文献的影响力，特别地，克服基于引证网络的社区

---

① Cheng Su, Yuntao Pan, Yanning Zhen, et al., "PrestigeRank: A New Evaluation Method for Papers and Journals", *Journal of Informetrics*, Vol. 5, No. 1, Ianuary2011, pp. 1—13.

② Lawrence Page, Sergey Brin, Rajeev Motwani, et al., "The PageRank Citation Ranking: Bringing Order to the Web", *Stanford InfoLab. Working Paper*, 1998, http://web. mit. edu/6. 033/2004/wwwdocs/papers/page98pagerank. pdf.

发现对于那些具有较少引用的较新文献的处理偏差。具体机制这里不作赘述，可跟踪团队其他研究。

三　双加权引证网络构建

设目标文献集合的迭代收敛 PageRank 向量为π^*，基于π^*对相似度加权引证矩阵Ω进行加权，记为 diag（π^*）·Ω，则 diag（π^*）·Ω是一个经文献相似度加权和目标文献 PageRank 影响力加权传播得到的“双加权”引证网络，该网络即为本书研究进行社区发现的基础网络。

区别于基于原始引证网络的社区发现，基于“双加权”引证网络——diag（π^*）·Ω的社区发现一方面突出学科重要文献，使得主题社区更偏向于那些具有影响力的文献；另一方面，其将复杂网络分析与文献内容分析结合起来，使得同一个主题社区在内容上更具聚集性。这即是本书研究基于加权引证网络的学科主题社区发现的核心思想和核心创新点。

第三节　双加权引证网络中基于 Leiden 算法的主题社区发现及表征

一　Louvain 算法及在主题社区发现中的应用

Louvain 算法（亦作 Fast Unfolding 算法）① 是目前用于发现社区结构最流行的、基于模块度（Modularity）最优化的算法之一，广泛应用于科学计量和引证分析研究。然而，相关算法可能会由于随机处理产生不良的连接社区，特别地，在反复迭代过程中，Louvain 算法可能产生一些内部割裂的社区。导致这一问题的原因在于，算法原理上，社区内部的节点通过连接链式关联被划分到一个社区中（即社区节点间存在间接关联），但是这些节点在该社区内部却不存在直接的连接。针对 Louvain 算法的这一问题，文森特·塔拉戈（Vincent A. Traag）等②年

① Vincent D. Blonde, Jean-Loup Guillaume, Renaud Lambiotte, et al., “Fast Unfolding of Communities in Large Networks”, *Journal of Statistical Mechanics: Theory and Experiment*, Vol. 2008, October 2008, p. 10008.

② Vincent A. Traag, Ludo Waltman and Nees Jan van Eck, “From Louvain to Leiden: Guaranteeing Well-Connected Communities”, *Scientific Reports*, Vol. 9, No. 1, March 2019, pp. 1—12.

提出一种改进的算法——Leiden 算法。该算法通过节点的智能本地移动（smart local move）、快速本地移动（fast local move）、随机邻居移动（random neighbour move）等途径，使得所有社区的所有子集都能在本地得到最佳分配，有效克服了 Louvain 算法的不良连接局限。与此同时，Leiden 算法通过快速的本地节点移动方法，运行效率也极大地优于 Louvain 算法。基于此，本书研究拟引入 Leiden 算法在前文“双加权”引证网络——diag（π^*）·Ω 的基础上进行学科主题社区发现。

二　社区表征和归纳标识

针对所发现的每一个主题社区，提取社区成员文献，参考文档术语矩阵 DTM－II，提取社区成员文献涉及的全部完整术语词条。对任意术语 k 的 min-max 标准化文档术语权重进行累积（记为 $tfidf_{ck} = \sum_{i \in c} tfidf_{ik}$，其中 c 为任意社区，i 为社区 c 的任意成员文献，$tfidf_{ik}$ 为术语 k 在文献 i 中的 TF-IDF 权重）。进一步，按照 $tfidf_{ck}/|c|/\sum_{z \in C}(tfidf_{zk}/|z|)$（$|c|$ 为社区规模，C 为全部社区集合）计算术语 k 相对于社区 c 的归一化隶属度。对术语社区隶属度以及基于 min-max 标准化后的文档术语权重和文献 PageRank 影响力权重进行乘积综合，并按照社区进行累积，计算“社区术语权重”，将权重最大的前若干个术语作为社区的基本表征，在此基础上，引入学科专家知识，进行社区归纳和标识。

进一步，针对特定社区的全部成员文献，提取上述社区术语权重最大的前若干个术语，将社区成员文献的引证关系转化为术语之间的有向引证关系，并进行权重累积，构建术语间的链接网络，绘制网络图，以对社区的深层主题进行可视化展示。

第四节　社区生长与演化分析的设计及算法

一　发文量测度下的社区生长与演化分析

（1）社区生长动力分析

由前文可知，学科发文量在总体上呈现增长的自然趋势（如前文图 7.1

所示）。这种增长趋势可能源自于外部力量，比如收录到 WoS 的学科期刊数量的增长、由于期刊年份发行期数的增长或者每期收录论文数量的变化导致期刊发文量的增长以及从事学科研究人员的数量增长等。为更好地揭示各主题社区的内在发展动力，在分析各主题社区的发展和演化趋势时，有必要考虑自然增长趋势的影响。这一影响类似于通货膨胀对于工资水平的影响：通货膨胀可能导致名义工资上涨，但代表真实购买力的实际工资却未必增长。因此，分析实际工资水平的变化时有必要提出通货膨胀的影响。

基于此，本书研究创新性地提出社区生长动力（momentum）的概念，其本质是某个社区实际发文量相对于学科自然增长趋势驱动的理论发文量的比率。具体地，社区 c 在年份 $t = \{1, 2, 3, \cdots\}$ 上的生长动力$\delta_{c,t}$可定义为：

$$\delta_{c,t} = \begin{cases} 1 & t = 1 \\ \dfrac{f_{c,t}}{f_{c,1} \prod_{\tau=2}^{t} \dfrac{F_{\tau}}{F_{\tau-1}}} & t = 2 \end{cases} \tag{7.3}$$

其中F_{τ}表示学科在年份 τ 上的总体发文量。相关计算方案可通过表 7.1 予以直观理解。

表 7.1　去自然趋势的学科生长动力计算示例

年份 t	1	2	3	…
学科总体发文量F_{τ}	F_1	F_2	F_3	…
学科总体发文增长率 $G_t = \dfrac{F_t - F_{t-1}}{F_{t-1}}$	$G_t = 1$	$G_2 = \dfrac{F_2 - F_1}{F_1}$	$G_3 = \dfrac{F_3 - F_2}{F_2}$	
社区 c 实际发文量$f_{c,t}$	$f_{c,1}$	$f_{c,2}$	$f_{c,3}$	…
社区 c 自然趋势驱动的理论发文量$\check{f}_{c,t}$	$\check{f}_{c,1} = f_{c,1}$	$\check{f}_{c,2} = \check{f}_{c,1}\ (1 + G_2) = \check{f}_{c,1} \dfrac{F_2}{F_1}$	$\check{f}_{c,3} = \check{f}_{c,2}\ (1 + G_3) = \check{f}_{c,2} \dfrac{F_3}{F_2}$	…
社区 c 去自然趋势后发文修正量$\hat{f}_{c,t}$	$\hat{f}_{c,1} = f_{c,1} - \check{f}_{c,1} = 0$	$\hat{f}_{c,2} = f_{c,2} - \check{f}_{c,2}$	$\hat{f}_{c,3} = (f_{c,3} - \check{f}_{c,3})$	…
社区 c 去自然趋势后累积发文量$\hat{F}_{c,t}$	$\hat{F}_{c,1} = f_{c,1}$	$\hat{F}_{c,2} = \hat{F}_{c,1} + \hat{f}_{c,2}$	$\hat{F}_{c,3} = \hat{F}_{c,2} + \hat{f}_{c,3}$	…

续表

年份 t	1	2	3	…
社区 c 相对自然趋势的发文率——社区生长动力$\delta_{c,t}$	$\delta_{c,1}=\frac{f_{c,1}}{\overset{\vee}{f}_{c,1}}=1$	$\delta_{c,2}=\frac{f_{c,2}}{\overset{\vee}{f}_{c,2}}$	$\delta_{c,3}=\frac{f_{c,3}}{\overset{\vee}{f}_{c,3}}$	…
社区 c 相对自然趋势的累积发文率——累积生长动力$\Delta_{c,t}$	$\Delta_{c,1}=\delta_{c,1}$	$\Delta_{c,2}=\Delta_{c,1}+\delta_{c,2}$	$\Delta_{c,3}=\Delta_{c,2}+\delta_{c,3}$	…

基于表中计算方案，当主题社区在不同年份上相对自然趋势的发文率低于1时，表示社区当年生长动力不足，反之，表示社区当年发文超越自然趋势，生长动力较强。当某个主题社区在所有年份上的累积发文率不足于年份计数时，表示相关社区总体发文低于学科总体水平（或者说低于学科全部社区平均累积生长动力水平），总体生长动力不足。当某个主题社区的累积生长动力值大于年份计数时，相应社区可认为是热点社区。

（2）社区生长曲线分析

已有研究表明，学科主题的发展符合S形生长曲线模型（张洋等①；雷内·莱萨马·尼古拉斯（René Lezama-Nicolás）等②；高力丹（Lidan Gao）等③）。常用的生长曲线模型有Logistics曲线模型、Gompertz曲线模型以及Richards曲线模型（亦作广义Logistics曲线模型）等（特苏拉里斯（A. Tsoularis）和华莱士（J. Wallace））④。前者是对称型生长曲线，后两者是不对称型生长曲线。相关曲线通过拟合数据的发展峰值、增长率等参数，揭示特定社会或者自然现象的发展阶段。通过对各社区主题的发展趋势进行探索性分析，可以发现，大部分社区在剔除学科发文自然增长趋势后，仍然保持一个增长趋势。通过对称型Logistics模型进行拟合会出现过度刻画，即该模型将大部分社区的既有状态拟合到拐点（中值点）之后的第三阶段或者第四阶段。相

① 张洋、林宇航、侯剑华：《基于融合数据和生命周期的技术预测方法：以病毒核酸检测技术为例》，《情报学报》2021年第5期。

② René Lezama-Nicolás, Marisela Rodríguez-Salvador, Rosa Río-Belver, et al., "A Bibliometric Method for Assessing Technological Maturity: the Case of Additive Manufacturing", *Scientometrics*, Vol. 117, No3, 2018, pp. 1425—1452.

③ Lidan Gao, Alan L. Porter, Jing Wang, et al., "Technology Life Cycle Analysis Method Based on Patent Documents", *Technological Forecasting and Social Change*, Vol. 80, No3, 2013, pp. 398—407.

④ AN Tsoularis and J. Wallace, "Analysis of Logistic Growth Models", *Mathematical Biosciences*, Vol. 179, No. 1, July-August2002, pp. 21—55.

比之下，Gompertz 曲线和 Richards 曲线能够更好地揭示学科主题的发展：初期增长缓慢，后期逐渐加快，当达到一定程度后，增长率逐渐下降，达到峰值或者衍生嬗变成其他主题。约戈斯·马里纳基斯（Yorgos D. Marinakis）研究表明[①]，相比于其他生长曲线模型，Richards 曲线能更好地拟合和预测技术扩散。本书研究初步数据探索亦表明，相比于 Gompertz 曲线，Richards 曲线能更好地拟合本书研究各社区主题的生长趋势。

Richards 曲线模型（累积或者积分曲线模型）为$\widehat{F}(t) = K(1 - b e^{-\gamma t})^{m}$。其中$\widehat{F}$为发展累积水平预测值，$t$ 为时间，K 为发展峰值参数（上渐近水平），b 为偏离参数，γ 为增长率，m 为环境适应参数。曲线的拐点位于$\widehat{t} = \ln(m \cdot b)/\gamma$。在数据探索基础上，本书研究设定环境适应参数为 2，并通过最小二乘法拟合参数 K、b 和 γ。特别地，为防止曲线预测渐近线沉降（最新年份上的预测值低于实际发展水平），在适度牺牲模型拟合性能前提下，本书研究通过强化参数 K（根据上一轮预测沉降率提升其拟合下界）对模型进行适应性迭代拟合。

根据不同主题社区的曲线拟合结果，可对主题的生命周期阶段进行界定和划分。托马斯·库恩（Thomas S. Kuhn）[②] 的经典科学革命结构理论将科学发展划分为常规、危机、革命和重生四个更迭阶段。盖尔盖伊·帕拉（Gergely Palla）等发表于 *Nature* 杂志的一项研究将复杂网络演化过程分为新生、消亡、合并、分裂、增长和收缩六种[③]。本书研究采集的学科文献数据范围为近 15 年，在此之前，学科以及相关主题社区已经经历了初生发展阶段，由此，在曲线拟合的基础上，本书研究根据拟合得到的峰值 K 和预测曲线，按照"$0 \to K/4 \to K/2 \to 3K/4 \to K$"将社区生长分为四个阶段：发展期（阶段 I）、蓬勃期（阶段 II）、持续期（阶段 III）和嬗变期（阶段 IV）。

理论上，考虑学科自然增长趋势的影响，可通过表 1 中的社区去自然趋

---

① Yorgos D. Marinakis, "Forecasting Technology Diffusion with the Richards Model", *Technological Forecasting and Social Change*, Vol. 79, No. 1, January 2012, pp. 172—179.

② Thomas S. Kuhn, *The Structure of Scientific Revolutions*, Chicago: University of Chicago Press, 1962.

③ Gergely Palla, Albert-László Barabási and Tamás Vicsek, "Quantifying Social Group Evolution", *Nature*, Vol. 446, No. 7136, 2007, pp. 664—667.

势后发文修正量（$\widehat{f_{c,t}}$）的累积量（$\widehat{F_{c,t}}$）来拟合社区生长曲线。在实际研究过程中，为避免社区去自然趋势后发文修正量可能出现的负值（某些年份的实际发文量相对自然趋势驱动的发文量不足）导致常用生长曲线模型拟合不良，本书研究基于社区相对自然趋势的累积发文率进行社区生长曲线拟合，并对参数和模型拟合结果进行统计性检验。这种处理一方面可对主题社区的去自然趋势发展水平的绝对修正量进行相对化平滑，另一方面亦可通过社区生长曲线图，更直观地比较社区当前累积动力水平$M_{c,t="2020"}$与代表学科总体发展水平的年份计数（即 2020 - 2006 + 1 = 15，后文图中标识为“学科总体发文动力参考线”），从而评价社区当前发展状态。

在生长曲线拟合基础上，本书研究将结合以下指标评价社区生长曲线趋势：①社区生长曲线参数，主要为 K 和 γ，前者体现未来的潜力或空间，后者表示社区发展增长率；②社区所处生长阶段划分，即发展期、蓬勃期、持续期和嬗变期四个阶段。

二　内部引证关系测度下的社区演化分析

（1）社区知识创新周期分析

主题社区的知识创新周期反映了主题社区内部知识更迭的速率，或者说社区内部知识衰减速率。本书研究引入两个指标评价社区知识创新周期：①社区引证半衰期：参考“引证半衰期”概念，计算社区内部目标文献发表年份与其参考文献（被引文献，包括社区外部目标文献和非目标文献）发表年份之差值，进行整体排序，取中位数；②社区内部平均引证时滞：针对社区内部引证关系（不含外部引用），计算施引文献和被引文献的发表年份差，取全部年份差的均值。两个指标相对于作为基准的学科整体引证半衰期（根据 2006 - 2020 年学科发文数据及全部参考文献数据计算，为 6 年）以及学科目标文献内部平均引证时滞（5.3547 年）越小，相关主题社区的创新活力越强。

（2）社区引证演化分析

根据主题社区内部目标文献的引证关系在各个年份的分布（包括篇章级引证量以及不同年份间的总体引证量），绘制以年份为层次参考线的桑基图，对社区引证演化趋势进行揭示。

三　整合术语新颖度加权的社区主题演化与新生知识演化分析

前文基于发文量和内部引证关系的社区演化分析可从宏观视角揭示学科主题的发展水平和趋势。进一步，可甄选社区主题在各个时间切片上相对新颖的术语，基于社区内部引证构建术语“引证”链，揭示社区主题内部术语的演化，从微观视角揭示学科主题的内在发展过程和趋势。

（1）术语新颖度

针对文档术语矩阵（DTM－II）的完整术语词条 i，记出现该术语的全部文档的最小发表年份为该术语的首次出现年份$t_i^{(min)}$，参考 sigmoid 函数，可将术语 i 在文档 j（记其发表年份为t_j）中的出现实例的新颖度权重定义为 $nov_{i,j}=1/(1+e^{t_j-t_i^{(min)}-span/2})$，（其中 $span$ 为全部目标文献的年份跨度（即 2020－2006＝14）。由此可得到文档术语新颖度矩阵，计算该矩阵与文档术语矩阵（DTM－II）的按位乘积，可得到一个新颖度加权的文档术语矩阵（表示为 DTM－III）。

（2）社区主题演化分析

进一步，针对特定社区的全部成员文献，基于文档术语矩阵 DTM－III，提取权重最高的若干个＜文献，文献发表年份，术语＞元组，将＜术语、年份＞作为分析单元，将社区成员文献的引证关系转化为术语在不同年份上的有向引证关系，并进行引证权重累积，取累积权重最大的前若干术语引证关系（后文根据可视化可辨识需要取前 180 个），绘制以时间切片（后文以 3 个连续年份为一个时间切片）为层次参考线的桑基图，对社区的术语演化趋势进行微观揭示。

（3）社区新生知识演化分析

针对特定社区的每一篇成员文献，如某术语在该文献中是首次出现，则将其提取出来。参考文档术语矩阵 DTM－III（或 DTM－II），提取权重最高的若干个“首次出现”术语，作为分析单元，按照类似于（3）的处理，绘制以时间切片为层次参考线的桑基图，由此对社区的新生知识演化路径进行微观揭示。

上述（2）－（4）处理亦再次体现了基于引证网络分析的学科主题演化分析的优势：相较于其他演化分析方法，这种方法可通过文献引证关系追溯文献内部知识单元的演化路径。必须指出的是，考虑文献 PageRank 影响力的分布以及两两文献间的相似度权重偏向于更可能获得较多被引的早期文献中的术语，因此在上述处理过程中，对术语的加权将不考虑文献篇章的影响力权重和引证相似度。

四 社区间合作及其演化分析

参考“双加权”引证网络——diag（π^*）·Ω，对源自于两个不同社区的两两外部引证关系进行权重累积，得到两两社区间的入引累积权重和出引累积权重。针对特定社区，可进一步计算其他社区引用该社区文献的累积权重（称为总体入引权重，类似于入度）以及该社区引用其他社区文献的累积权重（称为总体出引权重，类似于出度），对总体入引权重和总体出引权重除以社区成员规模，可得到该社区的篇均入引权重和篇均出引权重。入引权重指标越大，表示相关社区知识对其他社区的溢出效应越强，对其他社区领域的贡献越大。出引权重指标越小，表示相关社区知识内生程度越高。

针对每一个社区，对其成员文献的 PageRank 影响力进行累积，并除以社区成员规模，得到社区的篇均 PageRank 影响力，作为社区节点权重；将两两社区间的入引累积权重和出引累积权重除以两两社区的成员规模之积，作为社区间合作关系的强度，构建社区间总体有向合作网络，绘制合作网络图。类似地，对上述处理进行时间切片，可得到时间切片上的多个合作网络，由此分析社区间合作的演化。

第五节 实验分析与结果讨论

在前文研究方案基础上，经过数据采集、数据预处理、加权引证网络构建以及社区发现处理进行实证应用与分析。

一 文档向量化表征与文档相似度算法实验分析

这里首先对前文所提及的不同文档向量化表征途径及其对引证关系中两两文献相似度测度的影响进行实验分析。基于前文分析，实验对比分析的文档向量化表征途径包括：基于 DTM – I、DTM – II 的直接表征、DTM – I · WVM – I、DTM – II · WVM – II、基于 LDA 的文档主题分布（包括基于 Corpus – I 和 Corpus – II 训练得到的 LDA 模型，分别记为 LDA – I 和 LDA – II）、基于 DTM – I 和 WVM – I 的 WME（记为 WME – I）、基于 DTM – II 和 WVM – II 的 WME（WME – II）、通过 LDA – I 主题术语分布替换随机主题的 WME – I 途径（记为 LDA – I→WME – I）、通过 LDA – II 主题术语分布替换随机主题的 WME – II（LDA – II→WME – II）以及各途径的均值（记为 ENSEMBLE）等。图 7.2 给出了不同方法所测度的学科两两引证目标文献相似度（向量）之间的余弦相似度和相关性（z-score 标准化后的余弦相似度）热力图。

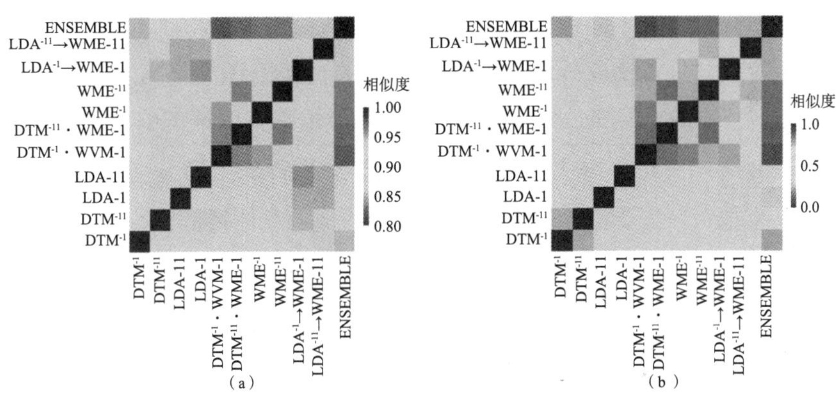

图 7.2　基于不同文档向量化表征途径计算的文档相似度向量的相似性（a）和相关性（b）热力图

由图 7.2 可将不同文档向量化表征途径划分为两类：（1）传统基于术语权重向量的表征以及基于 LDA 文档主题分布的向量表征；（2）文档术语矩阵点乘词向量编码矩阵途径以及 WME 途径。已有研究以及本书研究针对不同文档向量化表征途径对于公开语料文档分类、文档聚类等文本分析任务的影响实验表明，第二类途径性能显著优于第一类。尽管第二类途径的不同方法彼此高度相关，但 WME 总体优于文档术语矩阵点乘词向量编码矩阵途径；此外，将 LDA 主题术语分布作为有监督主题弱化了 WME 的表征能力。进一步，本书研究探索性实验表明，由于篇章级文献的标题、关键词和摘要的文本信息容量有限，将完整术语词条作为文献语义单元极大地缩减了篇章级非零特征数，这一问题直接导致其对篇章级文本的表征不足，并进一步导致在完整术语词条的词向量矩阵（WVM－Ⅱ）和相应文档术语矩阵（DTM－Ⅱ）基础上计算的文档相似度的精确性劣于在基于词根的词向量矩阵（WVM－Ⅰ）和相应文档术语矩阵（DTM－Ⅰ）基础上计算的文档相似度的精确性。由此，本书研究将基于矩阵 WVM－Ⅰ和 DTM－Ⅰ计算的 WME 文档表征向量（WME－Ⅰ）作为后文计算文档相似度的数据基础，并基于本章第二节部分方案构建加权引证网络。有关不同文档向量化表征途径的更多实验比较分析，研究团队将在后续论文中专门探讨，这里不作赘述。

二 社区发现与社区表征实验分析

（1）社区发现

本部分旨在分析不同引证网络结构对于社区发现的影响，具体将通过计算和社区发现实验对比分析剔除引证闭环后的直接引证网络（将任意文献间的引证关系视为同质关系，赋予等权重）、相似度加权引证网络（Ω）、“双加权”引证网络——diag（π^*）·Ω 的总体网络结构特征及基于三种引证网络的社区发现性能。表 7.2 给出了不同引证网络结构的总体特征。

表 7.2 不同引证网络的总体结构特征

引证网络结构		节点数	边数	网络密度	网络直径	平均路径长度	全局聚集系数	模块度
直接引证网络	无向	256471（孤立点15643）	1592833	4.8431e－5	19	5.4812	0.0592	0
	有向		1593750	2.4230e－5	22	5.5109	0.0099	0
相似度加权引证网络（Ω）	无向		1592833	4.8431e－5	19	5.4812	0.0592	0.0049
	有向		1593750	2.4230e－5	22	5.5109	0.0099	0.0009
“双加权”引证网络——diag（π^*）·Ω	无向		1591786	4.8399e－5	19	5.4815	0.0590	－0.0033
	有向		1591786	2.4200 e－5	20	5.3858	0.0098	－0.0002

由表中可以看出，总体上，由于无向图将引证关系处理为双向关联，其网络密度和全局聚集系数均高于有向图，网络直径和平均路径长度均低于有向图。不同引证网络整体凝聚性低，模块度低，网络直接和平均路径长度均较大，网络存在不同的子社区。

针对不同引证网络结构，本书研究实验比较了基于 Louvain 以及基于 Leiden 的社区发现算法。针对两种算法，设置等同的解析度 $\gamma=1$，同时参考约尔格·雷查特和斯特凡·博恩霍尔德（Joerg Reichardt and Stefan Bornholdt）①针对无向图以及莱赫特和纽曼（E. A. Leicht & and M. E. J. Newman）② 针对有向图的模块度定义，设置等同的模块度质量函数。当移动节点不能导致社区划分结果模块度的提升时，算法收敛。

进一步，参考永乐导（Vinh Loc Dao）等 ③综述，选择以下指标评价基于不同引证网络结构以及不同算法的社区发现性能：（1）针对非孤立文献节点（即存在引证关系的文献节点）的社区划分数；（2）社区划分模块度：模块度越高，网络划分的社区结构准确度越高；（3）成员数大于 2 的社区平均网络密度：单个社区网络密度越高，其内部连接越紧密；（4）成员数大于 2 的社区平均聚集系数：单个社区聚集系数越高，其节点内聚性越好；（5）针对非孤立文献节点、以随机社区分配（社区数设定为 5000）为基准的归一化互信息（Normalized Mutual Information，NMI）：当存在可作为标准的确定社区划分结果时，NMI 表示社区划分与标准划分的相似度；由于本书研究不存在确定的社区划分，因此引入随机划分，某次社区划分结果与随机划分的 NMI 值越高，表明该划分所能提供的信息量越小，划分越接近随机值。针对不同引证网络结构以及不同社区发现算法，保持随机社区分配不变，运行 20 次，取上述指标的平均值，结果如表 7. 3 所示。

表 7. 3　基于不同引证网络结构及不同算法的社区发现性能对比

社区发现算法		Louvain 算法				Leiden 算法			
引证网络结构 \ 指标		社区划分数	模块度	平均聚集系数	随机 NMI	社区划分数	模块度	平均聚集系数	随机 NMI
直接引证网络	无向	16836	0. 5729	0. 5172	0. 4379	738	0. 7317	0. 7984	0. 0531
	有向	17187	0. 5676	0. 3690	0. 4478	737	0. 7321	0. 7690	0. 0524

① Joerg Reichardt and Stefan Bornholdt, "Statistical Mechanics of Community Detection", *Physical Review E, Statistical, Nonlinear, and Soft Matter Physic*, Vol. 74, No. 1, July 2006, p. 016110.

② Elizabeth A. Leicht and Mark E. J. Newman, "Community Structure in Directed Networks", *Physical Review Letters*, Vol. 100, No. 11, March 2008, P. 118703.

③ Vinh Loc Dao, Cécile Bothorel and Philippe Lenca, "Community Structure: A Comparative Evaluation of Community Detection Methods", *Network Science*, Vol. 8, No. 1, January 2020, pp. 1—41.

续表

社区发现算法		Louvain 算法				Leiden 算法			
引证网络结构 \ 指标		社区划分数	模块度	平均聚集系数	随机 NMI	社区划分数	模块度	平均聚集系数	随机 NMI
相似度加权引证网络（Ω）	无向*	16951	0.5980	0.5184	0.4406	738	0.7541	0.7977	0.0533
	有向	16974	0.5990	0.3707	0.4426	738	0.7540	0.7684	0.0528
“双加权”引证网络——diag（π^*）·Ω	无向*	16802	0.6144	0.5158	0.4363	736	0.7627	0.7988	0.0524
	有向	17145	0.6054	0.3693	0.4468	736	0.7626	0.7714	0.0531

注：* 此处“无向”指的是在社区发现时将加权引证网络作为无向网络，但在前期基于 PageRank 的影响力加权过程中，相关引证网络仍然按照有向网络处理。

从表中可以看出，Leiden 算法较之于 Louvain 算法的社区划分结果在最终模块度、平均聚集系数以及随机 NMI 方面均有显著提升。相比于 Louvain 算法的过度划分，Leiden 算法的社区划分规模更利于后文的社区演化分析。相比于直接引证网络，基于相似度加权引证网络和“双加权”引证网络的社区划分质量更佳，“双加权”引证网络最优。相关实验结果印证了前文假设：基于“双加权”引证网络的社区发现通过相似度加权嵌入文献内容分析，使得同一个主题社区在内容上更具聚集性；通过文献节点影响力的传播分配使得主题社区以那些更具影响力的文献节点为中心进行布局和拓展。尽管在无向图基础上的社区发现总体略优于相应有向图（究其原因是有向图的单向处理弱化了部分引证连接，见表 7.2 网络平均路径长度和全局聚集系数比较），但后者更能体现（或者说保留）文献引证关系的“有向”本质。综上分析，本书研究选择基于“双加权”引证网络——diag（π^*）·Ω 有向网络和 Leiden 算法的社区划分结果（最终模块度为 0.7648）作为后文社区主题演化分析的基础。

（2）社区表征

表 7.4 给出了社区划分结果中成员规模最大的前 20 个社区的相关信息，包括用于表征社区的综合权重最高的一组术语（取代表性术语若干，部分术语进行了人工语义合并，更详细的术语表征见附件 I，或通过文后链接访问）、社区主题归纳、社区规模、密度和聚集系数等。

表 7.4　典型社区表征

社区编号	社区成员规模	社区术语表征（括号内为术语社区隶属度以及 min-max 标准化的 TF-IDF 和 PageRank 影响力权重的乘积综合）	社区归纳	聚集系数	网络密度
1	20060	energy consumption(0.2522); emission(0.1848); energy efficiency(0.1405); carbon dioxide emission(0.1380); electricity(0.1347); energy intensity(0.1169); carbon tax (0.0949); rebound effect (0.0923); renewable energy (0.0910); pollution(0.0829); electricity price(0.0828); climate policy (0.0772); environmental kuznets curve (0.0758); electricity market(0.0698); environmental regulation(0.0633); coal (0.0609); abatement (0.0569); stern review(0.0567); climate change (0.0552); energy policy (0.0535); wind power(0.0525); energy demand(0.0514); emission trading(0.0501); feed-in tariff(0.0462); carbon leakage(0.0456); electricity generation(0.0455); environmental policy (0.0437); gas (0.0436); energy security (0.0434); energy conservation(0.0419); carbon(0.0393); greenhouse gas emission(0.0373); fuel(0.0362); emission reduction(0.0358); carbon price (0.0354); natural gas (0.0350); nuclear power(0.0341); economics of climate change(0.0338); photovoltaics(0.0313); multi-region input-output model(0.0276); clean development mechanism (0.0268); green paradox (0.0260); marginal abatement cost(0.0253); porter hypothesis (0.0236); battese-coelli estimator(0.0210); datum envelopment analysis(0.0227); heat(0.0191); energy technology(0.0185); energy transition(0.0193); ecological footprint (0.0180); logarithmic mean divisia index (0.0173); emission allowance (0.0171); pollution haven hypothesis(0.0166); structural decomposition analysis (0.0161); double bootstrap procedure(0.0160); sulfur dioxide(0.0160); integrated assessment model(0.0155); merit-order effect(0.0138); energy substitution(0.0132); stochastic frontier model(0.0106); energy labeling(0.0101); computable general equilibrium model(0.0098)	能源经济学	0.0176	2.9246e-4
2	18395	child (0.2042); teacher (0.1808); school (0.1723); student(0.1711); obesity(0.1199); student achievement (0.0823); mother (0.0809); height (0.0804); parents (0.0791); smoking(0.0788); college(0.0765); (physical/mental) health (0.0748); fertility (0.0741); body weight(0.0718); childcare(0.0698); invalid instrument (0.0695); woman(0.0634); education(0.0600); weak instrument(0.0588); girls(0.0582); high school(0.0579);	微观人口经济学	0.0156	8.2151e-4

续表

社区编号	社区成员规模	社区术语表征 （括号内为术语社区隶属度以及 min-max 标准化的 TF-IDF 和 PageRank 影响力权重的乘积综合）	社区归纳	聚集系数	网络密度
2	18395	marriage(0.0532); peer effect(0.0528); (infant) mortality (0.0518); voucher(0.0506); teaching quality(0.0498); birth(0.0493); child labor(0.0464); moment inequality (0.0455); boys(0.0446); kindergarten(0.0432); domestic violence(0.0425); class size(0.0410); crime(0.0390); enrollment (0.0388); adolescent (0.0384); child/infant health(0.0368); (unilateral) divorce(0.0361); public school(0.0358); instrumental variable(0.0356); partial identification(0.0347); maternal employment(0.0332); man(0.0319); attendance(0.0313); alcohol(0.0307); average treatment effect(0.0303); adult(0.0295); teacher performance pay(0.0294); regression discontinuity(0.0290); earnings(0.0288); dropout(0.0287); intergenerational mobility(0.0283); abortion(0.0282); father(0.0275); preschool(0.0271); primary/secondary school(0.0265); disability(0.0263); compulsory schooling(0.0261); incarceration(0.0243); returns to schooling(0.0229); family (0.0214); gender gap(0.0210); entrance age(0.0196); maternity leave(0.0194); tiebout equilibrium(0.0191); incentive effects of competition(0.0186); socio-economic status(0.0182); cash transfer(0.0182); inequality of opportunity(0.0182); pregnancy(0.0172)	微观人口经济学	0.0156	8.2151e-4
3	18088	player(0.0586); economic experiment(0.0478); punishment/penalty(0.0465); experimental software(0.0411); contest (0.0408); dictator game (0.0395); reciprocity (0.0359); social preference (0.0327); game/gamble (0.0310); team/league/group(0.0307); payoff/reward/incentives/prize(0.0295); tournament(0.0289); auction (0.0280); political lobbying(0.0270); agent(0.0268); sender(0.0264); subjects(0.0262); public good(experiment)(0.0255); bid(0.0229); belief(0.0225); guilt aversion(0.0214); risk preference/aversion(0.0211); first/second-price auction(0.0206); lottery(0.0206); z-tree (0.0204); repeated game(0.0202); ambiguity aversion (0.0194); principal(0.0193); ultimatum game(0.0180); all-pay auction(0.0172); inequity averse(0.0157); seller (0.0155); behavior/action/choice(0.0154); cheap talk (0.0151); charity(0.0151); altruism(0.0141); property rights approach(0.0141); preference(0.0140); moral hazard(0.0139); (conditional) cooperation(0.0136); competi-	实验经济学与行为经济学	0.0093	8.3222e-4

续表

社区编号	社区成员规模	社区术语表征（括号内为术语社区隶属度以及 min-max 标准化的 TF-IDF 和 PageRank 影响力权重的乘积综合）	社区归纳	聚集系数	网络密度
3	18088	tive balance(0.0134); multiple priors(0.0132); reference-dependent preference(0.0128); win(0.0127); equilibrium (0.0127); contest success function(0.0126); prospect theory(0.0126); shrouding(0.0123); prosocial(0.0123); trust game(0.0119); oppon(0.0118); signaling(0.0118); anticipated regret (0.0114); donation (0.0114); gift exchange(0.0114); coordination game(0.0114); loss aversion (0.0113); folk theorem (0.0113); overbidding (0.0112); other-regarding preference(0.0112); time preference(0.0111); gain-loss utility(0.0110); free riding (0.0100); effort(0.0099); prudence(0.0098); unkind (0.0098); rationalizability (0.0097); overconfidence (0.0095); deception/cheating/lies(0.0093); centipede (0.0093); elicitation(0.0088); self-control(0.0087); behavioral economics(0.0084); social dilemma(0.0081); strategic information transmission(0.0080); colonel blotto game(0.0079); bet(0.0078); social norm(0.0078); reputation(0.0077); anscombe-aumann framework(0.0075); hyperbolic discounting(0.0074); experimental asset market (0.0073); ellsberg's paradox (0.0073); level-k model (0.0073); temptation(0.0071); dynamic variational preferences(0.0071); contract(0.0070); learning(0.0070); strotz (0.0070); bounded rationality (0.0069); honesty (0.0066); delegation(0.0060)	实验经济学与行为经济学	0.0093	8.3222e－4
4	18013	monetary policy(0.1106); inflation(0.1001); dsge model (0.0563); new-keynesian model(0.0533); inflation targeting (0.0506); forecast (0.0428); fiscal rule/policy (0.0420); sticky price model(0.0420); business cycle (fluctuation/synchronization) (0.0399); central bank (0.0398); monetary policy shock(0.0319); great moderation(0.0296); zero lower-bound(0.0295); inflation dynamics(0.0270); inflation persistence(0.0253); inflation expectation(0.0244); phillips curve(0.0234); output gap (0.0233); technology shock(0.0232); taylor rule/principle(0.0223); uncertainty shock(0.0221); nominal rigidity (0.0197); trend inflation(0.0188); sudden stop(0.0188); economic fluctuation (0.0187); federal reserve (fed) (0.0185); recession (0.0183); new-keynesian phillips curve(0.0175); (real/nominal) interest rate(0.0171); government spending(multiplier/shock)(0.0165); nominal	货币与财政经济学	0.0104	8.2395e－4

续表

社区编号	社区成员规模	社区术语表征（括号内为术语社区隶属度以及 min-max 标准化的 TF-IDF 和 PageRank 影响力权重的乘积综合）	社区归纳	聚集系数	网络密度
4	18013	frictions (0.0159); interest rate rule/regulation/regime (0.0157); fiscal multiplier/shock (0.0156); government purchases/consumption (0.0139); news shock (0.0138); liquidity trap (0.0137); vector auto-regression (0.0136); capital control (0.0134); capital flow (0.0129); professional forecaster (0.0128); dynamic factor model (0.0128); exchange rate (regime) (0.0127); unconventional monetary policy (0.0127); sovereign default (0.0124); (in-) determinacy (0.0123); monetary targeting (0.0119); debt (0.0118); inflation uncertainty (0.0117); external assets and liabilities (0.0116); structural shock (0.0115); cost channel (0.0115); sign restriction (0.0115); financial friction (0.0114); credit spread (0.0113); credit boom (0.0113); emerging markets business cycles (0.0113); impulse response (0.0113); adaptive learning (0.0111); dynamic equilibrium economies (0.0111); natural expectations (0.0110); international reserve (0.0109); (small) open economy (0.0107); rule-of-thumb consumption (0.0106); capital adjustment cost (0.0104); investment shock (0.0104); quantitative easing (0.0102); external positions (0.0099); fiscal stimulus (0.0098); pro/counter-cyclicality (0.0097); state-dependent pricing (0.0094); menu cost (0.0093); disinflation (0.0092); financial accelerator (0.0091); current account (0.0091); output growth (0.0088); bubble (0.0086); synchronization (0.0085); economic recovery (0.0085); sequence of liberalization (0.0085); consumption (0.0084); monetary transmission mechanism (0.0082); leverage cycle (0.0081); collateral constraint (0.0080); central bank communication (0.0079); risky steady-state (0.0079); central bank independence (0.0079); macroeconomic time series (0.0078); deep habit (0.0078); crisis (0.0077); inflation inertia (0.0076); exchange rate pass-through (0.0075); tax cut (0.0072); investment wedge (0.0072); deflation (0.0071); forward guidance (0.0070); great depression (0.0070); credit cycle (0.0069); sovereign debt (0.0069); government debt (0.0068); fiscal consolidation (0.0067); monetary aggregate (0.0067); price-level targeting (0.0066)	货币与财政经济学	0.0104	8.2395e-4

续表

社区编号	社区成员规模	社区术语表征（括号内为术语社区隶属度以及 min-max 标准化的 TF-IDF 和 PageRank 影响力权重的乘积综合）	社区归纳	聚集系数	网络密度
5	17575	stock(0.2350); oil price shock(0.2113); (crude) oil price (0.1903); stock/asset/equity/fund/futures/options return (0.1879); investor sentiment(0.1683); (realized) volatility (0.1636); (individual/institutional) investor (0.1321); stock/equity/futures/options/oil market (0.1309); momentum(0.1274); expected return(0.1231); average return(0.1206); realized variance(0.1145); cross-sectional stock return (0.1036); market microstructure noise (0.0997); high-frequency(0.0975); idiosyncratic volatility (0.0935); return predictability (0.0858); bitcoin/cryptocurrency (0.0852); jump (0.0843); book-to-market (0.0795); excess return (0.0768); demand and supply shocks(0.0764); equity premium (0.0749); yield curve (0.0721); (equity) mutual fund(0.0718); (multivariate) garch model(0.0714); liquidity(0.0711); volatility spillover(0.0706); asset price (0.0703); value/risk/liquidity premium (0.0690); implied volatility (0.0672); small stocks (0.0664); hedge fund (0.0662); out-of-sample (0.0614); portfolio (0.0605); aggregate volatility risk (0.0584); short selling(0.0578); order flow (0.0563); dividend yield(0.0561); trading volume(0.0556); integrated variance (0.0524); news (0.0514); co-movement (0.0510); variance risk-premium(0.0503); term structure (0.0502); growth stocks(0.0484); capm(0.0476); price discovery(0.0463); asset pricing anomaly(0.0450); option price (0.0444); long memory (0.0432); short rate (0.0426); sharpe ratio(0.0421); beta(0.0410); past returns (0.0410); disposition effect (0.0404); trade (0.0402); exchange rate (0.0401); quadratic variation (0.0399); trading strategy (0.0383); informed trading (0.0375); stochastic volatility(0.0366); hedging(0.0357); momentum strategy(0.0354); arch-type model(0.0352); gold(0.0350); market efficiency(0.0349); intangible returns(0.0341); energy price shock(0.0339); momentum profit (0.0336); leverage effect (0.0319); herding (0.0317); daily returns(0.0315); fama(0.0313); underreaction(0.0312); individual stocks(0.0309); realized kernel(0.0308); earnings announcement(0.0303); bipower variation(0.0302); foreign exchange market(0.0301); intra-day(0.0298); active share(0.0296); post earnings	金融市场与投资者行为	0.0126	4.1378e-4

续表

社区编号	社区成员规模	社区术语表征（括号内为术语社区隶属度以及 min-max 标准化的 TF-IDF 和 PageRank 影响力权重的乘积综合）	社区归纳	聚集系数	网络密度
5	17575	announcement drift(0.0295); limit order(0.0292); horizon (0.0289); investor attention (0.0288); outperformance (0.0288); analyst(0.0286); mispricing(0.0284); return spillover(0.0283); alpha(0.0282); dynamic conditional correlation(0.0281); fund manager (0.0281); bubble (0.0280); contagion(0.0276); wavelet analysis(0.0273); noise trading(0.0268); conditional variance(0.0265); price continuity(0.0264); rare disaster(0.0258); s&p 500 (0.0256); skewness(0.0250); safe haven(0.0244); jump risk premium(0.0241); in-sample(0.0241); investor behavioral biases(0.0238); investor overconfidence(0.0232); stochastic discount factor model(0.0230); variance swap rates (0.0230); value stocks(0.0230); arbitrage(0.0222); expectations puzzle(0.0220); risk-return trade-off(0.0220); speculation(0.0220); emerging markets(0.0210); predatory trading (0.0202); copula (0.0197); index fund (0.0196); limits to arbitrage(0.0196)	金融市场与投资者行为	0.0126	4.1378e-4
6	16462	politically connected firm(0.3719); bank(0.3423); ceo (0.1776); corporate governance(0.1242); firm(0.1127); capital structure(0.1078); ceo/executive pay/compensation(0.0997); loan(0.0718); liquidation(0.0706); borrowing(0.0680); systemic risk(0.0625); financial constraint (0.0596); firm value (0.0586); shareholders (0.0553); lenders(0.0553); board(0.0538); collateral (0.0519); leverage(0.0510); cash holding(0.0506); earnings management (0.0479); investor protection (0.0479); creditor rights(0.0435); director(0.0423); default(0.0419); ipo(0.0418); credit rating(0.0408); lending (0.0395); outside director (0.0360); family firm (0.0355); credit risk(0.0348); takeover(0.0333); repurchase(0.0332); bank competition(0.0331); corporate investment(0.0327); securitization(0.0325); credit default swap(cds) (0.0325); acquisition(0.0315); ceo turnover (0.0311); bank loan (0.0309); board size/structure (0.0307); venture capital (0.0304); bank efficiency (0.0299); trade credit(0.0299); bank risk-taking(0.0291); market liquidity(0.0288); credit spread(0.0285); bank risk(0.0284); subprime(0.0281); debt(0.0281); financial crisis(0.0279); cash flow (0.0278); blockholders (0.0272); credit line(0.0270); stock options(0.0268);	金融机构与公司金融	0.0119	4.2651e-4

续表

社区编号	社区成员规模	社区术语表征（括号内为术语社区隶属度以及 min-max 标准化的 TF-IDF 和 PageRank 影响力权重的乘积综合）	社区归纳	聚集系数	网络密度
6	16462	debt capacity(0.0267); banking system(0.0256); bank performance(0.0255); creditor(0.0252); yield spread(0.0248); bank regulation(0.0244); deposit insurance(0.0239); firm performance(0.0237); zombie(0.0232); cash(0.0230); credit(0.0230); external financing constraints(0.0227); covenant(0.0226); inter-bank market(0.0219); nonfamilial(0.0219); bailout(0.0217); private equity(0.0214); bond(0.0213); payout policy(0.0213); mortgage(0.0211); contagion(0.0210); corporate bond(0.0209); bank crisis(0.0209); large shareholders(0.0209); fire-sale(0.0208); bankruptcy(0.0208); syndication(0.0206); growth opportunity(0.0205); target capital structure(0.0205); non-interest income(0.0205); funding liquidity(0.0202); lending relationship(0.0202); banking system fragility(0.0201); market-to-book ratio(0.0201); controlling shareholders(0.0200); information asymmetry(0.0198); deposit(0.0198); lending channel(0.0196); anti-takeover provision(0.0192); asset(0.0190); ownership structure(0.0190); banking concentration(0.0190); dividend(0.0187); international fund(0.0187); board independency(0.0185); default risk(0.0184); credit registry(0.0184); ownership concentration(0.0183); corporate financial policy(0.0180); rating agency(0.0180); investment cash flow sensitivity(0.0179); financial institution(0.0177); capital shortfall(0.0174); shareholder rights(0.0173); abnormal return(0.0173); syndicated loan(0.0170); real estate investment trust(0.0169); credit quality(0.0169); agency cost(0.0168); issuer(0.0167); managers(0.0166); financial distress(0.0165); nonconnected(0.0162); depositor(0.0160); default probability(0.0160); cross listing(0.0159); debt and equity(0.0159); announcement return(0.0159); investor(0.0157)	金融机构与公司金融	0.0119	4.2651e-4
7	16112	farm(0.1480); agriculture(0.1118); forest/forestry(0.0994); crop(0.0989); poverty(0.0979); deforestation(0.0976); payment for environmental/ecosystem services(0.0889); micro-finance(0.0868); smallholder(0.0765); biofuel(0.0732); land(0.0664); ecosystem/environmental service(0.0634); agricultural production(0.0615); contract farming(0.0579); ethanol(0.0572); spatial price	农业与自然资源经济学	0.0177	2.7098e-4

续表

社区编号	社区成员规模	社区术语表征（括号内为术语社区隶属度以及 min-max 标准化的 TF-IDF 和 PageRank 影响力权重的乘积综合）	社区归纳	聚集系数	网络密度
7	16112	difference (0.0555); fishery (0.0519); food security (0.0499); food price (0.0493); maize (0.0479); (farm) household(0.0478); irrigation(0.0468); harvest(0.0448); small farmer(0.0445); price transmission(0.0419); farm level (0.0391); landowners (0.0390); dairy (farming) (0.0376); land title(0.0370); village(0.0367); tenure security(0.0362); rural(0.0357); livestock(0.0353); farm size(0.0352); corn(0.0346); crop insurance(0.0337); carbon sequestration(0.0330); agricultural policy(0.0328); rice(0.0328); poverty reduction(0.0322); natural disaster (0.0317); community forestry (0.0312); pro-poor (0.0309); livelihood (0.0297); technical efficiency (0.0297); red/redd-plus(0.0294); (bt) cotton(0.0285); land-use(0.0279); poverty trap(0.0274); micro enterprise (0.0272); index insurance (0.0269); conservation (0.0262); biodiversity (0.0253); agricultural land (0.0253); polycentric governance(0.0253); direct payment(0.0248); group lending(0.0247); organic farming (0.0244); wheat (0.0243); food (0.0236); drought (0.0232); soil(0.0229); land rights(0.0227); bioeconomic model (0.0227); poverty line (0.0225); crop yield (0.0220); specie(0.0220); optimal harvesting(0.0218); modern agricultural markets (0.0215); forestry management/governance(0.0214); land(rental) market(0.0214); off-farm income(0.0214); fertilizer subsidy(0.0212); timber(0.0210); decoupled payment(0.0210); biofuel policy (0.0208); farm income(0.0198); land tenure(0.0197); off-farm work(0.0196); agricultural technology(0.0193); climate change(0.0188); water market(0.0181); pesticide (0.0181); agricultural market(0.0181); technology adoption (0.0180); coffee (0.0178); collective action (0.0175); supermarket(0.0173); forest income(0.0171); fishery management(0.0170); forest land(0.0169); protected area (0.0169); land allocation (0.0168); grain (0.0167); property rights (0.0167); joint liability (0.0164); green revolution(0.0164); bycatch(0.0163); sequestration(0.0162); benford's law(0.0158); outreach (0.0157); state-contingent production (0.0156); seed (0.0155); ecosystem(0.0154); cultivation(0.0154); biodiesel(0.0151); land reform(0.0151); milk(0.0150);	农业与自然资源经济学	0.0177	2.7098e-4

续表

社区编号	社区成员规模	社区术语表征（括号内为术语社区隶属度以及 min-max 标准化的 TF-IDF 和 PageRank 影响力权重的乘积综合）	社区归纳	聚集系数	网络密度
7	16112	elasticity of poverty(0.0147); soybean(0.0144); agro-environmental scheme(0.0143); groundwater(0.0142); vertical coordination(0.0141); temperature(0.0140); conservation tillage (0.0139); sugar (0.0139); rural roads (0.0139); subsidy(0.0131)	农业与自然资源经济学	0.0177	2.7098e-4
8	15723	export(0.1537); international/bilateral/multilateral trade (0.0796); fdi(0.0628); trade(0.0572); gravity(equation/model)(0.0556); trade/tariff liberalization(0.0538); trade cost(0.0456); (input/output) tariff(0.0431); offshore (0.0412); intra-industry fdi(0.0378); intensive and extensive margin(0.0353); firm heterogeneity(0.0296); (free) trade agreement (0.0283); wto (0.0283); firm (0.0280); wage inequality(0.0270); trade flow(0.0270); comparative advantage(0.0269); trade policy(0.0257); multinational/domestic firm(0.0249); low-wage countries (0.0205); productivity growth(0.0195); preferential trade agreement (0.0195); plant (0.0192); export market (0.0191); (manufacturing) total factor productivity (0.0168); r&d/innovation(0.0160); world trade network (0.0157); aggregate productivity(0.0156); intermediate input (0.0151); general agreement on tariffs and trade (0.0150); job polarization (0.0147); antidumping (0.0142); china(0.0137); tariff reduction/cut(0.0135); misallocation(0.0133); great trade collapse(0.0129); import competition(0.0129); trade finance(0.0128); pattern of trade(0.0126); intra-industry/firm trade(0.0125); outward fdi(0.0125); outsource(0.0123); (welfare) gains from trade(0.0123); trade reform(0.0120); reallocation (0.0120); national treatment (0.0118); trade model (0.0118); imported(intermediate) input(0.0118); manufacturing(0.0116); border effect(0.0111); return to capital(0.0108); state visit(0.0106); import(0.0106); world technology frontier(0.0105); skilled labor(0.0105); elasticity of substitution(0.0105); foreign ownership(0.0104); multi-sector model(0.0103); firm-level(0.0103); monopolistic competition(0.0102); labor share(0.0101); fdi spillover(0.0098); skill-biased technological change(0.0097); (technical) barrier to trade(0.0097); trade promotion/facilitation(0.0096); firm-level productivity(0.0095); intellectual property rights(0.0095); skilled-unskilled wage inequality	国际贸易与投资经济学	0.0099	8.8454e-4

续表

社区编号	社区成员规模	社区术语表征（括号内为术语社区隶属度以及 min-max 标准化的 TF-IDF 和 PageRank 影响力权重的乘积综合）	社区归纳	聚集系数	网络密度
8	15723	(0.0095); productivity gains(0.0092); firm size distribution(0.0090); export performance(0.0090); vertical specialization(0.0088); market size(0.0088); revenue productivity(0.0087); semi-endogenous growth theory(0.0087); foreign affiliate(0.0087); food problem(0.0087); product switching(0.0086); product fragmentation(0.0086); plant survival(0.0085); skill premium(0.0085); product-level (0.0085); stumbling blocks (0.0083); export variety (0.0083); markup (0.0082); learning by exporting (0.0082); imitation (0.0082); industry-level (0.0081); domestic(0.0080); service trade(0.0080); product variety (0.0080); value-added exports (0.0079); productivity spillover (0.0079); foreign acquisition (0.0079); world trading system (0.0078); service offshoring (0.0076); price-to-market(0.0076); task trade(0.0076); export destination(0.0075); customs union(0.0074); skill-intensity (0.0074); capital-intensity (0.0073); non-tariff barrier (0.0073); foreign lobbying(0.0073); productivity difference(0.0073); quality upgrade(0.0072); foreign markets (0.0072); technology transfer (0.0071); firm turnover (0.0069); relative factor abundance(0.0068); distance puzzle(0.0068); intermediate goods(0.0067); final goods (0.0067); factor-intensity(0.0066); trade diversification (0.0064); schumpeterian growth theory(0.0063); technological spillover(0.0063)	国际贸易与投资经济学	0.0099	8.8454e-4
9	13809	entrepreneurship (0.3919); agglomeration (economy) (0.3295); house price(0.3272); city(0.1966); forced sales(0.1771); housing(market) (0.1716); related/unrelated variety(0.1627); property value(0.1625); self-employment(0.1577); region(0.1391); (new/evolutionary) economic geography(0.1232); spatial(0.1139); industry clustering(0.1052); spatial auto-regressive model(0.1024); jacobs externalities(0.0965); creative class(0.0951); megan's law(0.0923); geographical proximity(0.0880); rent-price ratio(0.0858); metropolitan area(0.0847); innovation(0.0839); central city(0.0817); regional growth/economy(0.0816); knowledge spillover(0.0815); co-agglomeration(0.0773); amenity(0.0768); new business formation(0.0750); nascent entrepreneur(0.0739); open space(0.0739); spatial dependency(0.0726); spatial eco-	区域与空间经济学	0.0144	8.6291e-4

续表

社区编号	社区成员规模	社区术语表征（括号内为术语社区隶属度以及 min-max 标准化的 TF-IDF 和 PageRank 影响力权重的乘积综合）	社区归纳	聚集系数	网络密度
9	13809	nometrics(0.0721); employment growth(0.0704); urban (growth) (0.0689); enterprise zone (0.0684); start-up (0.0657); sprawl(0.0641); patent(0.0633); knowledge flow(0.0624); gibrat's law(0.0586); spatial wage disparity (0.0584); local (0.0581); spin-off (0.0549); hedonic model(0.0519); structural fund (0.0497); firm growth (0.0489); crime risk(0.0484); generalized moments estimation(0.0480); knowledge network(0.0474); foreclosure (0.0472); global production network(0.0471); place-based policy(0.0461); interstate highway system(0.0455); industrial location(0.0454); kelejian(0.0446); urban hierarchy (0.0436); regional policy(0.0430); inventor(0.0429); co-location (0.0424); new firm (0.0423); spatial lag (0.0421); global entrepreneurship monitor(0.0398); land price(0.0395); heteroscedasticity and autocorrelation consistent estimation (0.0374); regional innovation system (0.0370); residential land(0.0369); local labor market (0.0367); spatial autocorrelation (0.0365); highway (0.0362); land value (0.0359); residential property (0.0349); tax increment financing(0.0155); sale price (0.0332); repeat sales(0.0329); property tax(0.0328); university-industry collaboration(0.0328); regional resilience(0.0324); spatial weight matrix(0.0324); gentrification(0.0317); land use regulation(0.0316); spatial concentration(0.0304); agglomeration externality(0.0302); spatially correlated error components(0.0299); spatial dynamic panel datum model(0.0292); human capital(0.0277)	区域与空间经济学	0.0144	8.6291e-4
10	13450	corruption(0.2622); democracy(0.1109); (foreign/bilateral) aid(0.0901); (re-) election(0.0763); politicians/politics(0.0672); (counter-) terrorism (0.0669); resource curse(0.0612); political/electoral budget/business cycle (0.0581); (fiscal/political) (de-) centralization(0.0581); religion(0.0522); economic freedom(0.0493); slave trade (0.0490); shadow economy (0.0433); tax competition (0.0423); ethnic conflict(0.0395); culture(0.0376); elector (0.0374); vote/voters (0.0369); colonialism (0.0365); (civil) war/conflict(0.0342); natural resource (0.0323); (central/sub-national/local) government (0.0312); political/governance institutions(0.0312); publication selectivity(0.0301); fiscal federalism(0.0297);	政治体制与选举经济学	0.0152	8.6294e-4

续表

社区编号	社区成员规模	社区术语表征（括号内为术语社区隶属度以及 min-max 标准化的 TF-IDF 和 PageRank 影响力权重的乘积综合）	社区归纳	聚集系数	网络密度
10	13450	bribery(0.0293); government size(0.0288); medium bias (0.0285); bureaucracy (0.0280); electoral competition (0.0273); re-election prospects (0.0265); municipality (0.0264); party (0.0258); political/policy competition (0.0252); natural resources abundance(0.0246); (bilateral) trust(0.0244); aid effectiveness(0.0244); political regime(0.0230); candidate (0.0221); violence (0.0217); protest(0.0213); assassination(0.0205); yardstick competition(0.0204); protestantism(0.0203); donor(0.0199); genuine empirical effect (0.0198); great divergence (0.0198); public spending/expenditure/investment(0.0197); voting turnout(0.0189); slant(0.0189); international monetary fund(0.0187); incumbency(0.0187); redistribution (0.0186); fiscal restraints (0.0186); institutional/governmental quality(0.0184); russia(0.0180); political economics(0.0173); wagner's law(0.0172); (government) ideology (0.0172); elite(0.0171); social capital(0.0166); political agency (0.0166); security council (0.0166); autocracy (0.0165); vote shares(0.0150); rent-seeking(0.0147); industrial revolution (0.0146); fiscal capacity (0.0144); communism(0.0141); anarchy (0.0140); property rights (0.0137); government accounting/audit(0.0131); electoral accountability(0.0130); ruler/governor(0.0128); fiscaltransparency (0.0128); palestinian-israeli conflict (0.0126); term limit(0.0126); family ties(0.0121); inequality(0.0120); trust in public institutions(0.0120); partisan politics(0.0120); pork-barrel spending(0.0119); republican(0.0113); propensity for redistribution(0.0112); inter-governmental transfer(0.0110); checks and balances (0.0109); public goods(0.0108); social trust(0.0107); taxation(0.0107); dictatorship(0.0106); political integration(0.0106); federation(0.0104); left/right-wing governments(0.0104); public choice(0.0103); political polarization(0.0102); presidentialism(0.0101); campaign spending(0.0101); political participation(0.0100); comparative development/economics(0.0098); median voter(0.0096); woman's suffrage(0.0096); community responsibility system(0.0096); resource rent(0.0095); peace(0.0095); insurgency(0.0095); barriers to investment(0.0095); reform (0.0092); civic virtue(0.0092); authoritarianism(0.0090);	政治体制与选举经济学	0.0152	8.6294e-4

续表

社区编号	社区成员规模	社区术语表征（括号内为术语社区隶属度以及 min-max 标准化的 TF-IDF 和 PageRank 影响力权重的乘积综合）	社区归纳	聚集系数	网络密度
10	13450	legislative elections (0.0090); democratic capitalism (0.0090); jurisdiction(0.0089); legislature(0.0089); oil discoveries(0.0087); political instability(0.0086); franchise extension(0.0086); unified growth theory(0.0086); resource windfalls(0.0085); income inequality(0.0083); council size(0.0083); genetic distance(0.0080); medium freedom(0.0078)	政治体制与选举经济学	0.0152	8.6294e-4
11	11124	airport (0.4704); airline (0.3114); (public) transport (0.2834); travel/trip (0.2770); routing (0.2638); port (0.2516); passenger(0.2434); vehicle(0.2203); (traffic) congestion (0.2098); commute (0.2062); travel time (0.1914); carrier(0.1866); bus/brt(0.1823); travel behavior (0.1802); car (0.1515); toll (0.1466); traffic (0.1414); (plug-in hybrid) electric vehicle(0.1276); congestion pricing/charging (0.1222); (high speed) rail (0.1180); road pricing(0.1060); travel/transport mode choice(0.1015); bicycle(0.0991); ride-sharing(0.0958); car ownership(0.0951); fare(0.0926); station(0.0889); parking (0.0852); transportation system/infrastructure (0.0849); timetable(0.0840); flight(0.0802); transportation networks(0.0760); headway(0.0749); value of time (0.0737); walk(0.0700); hub(0.0684); road(0.0683); taxi (0.0643); empty container reposition(0.0642); traffic flow (0.0625); travel time reliability(0.0623); lane(0.0620); container port (0.0608); container shipping (0.0596); truck(0.0566); (dynamic) user equilibrium(0.0564); formulation(0.0547); departure time(0.0541); macroscopic fundamental diagram(0.0540); transport policy(0.0536); freight(0.0528); freeway(0.0507); ship(0.0501); travel demand(0.0480); network design (0.0476); schedule (0.0460); car-sharing(0.0456); urban form(0.0452); fleet (0.0450); congestion toll (0.0446); bottleneck (0.0439); lagrangian relaxation(0.0438); hub-spoke networks (0.0426); corridor (0.0418); liner shipping (0.0417); commuting distance(0.0407); cargo(0.0407); airport capacity(0.0403); pedestrian(0.0398); trip chains (0.0396); mixed integer(linear) programming(0.0393); solution algorithm(0.0390); flight frequency (0.0385); berth(0.0379); battery electric vehicle(0.0377); intermodal(transport) (0.0367); transshipment(0.0365); dual/	交通经济学	0.0243	4.6305e-4

续表

社区编号	社区成员规模	社区术语表征（括号内为术语社区隶属度以及 min-max 标准化的 TF-IDF 和 PageRank 影响力权重的乘积综合）	社区归纳	聚集系数	网络密度
11	11124	single-till(0.0356); transport planning(0.0343); service frequency(0.0341); system optimization(0.0340); travel time variability(0.0337); traffic equilibrium(0.0327); (dynamic) traffic assignment(0.0325); code-sharing(0.0324); delay(0.0323); alternative fuel vehicle(0.0321); frequent flyer programs(0.0315); car pooling(0.0314); urban mobility(0.0296); modal shift(0.0293); logistics(0.0291); capacity(0.0291); heuristic algorithm(0.0283); numerical experiment(0.0283); metro(0.0273); traffic oscillation(0.0272); origin-destination(0.0269); facility location(0.0262); non-motorized(0.0261); continuum approximation(0.0259); traffic volume(0.0258); driver(0.0258); airline competition(0.0251); airline alliance(0.0250); cell transmission model(0.0242); variational inequality(0.0242); fuel consumption(0.0238); transhipment(0.0237); autonomous vehicle(0.0235); sensors(0.0232); operating cost(0.0231); suburban(0.0230); highway(0.0229); service quality(0.0227); kinematic wave(0.0224); residential self-selection(0.0220); dial-a-ride problem(0.0220); reserve(0.0219); sustainable transport(0.0218); genetic algorithm(0.0214); refueling station(0.0213)	交通经济学	0.0243	4.6305e-4
12	10239	financial literacy(0.1473); micro-macro link(0.1383); minimum wage(0.1212); retirement(0.1105); vacancy(0.1079); unemployment(0.1070); worker(0.0962); flow approach(0.0920); tax evasion/compliance/morale(0.0915); unemployment insurance(0.0904); consumer bankruptcy(0.0796); fresh start(0.0697); (marginal) tax rate(0.0675); job(0.0673); job-search/finding (rate)(0.0619); consumption inequality(0.0614); (income) tax(0.0607); equilibrium unemployment(0.0594); income/earnings/wage(0.0585); social security/insurance(0.0580); labor supply elasticity(0.0558); optimal taxation(0.0558); life-cycle model(0.0519); labor market(0.0501); earning loss(0.0495); displaced workers(0.0450); top income(share)(0.0446); wealth(0.0433); income/earnings/wage inequality(0.0418); markets withsearch frictions(0.0411); wage bargaining(0.0408); overeducation(0.0401); unemployment duration/spell(0.0382); firing cost(0.0381); bequest(motive)(0.0381); bunching(0.0378); pension	劳动经济学	0.0173	4.6070e-4

续表

社区编号	社区成员规模	社区术语表征（括号内为术语社区隶属度以及 min-max 标准化的 TF-IDF 和 PageRank 影响力权重的乘积综合）	社区归纳	聚集系数	网络密度
12	10239	(0.0363); unemployment benefit/compensation(0.0346); employment protection(0.0339); taxable income elasticity (0.0335); reservation wage(0.0327); unemployed workers (0.0322); stock market participation(0.0311); cyclical behavior(0.0301); estate taxation(0.0293); self-control problem(0.0281); search-matching function/model(0.0275); older worker(0.0275); retirement planning(0.0270); panel study of income dynamics (0.0270); saving (0.0264); household (finance) (0.0258); payday loan/lending (0.0257); long-term care insurance(0.0254); separation rate(0.0254); retirement saving(0.0252); portfolio choice (0.0243); wealth distribution(0.0240); partial insurance (0.0238); directed search(0.0236); current population survey(0.0234); social security reform(0.0230); intergenerational risk-sharing(0.0230); pension reform(0.0218); value-added tax(0.0214); capitalist spirit(0.0212); survey of consumer finances(0.0205); 401(k) (0.0201); wage rigidity(0.0198); lifetime income(0.0195); medical expense (0.0190); hiring (0.0189); hours worked (0.0189); unemployment volatility puzzle(0.0187); consumption(0.0186); (legal) retirement age(0.0183); top tax rates(0.0183); welfare cost of business cycles(0.0178); earned income tax credit(0.0177); tax reform(0.0173); layoff(0.0172); taxes and transfers(0.0170); precautionary saving(0.0166); flat tax(0.0164); labor(0.0161); nonemployment(0.0160); bail(0.0159); tax returns(0.0159); wealth accumulation(0.0159); job referral(0.0152); capital income(0.0151); progressive taxation(0.0150); earnings/asset test (0.0150); social network experiments (0.0149); annuitization(0.0146); specific skills(0.0144); severance payment(0.0139); (in-) complete market(0.0137); financial advice (0.0136); exponential growth bias (0.0135); redistribution(0.0135); mismatch(0.0135); retiree health insurance(0.0135); counseling and monitoring(0.0134); vacancy posting(0.0129); borrowing constraint(0.0129); family labor supply(0.0127); means test (0.0123); caseworker(0.0120); pay penalty(0.0119); duration dependence(0.0118); income mobility(0.0117); training(0.0113); vacancy creation(0.0112); stock holdings(0.0111); benefit duration(0.0111); optimization fric-	劳动经济学	0.0173	4.6070e−4

续表

社区编号	社区成员规模	社区术语表征（括号内为术语社区隶属度以及 min-max 标准化的 TF-IDF 和 PageRank 影响力权重的乘积综合）	社区归纳	聚集系数	网络密度
12	10239	tion(0.0109); fixed-term contract(0.0107); overlapping generations(0.0107); risk aversion(0.0105); welfare gain (0.0103); diamond-mortensen-pissarides model(0.0103); beveridge curve(0.0103); firing taxes(0.0100)	劳动经济学	0.0173	4.6070e-4
13	9784	(post-) keynes(0.1473); legal development(0.1339); economist(0.1283); de-growth(0.1161); institutions/institutionalism(0.1037); profit/wage-led(0.1031); heterodox/orthodox/mainstream(economics) (0.1000); (neo-) kaleckian(model) (0.0982); (neo) liberal(0.0920); justice and home affairs(0.0920); smith(0.0811); sraffa (0.0803); friedman(0.0790); veblen(0.0766); harrodian (instability) (0.0737); ontology(0.0659); ecological economics(0.0644); balance-of-payments-constrained growth (0.0636); political economy(0.0618); transdisciplinary (0.0602); marxism(0.0575); demand regime(0.0572); finance(0.0533); scenario planning/method(0.0523); wage share(0.0522); euro skepticism/identity(0.0487); crisis(0.0469); evolutionary economics(0.0440); minsky (0.0422); european integration(0.0409); endogenous money (0.0404); generalized/universal darwinism(0.0397); stock-flow consistency(0.0371); autonomous expenditures (0.0363); capacity utilization(0.0357); observed shock (0.0356); thirlwall's law(0.0355); aggregate demand (0.0348); lavoi(0.0346); goodwin(0.0344); genuine progress indicator(0.0341); investment function(0.0339); capital controversy(0.0338); (neo-) schumpeterian (0.0335); bank for international settlements(0.0335); bortkiewicz(0.0329); epistemology(0.0322); buchanan (0.0322); demand-led(0.0316); new intergovernmentalism(0.0313); president(0.0307); capitalism(0.0289); distribution and growth(0.0288); polanyi(0.0285); functional income distribution(0.0283); theory of value and distribution(0.0283); social/cultural evolution(0.0276); radicalism(0.0268); samuelson(0.0263); international currency(0.0260); structural economic dynamics(0.0260); pasinetti(0.0258); regime of accumulation(0.0250); esthetic labor(0.0250); effective demand(0.0248); socialism (0.0247); rate of profit(0.0247); neoclassical economics (0.0243); reswitching(0.0243); productivity regime (0.0239); austerity(0.0235); social reproduction(0.0232);	经济学思想	0.0194	2.6129e-4

续表

社区编号	社区成员规模	社区术语表征（括号内为术语社区隶属度以及 min-max 标准化的 TF-IDF 和 PageRank 影响力权重的乘积综合）	社区归纳	聚集系数	网络密度
13	9784	index of sustainable economic welfare(0.0230); (economic) sociology (0.0229); capability approach (0.0228); structuralist(0.0226); bhaduri (0.0223); new consensus (0.0221); godley (0.0217); menger (0.0217); marglin (0.0217); money manager capitalism(0.0214); demand and distribution (0.0214); moral/moralism economy (0.0213); bunk(0.0213); international accounting standards(board) (0.0208); cantillon (0.0208); social theory (0.0206); frisch (0.0206); postnormal times (0.0204); shareholder value orientation(0.0202); social structure of accumulation(0.0199); legitimacy(0.0195); ordoliberalism(0.0194); labor process(0.0193); ricardo(0.0189); classical liberalism (0.0186); fullemployment (0.0186); modernization (0.0185); homo politicus/economicus (0.0183); marshall(0.0179); macro dynamics(0.0179); hayek(0.0179); banking union(0.0178); emotional labor (0.0178); economic policy (0.0176); rentierism (0.0175); hirsch (0.0174); new labor(0.0174); reverse capital deepening(0.0173); furtado (0.0173); industrial relations(0.0173); non-financial corporations (0.0170); commons(0.0167); dutt(0.0166); real entity(0.0166); financial fragility (0.0162); weak signal (0.0162); obe (0.0160); member states (0.0160); reserve currency (0.0159); trade union (0.0159); post-maastricht (0.0157); scottish enlightenment (0.0157); growth imperative (0.0156); comparative regionalism (0.0154); shackle (0.0153); pragmatism(0.0151); simons(0.0151); nature of money(0.0150); paradox of costs(0.0149); productive and unproductive labor (0.0149); cumulative causation (0.0148); spitzenkandidaten (0.0148); profit squeeze (0.0146); supranationalism (0.0146); real investment (0.0145); lamarckian (0.0145); feminist (0.0145); skott (0.0144); international monetary fund/system(0.0142); old institutional economics (0.0141); lemass (0.0140); domar(0.0140); integral futures(0.0140); intellectualism (0.0140); open economy politics(0.0139); critical realism (0.0138); rompuy(0.0137); haavelmo(0.0135); transformation(0.0134); kaldor(0.0133); hume(0.0133); herman (0.0132); autonomous demand (0.0131); finance-dominated capitalism(0.0131); re-envisioning(0.0130);	经济学思想	0.0194	2.6129e-4

续表

社区编号	社区成员规模	社区术语表征（括号内为术语社区隶属度以及 min-max 标准化的 TF-IDF 和 PageRank 影响力权重的乘积综合）	社区归纳	聚集系数	网络密度
13	9784	paradigm (0.0130); classical (political) economics (0.0130); hohfeld (0.0129); hodson (0.0129); puetter (0.0129); transnational private regulation (0.0128); dynamic stability (0.0128); cowen (0.0128); keynes-goodwin model (0.0125); friedrich list (0.0125); legitimation (0.0125); transnationalism (0.0124); bickerton (0.0124); class conflict (0.0124); catherin (0.0123); constitutionalism (0.0122); foucault (0.0121); growth theory (0.0121); eigenfactor (0.0121); value extraction (0.0121); policy lag (0.0120); foreign trade multiplier (0.0120); welfare economics (0.0118); european parliament (0.0118); marshall-walras divide (0.0118); sustainability (0.0118); employment (in) security (0.0117); stability/instability and change (0.0117); ideological sensibilities (0.0117); normative political theory (0.0116); faillar (0.0115); globalization (0.0115); worldview (0.0114); precarious employment (0.0114); struggle (0.0114); regulatory state (0.0113); european neighbourhood policy (0.0113); piketty (0.0113); monetary circuit (0.0112); brexit (0.0111); institutional forces (0.0111); ideology (0.0111); a-growth (0.0111); reconstruction (0.0111); work-life balance (0.0110); ethicist (0.0110); financial instability (0.0110); colin (0.0109); government (0.0109); structural power (0.0108); conspicuous consumption (0.0108); elite (0.0107); rate of interest (0.0107); paradox of thrift (0.0107); job quality (0.0107); biodiversity crisis (0.0107); uk's eu referendum (0.0106); sardar (0.0106); ponzi (0.0104); service work (0.0104); capital accumulation (0.0104); democratization of finance (0.0103); social partnership (0.0102); constructivism (0.0101); hegemony (0.0101); new developmentalism (0.0101); intellectual community (0.0101); sinc (0.0100); kapp (0.0100); comparative capitalism (0.0100); normative power (0.0099); flexicurity (0.0098)	经济学思想	0.0194	2.6129e-4
14	9367	cartel (0.1785); merger (0.1513); advertising (0.1356); two-sided markets (0.1141); hospital (0.1092); (mixed) oligopoly (0.1062); collusion (0.0965); (public/private) firms (0.0949); exclusive dealing/contract (0.0936); (technology/patent/royalty) licensing (0.0924); (mixed) duopoly (0.0913); entry (0.0889); antitrust (0.0846); con-	商业经济学	0.0250	4.3232e-4

续表

社区编号	社区成员规模	社区术语表征（括号内为术语社区隶属度以及 min-max 标准化的 TF-IDF 和 PageRank 影响力权重的乘积综合）	社区归纳	聚集系数	网络密度
14	9367	sumer(0.0842); physician(0.0805); retail(0.0801); movie(0.0775); downstream/upstream(0.0695); price(-increasing) competition(0.0655); competition(0.0646); (third-degree) price discrimination(0.0631); rivals(0.0608); price/pricing(0.0598); (partial) privatization(0.0582); consumer surplus/welfare(0.0581); patent(0.0526); monopoly(0.0525); consumer search(0.0517); piracy/copying/business stealing(0.0516); profitability(0.0510); adverse selection(0.0507); cournot duopoly/competition(0.0507); bertrand competition(0.0497); vertical integration(0.0496); network effects/externalities(0.0473); edgeworth cycle(0.0472); leniency(0.0470); product differentiation(0.0461); platform(0.0459); medicare(0.0458); horizontal/vertical merger(0.0457); endogenous timing(0.0449); free entry and exit(0.0449); multihoming(0.0444); marketing(0.0432); royalty(0.0421); downloads(0.0417); (social) welfare(0.0412); switching cost(0.0407); cost-reducing innovation(0.0406); gasoline market(0.0401); music(0.0397); managed care(0.0375); patient(0.0373); interchange fee(0.0368); net neutrality(0.0359); quality(0.0358); ad valorem tax/royalty(0.0354); (health) insurance(0.0354); differentiated (mixed) oligopoly/duopoly(0.0353); resale price maintenance(0.0352); tort reform(0.0352); entrant(0.0348); number of firms(0.0332); buyer power(0.0326); incumbency(0.0311); buyer(0.0309); patent pool(0.0307); insurance market(0.0305); (non-) linear demand(0.0301); mixed markets(0.0297); uniform price(0.0294); market structure(0.0290); (mixed) bundling(0.0289); search engine(0.0288); search cost(0.0284); incumbent innovator(0.0276); spatial competition(0.0270); health planning(0.0268); incentive(0.0268); parallel trade/imports(0.0267); two-part tariff(0.0261); market share(0.0258); sales(0.0256); product variety(0.0253); (cartel) overcharge(0.0251); merger policy(0.0250); merchants(0.0249); vertical contract(0.0249); internet service/content providers(0.0245); waiting time(0.0240); excess/insufficient entry(0.0236); private/public leadership(0.0232); brand(0.0231); dynamic discrete choice game/model(0.0225); equilibrium location(0.0218); suppleme-	商业经济学	0.0250	4.3232e－4

续表

社区编号	社区成员规模	社区术语表征（括号内为术语社区隶属度以及 min-max 标准化的 TF-IDF 和 PageRank 影响力权重的乘积综合）	社区归纳	聚集系数	网络密度
14	9367	ntary insurance(0.0217); spokes model(0.0215); access charge/price(0.0215); quantity competition(0.0211); position auctions(0.0211); innovation/r&d(0.0209); box office revenue (0.0205); demand (0.0204); input price (0.0204); mobile telephone (0.0203); drug (0.0202); nonlinear pricing(0.0201); anticompetitive(0.0199); marginal cost(0.0195); advantageous selection(0.0195); slotting allowances(0.0189); market power(0.0189); bundled discounts(0.0186); multi-product firms(0.0185); quantity (0.0185); deterrence(0.0183); fee-for-service(0.0179); outside innovator (0.0178); price regulation (0.0170); price-matching guarantee (0.0169); supplier (0.0168); cost asymmetry(0.0168); brand preference(0.0168); pay-tv(0.0163); strategic delegation(0.0161); horizontal/vertical differentiation(0.0160); nested fixed-point algorithm (0.0157); sales displacement(0.0155); partial cross ownership(0.0154); seller (0.0154); broadband (0.0153); standard-setting organizations(0.0153); imperfect competition(0.0150); endogenous mergers (0.0149); delegation game(0.0147); markov perfect equilibrium(0.0145); sequential innovation(0.0144); litigation(0.0144); quality disclosure(0.0144); asymmetric information(0.0143); research joint ventures(0.0143); internet(0.0141); ordered search(0.0139); plaintiff(0.0136); compulsory licensing (0.0136); socially concerned firms(0.0131); circular city model(0.0131); newspaper(0.0130); product substitution (0.0130); price sensitivity (0.0129); moral hazard (0.0129); loss leader(0.0127); asymmetric price adjustment(0.0127); equilibrium price(0.0126); merger paradox(0.0125); supply modeling(0.0125); shipping model (0.0124); distributors (0.0124); risk adjustment (0.0124); maximum-revenue tariff (0.0121); hoteling model(0.0119); copayment(0.0119); intellectual property (0.0117); obfuscation(0.0115); durable goods(0.0115); social optimality (0.0113); price-cost margin (0.0113); nested pseudo-likelihood estimation (0.0111); capacity constraint(0.0111); input markets(0.0110); price reductions (0.0109); patent thicket (0.0108); fixed fee (0.0107); fee(0.0106); (vertical) foreclosure(0.0106); up-front fee(0.0105); contingent fee(0.0105); atm(0.0104);	商业经济学	0.0250	4.3232e-4

续表

社区编号	社区成员规模	社区术语表征（括号内为术语社区隶属度以及 min-max 标准化的 TF-IDF 和 PageRank 影响力权重的乘积综合）	社区归纳	聚集系数	网络密度
14	9367	prospective payment system(0.0103); independent licensing(0.0103); fixed-fee licensing(0.0102); generalized second-price (0.0101); conditional choice probability (0.0100); cost differences(0.0100); equidistant location pattern(0.0100); vertical restraint (0.0099); umbrella branding(0.0098); infringement(0.0097); waterbed effect (0.0096); bargaining(0.0095); convex cost(0.0094); termination charge(0.0094); optimum-welfare tariff(0.0093); fund holdings(0.0092); natural oligopoly(0.0091); cannibalization(0.0091); pay-for-performance(0.0091); double-marginalization(0.0091); digital subscriber line(0.0090); upward pricing pressure (0.0090); cost pass-through (0.0089); cost shock(0.0089); price-fixing(0.0089); vertical divestiture(0.0088); subscriber(0.0088); history-based pricing(0.0087); surcharge(0.0087); complementarity(0.0086); cross-licensing(0.0086)	商业经济学	0.0250	4.3232e－4
15	9101	willingness to pay(0.2717); (discrete) choice experiment (0.2412); contingent valuation(0.1802); eq－5d(0.1736); hypothetical bias (0.1400); quality-adjusted life-years (0.1368); health economic evaluation(0.1136); patient/consumer(0.0980); health state (valuation) (0.0976); benefit transfer(0.0912); value of statistical life(0.0910); time trade-off(0.0909); cost effectiveness(0.0835); (eco-/nutrition/country-of-origin/food) labeling (0.0808); non-market valuation(0.0738); sf－6d(0.0725); salmon/seafood/fish(0.0690); stated/revealed preference(0.0684); experimental auction (0.0608); international society for pharmacoeconomics and outcomes research(0.0569); wine (0.0518); value set(0.0512); attribution(0.0506); environmental valuation(0.0503); national institute for health and care excellence(0.0493); health technology assessment(0.0472); clinic(trial) (0.0461); (discrete) choice model(0.0459); mixed-logit(0.0451); preference-based valuation(0.0441); beef/meat/pork/steak(0.0436); treatment(0.0408); starting-point bias(0.0404); stated choice (0.0398); attribute non-attendance(0.0388); halton sequence(0.0388); health-related quality of life(0.0378); latent class model(0.0355); recycling(0.0342); consumer/patient preference(0.0338); genetically modified food (0.0334); food safety(0.0329); cancer(0.0314); dichoto-	健康经济学	0.0205	4.7752e－4

续表

社区编号	社区成员规模	社区术语表征（括号内为术语社区隶属度以及 min-max 标准化的 TF-IDF 和 PageRank 影响力权重的乘积综合）	社区归纳	聚集系数	网络密度
15	9101	mous choice(0.0308); cost utility analysis(0.0305); worse than death (0.0305); aquaculture (0.0305); best-worst scaling(0.0292); organic food(0.0285); standard gamble (0.0284); preference heterogeneity(0.0282); welfare estimation (0.0281); disease (0.0277); attribute levels (0.0276); (preference/value) elicitation(0.0273); therapy (0.0265); random parameter (0.0262); recreation (0.0242); fish market (0.0240); reference alternative (0.0237); (mortality) risk reduction(0.0235); orthogonal design(0.0235); food values(0.0234); conjoint analysis (0.0232); visual analog scale(0.0230); food(0.0226); choice set(0.0218); d-efficient design(0.0214); decision analytic model (0.0214); external costs and benefits (0.0212); modified latin hypercube sampling(0.0204); vaccination(0.0201); convergent validity(0.0199); benefit-cost analysis (0.0196); healthcare decision making (0.0195); questionnaire(0.0195); incremental cost-effectiveness ratio (0.0189); attribute processing strategies (0.0189); optimal trial design(0.0188); drug(0.0182); demand revelation(0.0179); reporting(0.0178); protest beliefs(0.0176); respondent uncertainty(0.0175); guideline(0.0173); evidence review group(0.0171); general population(0.0170); transfer error(0.0168); recommendation(0.0167); (health) intervention (0.0164); sf − 36 (0.0161); health gains (0.0161); descriptive systems (0.0156); reimbursement (0.0151); life years saved (0.0150); price premium(0.0148); multi-criterion decision analysis(0.0146); number of attributes(0.0145); credence attributes (0.0145); patient-reported outcomes (0.0145); cost attribute(0.0143); environmental attributes (0.0142); distributional weights(0.0142); certainty scales (0.0140); personalized medicine(0.0137); informal care (0.0135); d-criterion (0.0135); double-bounded (0.0135); cost of reversal(0.0135); random utility model (0.0133); markov model(0.0131); water quality(0.0131); expected value of information(0.0131); extra-welfarism (0.0130); travel cost method/model (0.0130); beach (0.0129); freshness(0.0129); cheap talk(0.0126); consumer valuation/perception (0.0126); ordering effect (0.0122); priority setting(0.0121); random regret minimi-	健康经济学	0.0205	4.7752e − 4

续表

社区编号	社区成员规模	社区术语表征 （括号内为术语社区隶属度以及 min-max 标准化的 TF-IDF 和 PageRank 影响力权重的乘积综合）	社区归纳	聚集系数	网络密度
15	9101	zation(0.0120); on-site sampling(0.0120); c-efficiency (0.0118); induced value(0.0118); frozen(0.0116); risk valuation(0.0115); environmental goods(0.0112); choice certainty(0.0112); senior discount(0.0111); power outage (0.0109); met preferences(0.0109); life profiles(0.0109); nuclear-waste transport(0.0109); egg(0.0109); certifiability (0.0109); subtraction method(0.0108); network meta-analysis(0.0108); probabilistic sensitivity analysis(0.0108); food miles(0.0107); value-based pricing(0.0106); external validity(0.0104); follow-up(0.0104); inferred valuation(0.0103); multi-attribute utility(0.0103); multinomial error component logit model(0.0101); procedural invariance(0.0099); mean absolute error(0.0098); unit-based pricing(0.0098); price attribute(0.0097); hypothetical referendum (0.0097); indirect treatment comparison (0.0096); criterion/content validity(0.0095); scenario adjustment(0.0095); taste(0.0095); test-retest reliability (0.0094); presenteeism(0.0094); coherent arbitrariness (0.0094); non-use value(0.0094); survey mode effect (0.0093); green consumption (0.0093); medicine (0.0092); social desirability bias(0.0092); risk-sharing agreements (0.0092); symptom (0.0092); metastatic (0.0092); scope sensitivity(0.0091); functional assessment of cancer therapy-general(0.0091); scale heterogeneity(0.0089); consumer acceptance(0.0086); biodiversity (0.0085); cage-free (0.0085); weak complementarity (0.0084); second-order interactions(0.0084); regimen (0.0081); dose(0.0080); infection(0.0076)	健康经济学	0.0205	4.7752e-4
16	5718	(panel) unit root test(0.0530); cross-sectional dependence/independence (0.0521); purchasing power parity (0.0464); financial development(0.0447); real/nominal exchange rate(0.0350); cross-sectional average(0.0324); multifactor error structure(0.0317); augmented dickey-fuller(0.0311); regressor(0.0298); common correlated effects(0.0275); (panel) co-integration(0.0237); (non-) stationarity(0.0235); limit distribution(0.0227); economic growth(0.0218); small sample properties(0.0213); nonlinear(0.0201); structural break(0.0175); asymptotic (distribution)(0.0155); tourism(0.0147); healthcare expenditure(0.0145); financial depth(0.0135); defense/	计量经济学	0.0154	6.0646e-4

续表

社区编号	社区成员规模	社区术语表征（括号内为术语社区隶属度以及 min-max 标准化的 TF-IDF 和 PageRank 影响力权重的乘积综合）	社区归纳	聚集系数	网络密度
16	5718	military spending/expenditure (0.0135); heterogeneous panels (0.0132); (dynamic) panel (datum) model (0.0127); (wild) bootstrap (0.0126); (fractional) dickey-fuller (0.0124); (unobserved) common factors (0.0122); model averaging (0.0114); critical values (0.0114); (panel) stationarity test (0.0111); restricted/multiple structural change (0.0107); equilibrium real exchange rate model (0.0106); size distortion (0.0103); mallows criterion (0.0101); monte-carlo experiment (0.0099); convergence (0.0094); feldstein-horioka puzzle (0.0094); half-life (0.0091); long-run variance estimation (0.0090); stationary process (0.0088); mean group (0.0086); productivity bias hypothesis (0.0084); incidental trend (0.0083); black market exchange rate (0.0082); time series (0.0080); finite samples (0.0072); trend function (0.0072); trade balance (0.0069); (generalized) least squares (0.0068); (interactive) fixed effects (0.0067); non-stationary volatility (0.0067); bayesian model averaging (0.0064); j-curve (0.0064); lagrange multiplier (0.0063); serial correlation (0.0063); mean reversion (0.0062); money demand (0.0061); cross-section (0.0060); fisher effects (0.0059); alternative hypothesis (0.0059); first difference (0.0059); real interest rate parity (0.0059); causality (0.0058); i(1) process (0.0058); heteroscedasticity (0.0058); saving and investment (0.0056); convergence club (0.0055); gls detrending (0.0054); wald test (0.0052); harrod-balassa-samuelson model (0.0052); bias/error correction (0.0051); financial deepening (0.0051); fractional unit root (0.0050); financial liberalization (0.0050); tourism expenditure (0.0048); nonlinear co-integration (0.0048); asymptotic local power (0.0048); linear trend (0.0047); stochastic convergence (0.0046); tests with good size and power (0.0046); partially linear (0.0046); cross-dependence (0.0045); deterministic trend (0.0045); mallows model averaging (0.0045); sieve bootstrap (0.0044); current accounts (0.0043); smooth break (0.0043); income inequality (0.0043); cross-country growth regression (0.0042); income convergence hypothesis (0.0042); power envelope (0.0041); change-point (0.0040); unemployment invariance hypothesis (0.0039); fourier function (0.0039); tru-	计量经济学	0.0154	6.0646e-4

续表

社区编号	社区成员规模	社区术语表征（括号内为术语社区隶属度以及 min-max 标准化的 TF-IDF 和 PageRank 影响力权重的乘积综合）	社区归纳	聚集系数	网络密度
16	5718	ncation lag(0.0039); hysteresis in unemployment(0.0039); beta/sigma-convergence(0.0039); kpss test(0.0038); threshold co-integration(0.0038); common breaks(0.0038); nonparametric regression(0.0038); capital mobility(0.0038); exponential smooth transition autoregressive model(0.0037); bound test(0.0037); price level convergence(0.0037); co-ordination channel(0.0037); nonparametric co-integration (0.0036); point-optimal test(0.0036); granger causality (0.0036); too much finance(0.0036); smooth transition error correction model(0.0035); cusum(0.0034); incidental parameter problem(0.0034); trade openness(0.0034); balancing item(0.0034); persistent series(0.0034); generalized method of moments estimation(0.0033); trend break (0.0033); likelihood ratio test(0.0033); local linear fitting (0.0033); output convergence(0.0033); current account deficits(0.0033); s-curve(0.0032); fixed-b(0.0031); break fraction(0.0031); reduced rank(0.0031); time-invariant regressor(0.0031); jackknife model averaging (0.0031); global stochastic trends(0.0031); hysteresis hypothesis(0.0030)	计量经济学	0.0154	6.0646e-4
17	4097	(group) strategy-proofness(0.4761); boston mechanism (0.2413); shapley value(0.1775); axiom(atization) (0.1680); core(0.1539); agent(0.1446); stable matching (0.1398); game(0.1278); coalition(0.1196); social choice(0.1165); voting rule(0.1145); student-optimal stable mechanism(0.1108); anonymous(0.1063); (constrained) school choice(0.1010); indivisible goods/objects (0.0986); better-reply security(0.0977); player(0.0956); condorcet(0.0868); monotonicity(0.0844); allocation rule (0.0833); ordinal efficiency(0.0827); deferred acceptance algorithm(0.0817); discontinuous game(0.0810); majority/plurality rule(0.0765); approval voting(0.0751); stable set(0.0744); infinite utility stream(0.0732); judgment aggregation(0.0712); (non-) manipulation(0.0704); gale-shapley(0.0697); top trading cycles(0.0678); cooperative game(0.0652); simple game(0.0631); tu game(0.0622); minimum cost spanning tree(0.0603); incentive compatibility(0.0599); borda winner(0.0597); dominant-strategy implementation(0.0592); unanimity(0.0589); envy-free (0.0562); matching with contracts(0.0562); single-peaked	博弈论与信息经济学	0.0340	8.8420e-4

续表

社区编号	社区成员规模	社区术语表征（括号内为术语社区隶属度以及 min-max 标准化的 TF-IDF 和 PageRank 影响力权重的乘积综合）	社区归纳	聚集系数	网络密度
17	4097	preference(0.0562); maskin monotonicity(0.0551); reciprocal upper semicontinuity(0.0542); dictator(0.0542); ordinal efficiency welfare theorem(0.0535); competitive equilibrium(0.0533); sincerity(0.0530); nash equilibrium (0.0530); non-emptiness(0.0519); vote(0.0510); payoff secure(0.0509); pairwise (0.0509); preference domains (0.0502); ex-post implementation(0.0485); individual rationality(0.0479); stable allocation (0.0478); acyclicity (0.0475); many-to-many/one matching(0.0473); scoring rule (0.0470); matching market (0.0460); preference (0.0452); exact law of large numbers(0.0446); two-sided matching(0.0440); pareto optimality/efficiency(0.0438); law of aggregate demand(0.0435); bidder(0.0435); random (serial) dictatorship (0.0433); assignment problem/game (0.0429); fairness (0.0428); probabilistic serial mechanism(0.0426); groves mechanism(0.0421); core allocation(0.0409); collective choice rule(0.0408); preference profile(0.0407); solution concept(0.0405); auction (0.0404); nucleolus(0.0391); finiteness(0.0380); compactness (0.0376); arrow's impossibility theorem (0.0375); hedonic game(0.0371); gibbard-satterthwaite theorem(0.0366); coincidence(0.0365); component efficiency(0.0364); kidney exchange(0.0361); owen value(0.0357); queueing problem(0.0356); multi-unit auction(0.0350); core-selecting auction(0.0349); strict preference(0.0348); fubini extension(0.0344); equal division solution(0.0342); (acyclic) priority structure(0.0340); social welfare relation (0.0340); bankruptcy problem(0.0333); independence of irrelevant alternatives (0.0332); exchange economy (0.0332); preference revelation game(0.0327); candidate (0.0326); agent-optimal stable mechanism(0.0323); average tree solution(0.0323); indifference(0.0319); vickrey auction(0.0315); overtaking criterion (0.0312); double auction(0.0307); myerson value(0.0306); priority-based allocation(0.0304); college admissions problem(0.0293); equivalence(0.0282); single-crossing(0.0282); tie-breaking (0.0279); converseconsistency (0.0278); roommate problem(0.0269); upper semi-continuity(0.0267); payoff (0.0267); subgame (im) perfect equilibrium (0.0262); walrasian equilibrium(0.0261); non-wastefulness(0.0261);	博弈论与信息经济学	0.0340	8.8420e-4

续表

社区编号	社区成员规模	社区术语表征（括号内为术语社区隶属度以及 min-max 标准化的 TF-IDF 和 PageRank 影响力权重的乘积综合）	社区归纳	聚集系数	网络密度
17	4097	uncovered set(0.0260); symmetry(0.0260); interdependent value(0.0258); restricted domain(0.0258); group stability (0.0256); farsight (0.0256); stable network (0.0252); differential marginality(0.0248); nonbossiness (0.0246); egalitarian equivalence(0.0246); combinatorial auction(0.0241); gross substitutes and complements(0.0237); partition function form games(0.0236); bayesian game (0.0235); consensus value(0.0235); unilateral substitutes (0.0234); neutrality(0.0231); utilitarianism(0.0229)	博弈论与信息经济学	0.0340	8.8420e-4
18	3406	(fuzzy) multi-criterion decision making analysis(0.2334); (multi) moora (0.1592); sustainable development (0.1469); fuzzy(0.1278); intuitionistic fuzzy set/values (0.1070); topsis(0.1057); multi-attribute(group) decision making(0.0974); full multiplicative form(0.0801); ratio analysis(0.0797); corporate social responsibility(0.0652); triangular(intuitionistic) fuzzy number(0.0581); contractor (0.0578); multi-objective optimization(0.0564); organization culture(0.0564); baltic states(0.0540); (fuzzy) additive ratio assessment(0.0533); attribute/criterion weights (0.0509); swara(0.0509); mobbing(0.0497); customer loyalty/satisfaction (0.0472); knowledge-based economy (0.0455); ecological labeling(0.0453); (fuzzy) copras (0.0443); aggregation operator(0.0441); quality management(0.0433); group decision making(0.0431); swot (0.0423); vikor (0.0410); reference point method (0.0404); copras-g (0.0403); competitive advantage (0.0401); ordered weighted averaging(0.0394); small and middle-sized enterprises(0.0384); (robustness) ameliorated nominal group and delphi techniques(0.0383); interval vague set(0.0382); (fuzzy) ahp(0.0355); knowledge management(0.0345); linguistic terms/variable (0.0332); market segment selection(0.0318); consumer protection management(0.0316); transitional economy(0.0309); market orientation (0.0305); organizational change (0.0304); (hesitant) fuzzy set (0.0302); vagueness (0.0301); personnel selection(0.0291); human resources management(0.0289); simple additive weighting with gray (0.0280); score function(0.0277); hesitation(0.0277); construction management(0.0267); decision support system(0.0265); european foundation for quality management	决策经济学	0.0170	7.3215e-4

续表

社区编号	社区成员规模	社区术语表征（括号内为术语社区隶属度以及 min-max 标准化的 TF-IDF 和 PageRank 影响力权重的乘积综合）	社区归纳	聚集系数	网络密度
18	3406	excellence model(0.0265); interval number(0.0263); managerial accounting (0.0262); employee (0.0262); weighted aggregated sum product assessment(0.0261); supply chain management (0.0261); working strategy (0.0256); (responsible) commercial activity(0.0256); promethee method(0.0252); operational rules(0.0235); bucharest stock exchange(0.0232); learning organization (0.0231); intellectual capital (0.0226); strategic planning/management(0.0225); gray relation (0.0224); balanced scorecard(0.0221); financial performance(0.0218); takeholder(0.0217); lattice method(0.0213); dimensionless(0.0213); hodges-lehmann rule(0.0211); complexity (0.0209); business environment(0.0208); well-being economics(0.0205); labor theory of value(0.0204); human factors(0.0202); accuracy function(0.0198); gray numbers (0.0197); strictly monotonic preferences(0.0196); lisbon strategy(0.0195); cause related marketing(0.0195); relationship marketing (0.0193); service quality (0.0190); business processes (0.0189); performance measurement system(0.0188); environment factors(0.0185); analytic network process (0.0178); mahalanobis distance (0.0178); structural indicators(0.0169); change management(0.0168); competition(0.0168); gray theory(0.0168); project portfolio selection (0.0166); unified social (0.0165); crm (0.0162)	决策经济学	0.0170	7.3215e-4
19	2921	(international) immigration/migration(0.9185); (international) remittance(0.6714); natives(0.3653); emigration (0.2465); brain drain/gain(0.1413); migration networks (0.1261); return migration (0.1026); (low/high/un-) skilled migration/immigration(0.0897); effects of immigration/migration (0.0867); immigration/migration policy (0.0654); native-born(0.0636); refugee(0.0582); remittance/migration/immigration flow(0.0567); illegal/unauthorized immigration/migration(0.0545); cultural diversity (0.0525); attitudes towards immigrants(0.0500); wage (0.0493); assimilation (0.0472); destination country (0.0459); labor market(0.0372); ethnicity(0.0342); diaspora(0.0324); ethnic enclave(0.0323); educated unemployment(0.0311); language skills/proficiency(0.0310); country of origin/birth(0.0304); education(0.0302); sea-	移民经济学	0.0186	17.5864e-4

续表

社区编号	社区成员规模	社区术语表征（括号内为术语社区隶属度以及 min-max 标准化的 TF-IDF 和 PageRank 影响力权重的乘积综合）	社区归纳	聚集系数	网络密度
19	2921	sonal migration(0.0287); native workforce(0.0272); segregation(0.0271); sending/receiving countries(0.0270); immigrants' earnings(0.0270); out/in-migration(0.0268); determinants of migration(0.0266); age of mass migration(0.0249); superstition(0.0246); host country(0.0243); worker(0.0242); h－1b visa(0.0237); second-generation immigrants(0.0234); (negative/positive) (self-) selection (0.0231); migration cost(0.0229); human capital formation(0.0220); welfare migration(0.0218); immigration quota(0.0217); age at immigration(0.0213); young immigrants(0.0208); left-behind(0.0205); visa(0.0203); task specialization(0.0201); arrival(0.0199); immigrant child (0.0198); immigration level(0.0193); international/foreign students(0.0180); language acquisition(0.0178); migrant household(0.0177); smuggling(0.0176); child left-behind (0.0176); census (0.0175); ethnic networks (0.0170); temporary migration (0.0167); occupation (0.0165); migration decision(0.0164); border enforcement (0.0163); amnesty(0.0163); open borders(0.0162); displacement(0.0161); intermarriage(0.0159); ethnic minority(0.0157); ethnic identification(0.0151); migration incentives(0.0150); immigration surplus(0.0149); educational attainment(0.0149); labor migration(0.0144); forced migration(0.0141); foreign-born workers(0.0141); immigrant population(0.0140); parental migration(0.0138); linguistic distance(0.0129); immigrant concentration(0.0128); educational selectivity(0.0127); scientific integration(0.0125); undocumented immigrants/workers(0.0123); deportation (0.0122); inter-state migration(0.0115); multilateral resistance to migration(0.0113); housekeeping(0.0109); undocumented (0.0109); selective immigration policies (0.0108); native-immigrant wage gap (0.0106); labor shortage(0.0103); liquidity constraint(0.0103); imperfect substitution(0.0098); income smoothing(0.0097); visa restrictions(0.0096)	移民经济学	0.0186	17.5864e－4
20	2651	(dynamic/coherent/convex/distortion) risk measure(0.4848); (life) insurance(0.2853); reinsurance(0.2565); longevity risk(0.2156); comonotonicity(0.1958); stochastic mortality(0.1794); variable annuity(0.1532); ruin(probability) (0.1529); insurance companies(0.1524); lee-carter model	保险经济学	0.0319	14.4225e－4

续表

社区编号	社区成员规模	社区术语表征（括号内为术语社区隶属度以及 min-max 标准化的 TF-IDF 和 PageRank 影响力权重的乘积综合）	社区归纳	聚集系数	网络密度
20	2651	(0. 1421); (life) annuity (0. 1414); longevity bond (0. 1383); mortality(risk) (0. 1365); mortality reduction factors(0. 1334); optimal(re) insurance(0. 1313); conditional tail expectation(0. 1236); proportional reinsurance (0. 1161); hamilton-jacobi-bellman equation (0. 1148); compound poisson risk model(0. 1108); deficit at ruin (0. 1053); chain ladder (0. 1050); optimal retention (0. 1048); (tail) value-at-risk (0. 0949); actuarial (0. 0912); time of ruin(0. 0893); barrier strategy(0. 0891); copula(0. 0881); claims reserve(0. 0874); dependence structure(0. 0866); premium principle(0. 0860); dependent risk(0. 0860); terminal wealth(0. 0850); wang transform(0. 0799); capital allocation(0. 0791); sparre-andersen risk model(0. 0791); dual models(0. 0788); gerber-shiu discounted penalty function(0. 0761); defined-contribution pension plan/fund (0. 0760); convex/stochastic order (0. 0757); risky/risk-free asset(0. 0745); optimal dividend barrier(0. 0744); claim size/amounts(0. 0730); law-invariance(0. 0704); optimal investment strategy(0. 0673); laplace transform(0. 0671); market price of mortality risk (0. 0665); stochastic interest rate(0. 0663); stop-loss reinsurance(0. 0651); legendre transform(0. 0651); derivation (0. 0644); mean squared error of prediction(0. 0642); renewal risk model(0. 0640); hedging(0. 0638); generalized nonlinear model(0. 0632); claims(0. 0618); subadditivity (0. 0618); stochastic control(0. 0614); exponential utility (0. 0611); explicit expressions(0. 0606); dividend(0. 0602); guaranteed minimum withdrawal/death benefit(0. 0600); policy limit(0. 0595); dividend-penalty identity(0. 0595); gerber-shiu function(0. 0583); integro-differential equation (0. 0582); surplus process(0. 0563); constant elasticity of variance model (0. 0562); defective renewal equation (0. 0552); portfolio(0. 0547); apital injection(0. 0543); time consistency (0. 0539); guaranteed annuity option (0. 0533); brownian motion (0. 0524); levy process (0. 0514); regime switching(0. 0495); interest rate guarantee (0. 0486); distribution-invariant risk measures(0. 0482); risk aggregation(0. 0467); exponential claims(0. 0464); penalty at ruin(0. 0451); haezendonck-goovaerts risk measures(0. 0446); survivor swaps(0. 0435); contingent claims	保险经济学	0. 0319	14. 4225e - 4

续表

社区编号	社区成员规模	社区术语表征（括号内为术语社区隶属度以及 min-max 标准化的 TF-IDF 和 PageRank 影响力权重的乘积综合）	社区归纳	聚集系数	网络密度
20	2651	(0.0429); threshold dividend strategy(0.0424); equivalent martingale measures(0.0423); guarantee(0.0417); optimal risk-sharing (0.0410); mean-variance hedging (0.0404); mean-variance portfolio selection (0.0404); shortfall risk(0.0402); explicit solution(0.0402); collective risk model (0.0399); non-hedgeable salary risk (0.0398); expected present value (0.0395); erlang (0.0391); catastrophe bond (0.0383); monetary utility function(0.0383); loss reserve(0.0382); discounted dividends(0.0380); scale function(0.0378); ceded loss function(0.0377); bonus-malus system(0.0376); constant relative risk aversion(0.0374)	保险经济学	0.0319	14.4225e-4

注：对于基于有向引证网络的社区划分来说，由于闭合三元组数量远远小于开放三元组的数量，因此聚集系数整体较小。相比之下，网络密度更能测度特定社区划分的内在连接紧密性。

从表中看出，能源经济学、微观人口经济学、实验经济学与行为经济学、货币与财政经济学、金融市场与投资者行为、金融机构与公司金融、农业与自然资源经济学、国际贸易与投资经济学、区域与空间经济学、政治体制与选举经济学、交通经济学、劳动经济学、经济学思想、商业经济学、健康经济学、计量经济学、博弈论与信息经济学、决策经济学、移民经济学以及保险经济学是经济学学科近些年来的热点领域，社区成员规模排位前列。以能源经济学领域为例，其主要关注了能源消耗、碳排放与减排、碳排放税、能源效率与回弹效应、可再生能源与替代能源、环境污染与绿色发展、气候变化、能源价格、能源贸易、能源储备与安全、能源技术及相关政策和调控问题，相关研究方法包括环境库兹涅茨曲线分析、多区域投入产出模型、Battese-Coelli 模型、数据包络分析、对数均值迪氏分解、结构分解分析、随机边界模型、可计算一般均衡模型等。相关问题已经成为经济学学科近年来最热门的研究问题。再如微观人口经济学领域，其重点关注了儿童（包括孕期及婴儿）的体重、身高、身心健康（包括死亡、残疾）、早期护理问题，青春期和成人阶段的教育、失学、不良行为与犯罪问题，教育补贴、教育教学质量（学生成绩）问题，家庭构成、婚姻（离婚）对于儿童和青少年成长的影响问题以及性别、收入、经济和社会地位、机会等的不平等问题。实验经济学与行为经济学领域近年来非常活跃，其主要通过实验室实验（比如在软件 z-tree 等支持下）、田野实验和自然实验，设计独裁者游戏、最后通牒、信任、礼物交换、公共物品与合作、对抗、锦标赛、拍卖、彩票、重复博弈、廉价磋商、捐赠与慈善、兵力分配、学习、实验资产市场等经济学实验，在个体效用支付最大化前提下，考虑个体他涉偏好，观测个体或群体的内疚厌恶、风险厌恶、不确定厌恶、不平等厌恶、损失厌恶、时间偏好、自我控制以及互惠、合作、搭便车、利他主义、道德风险、亲/反社会、信任、诚实与欺骗、社会规范影响、声望等偏好、选择与决策行为机理。此外，相关领域亦关注了个体有限理性、前景理论、参考点依赖等行为经济学问题。其他领域可参考前文术语表征予以解读，限于篇幅，这里不作赘述。

进一步，图 7.3 给出了社区 5（金融市场与投资者行为领域）前 100 个乘积综合权重最高的表征术语（词根形态）的关联网络图，以进一步可视化刻画社区的主题特征，其中术语节点大小反映了相关术语权重，网络连边粗细

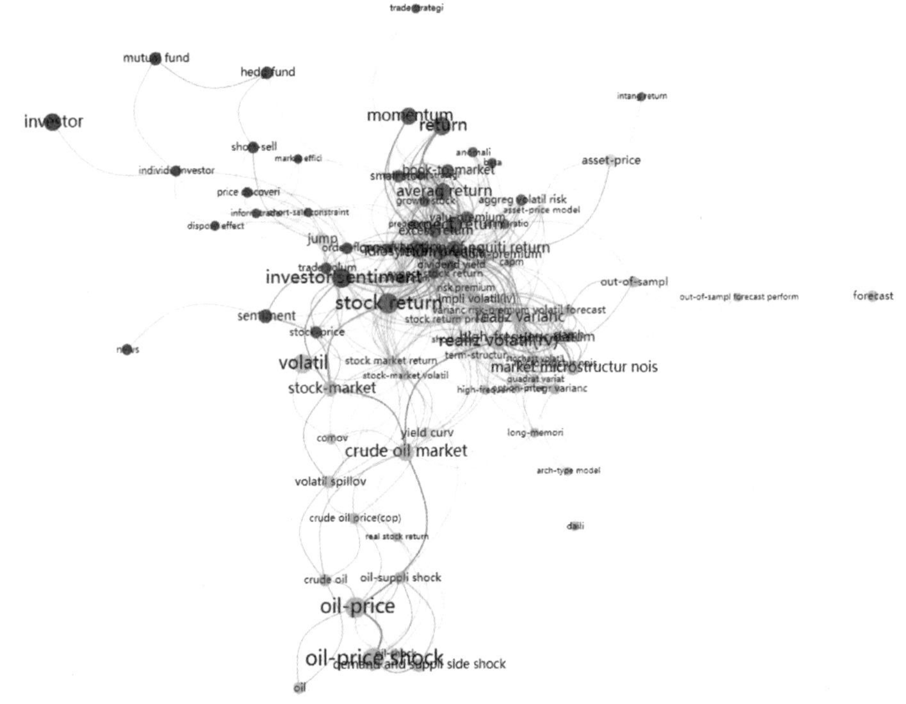

图 7.3　社区 5（金融市场与投资者行为领域）表征术语关联网络图

反映基于 Word2Vec 的两两术语相似度。全部 20 个典型社区的词根术语网络图可通过文后链接访问。

三　社区演化趋势分析

基于本章第四节第二部分的方案，表 7.5 给出了典型社区的累积生长动力水平、生长曲线拟合结果以及社区知识创新周期指标。

表 7.5　典型社区累积生长动力水平和生长曲线拟合

社区编号	社区主题归纳	累积生长动力水平（基准动力参考线 = 15）	生长曲线拟合				社区引证半衰期（学科基准半衰期 = 6.0）	社区内部平均引证时滞（学科基准引证时滞 = 5.3547）
			预测生长动力峰值 K	增长率 γ	模型拟合 R^2	生长阶段划分		
			括号内为参数拟合 t 值					
1	能源经济学	15.8145	27.5570 （14.3311）	0.0839 （11.8717）	0.9983	III	4	4.8570
2	微观人口经济学	16.2105	46.4040 （10.0575）	0.0509 （11.2154）	0.9993	II	6	5.4630
3	实验经济学与行为经济学	16.3428	34.8551 （18.3807）	0.0673 （17.6167）	0.9995	II	6	5.6412
4	货币与财政经济学	15.8595	31.2262 （19.4430）	0.0732 （17.6854）	0.9994	III	5	5.3073
5	金融市场与投资者行为	18.1266	50.0378 （22.0699）	0.0541 （24.3331）	0.9998	II	5	5.4789
6	金融机构与公司金融	18.1240	59.5882 （12.3009）	0.0462 （14.5457）	0.9997	II	5	5.5590
7	农业与自然资源经济学	18.6940	27.9491 （10.8580）	0.0685 （10.0507）	0.9984	II	6	5.0978
8	国际贸易与投资经济学	16.8986	35.6823 （18.5642）	0.0679 （12.9149）	0.9991	II	6	5.5556
9	区域与空间经济学	14.5183	29.0044 （14.4936）	0.0712 （18.2790）	0.9990	III	6	5.3433
10	政治体制与选举经济学	15.9852	32.1171 （21.2640）	0.0718 （19.6259）	0.9996	II	7	5.3613
11	交通经济学	20.2643	165.7624 （5.3514）	0.0242 （8.0007）	0.9997	I	5	4.6337
12	劳动经济学	14.9046	31.2961 （11.7393）	0.0676 （11.1146）	0.9987	II	6	5.4114

续表

社区编号	社区主题归纳	累积生长动力水平（基准动力参考线 = 15）	生长曲线拟合				社区引证半衰期（学科基准半衰期 = 6.0）	社区内部平均引证时滞（学科基准引证时滞 = 5.3547）
			预测生长动力峰值 K	增长率 γ	模型拟合 R^2	生长阶段划分		
			括号内为参数拟合 t 值					
13	经济学思想	15.8561	31.2723（20.6740）	0.0736（18.8633）	0.9995	III	7	4.5371
14	商业经济学	18.3517	22.8751（22.0307）	0.0841（17.8871）	0.9993	III	6	5.3335
15	健康经济学	14.8544	30.0588（7.4638）	0.0694（6.8774）	0.9964	II	5	5.0400
16	计量经济学	11.3510	15.5404（57.2094）	0.1158（36.2794）	0.9997	III	6	5.5624
17	博弈论与信息经济学	12.5729	20.6318（20.1199）	0.0877（15.6458）	0.9989	III	6	5.1551
18	决策经济学	54.6058	64.0038（35.7280）	0.1707（17.5247）	0.9977	IV	5	2.7613
19	移民经济学	19.5102	39.0548（27.2414）	0.0746（25.2588）	0.9997	II	6	5.2846
20	保险经济学	12.3832	18.4855（25.1081）	0.1011（17.7706）	0.9989	III	5	4.8915

（1）社区生长动力分析

由表中可以看出，20 个典型社区的生长曲线拟合均较好，参数拟合 t 值、模型拟合R^2均非常显著，表明本书研究所设计的基于 Richards 曲线模型和社区相对自然趋势的累积发文率（累积生长动力）的社区生长曲线拟合具有良好的适用性。其中，社区 11（交通经济学）处于生命周期的第 I 阶段（发展期），其生长动力增长率持续增长，学科当前动力水平（20.2643）显著高于学科总体动力水平，动力峰值（165.7624）潜力较大，可视为新兴热点主题，如图 7.4 所示。社区 7、9、12、14、15、16、17 和 20 的当前累积生长动力水平均低于学科总体动力水平，发文量增长动力相对不足。社区 2、3、5、6、7、8、10、12、15 和 19 已经跨过增长拐点，生长动力增长率开始下降，处于生命周期的第 II 阶段（蓬勃期），特别是与金融经济学相关的社区 5 和 6，未来发展（动力峰值水平）相对于当前的动力水平有较大潜力和空间；社区 1、4、9、13、14、16、17 和 20 处于生命周期的第 III 阶段（持续期）；社区 18

处于生命周期的第Ⅳ阶段（嬗变期），社区增长持续变缓，其当前动力水平显著高于学科总体水平，未来发展空间（动力峰值水平）相对较小，可能衍生新的增长点（或者主题）。总体上，增长率 γ 越大的社区，其前期发展迅猛，处于生命周期的后期阶段；增长率 γ 越小的社区，其正处于生命周期的前期阶段。全部 20 个典型社区的累积生长动力曲线拟合结果可通过文后链接访问。

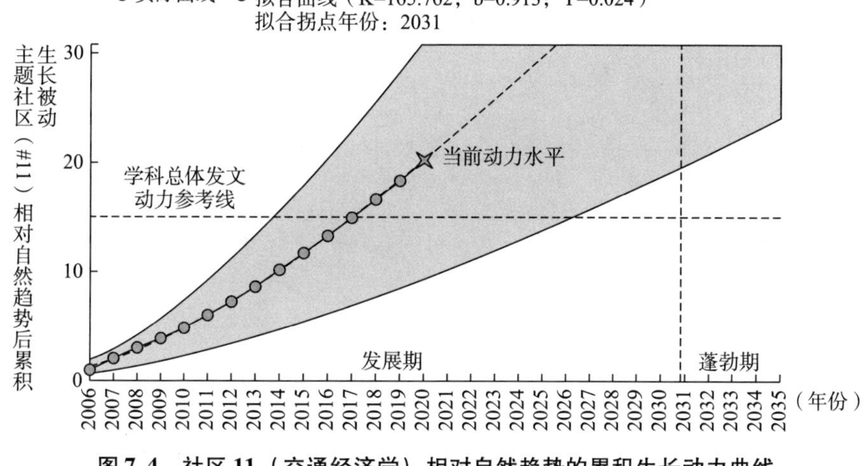

图 7.4　社区 11（交通经济学）相对自然趋势的累积生长动力曲线

（2）社区知识创新周期分析

由表 7.5 右侧两栏可以看出，社区 1（能源经济学）、4（货币与财政经济学）、11（交通经济学）、15（健康经济学）、18（决策经济学）和 20（保险经济学）的社区引证半衰期以及社区内部平均引证时滞均低于学科基准，表明相关主题社区内部知识更迭速率或者知识衰减速率较快，内部创新活力相对较强。

（3）社区引证演化分析

图 7.5 给出了社区 11（交通经济学）内部目标文献的引证关系在各个年份的分布桑基图，其中面板（a）为篇章级引证演化，面板（b）为不同年份间的总体引证演化（受限于桑基图绘制机制，相关数据不含年份内部引证）。

从图 7.5 面板（a）可以看出，总体上，社区 11（交通经济学）发表较早的文献成为后期文献的重要基础（文献矩块粒度较大），但最新文献间的引证更为密集，这与前文有关该主题的社区引证半衰期以及社区内部平均引证

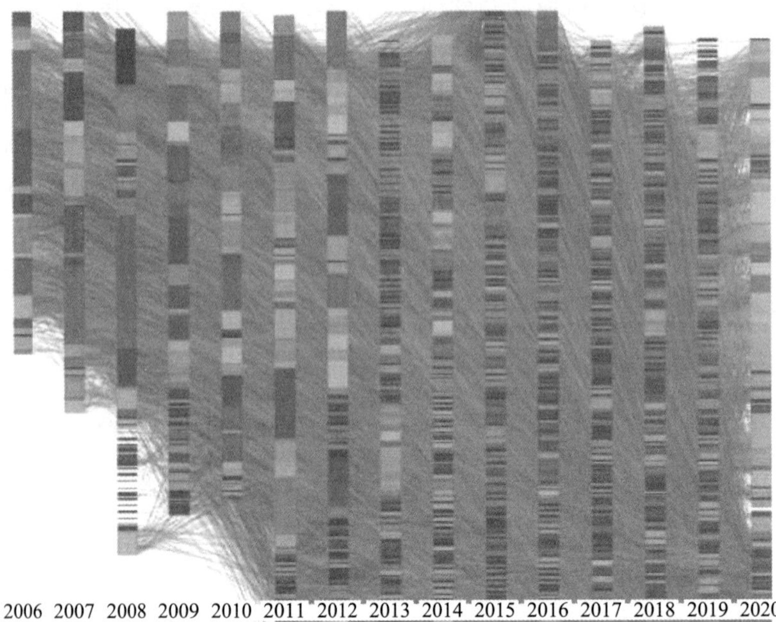

（a）篇章级引证演化

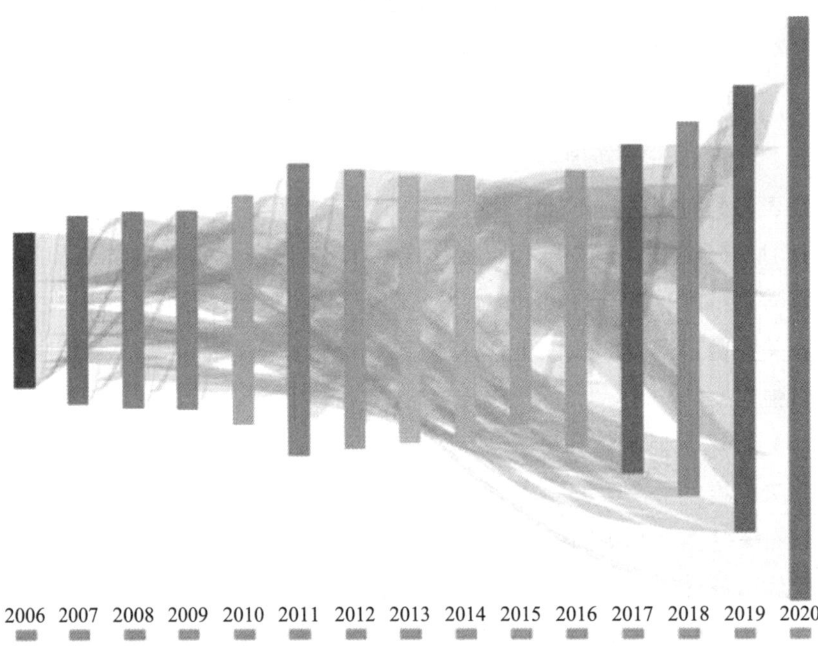

（b）总体引证演化

图 7.5　社区 1（能源经济学）引证演化桑基图

时滞均低于学科基准、内部知识更迭迅速的结论相一致。从图 7.5 面板（b）可以看出，该主题的最新年份序列高度总体大于早期年份，表明最新年份文献尽管可能被引不足，但其学科引用更频繁。必须指出的是，由于桑基图在绘制过程将引证量与被引量合并起来作为节点（文献或者年份）的权重（节点矩块高度），其只能部分反映引证演化的趋势，但无法完整揭示相关主题的发文增长趋势和引证量的实际变化，相关信息还需结合数据具体分析，这里不作赘述。有关全部 20 个典型社区的引证演化桑基图可通过文后链接访问。

四 社区主题演化与新生知识演化分析

基于本章第四节第三部分的技术方案，图 7.6 给出了社区 5（金融市场与投资者行为）的社区主题演化桑基图，图 7.7 给出了社区 5 的新生知识演化桑基图。

基于图 7.6 和图 7.7，参考各时间片术语权重排名数据输出（可通过文后链接访问），2006 – 2008 年，学者们重点关注了金融市场动量效应和动量利润、隐含波动率反向偏斜、掠夺性交易、油价冲击、流动性溢价、随机偏态、退市回报、收入意外、市场微观结构噪音、特质波动率、新作物期货价格、已兑现极差波动、世界农业供需评估、投资者情绪、收益率超前滞后效应等问题以及半参数因子模型、长期收益率预测、多变量随机波动率模型等。2009 – 2011 年，研究者重点关注了原油市场及其对金融市场的冲击、市场可承受风险、汇率联动期权、供需侧冲击、基于搜索指数（SVI）的投资者注意力刻画、金融波动的时间反演、动量效应、交易头寸限制等问题，其中方差风险溢价、搜索指数、收益率跳跃性尾部风险、可承受风险、前向偏差之谜、行业内部羊群效应、事件效应、博彩型股票等是这期间的新问题。2012 – 2014 年，研究者重点关注了投机性资产价格、原油市场冲击、承诺资本、搜索指数、暗池交易、零星股交易、拆单交易策略、高频交易（HFTS）、信用估值调整（CVA）、盯市风险等问题，其中投资者情绪测度指标体系构建、高频交易、拆单交易策略、信用估值调整、T + 1 交易、新兴市场、已兑现半变差等是这期间的新问题；2015 – 2017，有关比特币等数字货币投资和交易、数字支付等新问题引起了学者的广泛关注，与此同时，随着互联网驱动的媒体效应以及社会化交互效应的不断强化，投资者从众交易行为、媒体信息驱动的隐含波动率问题亦是重要关注问题；油价不确定冲击、方差风险溢价以

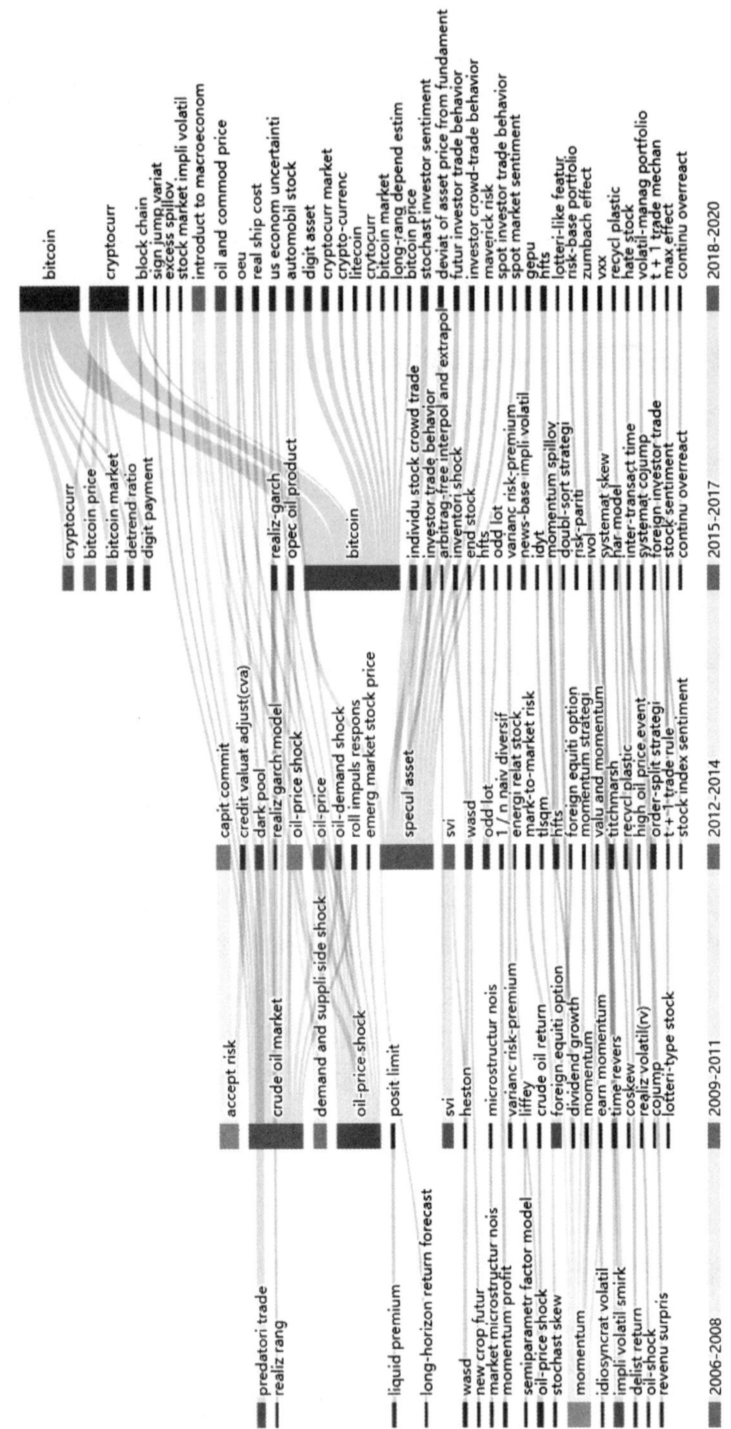

图 7.6 社区5（金融市场与投资者行为）主题演化桑基图

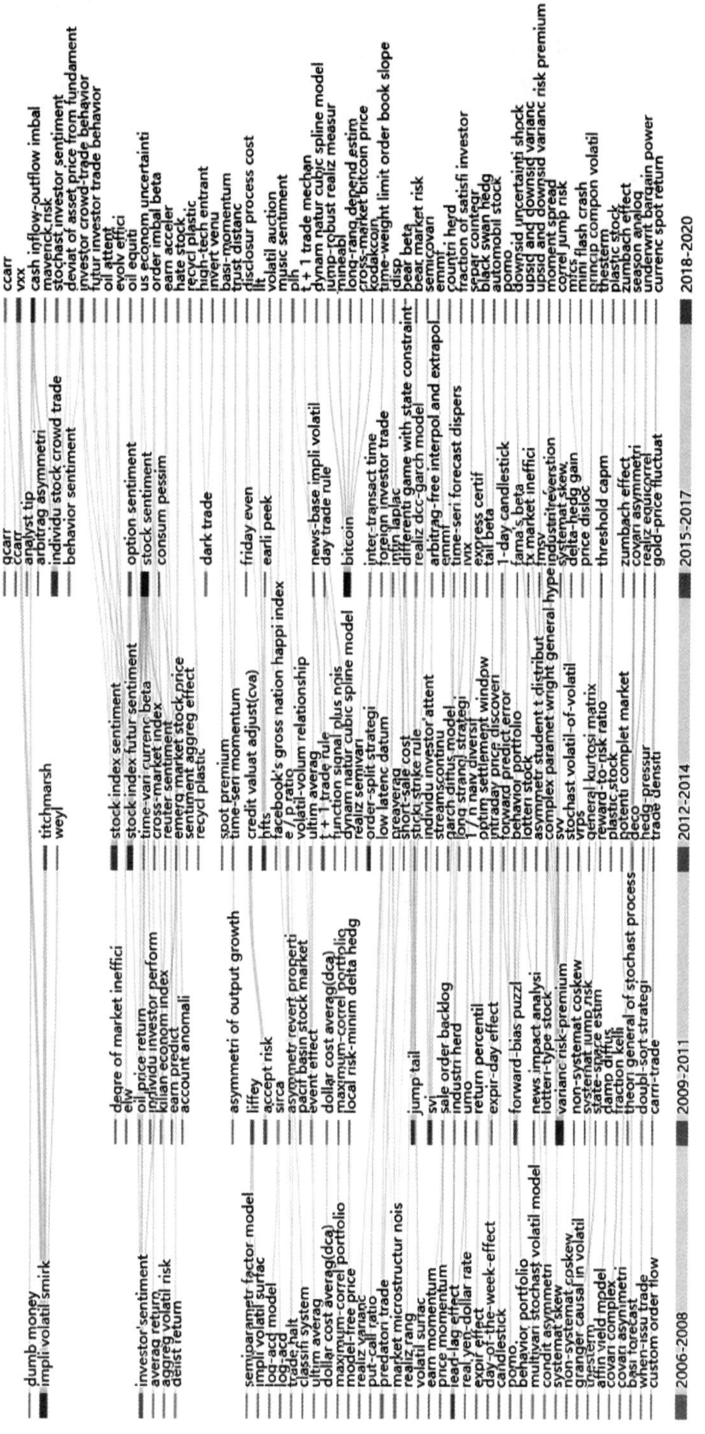

图 7.7　社区5（金融市场与投资者行为）新生知识演化桑基图

及高频交易及其建模（比如已兑现 GARCH 模型）仍然是此期间的关注问题。进入最近的 2018—2020 年，研究者关注了数字货币投资和交易、原油与商品价格和收益不确定性冲击、汽车市场冲击、美国经济不确定性、区块链、VXX 恐慌指数投资等问题，其中不乏新问题。

图 7.6 和图 7.7 亦存在多个可追溯的术语演化或者新生知识演化链，比如投资者情绪研究演化链条、隐含波动率反向偏斜演化链条、市场微观结构噪音演化链条、比特币等数字货币投资与交易演化链条，等等。必须指出的是，受样本有限性影响，上述分析无法追溯 2006 年之前的文献样本，因此在演化分析尤其是新生演化方面可能存在一定的偏差。尽管如此，从方法论角度来讲，上述分析可一定程度上再次印证将文本内容分析与引证网络分析相结合的社区微观主题演化优势：通过将文献间引证关系转换为术语间引证关系，借助于有效的加权方案，可较好地揭示特定主题领域的内在演化动态以及知识演化动态。

有关全部 20 个典型社区的社区主题演化与新生知识演化桑基图（包括以单个年份为时间片的细粒度演化桑基图）可通过文后链接访问。

五　社区间合作及其演化分析

基于本章第四节第四部分的技术方案设计，表 7.6 给出了前 20 个典型社区的总体入引权重、总体出引权重、篇均入引权重（括号中为权重从大到小排位）、篇均出引权重（括号中为权重从小到大排位）、篇均入引与出引加和（括号中为权重从大到小排位）。

表 7.6　前 20 个典型社区入引权重和出引权重对比

社区编号	社区主题归纳	入引权重		出引权重		篇均入引+篇均出引
		总体	篇均	总体	篇均	
1	能源经济学	3435.5871	0.1713	4551.9624	0.2269（7）	0.3982
2	微观人口经济学	7330.7349	0.3985（6）	5354.9080	0.2911（10）	0.6896
3	实验经济学与行为经济学	6095.6502	0.3370（10）	5076.4322	0.2807（9）	0.6177
4	货币与财政经济学	7335.5898	0.4072（5）	7909.6579	0.4391	0.8463（4）
5	金融市场与投资者行为	6939.0068	0.3948（7）	6516.9665	0.3708	0.7656
6	金融机构与公司金融	7066.0386	0.4292（3）	6422.0266	0.3901	0.8193（5）

续表

社区编号	社区主题归纳	入引权重		出引权重		篇均入引+篇均出引
		总体	篇均	总体	篇均	
7	农业与自然资源经济学	3388.3314	0.2103	4301.1549	0.2670（8）	0.4773
8	国际贸易与投资经济学	6528.8927	0.4149（4）	6167.5440	0.3923	0.8072
9	区域与空间经济学	4388.8462	0.3175	5104.4727	0.3696	0.6871
10	政治体制与选举经济学	5036.6864	0.3745（8）	4885.2806	0.3632	0.7377
11	交通经济学	1028.9460	0.0920	1726.3151	0.1552（3）	0.2472
12	劳动经济学	5832.9421	0.5697（1）	5272.0004	0.5149	1.0846（1）
13	经济学思想	910.0329	0.0930	1371.8993	0.1402（2）	0.2332
14	商业经济学	2738.4952	0.2924	2938.5404	0.3132	0.6055
15	健康经济学	1479.0714	0.1625	1638.7223	0.1795（5）	0.3420
16	计量经济学	2809.9225	0.4914（2）	2367.1335	0.4140	0.9054（2）
17	博弈论与信息经济学	872.5774	0.2130	748.1370	0.1826（6）	0.3956
18	决策经济学	185.4428	0.0544	378.1495	0.1096（1）	0.1640
19	移民经济学	1015.1589	0.3475（9）	1529.9650	0.5238	0.8713（3）
20	保险经济学	316.7627	0.1195	478.4475	0.1786（4）	0.2981

从表中可以看出，社区12（劳动经济学）、16（计量经济学）、6（金融机构与公司金融）、8（国际贸易与投资经济学）、4（货币与财政经济学）等有着更高的篇均入引权重，表明这些主题领域对于其他主题有着更大的知识外溢效应。社区18（决策经济学）、13（经济学思想）、11（交通经济学）、20（保险经济学）、15（健康经济学）等有着更低的篇均出引权重，表明这些主题领域更少地依赖其他主题知识，社区知识内生程度更高；社区19（移民经济学）、12（劳动经济学）、4（货币与财政经济学）等有着更高的篇均出引权重，表明这些主题领域更广泛地依赖其他主题知识。一些社区，比如12（劳动经济学）和16（计量经济学）等，既有着高入引，亦有高出引，表明相关领域在所有20个社区中发挥着较高的枢纽作用。

进一步，图7.8给出了不同社区间的总体合作网络，图中节点大小为相应社区的篇均PageRank影响力，节点间连接的粗细表示两两社区间连接的累积权重除以两两社区成员规模之积。特别地，由于全连接（前20个社区共379条连接）可能导致网络可视化无法更有效地对社区进行内部划分，因此实际处理时仅保留权重最高的前160个连接。

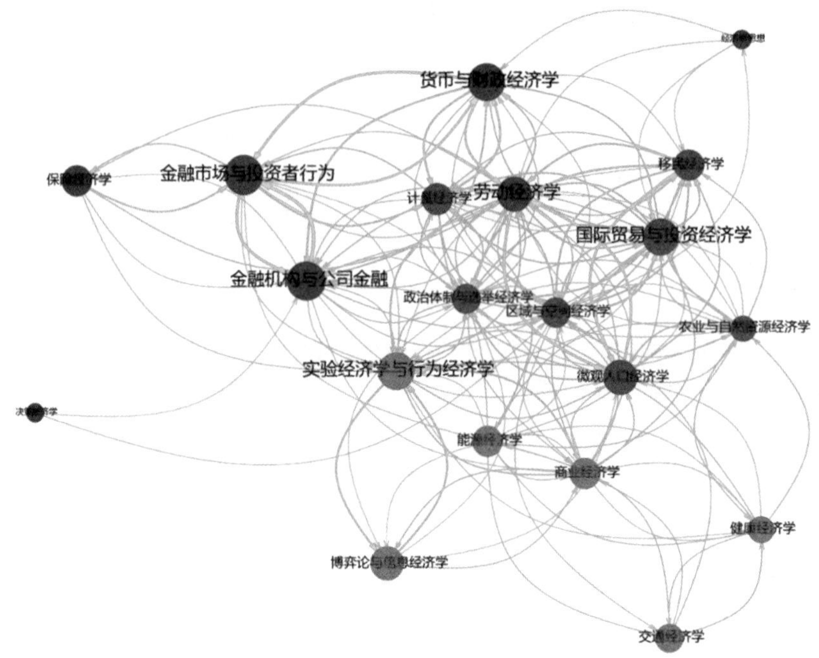

图7.8 典型社区间总体合作网络图

从图7.8可以看出，社区5（金融市场与投资者行为）、6（金融机构与公司金融）、4（货币与财政经济学）、3（实验经济学与行为经济学）、8（国际贸易与投资经济学）、12（劳动经济学）等节点有着更大的篇均PageRank影响力权重，尽管如此，考虑到PageRank影响力计算的内在机制，这部分社区的节点权重可能是其内部频繁引证的结果。结合数据输出（受限于篇幅，不同社区间合作强度数据见后文链接），就社区间合作来说，“6→5”“5→6”“12→2”“4→5”“2→12”“19→2”“5→4”“4→12”“19→8”“4→16”“16→4”“4→6”“9→8”“3→17”“19→10”“17→3”“19→12”“19→9”“5→16”“20→5”等有向关联显著，体现了相关社区间的强合作，且这些合作关系与相关领域的内涵密切相关，比如社区6（金融机构与公司金融）与5（金融市场与投资者行为）之间的彼此合作关联、社区12（劳动经济学）与2（微观人口经济学）之间的彼此合作、社区4（货币与财政经济学）和5（金融市场与投资者行为）之间的彼此合作、社区19（移民经济学）对社区2（微观人口经济学）等的知识依赖、社区4（货币与财政经济学）和16（计量经济学）之间的合作关联、社区3（实验经济学与行为经济学）和17（博弈论与信息经济学）之间的合作关联。

表7.7给出了不同时间片（按每3个年份）上前20个典型社区间合作强度前10位演化。

表7.7　不同时间片上前20个典型社区间合作强度前10位演化

时间片	2006—2008	2009—2011	2012—2014	2015—2017	2018—2020
1	4→5（货币与财政经济学→金融市场与投资者行为）	5→6（金融市场与投资者行为→金融机构与公司金融）	12→19（劳动经济学→移民经济学）	19→18（移民经济学→决策经济学）	3→17（实验经济学与行为经济学→博弈论与信息经济学）
2	6→5（金融机构与公司金融→金融市场与投资者行为）	6→5（金融机构与公司金融→金融市场与投资者行为）	5→6（金融市场与投资者行为→金融机构与公司金融）	4→16（货币与财政经济学→计量经济学）	10→19（政治体制与选举经济学→移民经济学）
3	5→4（金融市场与投资者行为→货币与财政经济学）	19→2（移民经济学→微观人口经济学）	4→6（货币与财政经济学→金融机构与公司金融）	19→10（移民经济学→政治体制与选举经济学）	9→8（区域与空间经济学→国际贸易与投资经济学）
4	5→6（金融市场与投资者行为→金融机构与公司金融）	4→12（货币与财政经济学→劳动经济学）	5→4（金融市场与投资者行为→货币与财政经济学）	12→2（劳动经济学→微观人口经济学）	19→8（移民经济学→国际贸易与投资经济学）
5	19→2（移民经济学→微观人口经济学）	12→2（劳动经济学→微观人口经济学）	6→4（金融机构与公司金融→货币与财政经济学）	4→16（计量经济学→货币与财政经济学）	17→3（博弈论与信息经济学→实验经济学与行为经济学）
6	8→12（国际贸易与投资经济学→劳动经济学）	19→10（移民经济学→政治体制与选举经济学）	4→5（货币与财政经济学→金融市场与投资者行为）	4→5（货币与财政经济学→金融市场与投资者行为）	2→12（微观人口经济学→劳动经济学）
7	3→17（实验经济学与行为经济学→博弈论与信息经济学）	4→6（货币与财政经济学→金融机构与公司金融）	19→2（移民经济学→微观人口经济学）	4→6（货币与财政经济学→金融机构与公司金融）	12→2（劳动经济学→微观人口经济学）
8	4→8（货币与财政经济学→国际贸易与投资经济学）	12→3（劳动经济学→实验经济学与行为经济学）	12→2（劳动经济学→微观人口经济学）	5→4（金融市场与投资者行为→货币与财政经济学）	19→2（移民经济学→微观人口经济学）

续表

时间片	2006—2008	2009—2011	2012—2014	2015—2017	2018—2020
9	8→6（国际贸易与投资经济学→金融机构与公司金融）	2→12（微观人口经济学→劳动经济学）	6→5（金融机构与公司金融→金融市场与投资者行为）	20→5（保险经济学→金融市场与投资者行为）	18→6（决策经济学→金融机构与公司金融）
10	14→3（商业经济学→实验经济学与行为经济学）	19→9（移民经济学→区域与空间经济学）	3→17（实验经济学与行为经济学→博弈论与信息经济学）	2→12（微观人口经济学→劳动经济学）	18→9（决策经济学→区域与空间经济学）

从表中可以初步看出，2006—2008 年，主要的合作体现于社区 4（货币与财政经济学）、5（金融市场与投资者行为）与 6（金融机构与公司金融）之间；2009—2011 年延续了 2006—2008 年的主要特征，与此同时，社区 2（微观人口经济学）、12（劳动经济学）、19（移民经济学）等之间合作强化；2012—2014 时间片延续了前两个时间片的主要特征。2015—2017 年领域间合作呈现多元化，特别地社区 4（货币与财政经济学）与 16（计量经济学）交叉渗透显著；最近的 2018－2020 年，实验经济学与行为经济学与博弈论与信息经济学呈现出融合之势，其次决策经济学开始广泛涉猎其他领域。

限于篇幅，有关全部 20 个典型社区在不同时间片上的合作网络图演化不再赘述。本章研究全部附件和全部可视化图可通过 https://github.com/yottoo/EconomicTopicEvolution_2006－2020 进行开放访问。

第六节　本章小结

本章以科学文献传播网络中的引证网络为基础，研究了学科领域的主题社区。首先，双加权的界定与双加权引证网络的构建。引入文档相似度刻画引证关系中被引文献对施引文献的异质贡献度，并将其作为对两两引证关系的相关性加权。在 PageRank 算法中引入时间增强机制，将其作为强化经典研究文献和最新研究文献影响力表征的加权。进而，构建文献相似度加权和目标文献 PageRank 影响力加权的“双加权”引证网络；其次，引入 Leiden 算法到“双加权”引证网络——diag（π^*）·Ω 中进行社区主题发现，并在所发现的每一个主题社区中通过计算“社区术语权重”，将权重最大的前若干个术语作为社区的基本表征，进而借助学科专家知识对社区进行归纳和标识；再次，提出社区生长动力（momentum）的概念和公式，列举了去自然趋势的学科生长动力计算示例，并研究了在生长曲线拟合基础上的社区生长曲线趋势评价指标，探索了内部引证关系测度下社区知识创新周期以引证演化分析的方案，提出整合术语新颖度加权的社区主题演化与新生知识演化分析的具体算法，以及社区间合作与演化分析的操作过程。最后，以 WoS 核心合集中经济学学科近 15 年发表的期刊文献题录数据及其引证数据样本为分析对象，进行了实证分析与结果讨论，总体上反映了经济学的热点主题及其演化。

本章的研究价值在于，将 Leiden 算法引入“双加权”引证网络——diag（π^*）$\cdot \Omega$ 中进行社区主题的发现、社区生长动力概念的提出和表征主题术语算法的设计，使得层层递进提出的基于引证网络挖掘主题社区的研究设计具有了可行性与有效性，体现出设计思路与研究方案的新颖性，彰显了引文传播要素及其交互影响产生的应用效果。

此外，本书在进行基于双加权引证网络发现学科领域主题社区研究中，引入更好的术语提取算法，实现更精准的术语提取、同义异形词识别。今后，如何进一步深入刻画特定学科领域主题的内部演化，如何更精确地刻画社区主题演化和新生知识演化，以为领域学者研究提供更深入的洞察和科学决策提供更有力的支撑，仍然是值得继续深入的研究问题。

附　表

附表 1　基于发文量的 Top 10 领军团队成员

排名	团队编号	团队人数	团队成员
1	#448	52	Aliev, Rafik A. ; Pedrycz, Witold_2; Dlugosz, Rafal; Kolasa, Marta; Li, Zhiwu_1; Zhong, Chunfu; Huang, Wei_32; Oh, Sung-Kwun; Graves, Daniel; Espin-Andrade, Rafael A. ; Zhu, Xiubin; Li, Lina_8; Wang, Xianmin_1; Song, Mingli_3; Huseynov, Oleg H. ; Kim, Wook-Dong; Park, Byoung-Jun; Chalmers, Eric_1; Lou, Edmond; Gacek, Adam; Karczmarek, Pawel; Kiersztyn, Adam; Rutka, Przemyslaw; Dolecki, Michal; Kim, Eun-Hu; Al-Hmouz, Rami_1; Balamash, Abdullah Saeed; Morfeq, Ali; Zhang, Zhongjie; Huang, Jian_15; Park, Ho-Sung; Kim, Hyun-Ki; Pizzi, Nick J. ; Reyes-Galaviz, Orion F. _1; Ren, Huorong; Li, Jinbo_2; Jamal, Iqbal; Choi, Jeoung-Nae; Izakian, Hesam_2; Wojtyna, Ryszard; Balamash, Abdullah; Roh, Seok-Beom_2; Ahn, Tae-Chon; Hu, Xingchen; Joo, Su-Chong_2; Jang, Han-Jong; Giacomin, Paulo Andre S. ; Yoo, Sung-Hoon; Hemerly, Elder Moreira; Li, Deqiang_1; Han, Soowhan; Talaska, Tomasz
2	#1927	54	Browne, Will N. ; Kukenys, Ignas_2; Zhang, Mengjie_2; Xue, Bing_2; Su Nguyen; Iqbal, Muhammad_11; Naqvi, Syed S. _2; Hollitt, Christopher; Cao Truong Tran; Andreae, Peter; Ahmed, Soha; Peng, Lifeng; Naqvi, Syed Saud; Hunt, Rachel; Johnston, Mark; Liang, Yuyu_2; Al-Sahaf, Ausama; Al-Sahaf, Harith; Mirghasemi, Saeed_2; Chen, Qi_24; Koleejan, Chahine; Gao, Xiaoying_4; Wahid, Abdul_6; Ma, Hui_11; da Silva, Alexandre Sawczuk; Lensen, Andrew; Yu, Yang_31; Williams, Henry_2; Park, John_2; Jabeen, Shahida; Rahman, Ibrahim M. H. ; Bhowan, Urvesh_2; Setayesh, Mahdi; Cheng, Xiu_2; Fu, Wenlong_6; Nguyen, Su; Hoai Bach Nguyen; Liu, Ivy; Alvarez, Isidro M. ; Tran, Binh; Binh Tran; Marshall, Richard J. ; Kay Chen Tan; Dai, Yan; Rayudu, Ramesh; Rada-Vilela, Juan; Liu, Yi_56; Cervante, Liam; Downey, Carlton_2; Nguyen, Giang-Son; Xie, Huayang; Seah, Winston; Tan, Boxiong; BrowneSchool, Will N.

续表

排名	团队编号	团队人数	团队成员
3	#1064	58	Melin, Patricia; Mendoza, Olivia; Castillo, Oscar; Gonzalez, Claudia I. ; Castro, Juan R. ; Carlos Vazquez, Juan; Valdez, Fevrier; Licea, Guillermo; Aguilar, Luis T. ; Cervantes, Leticia; Martinez, Luis G. ; Rodriguez-Diaz, Antonio; Sanchez, Daniela; Gaxiola, Fernando; Olivas, Frumen; Sanchez, Mauricio A. ; Perez, Jonathan; Gonzalez, Claudia_1; Martinez, Gabriela; Cazarez-Castro, Nohe R. ; Prieto, Pablo J. ; Soto, Jesus_2; Amador-Angulo, Leticia; Amezcua, Jonathan; Ochoa, Patricia; Soria, Jose; Pulido, Martha; Garcia, Mario_1; Cardenas-Maciel, Selene L. ; Lagunes, Marylu L. ; Garcia-Valdez, Mario; Bernal, Emer; Ramirez, Eduardo; Prado-Arechiga, German; Maldonado, Yazmin_2; Lizarraga Olivas, Evelia; Fierro, Resffa; Martinez, Gabriela E. ; Aguilar, Leocundo_2; Perez-Ornelas, Felicitas; Melendez, Abraham; Astudillo, Leslie; de la O, David; Peraza, Cinthia; Caraveo, Camilo; Gonzalez, Beatriz; Madera, Quetzali; Mancilla, Alejandra; Rodriguez, Antonio_1; Rodriguez, Luis_1; Miramontes, Ivette; Alanis, Arnulfo_1; Hernandez-Aguila, Amaury; Lopez, Miguel_1; Barraza, Juan_1; Valdez, Mario; Martinez-Soto, Ricardo; Hidalgo, Denisse
4	#205	58	Triguero, Isaac; Herrera, Francisco; Alcala, Rafael; Gacto, Maria Jose; Garcia, Salvador; Fernandez, Alberto_2; Luengo, Julian; Saez, Jose A. ; Derrac, Joaquin; Dolores Perez-Godoy, Maria; Jesus Rivera, Antonio; Jose del Jesus, Maria; Molina, Daniel_1; Sanchez, Ana M. _2; Bergmeir, Christoph; Manuel Benitez, Jose; Charte, Francisco; Rivera, Antonio; Ramirez-Gallego, Sergio; Maillo, Jesus; Jose Gacto, Maria; Rivera, Antonio J. ; del Jesus, Maria J. ; Tabik, Siham; Shim, Seong-O_2; Alshomrani, Saleh; Altalhi, Abdulrahman; Villar, Pedro; Perez-Recuerda, Pedro; Pilar Frias, Maria; Parras, Manuel; Carmona, Cristobal; Fazzolari, Michela_2; Lopez, Victoria_2; Peralta, Daniel; Charte Ojeda, Francisco; Rivera Rivas, Antonio Jesus; Frias, Maria Pilar; Garcia-Gil, Diego; Carmona, Cristobal J. ; Montes, Rosana; Urena, Carlos; Valdivia, Ana; Victoria Luzon, M. ; Benitez, Jose M. ; Gonzalez, Pedro_2; Jose Carmona, Cristobal; del Rio, Sara; Aznarte, Jose Luis; Charte, David; Giglio, Bruno; Bawakid, Abdullah_1; Gonzalez, Sergio_2; Moreno-Torres, Jose G. _1; Galar, Mike; del Jesus, Maria Jose; Antonio Saez, Jose; Ramon Cano, Jose
5	#342	49	Xu, Zeshui_2; Zhai, Yuling; Liao, Huchang; Wang, Hai_8; Lei, Qian_1; Xia, Meimei; Yang, Xue_8; Tian, Xiaoli; He, Yue_4; Zheng, Yuanhang_1; Zhao, Na_5; Liu, Haifeng_6; Ai, Zhenghai; Yu, Xiaohan_2; Liu, Shousheng; Yu, Shan_3; Zhou, Wei_33; Zhang, Xiaolu_3; Liu, Weishu; Gu, Jing_1; Ren, Peijia; Zhao, Hua_5; Ren, Zhiliang_2; Wu, Xingli; Hafezalkotob, Arian_2; Chen, Liuhao; Gou, Xunjie; Li, Zongmin_4; Ni, Mingfang; Luo, Li_5; Zhu, Ting_3; Zhang, Dan_19; Tan, Jinxiu; Tian, Feng_7; Zhang, Zhao_9; Wang, Zhong_6; Yao, Zeqing; Zhang, Shen_3; Chen, Na_5; Meng, Sun_2; Zhu, Bin_2; Jiang, Yuan_5; Su, Zhan_2; Wu, Lianguo; Hao, Zhinan; Liu, Yanmin_2; Liu, Fengjun; Chen, Qi_15; Hu, Hui_6

续表

排名	团队编号	团队人数	团队成员
6	#203	73	Xian, Yongjin; Zheng, Cheng-De; Wang, Yingchun_3; Zhang, Huaguang; Liu, Zhenwei_2; Wang, Zhanshan; Yang, Feisheng_1; Cui, Lili; Zhang, Xin_32; Luo, Yanhong; Ma, Dazhong; Qin, Chunbin; Sun, Qiuye; Teng, Fei_5; Feng, Jian_4; Liu, Lei_28; Liang, Hongjing; Wang, Junyi_3; Feng, Tao_5; Zhang, Jilie; Cui, Xiaohong_1; Jiang, He_6; Zhao, Mo; Wang, Zhiliang_8; Ding, Sanbo_1; Wang, Jidong_1; Wu, Yanming; Qu, Qiuxia; Tian, Hui_3; Hou, Yanfang; Gong, Dawei; Huang, Bonan; Huang, Zhanjun; Shan, Qihe_2; Zhang, Zhao_8; Yang, Zhongjun; Ren, Zhengyun; Xiao, Geyang; Sun, Xun_5; Zhang, Kun_20; Li, Yushuai; Han, Ji_3; Yao, Xianshuang; Yu, Rui_3; Wei, Ziping; Cui, Yang_2; Liu, Chong_5; Kim, Yongsu; Basu, M. A. ; Hui, Guotao; Zhang, Enlin; Gao, Haoyuan_2; Dai, Xiaolin; Song, Jinliang; Jin, Yinglian; Wang, Binrui; Han, Jian_4; Zhang, Jianyu_1; Wang, Yingying_9; Zheng, Li_1; Dong, Meng; Yang, Jun_31; Wang, Tao_46; Shan, Qi-He; Huang, Yujiao_1; Gao, David Wenzhong; Wen, Yinlei; Niu, Haisha; Shen, Zhengwei_1; Su, Hanguang; Meng, Xiangping_1; Liu, Xinrui_2; Zhang, Yue_10
7	#594	77	Wang, Zidong; Liu, Yurong; Liu, Xiaohui_1; Song, Qiankun; Zhao, Zhenjiang; Wang, Licheng_4; Wei, Guoliang_1; Shu, Huisheng; Chen, Xiaofeng_1; Louvieris, Panos_1; Alsaadi, Fuad E. ; Lu, Yang_6; Yi, Shujuan; Zeng, Nianyin; Zou, Lei_2; Liu, Hongjian_1; Liu, Weibo; Zhang, Hong_15; Li, Yurong_2; Dong, Hongli; Hou, Nan_2; Ren, Weijian_2; Li, Bing_5; Li, Wangyan; Han, Fei_9; Liang, Jinling; Li, Dingshi; Du, Bo_2; Zineddin, Bachar; Li, Qi_12; Shen, Bo_2; Yang, Hua_15; Liu, Xiaocheng_1; Wang, Wu_1; Ding, Derui; Song, Yan_12; Zhang, Sunjie; Qian, Wei_1; Li, Jiajia_5; Luo, Yuqiang; Liu, Shuai_21; Shen, Yuxuan_2; Song, Baoye_2; Li, Kelin; Wu, Shu-Lin; Vinciotti, Veronica; Wilson, Paul_2; Ma, Kemao; Xu, Long_4; Dobaie, Abdullah M. ; Yu, Qinqin; Hu, Jun_9; Song, Yue_2; Chen, Dongyan_1; Gu, Juping; Wen, Chuanbo_1; Liang, Jinming; Gong, Weiqiang; Zhou, Yafei_2; Long, Shujun_1; Wang, Qiong_10; Kan, Xiu; Ma, Lifeng_1; Wang, Yao_4; Mao, Jingyang; Yan, Le; Tan, Hailong; Che, Yan; Fei, Weiyin; Liang, Jing_1; Zhang, Congjun; Yan, Huan; Shu, Hanqi; Wang, Limin_4; Li, Zhongshan; Chen, Sherry Y. ; Chrysostomou, Kyriacos
8	#1800	58	Zafeiriou, Stefanos; Panagakis, Yannis_2; Pantic, Maja; Tzimiropoulos, Georgios; Eleftheriadis, Stefanos; Rudovic, Ognjen; Oikonomopoulos, Antonios; Zafeiriou, Lazaros; Antonakos, Epameinondas; Chrysos, Grigorios G. ; Snape, Patrick; Asthana, Akshay_2; Booth, James; Roussos, Anastasios_1; Ponniah, Allan; Dunaway, David_1; Georgakis, Christos; Pavlovic, Vladimir; Kossaifi, Jean; Cheng, Shiyang; Marras, Ioannis_1; Walecki, Robert; Bousmalis, Konstantinos_2; Trigeorgis, George; Schuller, Bjorn W. _1; Lichtenauer, Jeroen; Liwicki, Stephan_3; Nikitidis, Symeon_2; Sagonas, Christos; Kaltwang, Sebastian; Alabort-i-Medina, Joan; Deisenroth, Marc P. ; Hensman, James_1; Kim, Jongpil; Pham, Hai X. ; Rakicevic, Nemanja; Petridis, Stavros; Bilakhia, Sanjay; Sandbach, Georgia; Khan, Muhammad Haris_1; Nicolaou, Mihalis A. ; Zhou, Yuxiang_4; Ververas, Evangelos; Ploumpis,

续表

排名	团队编号	团队人数	团队成员
8	#1800	58	Stylianos_2; Wang, Mengjiao_2; Kotsia, Irene_1; Shen, Jie_2; Hovhannisyan, Vahan; Parpas, Panos; Rudovic, Ognjen(Oggi) ; Papaioannou, Athanasios; McDonagh, John; Bulat, Adrian; Hendahewa, Chathra; Shah, Chirag; Zafeiriou, Stefanos P. _3; Kollias, Dimitrios_1; Gholami, Behnam
9	#170	60	Huang, He_3; Liu, Yuanshan; Huang, Tingwen; Qian, Xusheng; Li, Chuandong_1; Chen, Guo_5; Li, Huaqing_1; Xiao, Li_4; Wang, Hui_14; Chen, Xiaoping_3; Wang, Xin_11; Chen, Ling_5; Tan, Jie_2; Xia, Dawen; Liao, Xiaofeng_2; Li, Jueyou; Dong, Zhaoyang_1; Wu, Zhiyou; Li, Chaojie; He, Xing_1; Huang, Junjian; Che, Hangjun_2; Wang, Huiwei; Liu, Yujie_4; Feng, Yuming; Han, Yiyan; Li, Hongfei_3; Dong, Tao_1; Wang, Aijuan; Sun, Miao_2; Wang, Tiancai; Huang, Chicheng; Zhang, Wei_13; Zhao, You; Zhang, Wanli; Zhou, Yinghua_2; Zhou, Bo_5; Qi, Jiangtao_1; Xiao, Mingqing_2; Hu, Wenfeng_1; Wu, Sichao_1; Zhu, Wei_6; Chen, Jiyang_1; Yang, Xujun; Lu, Qingguo; Zhang, Hao_36; Zeng, Qingsong_1; Qin, Yi_1; Wei, Pengcheng_2; Zhang, Xianxiu; Dai, Yu_2; Gao, David Yang_3; Liu, Jun_43; Liu, Beiye; Wysocki, Bryant_2; Gao, Xuejun_1; Shu, Yonglu; Gao, Lan_1; Yang, Shiju; Xu, Jing_22
10	#3661	52	Kaya, Ihsan; Onar, Sezi Cevik; Oztaysi, Basar; Kahraman, Cengiz_2; Bayrakdaroglu, Ali; Secme, Nese Yalcin; Kaya, Tolga; Sari, Irem Ucal; Erdogan, Melike; Coban, Veysel; Yanik, Seda; Kutlu, Ahmet Can; Behret, Hulya; Bolturk, Eda; Yalcin, Nese; Parchami, Abbas; Erginel, Nihal_1; Senturk, Sevil; Cebi, Selcuk; Celik, Metin; Er, I. Deha; Ozok, A. Fahri; Aydin, Serhat; Percin, Selcuk; Kulak, Osman; Atli, Omer; Kilic, Sezgin_2; Otay, Irem; Ucal, Irem; Karasan, Ali; Oner, Sultan Ceren; Senvar, Ozlem_1; Yildiz, Gulay; Asan, Zerrin; Ekmekcioglu, Mehmet_1; Cebi, Ferhan; Baracli, Hayri_2; Min, Hokey; Ozkok, Murat; Demirci, Emrullah; Kaplan, Sezgin; Turanoglu, Ebru; Kandakoglu, Ahmet; Yalcin, Gulcin Dinc_2; Kaiiraman, Cengiz; Bekar, Ebru Turanoglu; Cakmakci, Mehmet_1; Suerdem, Ahmet; Bali, Ozkan; Fahmi, Ali; Bahadir, Senem Kursun; Kalaoglu, Fatma

附表Ⅱ 基于被引量的 Top 10 领军团队成员

排名	团队编号	团队人数	团队成员
1	#2096	36	Li, Chun-Liang; Su, Yu-Chuan_2; Lin, Ting-Wei_2; Tsai, Cheng-Hao; Chang, Wei-Cheng; Huang, Kuan-Hao; Kuo, Tzu-Ming; Lin, Shan-Wei; Lin, Young-San; Lu, Yu-Chen; Yang, Chun-Pai; Chang, Cheng-Xia; Chin, Wei-Sheng; Juan, Yu-Chin; Tung, Hsiao-Yu_2; Wang, Jui-Pin; Wei, Cheng-Kuang; Wu, Felix_2; Yin,

续表

排名	团队编号	团队人数	团队成员
1	#2096	36	Tu-Chun; Yu, Tong_5; Zhuang, Yong; Lin, Shou-de; Lin, Hsuan-Tien; Lin, Chih-Jen; Yeh, Chih-Kuan; Chang, Kai-Wei_1; Yuan, Guo-Xun_1; Hsieh, Cho-Jui_1; Ho, Chia-Hua; Huang, Fang-Lan; Ferng, Chun-Sung; DeCoste, Dennis_1; Hamid, Raffay_2; Chang, Chih-Chung; Wang, Chien-Chih_4; Lee, Ching-Pei
2	#5330	36	He, Kaiming_1; Xia, Yan_2; Isard, Michael; Sun, Jian_14; Ke, Qifa; Lee, David C. ; Ge, Tiezheng; Qian, Chen_2; Sun, Xiao_1; Wei, Yichen; Cao, Xudong_1; Ren, Shaoqing; Liang, Shuang_10; Zhang, Xiangyu_2; Zou, Jianhua; Zhu, Wangjiang_1; Yuan, Lu_2; Wang, Chaoyang_2; Zhao, Long_7; Jia, Jinyuan; Dai, Jifeng_1; Huang, Qixing_5; Wen, Fang_2; Zhou, Wen_6; Li, Yi_19; Tao, Litian; Wu, Zhong_3; Shum, Heung-Yeung; Chen, Dong_10; Gao, Weizhe; Zhou, Xingyi; Zhu, Xizhou; Qi, Haozhi; Xiong, Yuwen_1; He, Yihui_2; Liu, Changhai
3	#1959	25	Peng, Yigang; Zhuang, Liansheng; Ma, Yi_4; Wright, John; Gao, Haoyuan_3; Yang, Allen Y. ; Sun, Ju_1; Christoudias, C. Mario_2; Qu, Qing; Zhang, Yuqian_1; Eldar, Yonina C. _1; Ganesh, Arvind; Mobahi, Hossein_2; Zhou, Zihan; Rao, Shankar R. ; Sastry, S. Shankar; Zhang, Zhengdong; Calderone, Dan; Liang, Xiao_7; Wagner, Andrew; Tu, Kewei_2; Zhao, Yanpeng; Tian, Jin_1; Lam, Chi-Pang_2; Balasubramanian, Arvind Ganesh
4	#929	34	Zhang, Lei_4; Zhang, David_1; Chen, Fangmei; Liu, Yahui_2; Li, Wei_50; Wu, Kebin; Lu, Guangming_1; Yan, Jingqi; Zhang, Zhiyuan_3; Lian, Wei; Luo, Nan_3; Liu, Ji_6; Mou, Xuanqin; Xue, Wufeng_2; Xu, Jun_14; Deng, Pingling; Wang, Xin-Jing_2; Yan, Ke_10; Feng, Dan_2; Tu, Xudong; Wang, Shenlong_1; Wang, Zhen_4; Zeng, Tao_1; Huang, Da_3; Zhang, Kunai; Zhu, Hailong_1; Lee, Minha_2; Li, Yong-Wei_1; Han, Xing-De; Wu, Xiao-He; Zuo, Wang-Meng; Xu, Hui_27; Chen, Shuyu; Xiao, Xihua
5	#342	49	Xu, Zeshui_2; Zhai, Yuling; Liao, Huchang; Wang, Hai_8; Lei, Qian_1; Xia, Meimei; Yang, Xue_8; Tian, Xiaoli; He, Yue_4; Zheng, Yuanhang_1; Zhao, Na_5; Liu, Haifeng_6; Ai, Zhenghai; Yu, Xiaohan_2; Liu, Shousheng; Yu, Shan_3; Zhou, Wei_33; Zhang, Xiaolu_3; Liu, Weishu; Gu, Jing_1; Ren, Peijia; Zhao, Hua_5; Ren, Zhiliang_2; Wu, Xingli; Hafezalkotob, Arian_2; Chen, Liuhao; Gou, Xunjie; Li, Zongmin_4; Ni, Mingfang; Luo, Li_5; Zhu, Ting_3; Zhang, Dan_19; Tan, Jinxiu; Tian, Feng_7; Zhang, Zhao_9; Wang, Zhong_6; Yao, Zeqing; Zhang, Shen_3; Chen, Na_5; Meng, Sun_2; Zhu, Bin_2; Jiang, Yuan_5; Su, Zhan_2; Wu, Lianguo; Hao, Zhinan; Liu, Yanmin_2; Liu, Fengjun; Chen, Qi_15; Hu, Hui_6
6	#5997	23	Maninis, Kevis-Kokitsi; Pont-Tuset, Jordi; Arbelaez, Pablo; Bourdev, Lubomir_1; Malik, Jitendra; Gu, Chunhui; Carreira, Joao_2; Barron, Jonathan T. _3; Marques, Ferran_3; Girshick, Ross_1; Paluri, Manohar_1; Hariharan, Bharath; Gkioxari, Georgia_2; Kar, Abhishek; Tulsiani, Shubham; Varas, David_1; Fragkiadaki, Katerina_2; Felsen, Panna; Gupta, Saurabh_1; Agrawal, Pulkit; Li, Ke_18; Ginosar, Shiry; Lim, Joseph J. _2

续表

排名	团队编号	团队人数	团队成员
7	#399	43	Li, Yongming_2; Tong, Shaocheng; Sui, Shuai; Liu, Changliang_2; Zhang, Wei_58; Li, Yue_12; Liu, Yanjun_5; Li, Tieshan_1; Gao, Ying_13; Liu, Yan-Jun; Li, Zifu; Miao, Baobin; Sun, Kangkang; Zhang, Lili_10; Li, Ronghui; Bai, Weiwei_2; Yang, Wei_15; Wang, Tao_34; Dong, Guowei_2; Yang, Xiaohui_2; Fang, Liyou; Wang, Hao_25; Li, Da-Peng; Li, Shu_6; Li, Dong-Juan; Meng, Duo; Wen, Guo-Xing; Tao, Ye_3; Qiao, Wenming; Ning, Jun; Tang, Li_3; Liu, Dagang; Liu, Zhengjiang; Wang, Yuqi_2; Zhang, Kai_9; Wang, Tong_11; Cui, Yang_1; Li, Wei_30; Yang, Jia_4; Ma, Zhiyao; Luo, Weilin_1; Li, Jing_34; Huo, Baoyu
8	#843	80	Larochelle, Hugo; Vincent, Pascal; Lajoie, Isabelle; Bengio, Yoshua; Manzagol, Pierre-Antoine; Romero, Adriana_1; Chandar, Sarath; Khapra, Mitesh M. _1; Ravindran, Balaraman_2; Zhang, Saizheng; Gulcehre, Caglar; Cho, Kyunghyun_2; Delalleau, Olivier; Kuksa, Pavel; Qi, Yanjun_1; Bai, Bing_3; Collobert, Ronan_2; Weston, Jason_2; Brakel, Philemon_2; Zhang, Ying_64; Courville, Aaron_2; Zheng, Yin; Bhole, Chetan; Morsillo, Nicholas; Pal, Christopher_1; Strub, Florian; de Vries, Harm_2; Pietquin, Olivier_2; Goyal, Anirudh_2; Ke, Nan Rosemary; Ganguli, Surya; Drozdzal, Michal_1; Vorontsov, Eugene; Shakeri, Mahsa; Pal, Chris; Kadoury, Samuel_1; Pennington, Jeffrey_1; Schoenholz, Samuel S. ; Havaei, Mohammad_2; Torabi, Atousa_1; Yao, Li_8; Ballas, Nicolas_2; Abi-Jaoudeh, Nadine; Honari, Sina_2; Lamblin, Pascal; Mesnil, Gregoire; Rifai, Salah; Dauphin, Yann; Glorot, Xavier; Courbariaux, Matthieu; Turian, Joseph; Ferrari, Raul Chandias; Kastner, Kyle; Ratinov, Lev; Bottou, Leon_4; Karlen, Michael; Mirza, Mehdi; Rim, David; Hasan, Md Kamrul; Lauly, Stanislas; Dauphin, Yann N. ; Pascanu, Razvan_3; Goodfellow, Ian J. ; Xu, Bing_4; Warde-Farley, David; Memisevic, Roland_2; Michalski, Vincent; Konda, Kishore; Bordes, Antoine_1; Bergstra, James; Pal, Christopher J. ; Choi, Heeyoul_1; Lee, Dong-Hyun_4; Chechik, Gal_1; Kahou, Samira Ebrahimi_1; Froumenty, Pierre; Dugas, Charles; Bouthillier, Xavier; Davy, Axel; Biard, Antoine
9	#2435	60	Lepetit, Vincent_1; Trzcinski, Tomasz_1; Fua, Pascal; Benmansour, Fethallah_1; Turetken, Engin; Glowacki, Przemyslaw; Tekin, Bugra; Ali, Karim_1; Strecha, Christoph_1; Calonder, Michael; Oezuysal, Mustafa; Li, Yunpeng_1; Bagautdinov, Timur; Fleuret, Francois_1; Lefort, Riwal_2; Pinheiro, Miguel Amavel; Tueretken, Engin; Lebrecht, Daniel; Sznitman, Raphael; Holtmaat, Anthony; Kybic, Jan; Sironi, Amos; Crivellaro, Alberto; Rozantsev, Artem; Verdie, Yannick_1; Konyushkova, Ksenia; Jedynak, Bruno; Shaji, Appu; Smith, Kevin; Lucchi, Aurelien_1; Dat Tien Ngo; Jorstad, Anne_1; Oberweger, Markus; Rad, Mahdi; Ben Shitrit, Horesh; Berclaz, Jerome; Konolige, Kurt_1; Rigamonti, Roberto; Cantoni, Marco; Knott, Graham; Becker, Carlos; Maksai, Andrii_1; Wang, Xinchao; Baque, Pierre; Dubout, Charles_2; Lefakis, Leonidas_1; Christoudias, Mario; Lepetit, Vincent_2; Woo, Woontack_5; Pylvaenaeinen, Timo_2; Oestlund, Jonas; Varol, Aydin; Gonzalez, German_1; Bowman, James; Tola, Engin_2; Christoudias, C. Mario_1; Sun, Xiaolu_1; Khan, Mohammad Emtiyaz; Fossati, Andrea_2; Dey, Debadeepta_2

续表

排名	团队编号	团队人数	团队成员
10	#205	58	Triguero, Isaac; Herrera, Francisco; Alcala, Rafael; Gacto, Maria Jose; Garcia, Salvador; Fernandez, Alberto_2; Luengo, Julian; Saez, Jose A.; Derrac, Joaquin; Dolores Perez-Godoy, Maria; Jesus Rivera, Antonio; Jose del Jesus, Maria; Molina, Daniel_1; Sanchez, Ana M._2; Bergmeir, Christoph; Manuel Benitez, Jose; Charte, Francisco; Rivera, Antonio; Ramirez-Gallego, Sergio; Maillo, Jesus; Jose Gacto, Maria; Rivera, Antonio J.; del Jesus, Maria J.; Tabik, Siham; Shim, Seong-O_2; Alshomrani, Saleh; Altalhi, Abdulrahman; Villar, Pedro; Perez-Recuerda, Pedro; Pilar Frias, Maria; Parras, Manuel; Carmona, Cristobal; Fazzolari, Michela_2; Lopez, Victoria_2; Peralta, Daniel; Charte Ojeda, Francisco; Rivera Rivas, Antonio Jesus; Frias, Maria Pilar; Garcia-Gil, Diego; Carmona, Cristobal J.; Montes, Rosana; Urena, Carlos; Valdivia, Ana; Victoria Luzon, M.; Benitez, Jose M.; Gonzalez, Pedro_2; Jose Carmona, Cristobal; del Rio, Sara; Aznarte, Jose Luis; Charte, David; Giglio, Bruno; Bawakid, Abdullah_1; Gonzalez, Sergio_2; Moreno-Torres, Jose G._1; Galar, Mike; del Jesus, Maria Jose; Antonio Saez, Jose; Ramon Cano, Jose

附表Ⅲ　基于 h 指数的 Top 10 领军团队成员

排名	团队编号	团队人数	团队成员
1	#594	77	Wang, Zidong; Liu, Yurong; Liu, Xiaohui_1; Song, Qiankun; Zhao, Zhenjiang; Wang, Licheng_4; Wei, Guoliang_1; Shu, Huisheng; Chen, Xiaofeng_1; Louvieris, Panos_1; Alsaadi, Fuad E.; Lu, Yang_6; Yi, Shujuan; Zeng, Nianyin; Zou, Lei_2; Liu, Hongjian_1; Liu, Weibo; Zhang, Hong_15; Li, Yurong_2; Dong, Hongli; Hou, Nan_2; Ren, Weijian_2; Li, Bing_5; Li, Wangyan; Han, Fei_9; Liang, Jinling; Li, Dingshi; Du, Bo_2; Zineddin, Bachar; Li, Qi_12; Shen, Bo_2; Yang, Hua_15; Liu, Xiaocheng_1; Wang, Wu_1; Ding, Derui; Song, Yan_12; Zhang, Sunjie; Qian, Wei_1; Li, Jiajia_5; Luo, Yuqiang; Liu, Shuai_21; Shen, Yuxuan_2; Song, Baoye_2; Li, Kelin; Wu, Shu-Lin; Vinciotti, Veronica; Wilson, Paul_2; Ma, Kemao; Xu, Long_4; Dobaie, Abdullah M.; Yu, Qinqin; Hu, Jun_9; Song, Yue_2; Chen, Dongyan_1; Gu, Juping; Wen, Chuanbo_1; Liang, Jinming; Gong, Weiqiang; Zhou, Yafei_2; Long, Shujun_1; Wang, Qiong_10; Kan, Xiu; Ma, Lifeng_1; Wang, Yao_4; Mao, Jingyang; Yan, Le; Tan, Hailong; Che, Yan; Fei, Weiyin; Liang, Jing_1; Zhang, Congjun; Yan, Huan; Shu, Hanqi; Wang, Limin_4; Li, Zhongshan; Chen, Sherry Y.; Chrysostomou, Kyriacos
2	#205	58	Triguero, Isaac; Herrera, Francisco; Alcala, Rafael; Gacto, Maria Jose; Garcia, Salvador; Fernandez, Alberto_2; Luengo, Julian; Saez, Jose A.; Derrac, Joaquin; Dolores Perez-Godoy, Maria; Jesus Rivera, Antonio; Jose del Jesus, Maria; Molina,

续表

排名	团队编号	团队人数	团队成员
2	#205	58	Daniel_ 1; Sanchez, Ana M. _ 2; Bergmeir, Christoph; Manuel Benitez, Jose; Charte, Francisco; Rivera, Antonio; Ramirez-Gallego, Sergio; Maillo, Jesus; Jose Gacto, Maria; Rivera, Antonio J. ; del Jesus, Maria J. ; Tabik, Siham; Shim, Seong-O _ 2; Alshomrani, Saleh; Altalhi, Abdulrahman; Villar, Pedro; Perez-Recuerda, Pedro; Pilar Frias, Maria; Parras, Manuel; Carmona, Cristobal; Fazzolari, Michela_ 2; Lopez, Victoria_ 2; Peralta, Daniel; Charte Ojeda, Francisco; Rivera Rivas, Antonio Jesus; Frias, Maria Pilar; Garcia-Gil, Diego; Carmona, Cristobal J. ; Montes, Rosana; Urena, Carlos; Valdivia, Ana; Victoria Luzon, M. ; Benitez, Jose M. ; Gonzalez, Pedro_ 2; Jose Carmona, Cristobal; del Rio, Sara; Aznarte, Jose Luis; Charte, David; Giglio, Bruno; Bawakid, Abdullah_ 1; Gonzalez, Sergio_ 2; Moreno-Torres, Jose G. _ 1; Galar, Mike; del Jesus, Maria Jose; Antonio Saez, Jose; Ramon Cano, Jose
3	#108	80	Lee, Carman Ka Man; Zhang, Shuzhu; Wu, Kan_ 1; Choy, King Lun; Ip, W. H. ; Lau, H. C. W. _1; Zhao, Yi_ 11; Chan, S. L. _ 1; Chan, H. K. _ 2; Chung, S. H. ; Chan, F. T. S. ; Nakandala, Dilupa_ 1; Kwong, C. K. ; Luo, X. G. ; Tu, Y. L. ; Pang, Grantham Kwok-Hung; Wu, Hao_ 35; Lam, Hoi Yan; Choy, K. L. ; Lee, C. K. H. ; Ho, G. T. S. ; Lin, Canhong; Chan, K. Y. ; Lee, C. K. M. ; Lam, H. Y. ; Wong, T. C. ; Harding, J. A. ; Khilwani, Nitesh; Yu, K. M. ; Mahanty, Biswajit; Tiwari, M. K. ; Wu, C. H. _ 2; Wu, Zhang; Choudhary, A. K. ; Zhang, W. J. _ 1; Ng, K. K. H. ; Chen, Ang; Yin, R. X. ; Dillon, T. S. ; Ling, S. H. ; Ho, William_ 2; Arora, V. ; Lau, Henry C. W. _ 1; Poon, T. C. ; Cheng, C. K. ; Lao, S. I. ; Chin, K. S. ; Leung, F. H. F. ; Law, M. C. ; Swarnkar, R. ; Das, B. P. ; Siu, Paul K. Y. ; Luo, M. _1; Ge, S. S. ; Lam, C. Y. ; Pandey, Mayank Kumar; Kumar, Ajay_ 8; Prathyusha, K. Venkata; Jiang, Huimin; Lai, J. C. Y. ; Fung, K. Y. ; Tang, C. Y. ; Lee, Eric W. M. ; Mou, W. L. ; Aditya, H. K. ; Chan, T. M. _1; Tsui, W. T. ; Nguyen, H. T. ; Tse, Y. K. ; Xu, M. _ 1; Chow, H. K. H. ; Siu, K. W. M. ; Ho, K. C. _ 1; Lam, C. H. Y. ; Sinha, Ashesh K. ; Ngan, S. C. ; Chen, Xuzhi; Law, K. M. Y. ; Tsim, Y. C. ; Young, R. I. M.
4	#795	85	Colas, Francis_ 1; Siegwart, Roland; Furgale, Paul_ 1; Gallego, Guillermo_ 2; Rebecq, Henri; Mueggler, Elias; Scaramuzza, Davide_2; Oth, Luc; Kneip, Laurent_ 1; Bircher, Andreas; Kamel, Mina; Alexis, Kostas_ 1; Oleynikova, Helen; Ramakrishnan, Rishi; Rufli, Martin; Schwesinger, Ulrich_ 1; Gilitschenski, Igor; Maye, Jerome; Mielenz, Holger; Pradalier, Cedric; Pomerleau, Francois_ 1; Breitenmoser, Andreas_1; Beardsley, Paul_ 1; Bellicoso, C. Dario; Gehring, Christian; Hwangbo, Jemin; Fankhauser, Peter_3; Hutter, Marco; Dube, Renaud_ 1; Gawel, Abel; Chli, Margarita_ 1; Leutenegger, Stefan_ 2; Siegwart, Roland Y. ; Achtelik, Markus_ 2; Lynen, Simon; Weiss, Stephan_ 1; Achtelik, Markus W. ; Nikolic, Janosch; Bloesch, Michael_1; Hoepflinger, Mark A. ; Rehder, Joern_ 2; Nieto, Juan; Taylor, Zachary; Huerzeler, Christoph; Hitz, Gregory_2; Forster, Christian; Bermes, Christian; Schafroth, Dario; Bouabdallah, Samir; Papachristos, Christos; Tzes, Anthony; Omari, Sammy; Sommer, Hannes; Bodie, Karen; Diethelm, Remo_ 1; Melzer, Amir;

续表

排名	团队编号	团队人数	团队成员
4	#795	85	Cieslewski, Titus; Wermelinger, Martin; Krusi, Philipp; Schneider, Thomas_3; Dymczyk, Marcin; Burri, Michael; Hinzmann, Timo; Mantel, Thomas; Agamennoni, Gabriel_1; Koveos, Yannis; Vempati, Anurag Sai_1; Stastny, Thomas; Tzoumanikas, Dimos; Sa, Inkyu_2; Remy, C. David_2; Moser, Roland; Fischer, Wolfgang; Gimkiewicz, Christiane; Bosse, Michael_2; Gohl, Pascal; Thueer, Thomas; Faessler, Matthias; Fontana, Flavio; Oettershagen, Philipp; Rudin, Konrad; Scheding, Steve; Caprari, Gilles; Chaurasia, Gaurav_1; Tsoukalas, Athanasios
5	#342	49	Xu, Zeshui_2; Zhai, Yuling; Liao, Huchang; Wang, Hai_8; Lei, Qian_1; Xia, Meimei; Yang, Xue_8; Tian, Xiaoli; He, Yue_4; Zheng, Yuanhang_1; Zhao, Na_5; Liu, Haifeng_6; Ai, Zhenghai; Yu, Xiaohan_2; Liu, Shousheng; Yu, Shan_3; Zhou, Wei_33; Zhang, Xiaolu_3; Liu, Weishu; Gu, Jing_1; Ren, Peijia; Zhao, Hua_5; Ren, Zhiliang_2; Wu, Xingli; Hafezalkotob, Arian_2; Chen, Liuhao; Gou, Xunjie; Li, Zongmin_4; Ni, Mingfang; Luo, Li_5; Zhu, Ting_3; Zhang, Dan_19; Tan, Jinxiu; Tian, Feng_7; Zhang, Zhao_9; Wang, Zhong_6; Yao, Zeqing; Zhang, Shen_3; Chen, Na_5; Meng, Sun_2; Zhu, Bin_2; Jiang, Yuan_5; Su, Zhan_2; Wu, Lianguo; Hao, Zhinan; Liu, Yanmin_2; Liu, Fengjun; Chen, Qi_15; Hu, Hui_6
6	#207	98	Jiao, Licheng; Liu, Hongying_4; Yang, Shuyuan_3; Du, Bingqi; Shang, Ronghua; Ma, Hongna; Wang, Min_19; Hou, Biao_2; Zhang, Xiangrong_2; Zheng, Yaoguo; Ma, Jingjing_3; Wang, Shigang_3; Liu, Zhengkang; Liu, Ruochen; Zhang, Ping_32; Li, Yangyang_7; Esfahani, Amir M. Ghalamzan; Zhang, Erlei; Wang, Shuang_17; Li, Yang_76; Gu, Jing_3; Luo, Juanjuan; Feng, Jie_5; Jung, Cheolkon_2; Shen, Yanbo; Li, Jianxia_2; Fan, Jing_7; Tian, Xiaolin_2; Zhang, Xiaohua_8; Liu, Juan_19; Ma, Yajuan; Song, Xiaolin; Yu, Xin_12; Ma, Wenping; Dai, Kaiyun; Meng, Yang_4; Zhang, Wenya_2; Yue, Bo; Wu, Bo_23; Wang, Xiaoxiao_5; Wang, Wenbing; Jiao, Lc; Sun, Tian_3; Liu, Tianyu_5; Na, Yan; Sun, Fenghua; Ren, Yu_2; Wang, Xiuxiu_3; Yang, Lixia_3; Han, Yue; Wen, Zaidao; Mu, Caihong; Niu, Xu; Zhang, Kun_32; Wang, Xiao_27; Wang, Ruinan; Wang, Zhiyi_2; Sun, Tao_19; Wang, Wenqing_3; Feng, Zhixi; Wang, Yang_63; Lu, Yujing; Bai, Xiaoyu; Zhang, Weitong_2; Zhang, Jiren; Chen, Yangyang_3; Guo, Yuwei; Wu, Linsheng; Wen, Ailing; Wang, Dong_57; Zhao, Miaoyun; Chen, Yiguang; Sun, Yaxin_2; Li, Sujing; Liu, Zhi_15; Ren, Yan_10; Ren, Yujing; Wang, Jia_25; Lei, Qifeng; Liu, Chiyang; Fang, Lingfen; Zhang, Liao; Wang, Yuying_4; Liu, Yang_61; He, Haiyang; Jin, Li_6; Zhang, Zhu_3; Huo, Lina; Zhang, Kai_18; Shi, Hongzhu; Li, Peidao; Xu, Xia_5; Wang, Luping_3; Zhang, Rui_49; Pan, Xiaoying_3; Rong, Kaixuan; Liu, Ganchao; Zhong, Hua_5
7	#223	51	Li, Hongyi_2; Pan, Yingnan; Wang, Jiahui_1; Wu, Ligang_1; Zhou, Qi_1; Su, Xiaojie; Basin, Michael V.; Lam, Hak-Keung; Zeng, Yi_2; Song, Yong-Duan_1; Yang, Rongni; Gao, Yabin; Fan, Xiaofei; Xue, Yu_2; Zhang, Xian_2; Ma, Jing_9; Ma, Zhiqiang_2; Sun, Guanghui; Liu, Di_3; Xing, Xing_1; Wu, Chengwei; Han, Yuanyuan; Yu, Jinyong_1; Wang, Lijie_1; Han, Chunsong; Zhao, Yuxin_3; Li,

续表

排名	团队编号	团队人数	团队成员
7	#223	51	Fanbiao; Wang, Likui_1; Wang, Yantao_2; Xia, Fengqin; Liu, Jianxing_3; He, Zhaolan; Jia, Zi-Jun; Chen, Ziran_1; Jing, Xingjian; Ning, Hanwen; Sun, Shuli; Yang, Xiaozhan; He, Yongxu; Wang, Mao_3; Yu, Ahui; Hu, Zhongrui; Yu, Tingting_1; Zhang, Guodong_1; Zhou, Hongying; Lu, Qing_1; Ning, Zhaoke; Sun, Xingjian_1; Yao, Deyin_1; Du, Xue; Li, Wang_4
7	#203	73	Xian, Yongjin; Zheng, Cheng-De; Wang, Yingchun_3; Zhang, Huaguang; Liu, Zhenwei_2; Wang, Zhanshan; Yang, Feisheng_1; Cui, Lili; Zhang, Xin_32; Luo, Yanhong; Ma, Dazhong; Qin, Chunbin; Sun, Qiuye; Teng, Fei_5; Feng, Jian_4; Liu, Lei_28; Liang, Hongjing; Wang, Junyi_3; Feng, Tao_5; Zhang, Jilie; Cui, Xiaohong_1; Jiang, He_6; Zhao, Mo; Wang, Zhiliang_8; Ding, Sanbo_1; Wang, Jidong_1; Wu, Yanming; Qu, Qiuxia; Tian, Hui_3; Hou, Yanfang; Gong, Dawei; Huang, Bonan; Huang, Zhanjun; Shan, Qihe_2; Zhang, Zhao_8; Yang, Zhongjun; Ren, Zhengyun; Xiao, Geyang; Sun, Xun_5; Zhang, Kun_20; Li, Yushuai; Han, Ji_3; Yao, Xianshuang; Yu, Rui_3; Wei, Ziping; Cui, Yang_2; Liu, Chong_5; Kim, Yongsu; Basu, M. A. ; Hui, Guotao; Zhang, Enlin; Gao, Haoyuan_2; Dai, Xiaolin; Song, Jinliang; Jin, Yinglian; Wang, Binrui; Han, Jian_4; Zhang, Jianyu_1; Wang, Yingying_9; Zheng, Li_1; Dong, Meng; Yang, Jun_31; Wang, Tao_46; Shan, Qi-He; Huang, Yujiao_1; Gao, David Wenzhong; Wen, Yinlei; Niu, Haisha; Shen, Zhengwei_1; Su, Hanguang; Meng, Xiangping_1; Liu, Xinrui_2; Zhang, Yue_10
9	#2711	60	Feng, Bin_4; Wang, Xinggang_1; Liu, Wenyu; Liu, Juntao; Xiong, Yi_3; Wu, Caihua; Yao, Zhijun_2; Lai, Zhongyuan; Li, Chao_17; Latecki, Longin Jan; Tu, Zhuowen_1; Bai, Xiang_2; Bai, Song_2; Zhu, Zhuotun_1; Wang, Bo_22; Ma, Tianyang; Yang, Xingwei; Wu, Jiajun_2; Zhu, Jun-Yan; Shen, Wei_4; Yao, Cong_1; Xie, Saining_1; Shi, Baoguang; Zhang, Zhijiang; Zeng, Dan_2; Jin, Long_3; Lazarow, Justin; Zhao, Kai_18; Tang, Peng_3; Zhang, Chengquan_2; Lyu, Pengyuan; Rao, Cong_1; Deng, Zhuo; Jiang, Jiayan_2; Li, Quannan; Chang, Eric_1; Wang, Chun_2; Jiang, Yuan_6; Zhou, Zhichao_2; Zhang, Zhaoxiang_2; Liu, Hairong_2; Huang, Zilong; Yang, Yi_18; Zhou, Quan_4; Xu, Yan_2; Deng, Ke_3; Leyvand, Tommer; Wang, Junwei_1; Lai, Maode; Wang, Yueming_1; Koeknar-Tezel, Suzan; Zhao, Fan_3; Prasad, Lakshman; Zhang, Zhiru; Gupta, Rajesh K. ; Hu, Rong_6; Wang, Hongyuan_2; Li, Nan_30; Zeng, Luan; Yi, Sihua
10	#29	49	Cao, Jinde_1; Feng, Guizhen; Yu, Wenwu; Liu, Xiaoyang_3; Yuan, Deming; Yang, Wengui_2; Li, Ning_15; Liu, Fang_13; Song, Qiang_5; Liu, Jia-Bao; Ho, Daniel W. C. ; Zheng, Cong_2; Wen, Guanghui; Chen, Hongwei_5; Lu, Jianquan; Xiang, Hongjun; Wang, Yangling; Zhong, Jie_1; Yang, Xinsong_1; Li, Lulu; Hu, Jianqiang_1; Li, Qingbo_3; Wu, Yuanyuan_6; Bao, Haibo; Jiang, Guoping; Huang, Chengdai; Tao, Binbin_1; Xiao, Min_3; Sun, Qingshan; Chai, Gan; Huang, Wei_30; Wang, Peijun_1; Xu, Wenying_1; Cheng, Quanxin; Long, Yao; Pan, Lijun_2; Huang, Chuangxia_1; Wan, Ying_1; Wang, Zhengxin_1; Zhao, Lingzhi; Song, Chao_4; Jiang, Nan_8; Shi, Xinli_1; Liu, Rongjian; Chen, Shun_1; Alofi, Abdulaziz; AL-Mazrooei, Abdullah; Han, Jian_3; Wei, Wei_39

附表Ⅳ　基于中介中心性的 Top 10 领军团队成员

排名	团队编号	团队人数	团队成员
1	#698	44	Huang, Xinsheng; Zhang, Wei_27; Cham, Wai-Kuen; Leng, Yuquan; He, Xu_2; Zhou, Weijia_2; Guan, Jingwei; Li, Kai_28; Yao, Jian_5; Zhang, Mi_7; Xia, Menghan; Zhang, Yi_59; Lu, Xiaohu; Li, Li_31; Liu, Yahui_5; He, Xuanyu; Zhang, Youmei; Li, Haoang; Zhang, Xiaofeng_11; Gao, Sheng_5; Weng, Ying_1; Liu, Kan_3; Li, Rui_30; Zhao, Cong_1; Wu, Meng_5; Xie, Renping; Gu, Yongqing; Xu, Wanying; Zheng, Yongbin; Zhang, Renqi; Shen, Hong_4; Xiong, Xiong_1; Zhang, Yongjie_3; Li, Shiyong_1; Ma, Lijuan; Liang, Yunjuan; Zhang, Lijun_7; Li, Gen_5; He, Shixuan; Liu, Xiaohong_6; Xie, Wanyi; Fu, Weiling; Chen, Xiqu; Zhang, Yong Jie
2	#1348	16	Schleif, F. -M. _1; Kaden, M. ; Nebel, D. ; Villmann, A. ; Villmann, T. ; Biehl, M. ; Hammer, B. _2; Gisbrecht, A. ; Saralajew, S. ; Seiffert, U. ; Melchert, F. ; Haase, S. ; Kaestner, M. _2; Riedel, M. ; Lange, M. ; Bohnsack, A.
3	#3127	22	Kaleta, Mariusz; Palka, Piotr; Toczylowski, Eugeniusz; Traczyk, Tomasz; Jeantet, Gildas; Spanjaard, Olivier_1; Dubus, Jean-Philippe; Perny, Patrice; Weng, Paul_1; Ogryczak, Wlodzimierz; Kozlowski, Bartosz; Majdan, Michal; Lesca, Julien_1; Sliwinski, Tomasz; Benabbou, Nawal; Viappiani, Paolo_2; Ismaili, Anisse; Radziszewska, Weronika; Horabik, Joanna; Nahorski, Zbigniew_1; Stanczak, Jaroslaw; Gilbert, Hugo_1
4	#904	26	Chen, Shuo_12; Jiang, Min_1; Zhou, Changle; Chao, Fei; Zhang, Xin_64; Chen, Yijiang; Su, Chang_7; Shi, Minghui; Zhou, Dajun; Huang, Shuman; Hong, Qingyang; Li, Lin_46; Tong, Feng; Zhou, Qianqian; Wang, Sheng_6; Wang, Xue_16; Liu, Xiangqian_2; Ren, Weifeng; Huang, Zhongqiang_1; Wu, Ruiqi; Yao, Gang_4; Zeng, Hualin; Zhu, Zuyuan; Peng, Hua_1; Huang, Wenzhen_1; Li, Jing_31
5	#2982	33	Diday, Edwin; Ochs, Magalie; Hyniewska, Sylwia Julia; de Sevin, Etienne; Pelachaud, Catherine_1; Bevacqua, Elisabetta_1; Pammi, Sathish; Schroeder, Marc_2; McRorie, Margaret; Sneddon, Ian; Ouni, Slim_3; Steiner, Ingmar_3; Zovato, Enrico; Sabouret, Nicolas_1; Karam, Walid; Chollet, Gerard_2; Petrovska-Delacretaz, Dijana_2; Sempe, Francois; Haradji, Yvon_1; Horain, Patrick_2; Li, Zhenbo_2; Chollet, Mathieu_1; Clavel, Chloe; Prepin, Ken; Fourati, Nesrine_1; Charfuelan, Marcela; Cafaro, Angelo_2; Langlet, Caroline; Glas, Nadine; Wesierski, Daniel; Jezierska, Anna_1; Jones, Hazael_2; Dermouche, Soumia
6	#499	39	Pechenizkiy, Mykola; Tsymbal, Alexey_2; Luis Olmo, Juan; Raul Romero, Jose; Ventura, Sebastian; Maria Luna, Jose; Romero, Cristobal_2; Morell, Carlos_1; Cano, Alberto_1; Marquez-Vera, Carlos; Bakker, Jorn; Altalhi, Abdulrahman H. ; Reyes, Oscar; Shin, Joo-Heon; Staley, Kevin; Kurgan, Lukasz A. ; Cios, Krzysztof J. _1; Zafra, Amelia; Ramirez, Aurora; Schoen, Torsten_1; Huber, Martin_1; Gibaja,

续表

排名	团队编号	团队人数	团队成员
6	#499	39	Eva; Pei, Yulong_2; Trcka, Nikola_1; Fardoun, Habib M. _1; Noaman, Amin Y. ; Fletcher, George; Guerrero-Enamorado, Alain; Gibaja, Eva L. ; Moyano, Jose M. ; Alghazzawi, Daniyal M. ; Nguyen, Dat T. ; Katib, Iyad A. ; Padillo, Francisco; Hasan, Syed Hamid; Zafar, Aasim; Espejo, Pedro G. ; Melki, Gabriella; Hargraves, Rosalyn
7	#1663	31	Bourbakis, Nikolaos; Tsitsoulis, Athanasios; Esposito, Anna_1; Fortunati, Leopoldina_2; Troncone, Alda; Michalopoulos, Kostas; Esposito, Antonietta M. ; Cordasco, Gennaro; Riviello, Maria Teresa; Vincent, Jane; Patrick, Ryan; Cicalese, Ferdinando; Mallios, Stavros; Esposito, Marilena; Di Maio, Giuseppe; Scibelli, Filomena; Bourbakis, Nikolaos G. ; Pantelopoulos, Alexandros_1; Dakopoulos, Dimitrios; D + + Auria, Luca; Giudicepietro, Flora_1; Martini, Marcello; Dell + + Orco, Silvia; Maldonato, Mauro; Keefer, Robert; Liu, Yan_50; Psarologou, Adamantia; Gargano, Luisa; Mills, Michael T. ; Vaccaro, Ugo; Colbourn, Charles J.
8	#2242	38	Gallix, A. ; Gorriz, J. M. ; Ramirez, J. ; Illan, I. A. ; Lang, E. W. ; Martinez-Murcia, F. J. ; Segovia, F. ; Ortiz, A. _1; Salas-Gonzalez, D. ; Puntonet, C. G. ; Gomez-Rio, M. ; Lopez, M. _1; Chaves, R. ; Alvarez, I. ; Lassl, A. ; Salas, D. ; Lafuente, Victor; Padilla, P. ; Illan, I. ; Keck, I. R. ; Tome, A. M. ; Olivares, Alberto_2; Olivares, Gonzalo; Meyer-Baese, A. ; Faltermeier, R. ; Zeiler, A. ; Puntonet, C. ; Brawanski, A. ; Olivares, A. ; Lopez, M. M. _2; Brahim, A. ; Manuel Gorriz, J. ; Khedher, L. ; Poeppel, G. ; Schachtner, R. ; Pereira, A. T. ; Santos, I. M. ; Georgieva, P.
9	#196	37	Liu, Derong_1; Shi, Guang_1; Wei, Qinglai; Song, Ruizhuo; Zhang, Tieyan; Wang, Zhuo_14; Wang, Ding_3; Xu, Yancai; Li, Hongliang_1; Ma, Hongwen; Li, Chao_9; Yan, Pengfei_1; Mu, Chaoxu; Lin, Qiao; Li, Benkai; Xiao, Wendong; Dong, Bo_2; Liu, Keping; Li, Yuanchun_2; Wang, Zhiqian; Xie, Mujun; Jiang, Yulian_1; Wang, Shenquan_1; Yang, Xiong_1; Huang, Yuzhu_1; Zhao, Bo_5; Li, Yan_15; Lin, Hanquan; Xia, Hongbing; Zhang, Dehua_1; Tan, Fuxiao; Jin, Ning_1; Sun, Changyin_3; Ni, Wei_2; Huang, Ting_8; Qiao, Yanfeng; Song, Biao_2
10	#63	58	Li, Yidong; Dong, Hairong; Gao, Shigen; Ning, Bin; Roberts, Clive; Chen, Lei_33; Wang, Guang_1; Xu, Tianhua; Tang, Tao_2; Yuan, Tangming_2; Wang, Haifeng_2; Chen, Dewang; Yin, Jiateng; Duan, Zhisheng; Wang, Qishao; Sun, Xubin; Zhao, Hongli_1; Zhu, Li_1; Shu, Xiaomeng; Wu, Daohua; Zheng, Wei_5; Zhao, Ning_4; Hillmansen, Stuart; Tian, Zhongbei; Xin, Tingyu; Su, Shuai_1; Weston, Paul; Chen, Yao_2; Zhao, Wentian; Lu, Jinhu; Cheng, Ruijun; Zheng, Song_1; Tan, Shaolin; Gu, Qing_1; Wang, Yihui_1; Li, Yushan; Ma, Gangyi; Li, Lefei; Yang, Shuyun_1; Xun, Jing_1; Cao, Fang_1; Schnieder, Eckehard; Zhu, Hainan; Bai, Weiqi; Yao, Xiuming; Lin, Xue_1; Liu, Kexin_1; Wang, Hongwei_3; Li, Yuechuan; Wen, Ding_1; Gao, Chunhai; Easton, John M. ; Dong, Hai-Rong; Wang, Zhen_21; Lyu, Chen_3; Lv, Yisheng_2; Zhang, Qi_7; Dong, Hai-rong

附表Ⅴ 基于接近中心性的 Top 10 领军团队成员

排名	团队编号	团队人数	团队成员
1	#2352	100	Hassanien, Aboul Ella; Ewees, Ahmed A. ; Houssein, Essam H. ; Soliman, Mona M. ; Onsi, Hoda M. ; Salama, Mostafa A. ; Fahmy, Aly A. ; El-Bendary, Nashwa; Badr, Amr; Tharwat, Alaa; Abd El Aziz, Mohamed; Elhoseny, Mohamed; Soliman, Omar S. ; Ghali, Neveen I. ; Sweidan, Asmaa Hashem; Hegazy, Osman Mohammed; Mohamed, Abd El-karim; Elhariri, Esraa; Hafez, Ahmed Ibrahem; Mahdi, Hani; Al-Shammari, Eiman Tamah_2; Banerjee, Soumya_1; Ahmed, Sara A. ; Hefny, Hesham; Elmasry, Walaa H. ; Moftah, Hossam M. ; Abd Elwahab, Reda; Shoman, Mahmoud; Al-Qaheri, Hameed; El-Dahshan, El-Sayed A. _1; Adl, Ammar; Gaber, Tarek_1; Ali, Ahmed Fouad_1; Hefny, Hesham A. ; Mohammed, Ammar_1; Gadallah, Ahmed M. _1; Ali, Mona A. S. ; Gabel, Thomas_1; Godehardt, Eicke_1; Abdalla, Areeg S. ; Basha, Sameh H. ; Ayeldeen, Heba; Shaker, Olfat; Amin, Islam Ibrahim; Kassim, Samar K. ; Hemdan, Ahmed Monem; Ahmed, Moustafa Mahmoud; Hassanien, Ehab; Hassan, M. Kabir; Shehab, Abdulaziz; Metawa, Noura; Darwish, Ashraf_1; El Bakrawy, Lamiaa M. ; Eid, Heba F. ; Fouad, Ahmed; Komarov, E. ; Poleshchuk, O. ; Ibrahim, Abdelhameed_2; Aziz, Amira Sayed A. ; El Baz, Ali Hassan; Gharbia, Reham; Moustafa, Mohamed N. _2; Sahlol, Ahmed T. ; Sayed, Gehad Ismail; Ghany, Kareem Kamal A. ; Abd Elfattah, Mohamed; Abu El-Atta, Ahmed H. ; Moussa, M. I. ; Awad, Yasser Mahmoud; Mahmood, Mahmood A. ; Alshabrawy, Ossama S. ; Zein, Moustafa; Abu Elsoud, Mohamed A. ; EI-Bendary, Nashwa; Fouad, Mohamed Mostafa M. ; Fahmy, Aly Aly; Salama, A. A. ; Nabil, Emad; Agarwal, Nitin_1; Khoriba, Ghada; Fouad, Mohamed Mostafa; Mahmoud, Hamdi_2; Mohamed, Adham; Afifi, Walaa A. ; Sharif, Mahir M. ; Hefeny, Hesham A. ; Mokhtar, Hoda M. O. ; Ahmed, Khaled; Mostafa, Abdalla; Tahoun, Mohamed; Mokhtar, Usama; Hassenian, Aboul Ella_2; Reulke, Ralf_2; Hegazy, Osman; Houseni, Mohamed; Allam, Naglaa; Sahlol, Ahmed; Ibrahim, Ragia A. ; El-naghi, Basem E. ; Aslanishvili, Irma
2	#2733	83	Rus, Vasile; Markov, Zdravko; Calvo, Rafael A. ; D + + Mello, Sidney; Cade, Whitney L. ; Olney, Andrew; Hays, Patrick; Hussain, Md. Sazzad; Pour, Payam Aghaei; Alzoubi, Omar; Forsyth, Carol M. ; Graesser, Arthur C. ; Millis, Keith; Cai, Zhiqiang_2; Halpern, Diane; Graesser, Arthur; Person, Natalie; Williams, Claire; Britt, Anne; Graesser, Art; Wallace, Patty; Olney, Andrew M. ; Sullins, Jeremiah; Hussain, M. Sazzad; AlZoubi, Omar; Azevedo, Roger_2; Chauncey, Amber; Gobert, Janice_1; Li, Haiying_3; Dickler, Rachel; Fang, Ying_3; Hampton, Andrew J. ; Hu, Xiangen; Shubeck, Keith; Pai, Kai-Chih; Liao, Chen-Huei; Dowell, Nia_1; McNamara, Danielle; Lintean, Mihai; Magliano, Joe; Wallace, Patricia; Britt, Mary Anne; Witherspoon, Amy; Craig, Scotty D. ; Pavlik, Philip I. , Jr. _2; Maass, Jaclyn K. ; Bosch, Nigel; Xie, Jun_4; Shaffer, David Williamson; D + + Mello, Sidney K. ; Hastings, Peter; Hughes, Simon; Hussain, M. S. _2; Strain, Amber Chauncey; Mills, Caitlin_

续表

排名	团队编号	团队人数	团队成员
2	#2733	83	2; Mac Kim, Sunghwan; Morgan, Brent; Gong, Yan_4; Qiu, Qizhi; Baer, Whitney O.; Cheng, Qinyu; McGlown, Cadarrius; Christensen, Helen; Bixler, Robert_2; Nye, Benjamin D.; Huang, Xudong_2; Blanchard, Nathaniel; Li, Haiying_4; Samei, Borhan; Stefanescu, Dan_3; Niraula, Nobal; Blaum, Dylan; Niraula, Nobal B.; Banjade, Rajendra; Sun, Xiaoyi_2; Kelly, Sean_2; Nystrand, Martin; Russell, Ingrid; Yu, Qiong_3; Morrison, Donald M.; Ijaz, Kiran; Wang, Yifan_13; Milne, David_1
3	#1063	84	Bajo, Javier; Sanchez, Miguel A.; Alonso, Vidal; Berjon, Roberto; Fraile, Juan A.; Corchado, Juan M.; Lopez, Vivian; Pinzon, Cristian; Gonzalez, Angelica; de Paz, Juan F.; Rodriguez, Sara_1; Chamoso, Pablo; De Paz, Juan F.; Villarrubia, Gabriel; Navarro, Maria_3; de la Prieta, Fernando; Hernandez, Daniel_5; Martin Garcia, Ruben; Prieto-Castrillo, Francisco_3; Villarrubia Gonzalez, Gabriel; Revuelta Herrero, Jorge; Shokri Gazafroudi, Amin; Manuel Corchado, Juan; De la Prieta, Fernando; Jimenez, Amparo; Zato, Carolina; Tapia, Dante I.; Perez, Belen; de Luis, Ana; Garcia, Oscar_1; Gil, Ana; Alonso, Ricardo S.; Perez-Lancho, Belen; Li, Tiancheng_2; Sanchez, Miguel; Perez Lancho, Belen; Saavedra, Alberto; Matsui, Kenji; Roman, Jesus A.; Pedrero, Alberto; Pinzon, Cristian I.; Sun, Shudong_2; Guevara, Fabio; Navarro-Caceres, Maria; Cano, Rosa_1; Rubio, Manuel P.; Martin, Patricia; Alvarez, Laura; Sancho, David; Lourdes Borrajo, M.; Gonzalez-Briones, Alfonso; Prieto, Javier; De Paz, Yanira; Gil, Oscar; Martin, Beatriz; De La Prieta, Fernando; Bajo Perez, Javier; Corchado Rodriguez, Juan Manuel_2; Garcia-Ortiz, Luis; Gallego, Virginia; Garcia, Elena_4; Sanchez, Alejandro_3; Pelki, Dechen; Bravo, Raul A.; Borrajo, Maria L.; Barri, Ignasi; Rubion, Edgar; Fernandez, Alicia_2; Rebate, Carlos; Cabo, Jose A.; Alamos, Teresa; Sanz, Jesus; Seco, Joaquin; Macarro, Antonia_1; Casado, Amparo; Nakatoh, Yoshihisa; de Paz, Yanira_2; Mateos, Montserrat; Francisco De Paz, Juan; Revuelta, Jorge; Lopez Barriuso, Alberto; Lozano, Alvaro; Lozano Murciego, Alvaro; Barriuso, Alberto L.
4	#2181	94	Carrell, Tom; Varnavas, Andreas; Penney, Graeme; Bai, Wenjia; Shi, Wenzhe; Dawes, Timothy J. W.; O++Regan, Declan P.; Rueckert, Daniel; Hajnal, Joseph V.; Aljabar, Paul; Wolz, Robin; Counsell, Serena J.; Makropoulos, Antonios; Pizarro, Luis_1; Schaeffter, Tobias_1; Gao, Qinquan_1; Tong, Tong_1; Chen, Liang_18; Gomez, Alberto_1; Pushparajah, Kuberan; Giese, Daniel; Kamnitsas, Konstantinos; Ledig, Christian; Newcombe, Virginia F. J.; Sirnpson, Joanna P.; Kane, Andrew D.; Menon, David K.; Gray, Katherine R.; Heckemann, Rolf A.; Hammers, Alexander; Nordsletten, David_1; Kyriakopoulou, Vanessa; Malamateniou, Christina; Rutherford, Mary; Guerrero, Ricardo; Edwards, Philip; Caballero, Jose; Zhuang, Xiahai_1; de Marvao, Antonio M. Simoes Monteiro; Dawes, Tim; O++Regan, Declan; Alhrishy, Mazen; King, Andrew; Hu, Mingxing; Keraudren, Kevin; Rao, Anil_1; Huszar, Ferenc; Totz, Johannes_1; Aitken, Andrew P.; Bishop, Rob; Wang, Zehan; Bowles, Christopher; Qin, Chen_1; Scheltens, Philip; Barkhof, Frederik; Rhodius-Meester, Hanneke; Tijms, Betty; Lemstra, Afina W.; Price, Anthony N.; Marvao,

续表

排名	团队编号	团队人数	团队成员
4	#2181	94	Antonio; Bello, Fernando; Bhatia, Kanwal K. ; Kainz, Bernhard; Murgasova, Maria; Peressutti, Devis; Sinclair, Matthew; Puyol-Anton, Esther; Jackson, Thomas; Hadjicharalambous, Myrianthi; Rinaldi, Christopher A. _2; King, Andrew P. ; Wang, Haiyan_11; Baumgartner, Christian F. _2; Kolbitsch, Christoph; Penney, Graeme P. ; Alansary, Amir; Lee, Matthew; Figl, Michael; Casula, Roberto; Gillies, Duncan F. _1; Thomaz, Carlos E. _1; Sun, Ying_9; Oktay, Ozan_2; Schuh, Andreas; Bentley, Paul; Passerat-Palmbach, Jonathan; Hajnal, Jo V. ; Dickie, David Alexander; Wardlaw, Joanna; Chai, Ping; Theis, Lucas_2; Acosta, Alejandro; Aitken, Andrew; Rhode, Kawal S.
5	#795	85	Colas, Francis_1; Siegwart, Roland; Furgale, Paul_1; Gallego, Guillermo_2; Rebecq, Henri; Mueggler, Elias; Scaramuzza, Davide_2; Oth, Luc; Kneip, Laurent_1; Bircher, Andreas; Kamel, Mina; Alexis, Kostas_1; Oleynikova, Helen; Ramakrishnan, Rishi; Rufli, Martin; Schwesinger, Ulrich_1; Gilitschenski, Igor; Maye, Jerome; Mielenz, Holger; Pradalier, Cedric; Pomerleau, Francois_1; Breitenmoser, Andreas_1; Beardsley, Paul_1; Bellicoso, C. Dario; Gehring, Christian; Hwangbo, Jemin; Fankhauser, Peter_3; Hutter, Marco; Dube, Renaud_1; Gawel, Abel; Chli, Margarita_1; Leutenegger, Stefan_2; Siegwart, Roland Y. ; Achtelik, Markus_2; Lynen, Simon; Weiss, Stephan_1; Achtelik, Markus W. ; Nikolic, Janosch; Bloesch, Michael_1; Hoepflinger, Mark A. ; Rehder, Joern_2; Nieto, Juan; Taylor, Zachary; Huerzeler, Christoph; Hitz, Gregory_2; Forster, Christian; Bermes, Christian; Schafroth, Dario; Bouabdallah, Samir; Papachristos, Christos; Tzes, Anthony; Omari, Sammy; Sommer, Hannes; Bodie, Karen; Diethelm, Remo_1; Melzer, Amir; Cieslewski, Titus; Wermelinger, Martin; Krusi, Philipp; Schneider, Thomas_3; Dymczyk, Marcin; Burri, Michael; Hinzmann, Timo; Mantel, Thomas; Agamennoni, Gabriel_1; Koveos, Yannis; Vempati, Anurag Sai_1; Stastny, Thomas; Tzoumanikas, Dimos; Sa, Inkyu_2; Remy, C. David_2; Moser, Roland; Fischer, Wolfgang; Gimkiewicz, Christiane; Bosse, Michael_2; Gohl, Pascal; Thueer, Thomas; Faessler, Matthias; Fontana, Flavio; Oettershagen, Philipp; Rudin, Konrad; Scheding, Steve; Caprari, Gilles; Chaurasia, Gaurav_1; Tsoukalas, Athanasios
6	#207	98	Jiao, Licheng; Liu, Hongying_4; Yang, Shuyuan_3; Du, Bingqi; Shang, Ronghua; Ma, Hongna; Wang, Min_19; Hou, Biao_2; Zhang, Xiangrong_2; Zheng, Yaoguo; Ma, Jingjing_3; Wang, Shigang_3; Liu, Zhengkang; Liu, Ruochen; Zhang, Ping_32; Li, Yangyang_7; Esfahani, Amir M. Ghalamzan; Zhang, Erlei; Wang, Shuang_17; Li, Yang_76; Gu, Jing_3; Luo, Juanjuan; Feng, Jie_5; Jung, Cheolkon_2; Shen, Yanbo; Li, Jianxia_2; Fan, Jing_7; Tian, Xiaolin_2; Zhang, Xiaohua_8; Liu, Juan_19; Ma, Yajuan; Song, Xiaolin; Yu, Xin_12; Ma, Wenping; Dai, Kaiyun; Meng, Yang_4; Zhang, Wenya_2; Yue, Bo; Wu, Bo_23; Wang, Xiaoxiao_5; Wang, Wenbing; Jiao, Lc; Sun, Tian_3; Liu, Tianyu_5; Na, Yan; Sun, Fenghua; Ren, Yu_2; Wang, Xiuxiu_3; Yang, Lixia_3; Han, Yue; Wen, Zaidao; Mu, Caihong; Niu, Xu; Zhang, Kun_32; Wang, Xiao_27; Wang, Ruinan; Wang, Zhiyi_2; Sun, Tao_19; Wang, Wenqing_3; Feng, Zhixi; Wang, Yang_63; Lu, Yujing;

续表

排名	团队编号	团队人数	团队成员
6	#207	98	Bai, Xiaoyu; Zhang, Weitong_2; Zhang, Jiren; Chen, Yangyang_3; Guo, Yuwei; Wu, Linsheng; Wen, Ailing; Wang, Dong_57; Zhao, Miaoyun; Chen, Yiguang; Sun, Yaxin_2; Li, Sujing; Liu, Zhi_15; Ren, Yan_10; Ren, Yujing; Wang, Jia_25; Lei, Qifeng; Liu, Chiyang; Fang, Lingfen; Zhang, Liao; Wang, Yuying_4; Liu, Yang_61; He, Haiyang; Jin, Li_6; Zhang, Zhu_3; Huo, Lina; Zhang, Kai_18; Shi, Hongzhu; Li, Peidao; Xu, Xia_5; Wang, Luping_3; Zhang, Rui_49; Pan, Xiaoying_3; Rong, Kaixuan; Liu, Ganchao; Zhong, Hua_5
7	#948	84	Alimi, Adel M. _1; Aouiti, Chaouki; Cherif, Farouk; Dridi, Farah; M + + hamdi, Mohammed Salah; Aribi, Yassine; Wali, Ali; Chakroun, Mohamed; Walha, Ahlem; Moalla, Ikram; Touati, Abderrahmane; Brahmi, Hajer; Ammar, Boudour; Chouikhi, Naima; Rezzoug, Nasser; Gorce, Philippe_1; Arbi, Adnene; Chatty, Abdelhak; Kallel, Ilhem; Bouaziz, Souhir; Jarraya, Yosra; Ayadi, Thouraya; Tlili, Monia; Hamdani, Tarek M. ; Tounsi, Maroua; Bezine, Hala; Njah, Sourour; Ltaief, Mahmoud; Kchaou, Hamdi; Kechaou, Zied; Ammar, Marwa; Ben Ammar, Mohamed; Neji, Mohamed; Benjlaiel, Mohamed; Baklouti, Nesrine; Lamti, Hachem A. ; Salhi, Khaled; Walha, Chiraz; Alimi, Adel. M. _2; Rokbani, Nizar; Fdhila, Raja; Dhieb, Thameur; Ouarda, Wael; Abdelhedi, Slim; Baccour, Leila; Rahal, Najoua; Elleuch, Hanene; Samet, Anis; Hamza, Fatma; Guermazi, Fadhel; Elleuch, Wiam; Masmoudi, Imen_2; Dhahri, Habib; Fourati, Rahma; Lajmi, Hela; Jelleli, Taher M. ; Kammoun, Habib M. ; Kefi, Sonia; Miaadi, Foued; Haddad, Lobna; Amara, Jihen; Benabdelhafid, Abdellatif_1; Elloumi, Walid; Ben Boussada, Elhoucine; Karray, Hichem; Baati, Karim; Trichili, Hanene_1; Solaiman, Basel_4; Ben Said, Olfa; Jemal, Hanen; Ben Ayed, Abdelkarim; Ben Halima, Mohamed; Cherif, Sahar; Snasel, Vaclav _2; Zouari, Mariam; Kammoun, Habib; Charfi, Nesrine; Jamoussi, Anis; Alturki, Fahd A. ; Lazzez, Onsa; Meddeb, Mohamed; Turki, Houssem; Ben Dkhil, Mejdi; Zahour, Abderrazak
8	#5899	79	Katsamanis, Athanasios; Li, Ming_1; Baucom, Brian; Georgiou, Panayiotis; Georgiou, Panayiotis G. ; Xiao, Bo_6; Narayanan, Shrikanth S. ; Narayanan, Shrikanth_1; Yang, Zhaojun; Tsai, Fu-Sheng; Weng, Yi-Ming; Ng, Chip-Jin; Lee, Chi-Chun; Lim, Yongwan; Lingala, Sajan Goud_2; Nayak, Krishna; Goldstein, Louis; Sorensen, Tanner; Toutios, Asterios_3; Toger, Johannes; Zhu, Yinghua_2; Kim, Yoon-Chul; Vaz, Colin; Gupta, Rahul_5; Chaspari, Theodora_2; Nasir, Md_2; Chakravarthula, Sandeep Nallan; Can, Dogan; Gibson, James; Imel, Zac E. ; Atkins, David C. ; Bishop, Somer; Bone, Daniel; Lee, Sungbok; Somandepalli, Krishna; Grossman, Ruth B. ; Nayak, Krishna S. ; Kazemzadeh, Abe; Metallinou, Angeliki_1; Kim, Jangwon_2; Kumar, Naveen_9; Tsiartas, Andreas_2; Black, Matthew P. ; Williams, Marian E. ; Levitt, Pat; Hagedorn, Christina; Proctor, Michael; Booth, Brandon M. ; Papadopoulos, Pavlos; Travadi, Ruchir; Shivakumar, Prashanth Gurunath; Byrd, Dani; Monteserin, Mairym Llorens; Malandrakis, Nikolaos _1; Ramanarayanan, Vikram; Ghosh, Prasanta Kumar _3; Ramakrishnan, A. G. _2; Nava, Emily; Iskarous, Khalil; Baucom, Brian R. ; Chen, Jinkun_2; Audkhasi, Kartik; Guha,

续表

排名	团队编号	团队人数	团队成员
8	#5899	79	Tanaya_2; Black, Matthew; Lammert, Adam_1; Christensen, Andrew; Han, Kyu J.; Mower, Emily; Kim, Samuel_2; Tilsen, Sam; Bresch, Erik; Ghosh, Prasanta; Tepperman, Joseph_1; Ettelaie, Emil; Van Segbroeck, Maarten_2; Smith, Caitlin; Sudhakar, Prasad; Huang, Che-Wei; Shin, JongHo
9	#2177	92	Ourselin, Sebastien_1; Schott, Jonathan M.; Alexander, Daniel C.; Burgos, Ninon; Zuluaga, Maria A._1; Mendelson, Alex F.; Gibson, Eli_1; Hu, Yipeng; Moore, Caroline M.; Emberton, Mark; Barratt, Dean C.; Cardoso, M. Jorge; Melbourne, Andrew; Modat, Marc; Stoyanov, Danail_1; Wang, Guotai_2; Pratt, Rosalind; Aertsen, Michael; David, Anna L.; Deprest, Jan; Vercauteren, Tom; Lein, Ed; Taylor, Stuart_2; Cardoso, Manuel Jorge; Cash, David M.; Hamy, Valentin; Menys, Alex; Helbren, Emma; Punwani, Shonit; Atkinson, David_1; Eaton-Rosen, Zach; Bainbridge, Alan; Kendall, Giles S.; Robertson, Nicola J.; Marlow, Neil; Bousse, Alexandre; Pedemonte, Stefano_2; Hutton, Brian F.; Arridge, Simon; Poorten, Emmanuel Vander; McClelland, Jamie R.; Roth, Holger R._2; Hampshire, Thomas E.; Zhang, Hui_47; Halligan, Steve; Hawkes, David J.; Hampshire, Thomas; Plumb, Andrew; Clancy, Neil T.; Elson, Daniel S.; Chang, Ping-Lin_2; Schneider, Torben_2; Tariq, Maira; Wheeler-Kingshott, Claudia A. M.; Duncan, John S.; Arridge, Simon R.; Mahe, Jessie; Dong, Hua_4; Reynaerts, Dominiek; Vander Poorten, Emmanuel; Linard, Nicolas; Tafreshi, Marzieh Kohandani; Andre, Barbara; Sudre, Carole H.; Barnes, Josephine; Allan, Max; Hailes, Stephen_2; Orasanu, Eliza; McEvoy, Andrew W.; Fox, Nick C.; Dikaios, Nikolaos; Daga, Pankaj; Yousry, Tarek; Drobnjak, Ivana; Lorenzi, Marco_2; Chadebecq, Francois_2; Dwyer, George_1; Young, Jonathan; Bouget, David; Gruijthuijsen, Caspar; Li, Wenqi_3; Keihaninejad, Shiva; Maneas, Efthymios; dos Santos, Gustavo Sato; Lin, Jianyu_2; Lacombe, Francois; Huisman, Henkjan J.; Cardoso, Manuel J.; Nousias, Sotiris; Pichat, Jonas; Leung, Kelvin; Cash, David
10	#3481	83	Marranghello, Norian; Pereira, Aledir S.; Dezani, Henrique; Damiani, Furio; Amorim, Willian P.; Falcao, Alexandre X._1; Papa, Joao P.; Miranda, Paulo A. V._1; Tavares, Joao Manuel R. S._3; Reboucas Filho, Pedro Pedrosa_2; de Albuquerque, Victor Hugo C.; Pereira, Danillo R.; Pereira, Luis A. M._1; Papa, Joao Paulo_1; Nachif Fernandes, Silas Evandro; Falcao, Alexandre Xavier; Oliveira, Roberta B.; Nunes, Thiago M.; Luz, Eduardo Jose da S.; Rodrigues, Douglas; Weber, Silke A. T.; Costa, Kelton A. P.; Rosa, Gustavo H.; Saito, Priscila T. M._1; de Rezende, Pedro J.; Suzuki, Celso T. N.; Gomes, Jancarlo F.; Pereira, Clayton R.; de Albuquerque, Victor H. C.; Silva, Cleiton C.; Martins, Samuel Botter; Spina, Thiago Vallin; Souza, Gustavo B.; Marana, Aparecido N.; Mansilla, Lucy A. C.; Hook, Christian; Papa, Joao; Falcao, Alexandre; dos Santos, Jefersson Alex; Cappabianco, Fabio A. M._2; da Silva, Andre Tavares_1; Vechiatto Miranda, Paulo Andre; Passos, Leandro A.; Jodas, Danilo Samuel; Pereira, Aledir Silveira; Ma, Zhen_6; Tiwari, Prayag_2; Constantinou, Christos E.; de Araujo, Alex F.; Afonso,

续表

排名	团队编号	团队人数	团队成员
10	#3481	83	Luis C. S. ; Cox, David D. ; Scheirer, Walter_1; Rosa, Gustavo; Ramos, Caio C. O. ; Souza, Andre N. ; Santos, Daniel F. S. ; Pires, Rafael G. _1; Nakamura, Rodrigo Y. M. ; Costa, Kelton; Baldassin, Alexandro; Iwashita, Adriana S. ; Pinto, Nicolas_1; Chiachia, Giovani_3; Romero, Marcos V. T. ; Papa, Luciene P. ; Condori, Marcos A. T. ; Moreira Tavares, Anderson Carlos; Chiachia, Giovani_2; Guilherme, Ivan R. ; Miura, Kazuo_1; Ferreira, Marcus V. D. ; Torres, Francisco_1; Marinho, Leandro B. ; Souza, Joao Wellington M. ; Magalhaes, Leo Pini_1; Reboucas, Elizangela de S. ; Reboucas Filho, Pedro P. ; Abdulhay, Enas; Ramirez-Gonzalez, Gustavo; Gupta, Deepak_7; Khanna, Ashish_2; Arunkumar, N. ; Albuquerque, Victor Hugo C.

附表Ⅵ 基于加权点度中心性的 Top 10 领军团队成员

排名	团队编号	团队人数	团队成员
1	#3127	22	Kaleta, Mariusz; Palka, Piotr; Toczylowski, Eugeniusz; Traczyk, Tomasz; Jeantet, Gildas; Spanjaard, Olivier_1; Dubus, Jean-Philippe; Perny, Patrice; Weng, Paul_1; Ogryczak, Wlodzimierz; Kozlowski, Bartosz; Majdan, Michal; Lesca, Julien_1; Sliwinski, Tomasz; Benabbou, Nawal; Viappiani, Paolo_2; Ismaili, Anisse; Radziszewska, Weronika; Horabik, Joanna; Nahorski, Zbigniew_1; Stanczak, Jaroslaw; Gilbert, Hugo_1
2	#2056	58	Du, Limin_2; Xu, Yang_7; Liu, Jun_27; Ma, Fangli; Fang, Xin_2; Jin, Liuqian; Xu, Weitao; Pan, Xiaodong_1; Zhang, Jiafeng_1; He, Xingxing_1; Chen, Shuwei; Liu, Yi_33; Zhu, Hua_5; Xu, Kaijun_1; Jia, Hairui; Chang, Wenjing; Wu, Guanfeng_1; Zhong, Xiaomei; Chen, Shangyun; Li, Yingfang_2; Chen, Qingshan; Zhong, Jian_3; Zhang, Long_6; Yao, Yusheng; Sun, Jingzhou_1; Chen, Meirong_1; Xu, Peng_24; Feng, Lifang; Wang, Danchen; Qin, Ya; Qin, Xiaoyan_1; Calzada, Alberto; Kashyap, Anil; Zhao, Jianbin_1; Augusto, Juan_2; Qin, Xiao-yan; Guo, Ling_7; Lai, Jiajun; Hong, Zhiyong_2; Long, Xiqing; Zhu, Yiquan; Zhao, Liyun_1; Fu, Huimin; Yin, Heng_1; Qiu, Xiaoping_1; Wang, Yi_11; Deng, Wenhong; Liu, Dun_2; Wang, Yuhui_3; Chang, Zhiyan_1; Yang, Li_17; Cao, Feng_8; Wang, Wei_117; Jian, Ming; Lu, Zhirui; Song, Zhenming; Wang, Dan-Chen; Li, Wenjiang
3	#2242	38	Gallix, A. ; Gorriz, J. M. ; Ramirez, J. ; Illan, I. A. ; Lang, E. W. ; Martinez-Murcia, F. J. ; Segovia, F. ; Ortiz, A. _1; Salas-Gonzalez, D. ; Puntonet, C. G. ; Gomez-Rio, M. ; Lopez, M. _1; Chaves, R. ; Alvarez, I. ; Lassl, A. ; Salas, D. ; Lafuente, Victor; Padilla, P. ; Illan, I. ; Keck, I. R. ; Tome, A. M. ; Olivares, Alberto_2; Olivares, Gonzalo; Meyer-Baese, A. ; Faltermeier, R. ; Zeiler, A. ; Puntonet, C. ; Brawanski,

续表

排名	团队编号	团队人数	团队成员
3	#2242	38	A. ; Olivares, A. ; Lopez, M. M. _2; Brahim, A. ; Manuel Gorriz, J. ; Khedher, L. ; Poeppel, G. ; Schachtner, R. ; Pereira, A. T. ; Santos, I. M. ; Georgieva, P.
4	#2312	37	Behrens, Tristan_1; Dastani, Mehdi; Dix, Juergen_1; Huebner, Jomi_2; Koester, Michael; Novak, Peter; Dastani, Mehdi M. ; Sindlar, Michal P. ; Meyer, John-Jules Ch. _1; Harbers, Maaike_2; van den Bosch, Karel_2; Fiosina, Jelena_2; Fiosins, Maksims; Meyer, John-Jules; Tinnemeier, Nick; Steunebrink, Bas R. _3; van Doesburg, Willem; Puik, Erik; van Moergestel, Leo; Telgen, Daniel; Astefanoaei, Lacramioara; de Boer, Frank S. _1; Behrens, Tristan M. ; Tinnemeier, Nick A. M. ; Vreeswijk, Gerard A. W. ; Sindlar, Michal_2; Ahlbrecht, Tobias; Kraus, Philipp; Mueller, Joerg P. ; Testerink, Bas; Goermer, Jana; Hudlicka, Eva_2; Fiekas, Niklas; Reisenzein, Rainer; Knobbout, Max; Luo, Jieting; Yazdanpanah, Vahid
5	#2373	50	Chen, Jie_2; Deng, Fang_1; Zhao, Shu; Zhang, Yanping_1; Zou, Huijin; Wang, Xiangyang_1; Zhang, Ling_2; Yan, Yuan-ting; Zhang, Yan-ping_1; Fang, Hao_1; Mao, Yutian; Dou, Lihua; Xin, Bin_2; Zhang, Juan_2; Peng, Zhihong; Du, Xiuquan; Chen, Chen_5; Bouchard, Kristofer E. ; Ubaru, Shashanka; Li, Juan_3; Wang, Gang_4; Saad, Yousef; Hanif, Muhammad_1; Seghouane, Abd-Krim; Zhou, Rui_3; Li, Jiahong; Zhang, Chunmei_1; Cai, Tao_1; Chen, Wenjie_1; Liu, Feng_2; Zhu, Erzhou_1; Fang, Liandi; Sun, Jian_4; Sun, Zhiyong_1; Li, Shuo_1; Khalid, Muhammad Usman; Sim, Alex; Wu, Kesheng_1; Hamedi, Mahyar; Salleh, Sh-Hussain; Ting, Chee-Ming; Noor, Alias Mohd; Zhang, Yan-Ping; Yan, Yuan-Ting; Zhang, Yi-Wen; Du, Xiu-Quan; Jin, Weiqi; Gui, Wei-hua; Xie, Yong_3; Ong, Ju Lynn
6	#196	37	Liu, Derong_1; Shi, Guang_1; Wei, Qinglai; Song, Ruizhuo; Zhang, Tieyan; Wang, Zhuo_14; Wang, Ding_3; Xu, Yancai; Li, Hongliang_1; Ma, Hongwen; Li, Chao_9; Yan, Pengfei_1; Mu, Chaoxu; Lin, Qiao; Li, Benkai; Xiao, Wendong; Dong, Bo_2; Liu, Keping; Li, Yuanchun_2; Wang, Zhiqian; Xie, Mujun; Jiang, Yulian_1; Wang, Shenquan_1; Yang, Xiong_1; Huang, Yuzhu_1; Zhao, Bo_5; Li, Yan_15; Lin, Hanquan; Xia, Hongbing; Zhang, Dehua_1; Tan, Fuxiao; Jin, Ning_1; Sun, Changyin_3; Ni, Wei_2; Huang, Ting_8; Qiao, Yanfeng; Song, Biao_2
7	#207	98	Jiao, Licheng; Liu, Hongying_4; Yang, Shuyuan_3; Du, Bingqi; Shang, Ronghua; Ma, Hongna; Wang, Min_19; Hou, Biao_2; Zhang, Xiangrong_2; Zheng, Yaoguo; Ma, Jingjing_3; Wang, Shigang_3; Liu, Zhengkang; Liu, Ruochen; Zhang, Ping_32; Li, Yangyang_7; Esfahani, Amir M. Ghalamzan; Zhang, Erlei; Wang, Shuang_17; Li, Yang_76; Gu, Jing_3; Luo, Juanjuan; Feng, Jie_5; Jung, Cheolkon_2; Shen, Yanbo; Li, Jianxia_2; Fan, Jing_7; Tian, Xiaolin_2; Zhang, Xiaohua_8; Liu, Juan_19; Ma, Yajuan; Song, Xiaolin; Yu, Xin_12; Ma, Wenping; Dai, Kaiyun; Meng, Yang_4; Zhang, Wenya_2; Yue, Bo; Wu, Bo_23; Wang, Xiaoxiao_5; Wang, Wenbing; Jiao, Lc; Sun, Tian_3; Liu, Tianyu_5; Na, Yan; Sun, Fenghua; Ren, Yu_2; Wang, Xiuxiu_3; Yang, Lixia_3; Han, Yue; Wen, Zaidao; Mu,

续表

排名	团队编号	团队人数	团队成员
7	#207	98	Caihong; Niu, Xu; Zhang, Kun_32; Wang, Xiao_27; Wang, Ruinan; Wang, Zhiyi_2; Sun, Tao_19; Wang, Wenqing_3; Feng, Zhixi; Wang, Yang_63; Lu, Yujing; Bai, Xiaoyu; Zhang, Weitong_2; Zhang, Jiren; Chen, Yangyang_3; Guo, Yuwei; Wu, Linsheng; Wen, Ailing; Wang, Dong_57; Zhao, Miaoyun; Chen, Yiguang; Sun, Yaxin_2; Li, Sujing; Liu, Zhi_15; Ren, Yan_10; Ren, Yujing; Wang, Jia_25; Lei, Qifeng; Liu, Chiyang; Fang, Lingfen; Zhang, Liao; Wang, Yuying_4; Liu, Yang_61; He, Haiyang; Jin, Li_6; Zhang, Zhu_3; Huo, Lina; Zhang, Kai_18; Shi, Hongzhu; Li, Peidao; Xu, Xia_5; Wang, Luping_3; Zhang, Rui_49; Pan, Xiaoying_3; Rong, Kaixuan; Liu, Ganchao; Zhong, Hua_5
8	#48	36	Alcin, Omer F. ; Siuly, Siuly; Bajaj, Varun_2; Guo, Yanhui_4; Sengur, Abdulkadir; Ince, M. Cevdet; Karabatak, Murat; Kok, Baha Vural; Yilmaz, Mehmet; Sengoz, Burak; Avci, Engin; Avci, Derya; Esen, Hikmet; Inalli, Mustafa; Akbulut, Yaman; Aslan, Muzaffer; Ma, Xin_9; Ozgen, Filiz; Esen, Mehmet; Dogantekin, Akif; Dogantekin, Esin; Ekici, Sami; Aydogmus, Omur; Krishnaveni, V. _2; Budak, Umit; Vespa, Lucas J. ; Calisir, Duygu; Koca, Ahmet; Oztop, Hakan F. ; Varol, Yasin; Gedikpinar, Mehmet; Baylar, Ahmet; Hanbay, Davut_1; Batan, Murat; Ozdemir, Mehmet; Caydas, Ulas
9	#276	61	Yaqoob, Naveed; Yousafzai, Faisal_3; Zeb, Anwar; Zhan, Jianming_1; Zhu, Kuanyun; Chen, Wenjuan_5; Khan, Asghar; Shabir, Muhammad_1; Jun, Young Bae; Yu, Bin_8; Akram, Muhammad_3; Shahzadi, Sundas; Dudek, Wieslaw A. ; Ma, Xueling; Ali, Muhammad Irfan_1; Mehmood, Nayyar_2; Khan, Raees; Zafar, Fariha; Xiang, Dajing; Farooq, Muhammad_1; Feng, Feng_3; Davvaz, Bijan; Leoreanu-Fotea, Violeta; Ashraf, Ather; Sarwar, Musavarah; Izhar, Muhammad; Rehman, Noor; Waseem, Neha; Ali, Abbas_2; Song, Seok-Zun; Gulistan, Muhammad; Norouzi, Morteza; Chong, Shin Horng; Loh, Ser Lee; Hooshmandasl, Mohammad Reza; Shakiba, Ali; Han, Jeong Soon; Kim, Hee Sik; Neggers, J. ; Gao, Fei_29; Xie, Xiang-Yun; Rasouli, Saeed; Khan, Madad; Sarmin, Nor Haniza; Liu, Qi_9; So, Keum Sook; Naz, Shafaq; Cristea, Irina_3; Tang, Jian_8; Xie, Xiangyun; Khan, Faiz Muhammad_2; Gayoso Martinez, V. ; Hernandez Encinas, L. ; Liu, Yong Lin; Luo, Yanfeng; Salleh, Shaharuddin; Song, Seok Zun; Shah, Syed Inayat Ali_2; Zhou, Xiaowu; Muhiuddin, G. ; Luqman, Anam
10	#2733	83	Rus, Vasile; Markov, Zdravko; Calvo, Rafael A. ; D + + Mello, Sidney; Cade, Whitney L. ; Olney, Andrew; Hays, Patrick; Hussain, Md. Sazzad; Pour, Payam Aghaei; Alzoubi, Omar; Forsyth, Carol M. ; Graesser, Arthur C. ; Millis, Keith; Cai, Zhiqiang_2; Halpern, Diane; Graesser, Arthur; Person, Natalie; Williams, Claire; Britt, Anne; Graesser, Art; Wallace, Patty; Olney, Andrew M. ; Sullins, Jeremiah; Hussain, M. Sazzad; AlZoubi, Omar; Azevedo, Roger_2; Chauncey, Amber; Gobert, Janice_1; Li, Haiying_3; Dickler, Rachel; Fang, Ying_3; Hampton, Andrew J. ; Hu, Xiangen; Shubeck, Keith; Pai, Kai-Chih; Liao, Chen-Huei; Dowell, Nia_1; McNamara, Danielle; Lintean, Mihai; Magliano, Joe; Wallace, Patricia; Britt, Mary Anne; Witherspoon, Amy; Craig, Scotty D. ; Pavlik, Philip I. , Jr. _2; Maass, Jaclyn K. ; Bosch,

续表

排名	团队编号	团队人数	团队成员
10	#2733	83	Nigel; Xie, Jun_4; Shaffer, David Williamson; D + + Mello, Sidney K. ; Hastings, Peter; Hughes, Simon; Hussain, M. S. _2; Strain, Amber Chauncey; Mills, Caitlin_2; Mac Kim, Sunghwan; Morgan, Brent; Gong, Yan_4; Qiu, Qizhi; Baer, Whitney O. ; Cheng, Qinyu; McGlown, Cadarrius; Christensen, Helen; Bixler, Robert_2; Nye, Benjamin D. ; Huang, Xudong_2; Blanchard, Nathaniel; Li, Haiying_4; Samei, Borhan; Stefanescu, Dan_3; Niraula, Nobal; Blaum, Dylan; Niraula, Nobal B. ; Banjade, Rajendra; Sun, Xiaoyi_2; Kelly, Sean_2; Nystrand, Martin; Russell, Ingrid; Yu, Qiong_3; Morrison, Donald M. ; Ijaz, Kiran; Wang, Yifan_13; Milne, David_1

参考文献

一　中文专著：

［美］哈罗德·拉斯韦尔：《社会传播的结构与功能》，何道宽译，北京广播学院出版社 2013 年版，第 35 页。

刘向：《知识网络的形成与演化》，武汉大学出版社 2014 年版，第 155—156 页。

邱均平：《信息计量学》，武汉大学出版社 2007 年版，第 36—66 页。

肖冬平：《知识网络导论：理论与应用》，人民出版社 2009 年版，第 360—361 页。

二　中文期刊：

安沈昊、于荣欢：《复杂网络理论研究综述》，《计算机系统应用》2020 年第 9 期。

白如江、张庆芝、孙一钢：《科技文献知识基因表达及遗传与变异研究》，《图书情报工作》2020 年第 4 期。

包红梅：《新媒体环境下的科学传播研究》，《内蒙古社会科学》2020 年第 41 期。

蔡巧福、林迎星：《基于基因视角的企业技术创新变异机制研究》，《价值工程》2008 年第 12 期。

蔡永明、长青：《共词网络 LDA 模型的中文短文本主题分析》，《情报学报》2018 年第 3 期。

曹兴、孙绮悦：《新兴技术知识网络跨界融合的机理与实证研究》，《科学学研究》2021 年第 5 期。
柴立和、槐翠倩:《基于共词网络的哲学和科学视角:知识系统作为典型复杂系统的演化》,《系统科学学报》2016 年第 4 期。
陈慧茹、肖相泽、冯锋:《科技创新政策加权共词网络研究——基于扎根理论与政策测量》,《科学学研究》2016 年第 12 期。
程齐凯、王晓光:《一种基于共词网络社区的科研主题演化分析框架》,《图书情报工作》2013 年第 8 期。
初景利:《高端交流平台建设需要创新学术交流模式》,《智库理论与实践》2021 年第 6 期。
邓履翔:《学术传播视角下学术期刊内容角色转变》,《中国科技期刊研究》2021 年第 12 期。
丁玉飞、王曰芬、颜端武:《知识进化的理论研究及其应用》,《技术经济》2014 年第 9 期。
丁玉飞、王曰芬、刘卫江:《基于主题模型的科技监测方法及应用研究》,《情报学报》2015 年第 8 期。
段庆锋、潘小换:《文献相似性对科学引用偏好的影响实证研究》,《图书情报工作》2018 年第 4 期。
范冬萍:《复杂性科学视野下的广义进化论》,《自然辩证法研究》2010 年第 10 期。
范丽鹏、等:《人工智能研究前沿识别与分析:基于高产机构对比研究视角》,《情报理论与实践》2019 年第 9 期。
范如霞、曾建勋、高亚瑞玺:《基于合作网络的学者动态学术影响力模式识别研究》,《数据分析与知识发现》2017 年第 4 期。
关鹏、王曰芬:《基于 LDA 主题模型和生命周期理论的科学文献主题挖掘》,《情报学报》2015 年第 3 期。
和金生、李江:《知识发展的类生物模型》,《科学学研究》2008 年第 4 期。
和金生、吕文娟:《知识基因论的源起、内容与发展》,《科学学研究》2011 年第 10 期。
何云峰、金顺尧:《关于进化认识论的研究》,《浙江社会科学》1998 年第 5 期。
何云峰:《论知识进化的要素和特征》,《中共浙江省委党校学报》2001 年第

5 期。
何云峰：《进化认识论的兴起与演化》，《自然辩证法通讯》2001 年第 1 期。
贺德方、祝侣、周华东等：《基于生命周期视角的企业科技创新政策体系研究》，《中国科技论坛》2022 年第 1 期。
侯海燕、刘则渊：《中国科学计量学国际合作网络研究》，《科研管理》2009 年第 3 期。
贾二鹏：《Web2. 0 对科学交流的影响及效果分析》，《情报探索》2009 年第 7 期。
靖培栋、康仲远：《关于科技文献增长的数学模型》，《情报学报》2000 年第 1 期。
康鑫、刘强：《高技术企业知识动员对知识进化的影响路径——知识隐匿中介作用及知识基的调节作用》，《科学学研究》2016 年第 12 期。
康鑫、赵丹妮：《知识势差、知识隐匿与知识进化：组织惰性的调节作用》，《科技进步与对策》2021 年第 6 期。
李冬琼、王曰芬、宁静：《学术传播阶段中传播要素的演变规律及其相互作用研究——以中国新能源研究文献为例》，《情报理论与实践》2016 年第 1 期。
李薨娜、郭进利：《基于复杂网络理论的高速铁路网络研究》，《科技管理研究》2018 年第 16 期。
李雪等：《基于范式转换的知识进化算法》，《计算机工程》2012 年第 1 期。
李远芝：《影响文献传播效果的障碍因素及对策》，《内蒙古科技与经济》2012 年第 7 期。
刘凤朝、张娜、孙玉涛：《基于优先连接的纳米技术合作网络演化研究》，《管理评论》2016 年第 2 期。
刘亮、韩传峰、缪莉莉：《基于子图结构对等的科学家合作网络角色辨识》，《科学学研究》2013 年第 8 期。
刘磊：《双层范式与科学传统改变——库恩科学革命理论的新解读》，《自然辩证法通讯》2016 年第 4 期。
刘向、马费成：《科学知识网络的演化与动力——基于科学引证网络的分析》，《管理科学学报》2012 年第 1 期。
刘晓庆、陈仕鸿：《复杂网络理论研究状况综述》，《现代管理科学》2010 年第 9 期。
刘耀、张越、叶璐：《融合篇章结构的文本知识网络构建》，《图书情报工作》2021 年第 21 期。
刘自强、岳丽欣、许海云等：《时序共词网络构建及其动态可视化研究》，《情报学报》2020 年第 2 期。
刘则渊、陈悦、朱晓宇：《普赖斯对科学学理论的贡献——纪念科学计量学之父普赖斯逝世 30 周年》，《科学学研究》2013 年第 12 期。
刘植惠：《知识基因理论的由来、基本内容及发展》，《情报理论与实践》1998 年第 2 期。
刘植惠：《知识基因理论新进展》，《情报科学》2003 年第 12 期。
卢群、张鹏、李烨：《科技期刊学术传播与用户使用习惯调查与分析》，《中国科技期刊研究》2020 年第 5 期。
马费成、刘旻游：《知识网络的结构、演化及热点探测——CSSCI（1998—2011）经济学文献计量分析》，《情报科学》2014 年第 7 期。
马费成、刘向：《知识网络的演化（II）：增长老化与产生时点的关系》，《情报学报》2011 年第 9 期。
马费成、望俊成、张于涛：《国内生命周期理论研究知识图谱绘制》，《情报科学》2010 年第 3 期。
孟彬、马捷、张龙革：《论知识的生命周期》，《图书情报知识》2006 年第 3 期。
孟溦、李强、刘文斌：《基于 3E 理论构建科研机构评价指标体系》，《科学学研究》2007 年第 5 期。
闵超、张帅、孙建军：《科学文献网络中的引文扩散——以 2011 年诺贝尔化学奖获奖论文为例》，《情报学报》2020 年第 3 期。
牟冬梅等：《社会网络分析在学科知识结构研究上的方法思辨》，《情报理论与实践》2016 年第 8 期。
潘亚莉、李良玉：《文献传播形式变迁与学术研究范式的嬗变》，《图书馆论坛》2018 年第 12 期。
潘有能、谭健：《普赖斯奖得主的科学合作网络研究》，《图书情报工作》2012 年第 16 期。
司月芳、孙康、朱贻文等：《高被引华人科学家知识网络的空间结构及影响因素》，《地理研究》2020 年第 12 期。

孙晓玲、丁堃：《基于知识基因发现的科学与技术关系研究》，《情报理论与实践》2017 年第 6 期。

万里鹏：《信息生命周期研究范式及理论缺失》，《中国图书馆学报》2009 年第 5 期。

万虹育、赵纪东、刘文浩：《社交媒体视角下的学术信息传播模式研究》，《图书馆理论与实践》2020 年第 3 期。

汪小帆：《无标度网络研究纷争：回顾与评述》，《电子科技大学学报》2020 年第 4 期。

王飞、丁玉飞：《网络环境下科学文献传播效果研究——以受众能动性为视角》，《图书馆学研究》2016 年第 5 期。

王伟、杨建林：《基于引文网络重叠社团发现的图书情报领域学科主题结构分析》，《情报学报》2020 年第 10 期。

王贤文、丁堃、朱晓宇：《中国主要科研机构的科学合作网络分析》，《科学学研究》2010 年第 2 期。

王颖、于改红、谢靖：《基于全文知识网络的学术资源关联发现实践》，《情报科学》2021 年第 8 期。

王曰芬等：《人工智能科研团队的合作模式及其对比研究》，《图书情报工作》2020 年第 20 期。

王曰芬等：《地域视角下人工智能研究团队合作状态及其对比研究》，《科技情报研究》2020 年第 4 期。

王曰芬、丁玉飞、刘卫江：《基于知识进化视角的科学文献传播网络演变研究》，《情报资料工作》2016 年第 2 期。

王曰芬、李冬琼、余厚强：《生命周期阶段中的科学合作网络演化及高影响力学者成长特征研究》，《情报学报》2018 年第 2 期。

王曰芬、王一山、杨洁：《基于社区发现和关键节点识别的网络舆情主题发现与实证分析》，《图书与情报》2020 年第 5 期。

魏林、万猛、金学慧：《开放存取式科学交流系统模型研究》，《出版科学》2011 年第 5 期。

谢元泰：《科学文献与文献科学论略》，《图书与情报》1987 年第 Z1 期。

徐涵、张庆：《复杂网络上传播动力学模型研究综述》，《情报科学》2020 年第 10 期。
许治、陈丽玉、王思卉：《高校科研团队合作程度影响因素研究》，《科研管理》2015 年第 5 期。
燕今伟、刘峥：《网络环境下学术信息传播的变革》，《情报理论与实践》2004 年第 2 期。
杨靓、德明、邹思明等：《科学合作网络、知识多样性与企业技术创新绩效》，《科学学研究》2021 年第 5 期。
余厚强等：《人工智能领域科研团队识别与领军团队提取》，《图书情报工作》2020 年第 20 期。
周城雄、赵兰香：《学术文献传播的全新途径：C2C 文档交流网站及其影响》，《科学学与科学技术管理》2010 年第 4 期。
周维彬等：《学术文献传播的中心化趋势及其挑战研究》，《新世纪图书馆》2020 年第 8 期。
张弛、梁伟：《无标度网络理论在网络中心战中的应用》，《指挥控制与仿真》2010 年第 2 期。
张建华：《知识管理中的知识进化绩效评价机制研究》，《科学学与科学技术管理》2013 年第 7 期。
张华夏：《波普尔的证伪主义和进化认识论》，《自然辩证法研究》2003 年第 3 期。
张理、魏奇锋、顾新：《基于无标度网络模型的协同创新网络知识扩散研究》，《情报理论与实践》2018 年 10 期。
张凌志：《知识进化下知识变异的来源、条件与过程研究》，《情报杂志》2011 年第 8 期。
张凌志、和金生：《基于生物进化模式下的知识进化机理研究》，《情报科学》2011 年第 2 期。
张楠：《大数据应用与学术传播的变迁》，《图书情报知识》2014 年第 5 期。
张松、张国栋、王亚光：《生命周期视角下新兴学科的生命发展评价研究》，《科学学研究》2018 年第 5 期。
张洋、林宇航、侯剑华：《基于融合数据和生命周期的技术预测方法：以病毒核酸检测技术为例》，《情报学报》2021 年第 5 期。
赵红、孙倬、张莎等：《基于文献计量分析的社交商务研究脉络与热点演化》，

《管理学报》2019 年第 6 期。
赵健宇、李柏洲：《对企业知识创造类生物现象及知识基因论的再思考》，《科学学与科学技术管理》2014 年第 8 期。
朱晓峰：《生命周期方法论》，《科学学研究》2004 年第 6 期。
朱永海、陈雄辉、李昊：《基于复杂网络理论的科技中介问题》，《科技进步与对策》2008 年第 3 期。
邹本涛、王曰芬、余厚强：《人工智能领域高产科研团队的演化研究》，《图书情报工作》2020 年第 20 期。
邹常诗：《科学文献计量分析与文献关联性研究》，《情报资料工作》2000 年第 4 期。

三　中文学位论文：

丁玉飞：《知识进化视角下科学文献传播网络演变及预测研究》，博士学位论文，南京理工大学，2018 年，第 69—72 页。
李楠：《知识进化视角的技术预见方法研究》，博士学位论文，中国农业科学院，2021 年，第 5 页。
张凌志：《基于知识进化观的企业创新模式研究》，博士学位论文，天津大学，2011 年，第 47—49 页。

四　外文期刊：

AN Tsoularis and James Wallace, "Analysis of Logistic Growth Models", *Mathematical Biosciences*, Vol. 179, No. 1, July-August 2002, pp. 21 – 55.
Artem V. Chumachenko, B. G. Kreminskyi's and Iu. L. Mosenkis, et al., "Dynamics of Topic Formation and Quantitative Analysis of Hot Trends in Physical Science", *Scientometrics*, Vol. 125, No. 9, July 2020, pp. 739 – 753.
Alfred Radcliffe-Brown, "On Social Structure", *The Journal of the Royal Anthropological Institute of Great Britain and Ireland*, Vol. 70, No. 1, 1940, pp. 1 – 12.
Andrew N. K. Chen, Yuhchang Hwang and T. S. Raghu, "Knowledge Life Cycle, Knowledge Inventory, and Knowledge Acquisition Strategies", *Decision sciences*, Vol. 41, No. 1, February 2010, pp. 21 – 47.
ArmandGilinskyJr, "Innovation: The Attacker's Advantage: Richard Foster, Mac-

millan London (1986)", *Long Range Planning*, Vol. 20, No3, June1987, pp. 115 – 116.

Barry Wellman, "Network Analysis: Some Basic Principles", *Sociological Theory*, Vol. 1, 1983, p. 157.

BarryWellman andStephen D. Berkowitz, "Social Structures: A Network Approach", *American Political ence Association*, Vol. 94, No. 6, May1989, pp. 1512 – 1514.

Bing He, Ying Ding, Jie Tang, et al. , "Mining Diversity Subgraph Inmultidisci-plinaryScientific CollaborationNetworks: A Meso Perspective", *Journalof Informetrics*, Vol. 7, No. 1, January 2013, pp. 117 – 128.

Brian J. Loasby, "The Evolution of Knowledge: Beyond the Biological Model", *Research Policy*, Vol. 31, No. 8/9, December 2002, pp. 1227 – 1239.

Chao Min, Qingyu Chen, Erjia Yan, et al. , "Citation Cascade and the Evolution of Topic Relevance", *Journal of the Association for Information Science and Technology*, Vol. 72, No. 1, January 2021, pp. 110 – 127.

Cheng Su, Yuntao Pan, Yanning Zhen, et al, "PrestigeRank: A New Evaluation Method for Papers and Journals", *Journal of Informetrics*, Vol. 5, No. 1, January2011, pp. 1 – 13.

Christopher Wattsand Nigel Gilbert, "Does Cumulative Advantage Affect Collective Learning in Science? An Agent-Based Aimulation", *Scientometrics*, Vol. 89, No. 1, 2011, pp. 437 – 463.

Contact B. Pritychenko, "Fractional Authorship in Nuclear Physics", *Scientometrics*, Vol. 106, No1, 2016, pp. 461 – 468.

Danny Miller andPeterH. Friesen, "A Longitudinal Study of the Corporate Life Cycle", *Management Science*, Vol. 30, No. 10, October 1984, pp. 1161 – 1183.

Darui Zhu, Rui Wang and Chongxin Liu, et al, "Projective synchronization via adaptive pinning control for fractional-order complex network with time-varying coupling strength" *International Journal of Modern Physics C*, Vol. 30, No. 7, July2019, pp. 1 – 12.

David R. Rinkand John E. Swan, "Product Life Cycle Research: A Literature Review", *Journal of Business Research*, Vol. 7, No. 3, September1979, pp. 219 – 242.

Dianne Nelson, "The Uptake of Electronic Journals by Academics in the UK, Their

AttitudesTowards Them and Their Potential Impact on Scholarly Communication", *Information services and use archive*, Vol. 21, No. 3/4, December 2009, p. 212.

Dietmar Wolfram, "Understanding and Navigating the Scholarly Communication Landscape in the Twenty-First Century", *Frontiers in Research Metrics and Analytics*, Vol. 4, No. 4, November2019, p. 1.

Dmytro Lande, Minglei Fu, Wen Guo, et al., "Link Prediction of Scientific Collaboration Networks Based on Information Retrieval", *World Wide Web*, Vol. 23, No. 4, July 2020, pp. 2239 – 2257.

Donald B. Johnson, "Finding All the Elementary Circuits of a Directed Graph", *SIAM Journal on Computing*, Vol. 4, No. 1, March1975, pp. 77 – 84.

Donald Thomas Campbell, "Methods for the Experimenting Society", *American Journal of Evaluation*, Vol. 12, No. 3, October 1991, pp. 223 – 260.

Duncan J. Watts and Steven H. Strogatz, "Collective dynamics of 'small-world' networks", *Nature*, No. 393, 1998, pp. 440 – 442.

Đurđica Vukić, Sanda Martinčić-Ipšić, Ana Meštrović, "Structural Analysis of Factual, Conceptual, Procedural, and Metacognitive Knowledge in a Multidimensional Knowledge Network", *Complexity*, Vol. 2020, March 2020, pp. 1 – 17.

Elizabeth A. Leicht and Mark. E. J. Newman, "Community Structure in Directed Networks", *Physical Review Letters*, Vol. 100, No. 11, March 2008, P. 118703.

Fahad Sabah, Saeed-UIHassan, Amina Muazzam, et al., "Scientific Collaboration Networks in Pakistan and Their Impact on Institutional Research Performance: A Case Study Based on Scopus Publications", *Library Hi Tech*, Vol. 37, No. 1, March 2019, pp. 19 – 29.

Francesco Alessandro Massucci and Domingo Docampo, "Measuring the academic reputation through citation networks via PageRank", *Journal of Informetrics*, Vol. 13, No. 1, February 2019, pp. 185 – 201.

Francesco Capone, Luciana Lazzeretti, NiccolòInnocenti, "Innovation and Diversity: the Role of Knowledge Networks in the Inventive Capacity of Cities", *Small Business Economics*, Vol. 56, No. 14, 2021, pp. 773 – 788.

GerardM. Salton and Donna Bergmark, "A Citation Study of Computer Science Literature", *IEEE Transactions on Professional Communication*, Vol. PC - 22, No. 3, September1979, pp. 46 - 158.

Gary J. Brown, "From Past Imperfects to Future Perfects", *The Serials Librarian*, Vol. 23, No. 3/4, 1993, p. 113.

Gyorgy Baffy, Michele M. Burns, Beatrice Hoffmann, et al., "Scientific Authors in a Changing World of Scholarly Communication: What Does the Future Hold?", *The American Journal of Medicine*, Vol. 133, No. 1, January2020, p. 26 - 31.

Gergely Palla, Albert-Lάszló Barabάsiand Tamάs Vicsek, "Quantifying Social Group Evolution", *Nature*, Vol. 446, No. 7136, 2007, pp. 664 - 667.

HansA. Illing, "ConflictandtheWebofGroup-Affiliations by Georg Simmel", *The Journal of Criminal Law, Criminlogy, and Police Science*, Vol. 46, No. 2, Jul. - Aug. 1955, pp. 250 - 251.

Hector G. Ceballos, Sara E. Garza and Francisco J. Cantu, "Factors Influencing the Formation of Intra-Institutional Formal Research Groups: Group Prediction from Collaboration, Organisational, and Topical Networks", *Scientometrics*, Vol. 114, No. 1, 2018, pp. 181 - 216.

Henry G. Small, "Update on Science Mapping: Creating Large Document Spaces", *Scientometrics*, Vol. 38, No. 2, February 1997, pp. 275 - 293.

Hyeon-JuJeon, O-Joun Lee andJason J. Jung, "Is Performance of Scholars Correlated to Their Research Collaboration Patterns?", *Frontiers in Big Data*, Vol. 2, No. 39, November2019, pp. 1 - 10.

JamesClydeMitchell, "Social Networks", *Annual Review of Anthropology*, Vol. 3, October 1974, pp. 279 - 299.

Jacob L. Moreno, "The Sociometric View of the Community", *The Journal of Educational Sociology*, Vol. 19, No. 9, May1946, pp. 540 - 545.

Jianhua Hou, Xiucai Yang, Chaomei Chen, "Emerging Trends and New Developments in Information Science: A Document Co-Citation Analysis (2009 - 2016)", *Scientometrics*, Vol. 115, No. 1, March 2018, pp. 869 - 892.

Joerg ReichardtandStefan Bornholdt, "Statistical Mechanics of Community Detection", *Physical Review E, Statistical, Nonlinear, and Soft Matter Physic*,

Vol. 74, No. 1, July 2006, p. 016110.

Joule A. Bergerson, Stefano Cucurachi, Thomas P. Seager, "Bringing a Life Cycle Perspective to Emerging Technology Development", *Journal of Industrial Ecology*, Vol. 24, No. 6, February 2020, pp. 6 – 10.

JuliaBrennecke and Olaf Rank, "The Firm's Knowledge Network and the Transfer of Advice Among Corporate Inventors-A Multilevel Network Study", *Research Policy*, Vol. 46, No. 4, February2017, pp. 768 – 83.

Karen B. Levitan, "Information Resources as 'Goods' in the Life Cycle of Information Production", *Journal of the American Society for Information Science*, Vol. 33, No. 1, January 1982, pp. 44 – 54.

Kostas Alexandridis, Shion Takemura, W Alex Webb, et al., "Semantic Knowledge Network Inference Across a Range of Stakeholders and Communities of Practice", *Environmental Modelling & Software*, Vol. 109, No. 11, November 2018, pp. 202 – 222.

Larry E. Greiner, "Evolution and Revolution as Organizations Grow", *Harvard Business Review*, Vol. 50, No. 4, July-August 1972, pp. 37 – 46.

Lidan Gao, Alan L. Porter, Jing Wang, et al, "Technology Life Cycle Analysis Method Based on Patent Documents", *Technological Forecasting and Social Change*, Vol. 80, No3, 2013, pp. 398 – 407.

LintonC. Freeman, "A Set of Measures of Centrality Based on Betweenness", *Sociometry*, Vol. 40, No. 1, 1977, pp. 35 – 41.

LintonC. Freeman, "Centrality in Social Networks Conceptual Clarification", *Social Networks*, Vol. 1, No. 3, 1978/1979, pp. 215 – 239.

MaitePelacho, GonzaloRuiz, Francisco, et al., "Analysis of the Evolution and Collaboration Networks of Citizen Science Scientific Publications", *Scientometrics*, Vol. 126, No. 4, January 2021, pp. 225 – 257.

Maaike Verbree, Edwin Horlings and Peter Groenewegen, et al, "Organizational Factors Influencing Scholarly Performance: A Multivariate Study of Biomedical Research Groups", *Scientometrics*, Vol. 102, No. 1, January2015, pp. 25 – 49.

Man Yuan, Yuan Xin Ouyang andZhang Xiong, "A Text Categorization Method using Extended Vector Space Model by Frequent Term Sets", *Journal of Infor-*

mation Science & Engineering, Vol. 29, No1, January2013, pp. 99 – 114.

Mark A. Hannah and Michael Simeone, "Exploring an Ethnography-Based Knowledge Network Model for Professional Communication Analysis of Knowledge Integration", *IEEE Transactions on Professional Communication*, Vol. 61, No. 4, December 2018, pp. 372 – 388.

MarkE. J. Newman, "Modularity and Community Structure in Networks", *Proceedings of the National Academy of Sciences of the United States of America*, Vol. 103, No. 23, June 2006, pp. 8577 – 8582.

Mark S. Granovetter, "TheStrengthofWeakTies", *American Journalof Sociology*, Vol. 78, No. 6, May1973, pp. 1360 – 1380.

Marie Katsurai and Shunsuke Ono, "TrendNets: Mapping Emerging Research Trends from Dynamic Co-Word Networks via Sparse Representation", *Scientometrics*, Vol. 121, No. 3, December 2019, pp. 1583 – 1598.

Martin Kalthaus, "Knowledge Recombination along the Technology Life Cycle", *Journal of Evolutionary Economics*, Vol. 30, April 2020, p. 682.

Maurizio Zollo and Sidney G. Winter, "Deliberate Learning and the Evolution of Dynamic Capabilities", *Organization Science*, Vol. 13, No. 3, May 2002, pp. 339 – 351.

Matheus P. Viana, Diego R. Amancio and Luciano da Fontoura Costa, "On Time Varying Collaboration Networks", *Journal of Informetrics*, Vol. 7, No. 3, April 2013, pp. 371 – 378.

Max M. Evans, Kimiz Dalkir and Catalin Bidian, "A Holistic View of the Knowledge Life Cycle: The Knowledge Management Cycle (KMC) Model, *Electronic Journal of Knowledge Management*, Vol. 12, No. 2, June 2014, pp. 85 – 97.

Mehdi Azaouzi, Delel Rhoumaand Lotfi Ben Romdhane, "Community Detection in Large-Scale Social Networks: State-of-the-art and Future Directions", *Social Network Analysis & Mining*, Vol. 9, May2019, pp. 23.

Muskan Garg and Mukesh Kumar, "Identifying Influential Segments from Word Co-occurrence Networks using AHP", *Cognitive Systems Research*, Vol. 47, No. 1, January 2018, pp. 28 – 41.

Muskan Garg and Mukesh Kumar, "The Structure of Word Co-Occurrence Network for Microblogs", *Physica A: Statistical Mechanics and its Applications*, Vol. 512, December 2018, pp. 698 –720.

Myungjae Kwak, Gondy Leroy and Jesse D. Martinez, et al, "Development and Evaluation of a Biomedical Search Engine Using a Predicate Based Vector Space Model", *Journal of Biomedical Informatics*, Vol. 46, No5, October 2013, pp. 929 –939.

Nour EI Islem Karabadji, HassinaSeridi, Fouad Bousetouane, et al., "An Evolutionary Scheme for Decision Tree Construction", *Knowledge Based Systems*, Vol. 119, March 2017, pp. 166 –177.

PeterHernon, "Information Life Cycle: Its Place in the Management of U. S. government Information Resources", *Government Information Quarterly*, Vol. 11, No. 2, April1994, pp. 143 –170.

René Lezama-Nicolás, Marisela Rodríguez-Salvador, Rosa Río-Belver, et al, "A Bibliometric Method for Assessing Technological Maturity: the Case of Additive Manufacturing", *Scientometrics*, Vol. 117, No3, 2018, pp. 1425 –1452.

RickBonney, TinaPhillips, Heidi L. Ballard, et al., "Can Citizen Science Enhance Public Understanding of Science?", *Public Understanding of Science*, Vol. 25, No. 1, January2016, pp. 2 –16.

Robert S. Taylor, "Value-Added Processes in the Information Life Cycle, *Journal of the American Society for Information Science*, Vol. 33, No. 5, September1982, pp. 341 –346.

Ronald S. Burt, Martin Kilduff and StefanoTasselli, "Social Network Analysis: Foundations and Frontiers on Advantage", *Annual Review of Psychology*, Vol. 64, January2013, pp. 527 –528.

Rozan O. Maghrabi, Richelle L. Oakley and Hamid R. Nemati, "The impact of self-selected identity on productive or perverse social capital in social network sites", *Computers in Human Behavior*, Vol. 34, No. 4, April 2014, pp. 367 –371.

Sara Anjos, Pedro Russo and Anabela Carvalho, "Communicating Astronomy with the Public: Perspectives of an International Community of Practice", *Journal of Science Communication*, Vol. 20, No. 3, June 2021, pp. 1 –20.

Sara Kavianiand Insoo Sohn, "Application of Complex Systems Topologies in Artificial Neural Networks Optimization: An Overview", *Expert Systems with Applications*, Vol. 180, October 2021, 115073.

Terttu Luukkonen, Olle Persson, Gunnar Sivertsen, "Understanding Patterns of International Scientific Collaboration", *Science*, *Technology*, *& Human Values*, Vol. 17, No. 1, January2016, pp. 101 – 126.

Terttu Luukkonen, R. J. W. TijssenandO. Persson, et al, "The Measurement of International Scientific Collaboration", *Scientometrics*, Vol. 28, No. 1, 1993, pp. 15 – 36.

Ting Liu and Liu Tang, "Open Innovation from the Perspective of Network Embedding: Knowledge Evolution and Development Trend", *Scientometrics*, Vol. 124, No. 2, May2020, pp. 1053 – 1080.

Tomas Mikolov, IlyaSutskever, Kai Chen, et al, "Distributed Representations of Words and Phrases and their Compositionality", *Computer Science*, arXiv: 1310. 4546, October2013.

VincentA. Traag, LudoWaltman andNees Jan van Eck, "From Louvain to Leiden: Guaranteeing Well-Connected Communities", *Scientific Reports*, Vol. 9, No. 1, March2019, pp. 1 – 12.

Vincent Y. F. Tan and Oliver Kosut, "On the Dispersions of Three Network Information Theory Problems", *IEEE Transactions on Information Theory*, Vol. 60, No. 2, February2014, pp. 881 – 903.

Vincent D. Blonde, Jean-Loup Guillaume, Renaud Lambiotte, et al, "Fast Unfolding of Communities in Large Networks", *Journal of Statistical Mechanics: Theory and Experiment*, Vol. 2008, October2008, p. 10008.

Vinh Loc Dao, Cécile Bothorel and Philippe Lenca, "Community Structure: A Comparative Evaluation of Community Detection Methods", *Network Science*, Vol. 8, No. 1, January2020, pp. 1 – 41.

William W. Bartley, "The Philosophy of Karl Popper", *Philosophia*, Vol. 6, No. (3 – 4) September 1976, pp. 463 – 494.

Yi Wang, Bin Wu and Nan Du, "Community Evolution of Social Network: Feature, Algorithm and Model" *Physicsand Society*, arXiv. 0804. 4356, April 2008.

Yong Huang, Yi Bu, Ying Ding, et al. , "Number Versus Structure: Towards Citing

Cascades", *Scientometrics*, Vol. 117, No. 3, December 2018, pp. 2177 – 2193.

YorgosD. Marinakis, "Forecasting Technology Diffusion with the Richards Model", *Technological Forecasting and Social Change*, Vol. 79, No. 1, January 2012, pp. 172 – 179.

五　外文专著：

Donald Thomas Campbell, "Evolutionary Epistemology", in P. A. Schilpp, eds., *The philosophy of Karl Popper*. La Salle, Lasalle, IL: Open Court Publishing Company, 1974, pp 413 – 463.

Harry Ruja and Karl R. Popper, *Objective Knowledge, an Evolutionary Approach*, Oxford, England: Oxford University Press, 1972, p. 278.

Mark W. McElroy, *The New Knowledge Management: Complexity, Learning, and Sustainable Innovation*, Burlington: Butterworth-Heinemann publications, 2002, pp. 3 – 9.

Thomas S. Kuhn, *The Structure of Scientific Revolutions*, Chicago: University of Chicago Press, 1962.

六　外文会议：

Hung Nghiep Tran, Tin Huynh and Tien Do, "Author Name Disambiguation by Using Deep Neural Network", *ACIIDS* 2014: *Proceedings, Part I, of the* 6th *Asian Conference on Intelligent Information and Database Systems*, Vol. 8397, April 2014, pp. 123 – 132.

KenA. Hawick and Heath A. James, "Enumerating Circuits and Loops in Graphs with Self-Arcs and Multiple-Arcs", Proceedings of the 2008 International Conference on Foundations of Computer Science, FCS2008, Las Vegas, Nevada, USA, July 14 – 17, 2008.

MarziehShahmarichatghieh, Arto Tolonen andHarri Haapasalo, "Product Life Cycle, Technology Life Cycle and Market Life Cycle: Similarities, Differences and Applications", in Valerij Dermol, Ales Trunkand Marko Smrkolj, eds., *Proceedings of the MakeLearn and TIIM Joint International Conference* 2015, Internationl academic publisher: ToKnowPress, 2015, pp. 1143 – 1151.

Matt J. Kusner, Yu Sun, Nichoas I. Kolkin, et al, "From Word Embeddings to Document Distances", *ICML' 15: Proceedings of the 32nd International Conference on International Conference on Machine Learning*, Vol. 37, July 2015, pp. 957 –966.

Quoc Le and Tomas Mikolov, "Distributed Representations of Sentences and Documents", *ICML' 14: Proceedings of the 31st International Conference on International Conference on Machine Learning*, Vol. 32, June 2014, pp. II –1188 – II –1196.

Sonja Špiranec, Ana Babić and Ana Lešković, "New Access Structures to Scientific Information: The Case of Science 2. 0", in Hrvoje Stančić and Sanja Seljan, et al. , eds. , *INFuture2009: The Future of Information Sciences-Digital Resources and Knowledge Sharing*, Odsjek za Informacijske Znanosti, 2009, pp. 451 –460.

Soumya Banerjee, "Analysis of a Planetary Scale Scientific Collaboration Dataset Reveals Novel Patterns", in Paul Bourgine, Pierre Collet and Pierre Parrend, eds. , *First Complex Systems Digital Campus World E-Conference* 2015, Springer Proceedings in Complexity, Springer, Cham, 2017, pp. 85 –90.

WanyingChiu, and Kun Lu, "Random Walk on Co-Word Network: Ranking Terms Using Structural Features", ASIST' 15: Research in and for the Community, St. Louis Missouri, United States, November 6 –10, 2015.

七 电子文献:

Betina Hollstein, "Georg Simmel's Contribution to Social Network Research", https://www. cambridge. org/core/books/abs/personal-networks/georg-simmels-contribution-to-social-network-research/DBA2B9036952812AD4655AB040507E44, November 2020.

Bo-Christer Björk, "A Model of Scientific Communication as a Global Distributed Information System", University of Cambridge, November2007, http://informationr. net/ir/12 –2/p307. pdf.

F. N. Stokman "Networks: Social", International Encyclopedia of the Social & Behavioral Sciences, 2001, https://www. sciencedirect. com/topics/social-sciences/social-network-analysis.

Lawrence Page, Sergey Brin, Rajeev Motwani, et al, "The PageRank Citation Ranking: Bringing Order to the Web", *Stanford InfoLab. Working Paper*, 1998, http://web. mit. edu/6. 033/2004/wwwdocs/papers/page98pagerank. pdf.

Lingfei Wu, Ian En-Hsu Yen, Kun Xu, et al, "Word Mover's Embedding: From Word2vec to Document Embedding", ICLR 2018 Conference Track: 6th International Conference on Learning Representations, Vancouver Convention Center, Vancouver, BC, Canada, April 30-May 3, 2018, https://arxiv. org/pdf/1811. 01713. pdf.

Social Network, https://www. merriam-webster. com/dictionary/social%20network.

Social Network, https://simple. wikipedia. org/wiki/Social_network.

Structural holes-HandWiki, http://handwiki. org/wiki/Structural_holes.

Timothy D. Brody, "Evaluating Research Impact through Open Access to Scholarly Communication", 2006, https://eprints. soton. ac. uk/263313/1/brody. pdf.

What Does Social Network Analysis (SNA) Mean?, http://www. techopedia. com/definition/3205/social-network-analysis-sna, November 3, 2012.